KB273118

서양
과학
사상사

cum libro
책과함께

플라톤에서 아인슈타인까지,
인류사를 움직인 탐구정신의 향연

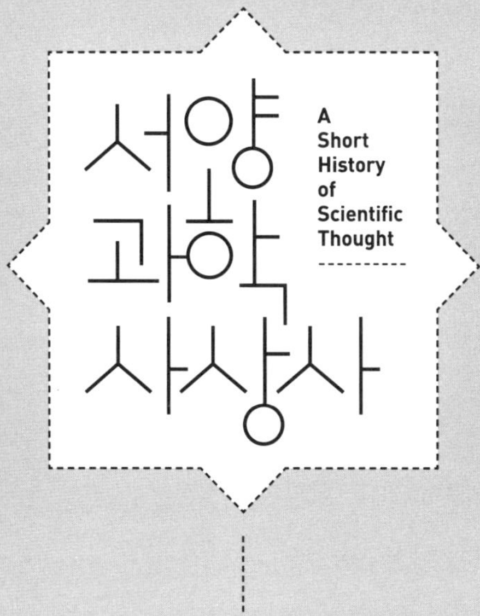

존 헨리 지음·노태복 옮김

내 딸 에일리에게 사랑을 담아

차례

이 책은 고대부터 20세기에 이르기까지 과학사상의 주요한 발전과 더불어 과학이 서양 문화에 끼친 영향을 역사적으로 고찰한다. 책의 목적은 자연계의 특징을 이해하는 것인데, 이를 위해 각 시대와 지역별로 문화적 관점에서 과학의 성공과 실패를 함께 다룬다. 과학도 결국 문화의 산물이기 때문이다. 하지만 간략한 고찰인 까닭에 담아야 할 것 외에는 과감하게 제외하고, 다루는 주제들도 꼭 필요한 정도만 살펴본다.

개괄적인 설명을 하려다 보면, 으레 상충하는 여러 요소들 간에 타협을 거치게 마련이다. 여러 요소들이란 다음과 같다. 전달해야 할 일반적인 교훈, 역사 진행 과정의 복잡성, 자료의 입수 가능성, 전문적인 연구의 대중화 가능성, 어떤 특정한 주제를 의미 있는 논의 대상으로 삼는 데 필요한 최소한의 고려 사항, 그리고 무엇보다도 간결한 글쓰기의 필요성. 이 요소들을 종합적으로 유념하면, 해당 분야의 자잘한 내용을 제외하더라도 책의 전체적인 논점을 올바르게 유지할 수 있다. 장담하건대 이 책은 물질계의 본질을 이해하려는 시도들이 역사적으로 어떻게 전개되어왔는지를 폭넓게 조망한다.

책의 전체적인 서술과 구조는 세 가지 원칙을 따랐다. 첫째, 이 책은 물질계의 본질 및 그 속에서 인간의 역할에 관한 현 시대의 인식을 반영하거나 이에 영향을 미쳤을 만한 주제에 집중한다. 이것은 실질적인 조사가 가능하다는 점 외에도 두 가지 이점이 있다. 우선 어느 특정 사회의 폭넓은 문화적 맥락의 일부로서 과학을 볼 수 있다. 아울러 우리의 관심사는 과학이 과학계 바깥에 어떤 영향을 미쳤는가 하는 점이기에 난해한 전문적인 발전 과정을 고려하지 않아도 된다.

설령 과학을 잘 모르거나 심지어 과학에 대한 두려움이 있다고 해서 이 책을 외면할 필요는 없다. 책의 주된 목적은 과학 그 자체를 더 깊이 이해하는 것이 아니라, 과학이 왜 그리고 어떻게 현대 사회에서 이토록 중요한 문화적 영향력을 갖게 되었는지 이해하는 것이다. 이런 질문들은 역사적 고찰을 통해서만 이해할 수 있다. 어쨌거나 과학은 세계가 어떻게 작동하는지 그리고 무엇이 참인가라는 질문에 답해줄 수 있는 가장 권위 있는 수단으로 인정받고 있다. 오늘날에는 정치적 결정, 법 그리고 심지어 대중 여론도 과학적 권위를 따르고 있지만, 늘 그랬던 것은 아니다. 지난 세기의 후반기가 도래하기 전까지만 해도 무엇이 참인가라는 문제에 관한 최상의 권위는 종교에 있었다. 따라서 이 책에서 우리가 다룰 내용 중 하나는 어떻게 과학이 종교를 대체하게 되었는가이다. 하지만 먼저 우리는 과학 또는 세계를 이해하기 위한 과학적 방법이 어디에서 출발했는지를 알아야 한다.

두 번째 원칙은 과학의 역사적 발전 과정을 순차적으로 더듬어보는 것이다. 이 책의 주요 목표 중 하나는 과학적 발견을 이루는 것뿐 아니라 과학적 전통과 권위를 확립하는 데 문화적 맥락이 얼마나 중요한지를 보여주는 것이다. 이 책에서 과학 지식은 우리 문화의 내재적인 한 부분으로 제시된다. 즉 과학 지식은 문화를 초월하는 어떤 것이 아니다. 이를테면 보통 사람들의 삶에 영향을 미치는 사회적·정치적 관심사의 바깥에 서 있는 어떤 뛰어난 천재들이 우리 문화에 던져준 것이 아니다. 이를 증명하려면, 어떻게 어느 한 시대의 과학 발전이 이전에 있었던 발전에서 비롯되었고, 이것이 다시 다음 시대의 발전으로 이어졌는지를 알아보면 된다. 찰스 다윈은 '나투라 논 파치트 살툼(natura non facit saltum)'이라는 전통적인 믿음을 기꺼이 받아들였다. '자연은 비약하지 않는다'라는 뜻인데, 나 역시 역사에는 비약, 곧 불연속이 존재하지 않는다고 주장하고 싶다. 코페르니쿠스(6장 참고)와 아인슈타인(23장 참고)은 과거와의 혁명적인 단절을 불러일으킨 사람으로 여겨지지만, 그렇다고 해서 이들의 사상이 이전에 나온 사상을 전혀 참고하지 않고 오로지 그들의 머릿속에서 불쑥 튀어나온 것은 아니다.

과학의 역사기록학(historiography)—즉 과학사의 서술, 전문 역사가에 의해 과학이 서술되는 방식—은 필연적으로 점점 더 전문화되어왔고, 상이한 여러 영역에 걸쳐 구석구석을 뒤지며 사냥감(과학이라고 알려진 문화적 현상에 대한 이해)을 쫓아다녔다. 과학사에 관한 입문서를 쓰는 한 가지 방법은 최근의 역사 기록에서 고른 주요한 주제들을 개괄적으로 소개하는 것이다. 여기서 주요한 주제들이란 가령 과학의 구조, 과학 지식이 생성되는 지점, 과학의 실행과 그 실행자들, 과학과 제국주의, 과학과 젠더(gender) 등이다. 하지만 어떤 의미에서 과학의 역사기록학에 관한 입문서라는 말은 모순적이다. 왜냐하면 역사기록학을 배우기 전에 역사를 아는 것이 중요하기 때문이다. 게다가 역사기록학의 개별적인 주제들에 대한 개요만으로는 고대부터 20세기까지 과학의 역사적 발전 과정을 종합적으로 파악하기 어렵다.

따라서 이 책은 우리가 현재 과학이라고 부르는 것의 진화 과정을 연속적으로 서술하고자 한다. 하지만 비록 '오직 연결하라'는 E. M. 포스터의 유명한 명령을 따르려고 했음에도 과거에 국한하는 서술 구조를 취할 수밖에 없었다. 아무쪼록 이러한 서술이 역사적 증거에 비추어볼 때 앞뒤가 맞을 뿐 아니라 간결성이라는 제약에도 불구하고 최대한 정확한 내용이 되길 바란다. 그럼에도 나의 서술 방식 때문에 과학사의 몇몇 주요 측면을 건너뛸 수밖에 없었다. 가령 나는 화학 주기율표의 발전이라든가, 하물며 원자가(原子價)에 대해서 전혀 언급하지 않았다. 또한 이 책은 생물학 분야의 세포 이론의 발전에 대해 이야기하지 않으며, 지형학의 역사에 나오는 대륙 이동설에 관해서도, 하물며 판구조론의 이론에 대해서도 전혀 언급하지 않는다. 하지만 이런 주제와 관련된 이야기를 충분히 함으로써 독자들이 스스로 찾아볼 수 있도록 했다. 독자들은 그렇게 해봄으로써 내가 간결성을 살리기 위해 어떤 내용을 포함 또는 제외할지에 관해 다른 선택을 했더라면 그런 주제들도 얼마든지 다룰 수 있었음을 알게 될 것이다.

세 번째 원칙은 사상 또는 사고의 역사에 집중하여 과학사를 간결하게 살펴보는 것이다. 이 책의 관심사는 자연계에 대한 다양한 사고다. 이런 사고 덕분에 사상가들은 세대를 거듭하면서 세계의 구성 방식 그리고 어떻게 세계의 각 부분이 상호작용하여 오늘날 우리 주변에서 보이는 갖가지 자연현상을 만들어냈는지를 완전히, 또는 일부나마 이해했다고 믿게 되었다. 이런 접근법의 대안으로는 과학의 실천적 측면에 초점을 맞추거나, 단지 실험 방식의 발전이 아니라 전문적인 실험 장비 그리고 세계와 그 부분들을 관찰하고 측정하기 위한 전문적인 도구에 집중하는 방법이 있을 수 있다. 하지만 어쨌거나 우리는 사건을 압축하여 간결하게 만드는 데 초점을 맞춘다. 어떤 실험을 중요하게 만든 이론(또는 어쩌면 애매한 가정)을 자세히 설명하지 않고서 실험 기법의 역사적 발전 과정을 설명하는 것은 불가능하다. 실험은 이론을 검증하거나 수많은 가정 중 하나를 선택하기 위해 고안된 것이기 때문이다. 따라서 간결성을 위해 우리는 사상의 이론적 측면을 살피며, 실험적 측면에 대해서는 대부분 실험을 통한 확인 여부만 짚고 넘어간다. 대안적인 접근법을 따랐다면 책의 내용이 더 풍부해지긴 하겠지만 어쩔 수 없이 분량이 많아졌을 것이다.

마찬가지로 이 책에서는 많은 사상들이 어떤 다양한 방식으로 응용되었는지에 대해서는 살펴보지 않는다. 대신 우리는 왜, 어떻게 제임스 클럭 맥스웰이 전파(라디오파)의 존재를 예측했는지, 하인리히 하이츠가 어떻게 자신의 실험실에서 전파를 발생시키고 이를 탐지하여 맥스웰의 주장이 참인지를 증명할 수 있었는지에 관심을 가진다(23장 참고). 하지만 어떻게 굴리엘모 마르코니가 그것을 이용하여 무선통신을 개발했는지에는 관심이 없다. 또한 우리는 왜, 어떻게 아인슈타인이 에너지와 질량이 본질적으로 동일하고, 따라서 질량이 에너지로 변환될 수 있다는 발상을 내놓았는지에 관심이 있다. 그렇다고 원자폭탄 제조의 역사적 과정을 쫓지는 않는다.

이 책은 고대 그리스인들이 과학에 기여한 업적에서부터 시작한다. 고대 그리스는 세계를 합리적이고 자연주의적인(초자연적이 아닌) 방법으로 설명한 초기 사상가들을 배출했는데, 그들이 세계를 설명한 방법들은 2000년 동안 거듭하여 채택되고 시대에 맞게 수정되어왔다. 고대 그리스 사상에서 르네상스 사상까지 과학사상의 부침을 추적한 후 우리는 역사가들이 '과학혁명'이라고 이름 붙인 현상을 살펴본다. 이 시기에는 그전까지 사변적인 자연철학에 머물렀던 과학이 근대 과학의 성향을 뚜렷이 지닌 방법론과 목표를 도입했다. 이어서 우리는 역사가들이 '계몽의 시기'라고 명명한 시대를 살펴본 다음 19세기와 20세기로 넘어온다. 이야기는 20세기 전반기에서 끝난다. 그 후부터 현재까지는 다루지 않는다. 한편 우리는 고대 그리스 철학과 초기 과학사상에 관한 기독교 신학, 실험적 방법의 발전, 뉴턴 과학이 성공한 이유, 생명 진화의 이론들이 겪은 굴곡의 역사 등 다양한 주제를 살펴본다.

이 책에서 펼쳐지는 이야기는 뒤로 갈수록 점점 시야가 좁아진다. 즉 처음에는 고대 그리스인이 가졌던 지식의 기본 토대에 대한 관심에서부터 16세기와 17세기에 생겨난 우주의 속성과 구조에 대한 관심에 이르기까지 세계의 본질을 이해하기 위한 폭넓은 시도들을 살펴본다. 두 번째로는 18세기와 19세기에 생겨난 지구 자체의 속성에 대한 관심, 지구의 탄생 그리고 시간에 따른 지구의 발전 과정을 다룬다. 그다음에는 시야를 좁혀서 식물과 동물의 발전, 그리고 궁극적으로는 인간의 발전을 살펴보고, 마지막으로 원자와 아원자가 활약하는 낯선 세계로 내려간다.

이야기를 짧게 하려다 보니 독자들은 이 책에서 논의된 많은 사상가들의 삶을 자세히 알지 못해 실망할지도 모르겠다. 어떤 숨은 의도가 있어서가 아니다. 과학자의 사적인 이력이 그가 이룬 업적과 무관하다고 주장하려는 것도 아니다. 결코 그렇지 않다. 다만 이야기를 짧게 하기 위해서이다. 과학자의 생애를 다룬 책은 널려 있으므로 이 주제에 관심 있는 독자라면 책 말미에 소개하는 '더 읽을거리'를 통해 아쉬움을 달랠 수 있을 것이다. 이 책에서 다룬 거의 모든 사상가별로 책 한 권 분량의 전기가 나와 있고, 이와 별도로 인물 사전도 많이 있다. 영국 사상가를 알아보려면 신판 《국내 인물 옥스퍼드 사전*Oxford Dictionary of*

National Biography》이 훌륭한 출발점이 될 것이다. 이 사전은 주요 학술 도서관 홈페이지를 통해 온라인으로 볼 수 있다. 영국 이외의 사상가라면《과학자 인물 사전*Dictionary of Scientific Biography*》부터 시작하는 편이 좋다(자세한 서지 사항은 '더 읽을거리' 참고).

과학철학이나 과학에 관한 사회학적 이론에 관심이 있는 독자들 또한 책 내용에 이론적 근거가 부족하다며 실망할지 모르겠다. 이 책에서는 과학적·역사적 변화를 모두 아우르는 이론을 소개하지 않는다. 잇따른 과학혁명을 통해 과학이 발전한다는 토머스 쿤의 이론이나 과학적 발견에 관한 어떤 단일 이론 또는 과학적 합의도 지지하지 않는다. 역사가로서 나는 선입견에 내재된 위험을 잘 알고 있다. 프랜시스 베이컨이 17세기 초에 지적했듯이(7장 참고), 말하자면 이론들은 저마다의 마음을 갖고 있기에 자신의 시종으로 하여금 일치하는 증거는 받아들이고 그렇지 않은 것은 버리게끔 만든다. 철학자와 과학사회학자들 사이에는 역사적인 사례 연구를 이용하여 철학적 또는 사회학적 이론을 설명하고 지지(또는 반박)하는 전통이 지금도 유행하고 있다. 나는 그렇게 하지 않는다. 단지 과학이 어떻게 발전했는지 설명할 뿐이다. 만약 나의 과학사 이야기에서 어떤 일반 원리가 있다면 이 원리를 찾는 일은 철학자와 과학사회학자들에게 맡긴다. 또한 나는 일부 철학자와 사회학자들이 자신들의 논의에만 적용될 뿐 과학의 여러 다른 측면에까지 확장되지 않는 나쁜 역사, 또는 기껏해야 제한된 역사에 그릇되게 기대고 있음을 잘 알고 있다. 좋은 역사란 임의의 사건들 각각에 깃든 우연성을 드러내줌으로써 말끔하고 정연한 하나의 과학철학을 수립하려는 어떠한 시도도 허물어뜨리는 경향이 있다. 전문적인 과학사—사실상 1960년대에 시작된 최근의 전문 분야—는 과학철학자들이 '과학은 무엇인가'라는 철학적 이론에 들어맞게끔 과학사를 서술하는 방식에 불만을 가지면서 시작되었다.

따라서 나는 이 짧은 과학사에서 역사에서 무슨 일이 일어났는가, 그것이 어떻게 시작되었으며 어디로 이어졌는가, 그리고 어떻게 지금의 상태에 이르렀는가를 설명하고자 했다. 나는 좋은 역사를 제공할 뿐 그 외의 다른 어떤 것도 내놓지 않겠다는 포부로 이 책을 썼다. 하지만 모든 역사 연구가 그렇듯이, 과거를 이해하려고 할 때는 문화적 상대주의 관점이 필요한데도 우리 자신의 문화적 관점에서 벗어나기란 참으로 어려웠다는 점을 이 자리를 빌려 밝혀둔다.

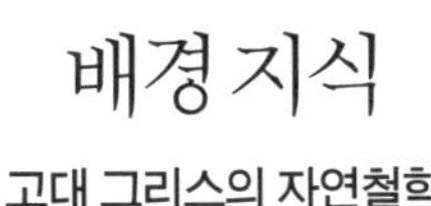

배경 지식
고대 그리스의 자연철학

세계를 탐구하려는 초기의 시도는 실용적인 목적에 따라 이루어진 듯하다. 드러난 증거에 따르면, 초기 문명들은 의료 목적에 사용될 수 있는 식물 및 기타 자연 재료들(동물 또는 광물)에 대한 얼마간의 지식을 갖고 있었다. 더욱 놀랍게도 초기 메소포타미아 문명과 바빌로니아 문명이 천체를 자세히 관찰했다는 명백한 증거가 있다. 게다가 스톤헨지와 뉴그레인지 같은 선사시대 구조물이 해나 달 또는 이 둘의 순환 주기를 정확히 알아내기 위해 세워졌다는 것도 부정하기 어렵다. 이러한 구조물 외에도 다양한 고대 문명에서 세운 피라미드 같은 인상적인 기념비와 무덤을 볼 때, 선사시대 및 고대의 사람들은 특별하게 개발된 기술을 이용할 수 있었을 뿐 아니라 오늘날에도 어려워 보이는 업적을 성취하는 데 필요한 실용적 수학 기법을 개발했음을 알 수 있다. 하지만 이 책에서 우리의 관심사는 실용적 재주에 있지 않다. 비록 이런 재주가 수학이나 기술과 관련이 있긴 하지만 말이다. 우리의 관심사는 자연현상을 이해하기 위한 시도에 있다. 이번 장의 목표는 인류가 주변에서 일어나는 물리적 현상을 이용하기 위해서가 아니라 설명하기 위해 최초로 어떤 노력을 했는지를 밝히는 일이다.

하지만 눈에 보이는 현상 너머에 실제로 무엇이 일어나고 있는지를 설명하려는 초기의 시도들은 일종의 인간 중심주의에 기대고 있는 듯하다. 태양은 말이 끄는 마차가 달리기 때문에 하늘을 돌며, 이 마차는 사람이 몬다. 물론 이 마부는 특별한 존재이기에 신이라고 불렸으며, 이런 특별한 능력 외에는 사람과 매우 흡사하다. 마찬가지로 땅과 물은 별개의 두 실체다. 땅은 여자이고 물은 남자이기 때문이며, 이 둘이 서로 짝을 지으면 초목 및 다른 생명체들이 생겨난다. 이번에도 여자는 여신으로, 남자는 (남)신으로 불렸지만 생명을 낳은 이 신들은 분명 인간을 모범으로 삼고 있으며, 이들의 창조 능력은 인간이 새로운 인간을 낳는, 인간에게 익숙한 경험을 바탕으로 하고 있다. 게다가 이 둘 외에도 더 많은 신들이 살고 있었다. 신들은 다양한 권력 관계, 욕망, 시기심 그리고 온갖 인간적인 약점을 지니며 서로 얽히고설켜 있었다.

우리가 주목할 것은 자연계를 자연주의적 관점에서 설명하려는 초기의 시도다. 세계를 인간의 관점이 아니라 그 자체의 관점에서 설명한 문명, 아울러 자연적인 관점이 무엇인지를 정의한 다음에 그러한 관점에 따라 설명된 세계를 자연계라고 규정한 문명을 찾아야 한다는 뜻이다.

우리가 아는 한 그렇게 한 최초의 문명은 고대 그리스인의 지중해 문명이다. 고대 그리스인들은 체계적인 사고방식을 마련한 최초의 사람들로 보이는데, 그들은 이런 사고방식에 철학이라는 이름을 붙이기까지 했다. 철학적 사고라면 주로 도덕이나 법 또는 정부 형태에 관한 것으로 간주될지 모르나, 적어도 어떤 사상가들은 자연의 철학—인간 사회를 둘러싼 세계가 왜 현재와 같은 모습인지, 그리고 이 세계가 어떻게 작동하는지를 이해하는 방법—을 마련하는 것이 중요하다고 여겼다.

자연현상을 자연적 관점에서 설명한 최초의 사상가는 탈레스(Thales, 대략 기원전 624~546)로 알려져 있다. 그는 이오니아 지방의 밀레토스에서 살았는데, 이곳은 현재 터키 본토에 해당한다. 탈레스가 등장하는 이 시기는 인류 역사의 독특한 전환점으로서, 이때부터 자연에 대한 철학적 탐구가 싹트기 시작했다. 현대 서양과학은 이러한 발전의 연장선 위에서 이루어졌다.

그런데 이 시기가 정말로 대단한 전환점이라면 이렇게 묻지 않을 수 없다. 왜 하필 그리스였을까? 왜 기원전 6세기부터 시작되었을까?

우선 언급하고 싶은 말은, 고대 그리스에는 뛰어난 천재들이 넘쳤다는 대답은 아무런 소용이 없다는 것이다(상자글 1.1).

그렇다면 고대 그리스인들이 물리적 세계를 이해하기 위한 합리적이고 자연주의적인 방법을 발전시키게 된 이유는 무엇일까? 놀랍게도 고대 그리스·로마 연구자들의 일치된 의견에 따르면 고대 그리스의 독특한 정치 체제가 주된 원인이었다.

고대 그리스의 역사를 세세히 들추어볼 필요는 없고, 강력한 군주가 나라를 지배했던 이집트나 바빌로니아 또는 페르시아 같은 다른 초기 문명들과 달리 그리스는 개별 도시국가들(아테네, 스파르타, 코린토스 등)로 이루어진 불안정한 집합체였다는 사실만 이야기하면 충분하다. 이 독특한 정치 조직은 대체로 지리적 요인에서 비롯되었다. 설령 그리스 본토라 할지라도 한 도시의 발달은 골짜기 아래쪽의 좁고 평평한 지역에 국한되어 있었고, 산악 지대인 탓에 다른 도시들과 동떨어져 있었

천재라는 개념을 끌어들이는 것은 좋은 설명 방법이 아니다(오히려 어리석은 방법이다)! 우리가 찾아야 할 설명은 어떻게 해서 어떤 사상가들은 다른 이들이 알아내지 못한 것을 알아냈으며, 다른 이들은 이해할 수 없었거나 고의적으로 거부한 것을 자신만의 사고방식을 통해 이해할 수 있었느냐는 것이다. 갈릴레오가 자유낙하의 법칙을 발견한 것은 그가 천재였기 때문이라는 말은 다른 사람은 모두 바보였다는 말만큼이나 터무니없다. 역사를 연구하고 나면 어느 특정한 인물이 그러한 발견을 할 수 있었던 이유를 십중팔구 설명할 수 있다. 대체로 그것은 발견자가 제때에 제 장소에 있었느냐의 문제다. 여기서 제 장소란 올바른 정신적 위치, 곧 사고방식을 뜻한다. 때때로 이런 설명은 잠정적이고 추정적—역사의 본질—일 수밖에 없지만, 천재 탓으로 돌리는 것보다는 훨씬 진실에 가깝다. 천재라서 가능했다는 설명은 발견자가 발견할 만한 것을 발견했다는 말과 다를 바 없다.

다. 다른 도시들은 그리스 열도의 작은 섬들과 지금의 터키 해안 또는 이탈리아나 북아프리카 해안의 여러 작은 식민지에 흩어져 있었다. 본토 도시들끼리도 바다를 통해 왕래해야 했다. 이런 도시들은 비교적 자치를 누린 데다 인구도 적어 정치적 사안이 생기면 구성원들이 서로 얼굴을 맞대고 논의할 수 있었다. 그 결과 구성원들은 사상의 독립이라는 중요한 결실을 맺게 되었고, 그 덕분에 (시민들의 분노를 샀던 이전의 과도정부나 독재정부를 대체하면서) 기원전 6세기에 민주적인 정부 형태를 갖추기 시작했다. 민주주의를 강조하다 보니 더 평등한 사회가 되긴 했지만(민주적 절차에 참여한 시민들은 그런 혜택을 누렸지만, 여성이나 외국인은 제외되었다), 사회 조직이 복잡해지는 바람에 정교한 법률을 마련해 조직을 관리해야 했다. 그 덕분에—어느 그리스 도시를 막론하고—정치적인 식견이 있고 비판적이며 정치 활동에 참여하는 인구가 유례가 없을 정도로 많아졌다. 정치적 발전에 힘입어 법과 정의 그리고 이와 관련된 사상의 본질이 철학적으로 논의되기 시작했다.

이집트와 메소포타미아에서는 최고 권위자인 파라오나 황제가 내리는 선언이 곧 법이었다. 하지만 그리스에서는 모든 시민이 저마다 정부 내에서 또는 적어도 자신들이 바라는 통치 형태를 결정하는 데 어느 정도 역할을 했기 때문에, 법의 개념은 비록 추상적이긴 하지만 사람들이 인식할 수 있는 뚜렷한 특징을 지닌 실체로 간주되었다. 달리 말하자면, 법은 독재자가 마음대로 부리는 변덕이 아니라 사회가 존재하면 으레 생기게 마련인 '자연적' 요소로 여겨졌다. 법을 사회의 내재적인 속성으로 본 것이다. 그들이 보기에 법이 없으면 사회가 제대로 기능할 수 없고 애초에 생겨날 수도 없었다.

어쩌면 사회가 기능하는 방식과 이러한 기능을 유지하는 데 필요한 법의 역할을 중요하게 여기는 태도가 자연에 대한 탐구로 이어진 듯하다. 고대 그리스 철학에는 독특하게도 자연법칙이라는 개념—세계는 따로 떨어진 것들의 단순한 집합이 아니라 하나의 조화로운 우주라는 개념—이 있었다. 잘 다스려지는 도시국가 같은 질서 있는 체계는 자연법칙, 곧 삼라만상을 지배하는 법칙에 따라 작동한다고 여겼던 것이다. 이러한 자연법칙이 세계의 본성에 내재되어 있다고 보았다. 자연법칙에 대한 초기의 논의를 살펴보면, 자연법칙의 기원이 사회법칙과 비슷한 개념으로 시작되었음이 드러난다. 가령 아낙시만드로스(Anaximandros, 기원전 610년경~547)는 이렇게 썼다. "존재하는 사물들이 저지른 불의는 시간의 흐름에 따라 서로 벌과 보상을 주고받으며 정리된다." 여기서

'사물들'은 인간적인 사건이 아니라 삼라만상을 일컫는다. 그는 세계의 본성에 관해 언급했던 셈이다. 마찬가지로 헤라클레이토스(Herakleitos, 기원전 535년경~480년경)는 이렇게 말했다. "태양은 자기 경로를 벗어나지 않을 것이다. 만약 그런 일이 벌어진다면 정의의 시녀들이 태양의 탈선을 알아낼 것이다." 오늘날 우리가 살아 있지 않은 물체가 운동법칙을 '따른다'고 말하듯이 헤라클레이토스도 정해진 경로를 벗어나는 것은 법을 어기는 행위이므로('정의의 시녀들'이 이를 감시한다) 태양이 천체의 경로를 벗어날 수 없다고 말한 듯하다.

물론 모든 그리스인이 자연이란 자연법칙이 지배하는 조화로운 우주임을 직관적으로 파악했으리라고 여긴다면 순진한 생각일 것이다. 하지만 선구적인 지성인들은 그렇게 생각했으며, 더군다나 사람들에게 이런 사상을 전파하기 위해 그리스 전역에 학교를 세웠다. 민주주의를 추구하는 경향 덕분에 솜씨 좋고 설득력 있는 대중 화술의 중요성을 깨달은 사람들이 등장했고, 아울러 법률가, 행정가, 교사, 연설가처럼 대중적인 방식으로 교육받은 사람들이 필요해졌다. 이들은 논쟁의 힘이나 말의 설득력으로 다른 사람들을 설득하고자 했다.

이렇듯 고대 그리스는 정치적·사회적 구조 덕분에 철학자가 활약할 수 있는 기반이 마련된 셈이다. 이는 어떤 사회에서도 이전에(또는 이후에?) 없었던 일이다. 철학자들은 수사적 또는 논리적 주장의 힘으로 설득 기술을 사람들에게 교육시키기 위한 학교를 세웠다.

바로 이 철학자들—적어도 이들 중 가장 유명한 이들—이 지식을 얻기 위한 과학적 방법의 기원이라고 알려진 자연철학을 발전시키기 시작했다. 가령 탈레스는 자연철학자일 뿐 아니라 입법자 겸 정치 지도자였다. 아낙시만드로스는 법률 및 식민지 아폴로니아를 위한 헌법을 제정하는 데 도움을 주었다고 한다. 그러가 하면 엘레아의 파르메니데스 (Parmenides, 기원전 480년경에 활약)는 그가 사는 도시의 법을 제정했다고 한다.

변화의 문제 그리고 환원주의

초창기 자연철학자들의 사상을 담은 현재의 기록을 보면, 분명 그들은 혼돈스러워 보이는 주변의 세계에서 질서를 찾는 데 관심이 있었다. 게다가 그들은 하나의 근본적인 구성 원리에 따라 그런 질서를 찾으려고 한 듯하다. 다시 말해, 복잡한 실체들을 단일한 설명 원리 또는 설명 원리들의 작은 그룹으로 환원시키려고 시도했다.

우리 주위의 물리적 세계는 (내가 좋아하는 모순어법을 빌리자면) 끊임없이 변화하는 상태에 있는데, 이는 혼란한 세계를 어떤 법칙(로고스)이 지배하는 질서정연한 우주로 환원시키려는 사상가에게 문젯거리를 던져준다. 일반적으로 고대 그리스인들은 변화 가능성을 인정하기를 꺼렸던 듯하다. 저명한 고대 그리스 · 로마 학자인 W. K. C. 거스리(W. K. C. Guthrie)는 인간 본성의 관점에서 이를 다음과 같이 설명했다. "인간의 마음속에는 변화를 거치면서도 일정하게 유지되는 어떤 것을 찾고자 하는 경향이 깊이 내재되어 있다." 하지만 나에게는 설득력이 없는 주장이다. 내가 보기에는 정치적 배경이 고대 그리스인들의 사고를 이해하는 데 더 나은 단서인 듯하다. 고대 그리스인들에 따르면 인간과 신의 중요한 차이점은 인간은 자신의 운명을 모른다는 것이다. 많은 그리스 저술가들이 증언하듯이, 그리스 사회가 정치적 의식과 정치 참여

첫 번째 어려움은 고대 그리스 과학을 역사의 단 한 시기에 속하는 것으로 치부한다는 점이다. 달리 말해, '고대 그리스'라는 딱지는 때때로 '20세기의 과학'이나 '영국 빅토리아 시대의 과학' 또는 다른 어떤 짧은 시기의 과학 정도로 여겨질 수 있다. 밀레토스의 탈레스는 기원전 6세기가 시작될 무렵에 활약했던 반면에, 플라톤(Platon, 기원전 347)과 아리스토텔레스(Aristoteles, 384~322)는 기원전 4세기에 활약했으며, 클라우디오스 프톨레마이오스(Klaudios Ptolemaeos, 90~168)와 갈레노스(Claudios Galenos, 129~199)는 서기 2세기에 이르러서야 실력을 과시했다. 따라서 탈레스에서 프톨레마이오스와 갈레노스까지 약 700년의 시간 간격이 존재한다. 이는 21세기의 우리와 13세기에 사는 사람만큼의 차이다(변화의 속도가 그때보다 더 빠르긴 하다).

또 한 가지 어려움을 꼽자면, 초창기 자연철학자가 남긴 글이 하나도 없다는 것이다. 우리는 아리스토텔레스와 같은 후대의 사상가들이 남긴 기록을 통해 그들의 사상을 알 수 있을 뿐이다. 만약 아리스토텔레스든 다른 누구든 어떤 초기 사상가에 대해 비판적인 시각을 가졌다면, 그의 사상을 정확하게 알기는 어렵다. 비유하자면, 지그문트 프로이트의 저술이 모두 분실된 상태에서 내게 기대어 그의 사상을 재구성하려는 시도와 비슷하다. 나는 프로이트가 책으로 쓰거나 주장한 내용을 전부 알지도 못할뿐더러, 그에 대해 내가 알고 있는 내용(오이디푸스 콤플렉스, 질 오르가슴, '걸핏하면 히스테리를 부리는 존재인' 여성, 에고와 이드 그리고 슈퍼에고 등등의 개념)도 터무니없는 엉터리 이론이어서 일고의 가치도 없다. 따라서 나는 프로이트의 사상을 잘 설명해낼 리가 없다.

기록을 남긴 고대 그리스 철학자들의 경우에도 너무 오래전의 일이어서 그들이 쓴 내용의 전부는 고사하고 믿을 만한 일부 판본도 거의 남아 있지 않다. 남은 것이라고는 대체로 나중의 고대 그리스 저작물 속에서 인용된 몇몇 짧은 글뿐이다. 고대 그리스 사상가 가운데 어느 정도 완벽한 저술을 남긴 사람은 플라톤이 유일하다. 초기 사상가들을 이해하기 위한 가장 풍부한 출처 가운데 하나는 아리스토텔레스의 저작인데, 아리스토텔레스의 저술인지 진위가 의심스러운 것도 있다. 아리스토텔레스의 것으로 알려진 일부 텍스트들은 그가 직접 쓴 것이 아니라 제자들이 쓴 강의 노트에서 엮은 내용이다. 만약 아리스토텔레스가 자신의 강의에서 탈레스의 말이라고 밝힌 내용을 제자 중 한 명이 받아 적었다면, 누가 곧이곧대로 그 말을 믿을 수 있겠는가?

초기 사상가들의 의견을 재구성할 때 생기는 또 한 가지 문제점은 그리스어의 변화에서 비롯된다. 이전 시대 사상가들의 의견을 기록할 때 아리스토텔레스는 종종 '원소'와 '실체'라는 용어를 사용했다. 하지만 언어학자들에 따르면 아리스토텔레스 이전 시대에는 그런 단어가 쓰이지 않았다고 한다. 아리스토텔레스가 네 가지 원소라고 언급한 것은 엠페도클레스(Empedocles, 기원전 490년경~430년경)의 철학에서 처음 등장하는데, 이때는 오늘날의 단어인 '뿌리'와 가까운 어떤 단어를 썼다. 즉 네 가지 뿌리라고 이름 붙였던 셈이다. 게다가 초기 사상가들의 말이 확실하다 하더라도 의미를 파악하기 어려운 경우가 있다. 당시 사상가들은 이후 시대에 주로 쓰이게 된 전문 용어를 사용하지 않았기 때문이다. 앞서 살펴보았듯이, 아낙시만드로스와 헤라클레이토스가 자연법칙의 개념을 일깨우려고 한 사례에서 이런 점이 잘 드러난다.

그럼에도 불구하고 많은 고대 그리스·로마 학자들은 평생을 바쳐 초기 자연철학자들의 사상을 재구성하는 데 전념하고 있다.

를 강조했다는 사실은 개인의 운명을 스스로 통제하려고 노력했다는 뜻이다. 그러기 위한 한 방법으로서, 우여곡절에 따라 변하는 우발적 정치 상황에 대응하고자 정치적 안정성을 확립했던 것이다.

이런 사고방식이 물리적 세계를 이해하려는 시도에도 적용된 듯하다. 우리 주변에 보이는 변화 이면에 어떤 안정성, 어떤 변하지 않는 진리가 틀림없이 존재하리라고 여겼던 것이다. 그렇다면 어떻게 고대 그리스 철학자들은 이 안정성을 찾아냈을까? 답은 간단하다. 바로 여러 가지 환원주의 전략에 의해서였다.

탈레스부터 시작해보자. 우리는 탈레스에 대해 아는 것이 많지 않다. 하지만 세상 모든 것이 겉보기와 달리 물로 이루어져 있다고 그가 제안했음은 알고 있다. 물은 유체(流體)이고 형태가 변할 수 있지만 어쨌든 언제나 물이다. 물은 우리가 기체(증기 또는 김) 또는 고체(얼음)라고 여기는 형태로 바뀔 수 있지만, 그래도 여전히 물이며 다시 원래의 유체 상태로 되돌아갈 수 있다. 탈레스는 모든 것은 상이한 형태의 물로 이루어져 있기에 이 세계는 정신이 없을 만큼 복잡해 보이지만 실제로는 단 하나의 것이라고 주장하고 싶었던 듯하다.

하지만 모든 것이 물의 여러 형태라는 가정에는 한 가지 큰 문제점이 있다. 가령 불은 물과 정반대의 것이라는 상식적인 믿음에 반하는 것이다. 그렇다면 불이 물의 변형체라는 것을 어떻게 설명할 수 있을까?

이런 식의 추론을 통해 역시 밀레토스 출신인 아낙시만드로스는 모든 것이 '무한정자(아페이론 또는 '영원자')'라는 추상적 원리에서 비롯된다는 개념을 내놓았다. 아낙시만드로스는 나무가 씨앗에서 자라는 것과 똑같은 방식으로 우리가 보는 세계는 무한정자에서 자라난다고 설명한다. 알다시피 씨앗은 분화되지 않은 실체로 보이지만 잎, 과일, 껍질, 수심(樹心), 뿌리, 꽃 등을 만들어낸다. 마찬가지로 삼라만상의 다양성은 모두 무한정자에서 생겨나며, 무한정자 자체는 분화되지 않는다. 안타깝게도 우리는 어떻게 아낙시만드로스가 이런 생각을 하게 되었는지는 모른다.

세 번째 밀레토스의 철학자 아낙시메네스(Anaximenes, 기원전 545년경에 활동)는 좀 더 물질적인 최초 원리로 되돌아갔다. 공기를 만물의 근원으로 본 것이다. 탈레스처럼 그도 공기가 물로 변환될 수 있고(구름의 형성과 구름이 비로 떨어지는 현상에서 얻은 발상), 이어서 얼음처럼 딱딱해질 수 있다고 주장했다. 의미심장하게도 공기가 엷어져서 불이나 심지어 빛으로 바뀔 수 있다는 가정에는 아무런 문제도 없는 듯하다. 둘 다 공기보다 훨씬 더 미묘하고 엷은 유체라고 볼 수 있기(실제로도 종종 그렇게 여겼기) 때문이다.

이와 같은 자연철학의 초기 사례들을 접하면서 어떤 독자들은 신화일 뿐 과학적 사고의 시작으로 여길 만한 가치가 없다고 느낄지 모른다. 하지만 우리가 주목할 점은 이들의 설명에 신의 행위나 어떤 비자연적인 요소도 끌어들이지 않았다는 것이다. 심지어 아낙시만드로스의 '무한정자'도 씨앗에 비유된다(비록 이 씨앗은 우주를 가득 채우며, 이로부터 만물이 생성되는 어떤 혼돈스러운 유체의 모습으로 제시되긴 했지만 말이다. 어쨌거나 그런 설명도 자연적인 어떤 것이지 인간적인 행위에 의존하지 않는다).

게다가 이 초기 사상가들이 이성적인 사고를 지녔음을 알려주는 증거가 있다. 이미 살펴보았듯이 아낙시만드로스는 탈레스의 '물 근원론'이 불을 설명해줄 수 없다는 이유로 이를 거부했다. 또한 그는 지구가 공간 속에 아무런 매인 데 없이 떠 있는데도 제 위치에 머물 수 있는 까닭은 주변의 모든 천체와 동일한 위치에 놓여 있기 때문이라고 주장했다. 이는 종종 탈레스가 내놓은 것으로 보이는 이론에 대한 이성적인 반응이었다. 탈레스는 지구가 우주의 물 위에 떠 있다고 보았기에, 당연히 그 물이 어디에 담겨 있느냐는 의문을 불러일으킨 것이다. 마찬가지로 아낙시만드로스는 인류는 물고기에서 진화했다고 주장했다. 이렇게 추론한 이유는 인간이 태어나서 자립하기까지는 여러 해에 걸쳐 돌봄을 받아야 하듯이 인간이 어느 날 갑자기 땅에 등장할 수는 없다고 보았기 때문이다. 인간이 (아담과 이브처럼) 완전한 성인의 형태가 아니라 처음에는 당연히 아기에서 시작한다고 여겼다는 데서 그의 자연주의적 관점이 여실히 드러난다.

초기 사상가들이 이 세계의 복잡성을 모든 변화의 밑바탕에 놓인 단순한 불변성으로 환원시키려고 시도한 데 비해, 이오니아의 한 사상가는 "만물은 끊임없이 유전한다"는 유명한 주장을 남겼다. 바로 "우리는 같은 강물에 두 번 들어갈 수 없다"고 주장한 헤라클레이토스다(두 번째 강물은 완전히 달라져 있기에 결코 이전과 같은 강물이 아니기 때문이다). 하지만 그가 보기에도 가장 중요한 문제는 온갖 변화 속에서도 어떻게 불변성이 유지되는가였다. 일상의 경험으로만 판단하자면 세상에는 변화 외에는 아무것도 존재하지 않는 것처럼 보인다. 하지만 신중히 생각해보면 어떤 일관된 계획, 일어날 수 있는 변화의 종류들을 제한하는 (어쨌거나 강에는 언제나 흐르는 물로 채워져 있지 위스키나 당밀로 채워져 있지 않다) 어떤 '결정'이 틀림없이 존재한다. 헤라클레이토스는 이 결정하는 특성을 로고스(logos. 원래는 '측정' 또는 '계산'이라는 뜻이었지만 나중에는 '이성'이나 심지어 '말(언어)'을 뜻하게 되었다)라고 일컬었다. 그가 보기에 이 질서 원리는 결국 우리의 경험으로 파악할 수 있는 것이다. 물론 대부분의 사람들은 일상생활 속에서 일어나는 온갖 변화들에 휘둘려 그것을 인식하지 못하지만 말이다. 그는 이렇게 말했다. "모든 것이 이 로고스에 따라 생기는데도 사람들은 이를 경험하지 못해 …… 알아차리지 못한다."

'로고스'가 모든 것을 통합하는 하나의 일관된 법칙이라고 하면 간단할 텐데도, 애매모호한 사상가로 유명한 헤라클레이토스는 이 문제를 복잡하게 만들어버렸다. 그는 로고스를 불과 동일시한 듯하다. 이는 물이나 공기를 불로 대체함으로써 탈레스와 아낙시메네스의 환원주의로 되돌아가는 듯 보일 수도 있지만, 헤라클레이토스가 불을 로고스와 같은 좀 더 추상적인 원리와 동일시한 것은 아낙시만드로스의 '무한정자' 개념과 닮아 있다. 게다가 헤라클레이토스는 불을 일종의 능동적인 원리로 여겼다. 불은 단지 물질의 또 하나의 형태가 아니라 우주에서 활동하는 하나의 원동력이었다. 하지만 불이 결정 원리인 로고스이기도 하다면, 이는 불은 아무렇게나 행동하지 않으며 변화는 언제나 로고스에 의해 정해진 한계 내에서 이루어진다는 제약에 따른다는 의미이기도 하다.

우리의 시선을 지중해의 동쪽 끝에 있는 그리스 땅에서 벗어나 지금의 이탈리아의 남쪽 지역으로 옮기면 변화를 다루는 전혀 다른 방식과 마주치게 된다. 아마도 초기 그리스 철학자 가운데 가장 유명한 사람 중 하나는 엘레아의 파르메니데스일 것이다. 후대의 그리스 철학에 남긴 파르메니데스의 영향을 살펴보면, 학식 있는 그리스인들에게 변화의 문제를 해결하는 것이 얼마나 중요한 일이었는지를 알 수 있다. 다양성의 토대인 통일성 그리고 주위에 보이는 변화의 가능성 너머에 놓인 질서를 찾는 일이야말로 가장 큰 해결 과제였던 것이다. 우리는 파르메니데스에 관해 별로 아는 바가 없지만, 그가 남긴 가장 중요한 작품인 〈진리의 길〉이라는 시를 통해 중요한 내용을 알아낼 수 있다.

이상하게 들릴지 모르겠지만 파르메니데스는 변화의 실재를 부정하는 철학을 발전시켰다. 따라서 어떤 의미에서 그는 변화가 존재함을 부정함으로써 이 세계의 변화 가능성과 관련된 문제와 정면으로 부딪혔다. 당시 사람들에게 깊은 인상을 남긴 주장을 통해 그는 실제로 존재

1.3_ 피타고라스, 피타고라스주의자들 그리고 자연계의 수학

피타고라스(Pythagoras, 기원전 570년경~495년경)는 고대 그리스 철학자 중 가장 유명한 편이지만, 죽고 난 직후부터 베일에 싸인 채 전설로만 어렴풋이 알려져 있다. 그는 적어도 한 차례 이상 법률가 겸 정부 관리를 맡았을 뿐 아니라 추종자들을 거느린 종교 지도자이자 피타고라스 형제단이라는 비밀 종교단체의 창시자로 알려져 있다. 신앙심이 매우 깊은 신도여야 믿는다는 종교 지도자에 관한 전설적인 이야기의 주인공이기도 하다. 그렇다 보니 사후 약 100년이 지나 플라톤과 아리스토텔레스의 시대에 이르렀을 때는 그의 추종자들을 제외하고는 누구나 피타고라스에 관한 이야기라면 모조리 의심스러워했다. 여기서 우리는 그의 종교적·도덕적 가르침을 살펴볼 필요는 없다. 비록 지금도 대단한 성취라고 인정받는 기하학과 수학에서 이룬 업적은 피타고라스와 그 추종자들이 보기에는 분명 종교적 가르침의 한 부분이었지만 말이다.

피타고라스에 관한 전설 가운데 진실이라고 볼 만한 것은 그가 음정 간격이 어느 정도 단순한 수치 비율에 대응한다는 원리를 발견했다는 것이다. 받침대의 위치를 조절할 수 있는 일현금(현이 하나 달린 음향 측정 기구―옮긴이) 줄의 길이는 음정 간격에 따라 달라진다. 한 옥타브를 내는 줄의 길이는 1:2의 비율이고, 4도 화음은 4:3, 5도 화음은 3:2의 비율이다. 이런 관찰을 바탕으로 피타고라스는 모든 것이 숫자 또는 비율에 의해 표현될 수 있다고 주장하기에 이르렀다. 아리스토텔레스는 이렇게 적었다. "그들은 그것의〔수학의〕원리가 삼라만상의 원리라고 생각했다."

피타고라스주의에 관한 상세한 설명은 이 책의 주제를 넘어서기에 생략하고 핵심만 말하자면, 피타고라스를 신봉하는 이 피타고라스주의자들은 수 또는 기하학 그리고 이 둘이 따르는 규칙이 무질서해 보일 수 있는 자연과 불가해한 가변성의 세계에 질서를 부여한다고 믿었던 듯하다. 아리스토텔레스가 적었듯이 만약 그들이 '수의 원소'가 '모든 것의 원소'라고 믿었다면 자연계의 온갖 변화는 조화로운 규칙으로 환원될 수 있어야 한다.

따라서 피타고라스주의자들은 오늘날 우리가 참이라고 여기는 것, 즉 물리적 세계가 수학적 용어로 분석될 수 있음을 발견했다고 볼 여지도 있다. 하지만 안타깝게도 피타고라스주의자들은 우리와는 다르게 생각하여(어쩌면 당연한 일이다) 수에 상징적이고 심지어 신비적인 의미를 부여했다. 이는 오늘날의 수비학(數秘學)에 가깝다.

아리스토텔레스에 따르면, 피타고라스주의자들은 '기회', '정의', '결혼'과 같은 개념을 특정한 수의 가상적 특징, 즉 특정한 수에 깃들어 있으리라고 짐작되는 특징과 연계시켜 이해하려고 했다. 또한 여러 가지 대상에 수를 대응시키려고 했다. 가령 말을 그릴 때 다른 네발짐승과 구별되는 말의 뚜렷한 특징을 드러내려면 특정한 개수의 점이 필요했다(큰곰자리에 있는 별들이 어떻게 곰을 표현하는지 생각해보라). 점의 개수는 곧 말(또는 곰 등)을 가리키는 수가 된다. 이것은 세계에 대한 일종의 원자적 관점과도 관련되는데, 이 관점에서는 단위(unity), 즉 숫자 1이 공간상의 한 물리적 점으로 간주되기에 물리적 대상들은 단위 점들로 구성될 수 있다. 아리스토텔레스가 말했듯이, 피타고라스주의자들은 "수가 실재(實在)라고 여겼다. 여기서 수는 실재와 무관한 수가 아니라 실재를 구성하는 수를 가리킨다."

어쩌면 이런 사상 가운데 일부는 피타고라스주의자가 아닌 이들의 오해 때문에 잘못 전해졌겠지만, 오늘날의 시각에서 볼 때 피타고라스의 사상이 수의 가상적 중요성이라는 신비주의적이고 마법적 개념을 띤 수학과 뒤섞여 있다는 점은 부정할 수 없다. 기하학에서 그들은 '황금비율'의 속성에 관심을 가지고 펜타그램을 피타고라스 형제단의 상징으로 채택했다. 오각형 별 모양인 이 도형에서는 교차하는 선들이 서로를 황금비율로 나눈다. 이런 식으로 피타고라스주의는 수리물리학으로 이어지지 않고 신비주의적 전통의 수학으로 흐르고 말았다(펜타그램은 흑마술의 상징이 되었다). 그렇긴 하지만 피타고라스주의자들은 자연계를 이해하는 데 수학이 중요하다는 점을 알아차린 최초의 사상가임이 분명하다.

하는 것은 오직 '일자(一者)'뿐이라고 했다. 그가 주장하기로 이 일자는 결코 변하지 않는다.

이 주장이 당시 사람들에게 충격을 주었다고 강조하는 까닭은 지금 우리가 보기에도 어떤 의미인지 파악하기 어렵기 때문이다. 단지 말장난에 지나지 않는 듯 보인다. 파르메니데스의 말을 단순하게(그리고 곧이곧대로) 표현하자면, 어떤 것이 비존재에서 존재가 된다는 것은 불가능하므로 변화는 있을 수 없다는 것이다. 파르메니데스에 따르면, '되기'라는 개념은 아무런 실제적인 의미가 없다. 왜냐하면 어떤 것이 다른 어떤 것, 즉 자기 자신이 아닌 것이 된다는 뜻이기 때문이다. 어떤 것이 자신이 아닌 것이 된다면 그것은 존재하지 않는 것, 곧 무(無)가 된다. 따라서 어떤 것이 자신 이외의 것이 될 수 없기에 변화도 있을 수 없다. 변화는 논리적으로 불가능한 것이다.

파르메니데스는 "어리벙벙한 채로 귀도 멀고 눈도 먼" 이들을 매섭게 비판했다. 파르메니데스가 보기에 그들은 "판단력이 부족한 탓에 존재와 비존재가 동일하다고 착각하고" 있었다. 아마도 파르메니데스가 말한 이 마지막 구절의 의미는 대다수의 사람들은 변화가 일어난다고, 즉 어떤 상태가 존재하다가 어느 순간에 그 상태가 더 이상 존재하지 않는다고 순순히 인정했다는 뜻이다. 우리가 보기에는 합리적인 듯하지만, 파르메니데스가 보기에 이는 그 '무리'들이 존재와 비존재 사이에 아무런 중요한 차이가 없다고 인정해버렸다는 뜻이다. 물론 이 세상에는 차이가 존재하긴 하지만, 변화를 곧이곧대로 인정하면 존재와 비존재의 이분법을 알아차리지 못하게 된다. 따라서 파르메니데스는 변화를 결단코 부정해야 한다고 주장했다. 오직 다음만이 참된 진술이 된다.

오직 말할 수 있는 바는 그것이 존재한다는 사실이다. 여러 정황으로 알 수 있듯이, 존재는 창조되지도 않고 소멸하지도 않는다. 왜냐하면 그것은 전체이고 불변하며 끝이 없기 때문이다. 그것은 과거에 존재하지 않았고 장차 존재하게 되지도 않는다. 왜냐하면 그것은 바로 지금 존재하고, 하나이며, 연속이기 때문이다.

파르메니데스는 이 사상을 확장시켜, 이 세상에 변화가 있는 것처럼 보이는 것은 환영일 뿐이며 세상은 실제로는 '하나(일자)'이며 변하지 않는다고 주장했다. 고대 그리스·로마 학자들은 지금도 그가 말한 '하나'라는 뜻이 무엇인지를 놓고 논란이 많지만, 한 가지 분명한 사실은 자신의 시 〈진리의 길〉에서 파르메니데스는 세부 사항(가령 소가 풀을 먹으면 그것이 어떻게 우유가 될 수 있는지)에는 관심이 없고 오직 근본적인 형이상학적 진리에만 관심이 있었다는 것이다. 파르메니데스는 물리적 변화의 세부 사항을 이해하려는 시도에 대해 이렇게 말했다. "그런 질문의 길에서 마음을 돌려라. 온갖 경험에서 몸에 밴 습관 때문에 눈과 귀와 혀의 감각에 속아서 그런 길을 따르지 말고 내가 말한 위대한 논의를 이성에 의해 검증하라."

여러분은 변화가 논리적으로 불가능하다는 파르메니데스의 주장에 동의하지 않을지 모른다. 하지만 파르메니데스의 가장 유명한 추종자인 엘레아의 제논(Zenon, 기원전 450년경에 활동)이 제기한 역설을 살펴보자. 제논은 광장(또는 다른 특정 거리의 공간)을 결코 가로질러 지나갈 수 없다고 주장하면서, 그 까닭은 반대편 끝에 이르기 전에 가운데 지점을 통과해야 하기 때문이라고 했다. 그게 무슨 문제가 된단 말인가? 하지만 이런 문제가 있다. 가운데 지점에 이르려면 우선 그 지점까지 거리의 절반 지점에 이르러야 하고, 이 절반 지점에 이르려면 다시 이 절반 지점까지 거리의 절반 지점에 이르러야 하며, 이런 식으로 무한 계속된다. 이런 식으로 생각해보면, 단 한 발자국을 이동하는 데도 무한한 개수의 지점을 통과해야 하므로 우리는 꼼짝달싹하지 못해야 마땅하다(한 발자국을 이동하기 이전에 그 거리의 절반까지 이동해야 한다). 유한한 시간에 무한한 개수의 지점을 통과할 수 없기 때문이다.

이어서 아킬레우스와 거북이의 경주에 관한 유명한 역설이 나온다. 아킬레우스는 거북이에게 자신보다 앞선 지점에서 출발하도록 허락했다. 거북이가 앞선 거리가 얼마나 되건 간에, 일단 출발한 후 거북이가 쉬지 않고 계속 움직이기만 하면, 아킬레우스가 거북이의 출발점에 도착할 때 거북이는 분명 그곳을 떠나 있다. 따라서 거북이가 여전히 이기고 있으며, 아킬레우스는 새로운 거리를 따라잡아야 한다. 이 거리는 분명 처음의 거리보다 짧겠지만(아킬레우스가 매우 빠르므로), 그렇더라도 아킬레우스가 이 거리를 다시 따라잡았을 때 거북이는 벌써 그 지점을 벗어나 앞서가고 있다(거북이는 계속 움직이고 있으므로 아킬레우스가 따라잡으려고 할 때 분명 그곳을 떠난 상태다). 아킬레우스는 이제 좀 더 가까워지긴 했지만 여전히 부족한 거리를 만회해야 하는데, 이 세 번째 거리를 따라잡았을 때에도 역시 거북이는 이미 앞서 나가 있다. 약오르게도 아킬레우스는 거북이를 결코 따라잡을 수 없다는 것이다.

하지만 제논은 조금만 걸으면 광장을 가로지를 수 있다는 사실을 틀림없이 알았을 것이며, 내기를 했다면 결코 아킬레우스가 지는 쪽에 걸지 않았을 것이다. 그의 주장은 운동이 불가능하다는 증거가 아니라 역설처럼 들린다. 이 역설은 처음의 가정이 모순 또는 해결 불가능한 결과를 초래하므로 바로 그 처음의 가정이 틀렸음을 시사한다. 운동은 변화의 일종이므로 파르메니데스가 옳다면 논리적으로 불가능해야 마땅하다. 제논의 역설에 따르면, 비록 파르메니데스의 주장이 직관에 반하는 듯 보이지만 일리가 있을지 모른다.

파르메니데스는 그리스 철학에 위기를 초래한 인물이라고 할 수 있다. 세상의 수많은 상이한 현상들을 설명하면서도 오직 불변의 하나만이 존재한다는 형이상학적 진리를 어떻게 받아들일 수 있느냐라는 난제를 제기했기 때문이다. 원자론자인 레우키포스(Leukippos, 기원전 440년경에 활동)와 데모크리토스(Democritos, 기원전 420년경에 활동)가 나오기 전까지는 아무도 이 문제를 풀지 못했다. 고대 원자론에서는 모든 것이 단 하나의 실체, 한 종류의 물질로 이루어져 있으면서도 상이한 형태로 등장하며 다양한 변화를 겪을 수 있다고 가정한다. 왜냐하면 그 한 물질은 여러 원자들로 나누어지는데, 이 원자들이 상이한 여러 가지 방식으로 결합하거나 분리되거나 재결합함으로써 물리 세계의 온갖 형상을 만들어낸다고 여겼기 때문이다.

기원전 5세기에 이미 이 두 사상가는 오늘날의 과학자들이 물리 세계의 원자 구조에 관해 믿고 있는 핵심 내용을 간파한 것이다. 그것도 현대 과학의 어떤 실험 장치나 기타 도구를 전혀 사용하지 않고서, 단지 이 세계가 불가해한 혼돈임을 인정하지 않고서도 세계의 변화 가능성을 설명할 방법을 찾아내려고 노력한 끝에 이룬 결실이었다. 결과적으로 원자론자들은 파르메니데스의 '일자'를 실재로서 인정하면서도 변화와 운동이 어떻게 가능한지를 밝혀내려고 했다. 그들에 의해 일자는 물질이 되었으며, 그것은 오직 한 종류의 물질이지만 이 세계의 다양한 변화는 이 한 물질의 아주 작은 입자들이 결합하고 재결합하는 방식에 의해 설명될 수 있었다. 게다가 이들은 제논의 역설이 틀렸다면서 다음과 같이 주장했다. 거북이는 더 이상 나눌 수 없는 아주 작은 구간을 이동할 뿐 연속적으로 움직일 수 없기에 아킬레우스는 거북이를 따라잡을 수 있다. 마찬가지로 우리도 광장을 가로지를 수 있다. 왜냐하면 공간이란 무한한 것이 아니라 원자 크기까지만 나뉠 수 있으므로 한 곳에서 다른 곳으로 이동할 때 무한한 개수의 점들을 통과하지 않아도 되기 때문이다.

원자론자들의 발상은 기발하긴 하지만, 당시의 많은 사람들에게는 파르메니데스와 제논의 사상만큼이나 직관에 반하는 것으로 보였다. 따라서 그 대안으로 변화의 문제를 다루는 좀 더 실제적이고 상식적인 접근법을 재확인하려는 시도가 나타났다. 그중 가장 큰 영향을 미친 것은 엠페도클레스의 설명 체계다.

엠페도클레스는 자연계에 대한 가장 인기 있는 견해를 이끌어냈다. 그는 모든 것이 흙, 물, 공기, 불로 이루어졌다고 보고, 여기에다 사랑과 불화의 개념(끌어당김과 밀어냄 또는 친밀함과 소원함 같은 개념)을 보태어 이 네 가지 물질의 상호작용을 설명했다. 변화는 이들 네 '원소'의 서로 다른 비율에 따른 결합, 분해 및 재결합으로 설명된다. 결론적으로 이 견해는 탈레스와 아낙시메네스의 환원주의로 돌아가는 것이지만, 한 가지가 아닌 더 많은 근본 요소의 필요성을 인정하고 있다.

네 가지 원소는 유동적인 방식을 띠는 것으로 여겨졌다. 물은 '유체 원리'에 가까운 관점에서 종종 논의되었고, 흙은 단단함 또는 무거움의 원리로 여겨졌다. 개별 사물들의 구성에 관한 해석도 엄격한 실험적 방식이 아니라 관념적 방식으로 이루어졌다. 가령 나무는 주로 흙으로 이루어져 있지만, 물에 뜨기 때문에 공기도 포함하고 있음이 틀림없다. 나무를 태울 때 연기의 형태로 공기가 빠져나가는 모습으로 이를 확인할 수 있다. 나무가 탈 수 있다는 사실은 나무에 불이 포함되어 있음을 뜻한다. 불도 나무가 탈 때 불꽃의 형태로 빠져나간다고 볼 수 있다. 이와 달리 쇠막대는 타지 않고, 따라서 불을 거의 또는 아예 포함하고 있지 않다. 물에 뜨지도 않으므로 공기도 거의 또는 아예 들어 있지 않다. 하지만 그것은 순수한 흙도 아니다. 왜냐하면 가열하면 녹아서 유체로 돌아가기에 분명 물을 포함하고 있다. 비록 이런 식의 해석은 대체로 기초적이고 일상적인 경험에 바탕을 둔 추론에서 나오는 것이지만, 파르메니데스와 그의 추종자들이 내놓은 추론과는 상당히 다른 유형이다.

파르메니데스가 보기에 물질세계는 참이라고 하기에는 너무 가변적이다. 진리는 불변하고 영원해야 하므로, 참인 것은 오직 하나여야 하며 그것에 관한 지식은 순수한 추론에 바탕을 두어야만 했다. 이와 달리 물질세계는 변화 가능성으로 인해 기만적이고 믿을 수 없는 것일지 모르기에, 우리는 단지 의견을 내놓을 수 있을 뿐 참된 지식을 얻을 수는 없다. 하지만 엠페도클레스에게 불변의 '일자'에 대한 이야기는 중요하지 않다. 요점은 세계를 이해하는 것이며, 그러기 위해서는 세계가 변화하는 여러 방식들과 더불어 그런 변화의 정황들을 진지하게 고려해야 한다. 이는 오직 세계 그 자체를 면밀히 조사하고 우리의 감각을 통해 알게 된 내용을 이성의 도움을 받아가며 해석함으로써 가능하다.

여기서 중요하게 언급할 점은, 기원전 450년 무렵 그리스 철학에는 두 가지 대조적인 접근법이 있었다는 사실이다. 하나는 파르메니데스의 사상이 대표적인데, 진리에 이르기 위한 방법으로 이성적 사고를 강조하면서 감각을 통해 얻은 경험과 정보는 오해의 소지가 있다며 거부했다. 다른 하나는 엠페도클레스의 사상이 대표적인데, 진리에 이르는 유일한 방법은 감각에 대한 조심스러운 의존 그리고 물질세계와의 친숙한 경험을 통해서 이루어진다고 가정했다. 두 접근법 모두 각각 위대한 챔피언을 한 명씩 낳게 된다.

2

플라톤과 아리스토텔레스

파르메니데스가 주장한, 지식에 대한 추상적이고도 이성적인 접근법은 플라톤에 이르러 절정을 맞았다. 반면에 좀 더 실제적이고 상식적인 엠페도클레스의 접근법은 아리스토텔레스에 의해 정점에 올랐다. 몇몇 위대한 종교의 창시자들을 제외한다면 이 두 철학자는 유사 이래 지금까지 단연코 영향력이 가장 큰 사상가다. 비록 지금도 지속되고 있는 두 철학자의 영향력을 무시한다손 치더라도(두 사람은 대학 철학과에서 지금도 계속 연구되고 있으며 이들의 사상은 철학적 신학자들에 의해 여전히 채택되고 있다), 이들은 자신이 살던 시대부터 19세기까지 유럽 전역과 북아메리카 문화에 중요한 영향력을 행사했다. 다른 어떤 세속적인 사상가도 후대의 사상이나 문화에서 이들과 같은 수준으로 거론된 적이 없다. 20세기에 활동했으면서도 벌써 중요성이 희미해진 철학자 앨프리드 노스 화이트헤드에 따르면, 서양 철학사는 플라톤에 대한 일련의 주석에 지나지 않는다. 지성사를 더 깊이 배울수록 화이트헤드의 견해를 부정하기가 어렵다.

간략한 논의를 위해 우리는 이전의 사상가들과 마찬가지로 이 두 사상가를 변화의 문제라는 관점에서 살펴볼 것이다. 플라톤과 아리스토텔레스는 변화를 어떻게 다루었을까? 플라톤부터 살펴보자.

플라톤 그리고 변화의 문제

파르메니데스처럼 플라톤은 변화를 극도로 불쾌한 것으로 여긴 듯하다. 변화는 우리 주위에 가득하지만 그러지 않아야 마땅하다. 우주는 완벽하고 질서정연해야 하기에, 그러므로 불변이어야 했다. 플라톤은 매우 종교적인 사상가였고, 따라서 이 '그러므로'에는 세계가 신성(神性)에 의해 완벽하게 창조되었기에 어떠한 변화도 필연적으로 타락으로 이어진다는 믿음이 깔려 있다. 바로 그런 까닭에 변화는 창조주가 마땅히 허락하지 말아야 할 것이었다. 그러다 보니 플라톤은 다음 문제와 맞닥뜨렸다. 왜 이 세계는 불변하지 않는가?

이 질문에 대한 플라톤의 답은, 꾸미지 않고 단순히 말하자면 다음과 같다. 이성의 힘을 통해 알 수 있듯이 실제로 우주는 (틀림없이) 완전하고 불변하므로 우리 주위에 보이는 변하는 물질세계는 참된 세계가 아니다.

이 결론에는 지식의 본질, 즉 우리가 어떻게 무언가를 알게 되는지에 관한 가정이 내포되어 있다. 플라톤의 주장에 따르면 우리는 감각이나 경험을 통해 무언가를 알게 되지 않는다. 왜냐하면 그것들은 끊임없이 우리를 속이기 때문이다. 우리는 그럴 리가 없는데도 무언가를 보거나 들었다고 여긴다. 우리는 다른 사람의 말을 잘못 알아듣기도 하고 환영을 보기도 한다. 때로는 어떤 일이 벌어진다고 여기지만 깨어보니 꿈이었음을 알게 된다. 게다가 물질세계는 늘 변한다. 여러분이 "나는 밖에 비가 온다는 것을 안다"고 말할 때, 사실 비는 이미 그쳤을지 모른다. 따라서 물질세계는 늘 변하기에 실제로 그 세계에 대해 안다고 말할 수 없다. 다만 의견(생각이나 믿음, 즉 '밖에 비가 온다고 나는 생각한다')을 내놓는다고 하는 편이 적절하다.

우리는 이성을 사용하여 무언가를 알게 된다. 지식은 확실하고 불변하는 것이어야 한다. 만약 '나는 x를 안다'고 말한다면, x는 현재뿐만 아니라 영원히 참이어야 한다. 플라톤에 따르면 지식의 주요한 모범은 수학―특히 기하학―과 논리다. 당연히 아테네에 있던 플라톤의 아카데미아(다른 모든 아카데미아의 시초가 된 최초의 아카데미아) 정문 위에는 "기하학을 모르는 자는 들어오지 못하게 하라"는 문구가 적혀 있었다고 한다.

하지만 주목할 점이 있다. 기하학은 추상적인 실체를 다루지만 논리는 실제 세계의 문제를 다룬다는 것이다. 우리는 논리적 제안과 논리적 주장을 통해 물질세계를 설명한다. 따라서 우리는 실제 세계에 대한 지식을 얻을 수 있다. 논리적 주장의 대표적인 사례는 다음과 같다. "모든 사람은 죽는다. 소크라테스는 사람이다. 따라서 소크라테스는 죽는다." 이 주장은 물질세계에 대한 진리를 드러내는 듯하다. 그런데 물질세계가 가변적이고 혼란스러워 보이며 '내가 ……을 안다'라는 식의 논리적 주장을 할 수 없다는 데 동의한다면, 어떻게 부정할 수 없는 진리(이 경우에는 소크라테스가 반드시 죽는다는 진리)를 확립할 논리적 주장이 가능하단 말인가?

플라톤이 이 질문에 대해 내놓은 해답은 서양 철학에서 가장 놀랍고도 가장 영향력이 큰 사상에 속한다. 그에 따르면 논리가 실제 세계에 대한 진리를 알려줄 수 있는 까닭은 실제 세계, 그러니까 진정으로 참이라고 할 수 있는 세계는 물질세계가 아니라 형상, 즉 이데아의 세계이기 때문이다.

그렇다면 이 주장이 옳은지 어떻게 알 수 있는가? 이를 설명하기 위해 플라톤은 탁자 같은 간단한 것이라도 정의하기가 얼마나 어려운지 밝힌다.

탁자를 정의해보기 바란다. 여러분은 쉽게 생각해서 대뜸 이런 답을 내놓을지 모른다. "네 개의 다리 위에 수평으로 유지되는 평평한 사각형 나무 조각." 하지만 어떤 탁자는 둥글기에 '사각형'은 빼야 한다. 또 어떤 탁자는 유리나 플라스틱으로 만든 것일 수도 있다. 만찬용 탁자는 다리가 네 개보다 훨씬 많으며, 작고 둥근 탁자는 다리가 가운데 하나이며 밑 부분이 벌려져 있다. 여러분이 내린 정의가 이제껏 여러분이 본 모든 탁자를 담아내고 아우른다고 해도, 여전히 과거의 전통적인 탁자나 미래에 나올지 모를 탁자를 담아낼 수 있을지 의문이 제기된다. 따라서 탁자 같은 간단한 사물조차 정의를 내리기란 결코 쉽지 않다.

하지만 분명 여러분은 위의 말을 순순히 받아들이지 않고서 이렇게 혼잣말을 할지 모른다. "맞는 말이지만, 탁자가 무슨 뜻인지는 누구나 다 알아. 굳이 정의하지 않아도 된다고!" 바로 이것이 플라톤의 요점이다. 우리는 탁자나 의자가 무슨 뜻인지 안다. 심지어 꽃이나 '정의(正義)' 또는 인간처럼 더 복잡한 것도 마찬가지다. 탁자 대신 인간에 대해 정의하려고 시도한다고 상상해보자. 분명 여러분은 인간에 대해 어떤 식으로든 정의를 내리고 나면 중요한 문제가 뒤따름을 금세 알게 된다.

가령 '언어로 의사소통을 할 수 있는 지적인 동물'이라고 정의했다고 하자. 그렇다면 뇌손상이나 정신 발달 지체를 앓는 이들은 인간이 아니라는 이유로 도태시켜야 하는가? 이런 주장에 반대할 사람은 그런 아이의 부모만이 아닐 것이다. 많은 사람이 이 정의를 거부할 것이다. 그렇다고 '인간 부모에게서 태어난 임의의 동물'이라고도 할 수 없다. 왜냐하면 우리는 '인간'이 무엇인지를 정의하는 데 '인간'이라는 용어를 사용할 수 없기 때문이다. 무한정 논쟁을 펼칠 수는 있지만 결국 우리는 '인간'이 무슨 뜻인지 안다. 따라서 어떤 고정된 정의를 내리려는 것을 의심하는 태도는 정당하다(그래야 마땅하다). 분명 그런 정의를 내리려는 이들은 어떤 의도를 품고 있는 것이며, 그 의도에 맞는 정의를 내리려는 심산일 것이다.

플라톤의 요지는 우리는 개념의 전체 목록을 이미 갖고 있으며, 이 목록 덕분에 우리의 인식 기능이 작동하고 논리적인 토론이 가능하며 주위에서 일어나는 일을 이해할 수 있다는 것이다. 우리는 비록 어떤 것에 대해 적절한 정의를 내릴 수 없다고 하더라도 그것을 안다. 그렇다면 여기서 한 가지 문제가 제기된다. 우리는 어떻게 그것을 아는가? 어떻게 우리는 어느 것이 탁자이고, 어느 것이 탁자가 아닌지 아는가? 그리고 우리는 특정한 탁자들—가령, 늘 식사를 할 때 사용하는 것이나 좋아하는 카페에 갈 때 늘 앉는 것—을 알 뿐만 아니라, 어떤 것이 탁자가 되려면 어떠해야 하는지도 안다. 우리는 결코 본 적이 없는 탁자를 탁자로 인식할 수 있다는 말이다. 그게 어떻게 가능할까?

이에 대한 답으로 플라톤은 우리가 아는 것은 탁자의 형상, 즉 이상적인 탁자라고 말한다. 모든 물질적 탁자는 어느 정도 이상적인 탁자와 일치한다. 각각의 탁자는 참된 탁자, 즉 이상적인 탁자의 조잡한 모방품이다. 이상적인 탁자에 대해 알고 있기 때문에 우리는 조잡한 모방품을 인식할 수 있다. 이상적인 탁자 또는 탁자의 형상은 따라서 무엇이 탁자인지를 결정하는 일종의 청사진이다.

그래도 질문은 남는다. 어떻게 우리는 이상적인 탁자(그리고 이상적인 의자와 꽃, 이상적인 인간, 이상적인 정의 등)에 대해 아는가? 우리가 본 것이라고는 참된 탁자의 조잡한 모방품뿐인데, 어떻게 우리는 이상적인 탁자에 관해 알게 되었는가?

플라톤에 따르면 참된 세계는 형상, 즉 이데아의 세계이며 우리는 이데아 세계의 주민들이다. 좀 더 구체적으로 말하자면 우리의 참된 자아는 현실 세계가 아니라 이데아 세계의 주민이라는 뜻이다. 여기서 플라톤은 자신이 내놓은 또 한 가지 근본적인 사상, 즉 우리의 참된 자아는 영혼이라는 사상에 기대고 있다. 이상적인 세계의 주민으로서 사물의 형상에 관해 모두 알고 있는 것은 바로 이 영혼, 즉 심령이라는 말이다.

안타깝게도 물질세계에서 우리의 영혼은 타락의 감옥, 즉 육신이라는 무덤에 갇혀 있다. 이런 상황인지라 영혼은 감각에 의해 혼란과 기만을 당하여 끊임없이 잘못을 저지를 수 있다. 하지만 우리가 육신의 유혹을 극복하고 이성의 빛에 의해 안내를 받을 수만 있다면 우리는 지식과 진리에 이를 수 있다.

사실 플라톤은 교육이란 사람들이 이미 알고 있는 내용을 떠올리게 하는 질문일 뿐이라고 믿었다. 새로운 정보를 전달하기는 불가능하며, 단지 영혼이 이미 알고 있는(하지만 몸에 갇힌 이후로 잊어버린) 지식을 상기시키는 것뿐이다. 플라톤의 대화편 중 《메논*Menon*》은 이런 견해를 가장 명쾌하게 설명하고 있다. 여기서 플라톤은 소크라테스(플라톤의 대화편에서 언제나 중심인물)가 일자무식의 노예 소년에게 어떻게 한 정사각형의 두 배 넓이인 정사각형을 그리도록(여러분도 직접 해보시길!) 가르쳤는지를 소개한다. 소크라테스는 단지 소년에게 질문을 던져 그(즉 그의 영혼)가 이미 알고 있던 지식을 떠올리게 했을 뿐이다.

다시금, 정의를 하지 않고서도 어떻게 우리가 탁자에 대해 알 수 있는가라는 문제로 돌아가자. 그것은 우리의 영혼이 이상적인 탁자를 떠올린 다음에 물질로 이루어진 탁자를 그 이상적인 탁자의 모조품으로 인식함으로써 가능하다. 그리고 이는 물질세계에서 우리가 마주치는 다른 모든 것―설령 '정의'처럼 추상적인 현상까지―에도 적용된다. 실제 세계, 즉 이데아 또는 형상의 고차원적 영역에서는 아무것도 변하지 않기에, 만약 우리가 이 세계에 대한 지식에 접근할 수 있다면 사물들 간의 본질적 관계 그리고 진리의 다른 측면들을 알 수 있다.

이 이야기들은 어디선가 많이 들어본 듯하지 않은가? 불멸의 영혼이라는 개념, 타락한 육신 속에 잠시 갇혀 있지만 원래는 더 고차원적이고 완전한 세계의 주민이 영혼이라는 개념이 기독교의 영혼에 대한 관점과 매우 흡사하지 않은가? 플라톤은 《파이돈*Phaidon*》에서 영혼의 본질에 관해 논의했다. 또한 이 대화편에는 죽은 후 영혼에게 생기는 일에 관한 이야기도 담겨 있다. 기독교 교리와의 유사성이 다시 한 번 뚜렷이 드러난다. 이런 유사성은 결코 우연이 아니다. 플라톤은 그리스도보다 300년도 더 전에 살았던 사람이기 때문에 이러한 사상의 원천이 되었음이 틀림없다. 실제로 플라톤 철학은 초기 교부들에게 영향을 주었고, 이들에 의해 채택되었다. 특히 알렉산드리아의 클레멘스, 오리게네스, 히포의 아우구스티누스가 대표적이다. 그런 까닭에 신약성경에는 무형의 영혼에 대한 언급이 전혀 없는데도 플라톤의 이 개념은 기독

2.1 플라톤의 '대화편'

플라톤의 책들은 거의 모두 다양한 인물이 주고받는 대화 형태로 쓰여 있다. 마치 연극 대본과 같다. 대체로 플라톤의 견해는 그의 스승이기도 한 선구적인 철학자 소크라테스가 대신 드러낸다. 다양한 철학적 반대 견해나 가끔씩 사려 깊지 못한 상식적 견해들은 여러 대화 속의 다른 인물들이 드러낸다. 플라톤의 대화편 제목은 보통 소크라테스가 대화를 나누는 주요 인물의 이름으로 되어 있다.《메논》,《파이돈》이 그런 경우이며, 예외로는《향연》,《국가》,《법률》이 있다. 이런 형식을 택함으로써 플라톤은 반대 견해를 자유롭게 다룰 수 있었고, 그런 반대 견해들이 불완전하다는 점까지 드러낼 수 있었다. 단순한 내용 요약만으로는 명확하게 설명하기 어려운 특정한 철학적 견해들의 중요성도 드러낼 수 있었다. 이런 서술 방식은 영향력 있는 문학 형식으로 자리 잡아 후대 철학자들에게 인기를 끌었다.

교의 중요한 측면이 되었다. 기독교 교리를 마련한 초기 신학자들이 받아들인 플라톤 사상이 기독교의 밑바탕에 남은 결과다.

따라서 플라톤 철학이 서양 문명의 종교사상에 매우 유용하게 여겨졌음은 틀림없지만, 과학사상과도 관련이 있을까? 플라톤 철학은 물질세계를 이해하는 데 해로운 것처럼 보일지 모른다. 하지만 전혀 그렇지 않다.

비록 플라톤 자신도 스승인 소크라테스와 마찬가지로 과학적 문제에 대해서는 별로 남긴 말이 없고, 도덕적·정치적 사안에 훨씬 더 관심이 많았지만, 그의 저서는 물질세계를 이해하기 위한 최상의 방법은 논리적이고 수학적인 분석임을 분명하게 제시하였다. 그가 업적을 남긴 과학 분야는 천문학이다. 플라톤이 보기에 별과 행성 등의 천체는 하늘에 있기에 물질세계에서 가장 오염이 덜 된 것이다. 하늘은 완전해야 한다. 그러므로 변하지 않아야 한다. '그러므로 변하지 않아야'라고 말하는 까닭은 완전한 상태에서 변화를 겪게 되면 더 나쁜 쪽으로 변한다는 가정이 전제되기 때문이다. 완전한 하늘은 따라서 변하지 않아야 한다. 그런데 하늘에는 매일 밤마다 변화가 고스란히 드러난다. 실제로 이 변화는 광범위하고 복잡하므로 피상적으로 이를 바라보는 사람들에게는 당혹스러운 현상이다.

따라서 여러분은 플라톤이 자신의 출발점—하늘은 완전하고 불변하다는 가정—이 틀렸다는 결론에 이르렀으리라고 짐작할지 모른다. 하지만 대체로 철학자들은 자신이 아끼는 사상을 결코 쉽게 포기하지 않는다. 플라톤이 내놓은 해법은 당시의 기하학자와 천문학자들로 하여금 천체의 '겉모습을 구출해내도록' 하는 것이었다. 달리 말해서 플라톤은 천문학자들이 천체가 보이는 당혹스러운 운동을 몇 가지 기하학 원리로 해명할 방법을 찾아내길 원했다. 천체의 완전하고 변하지 않는 속성을 지키기 위해 플라톤은 천체들이 지구를 중심으로 동심원을 그리며 회전하는 완벽한 구라고 가정했다. 그 모습은 지구 주위를 궤도를 따라 이동하는 행성이 아니라 (지구를 중심으로) 한 장소에 머물러 있는 투명한(따라서 보이지 않는) 구로서, 단지 자신들의 축에 따라 회전(자전) 하는 것이었다. 우리가 지금 행성으로 알고 있는 빛나는 천체는 구가 회전하고 있음을 알려주는 구 표면의 표시물로 간주되었다. 이번에도 가급적 변화가 적은 천체의 모습을 구현하기 위해 구는 빨라지거나 느려지지 않고 언제나 일정한 속력으로 회전한다고 가정했다.

사실 오랫동안 천문학자들이 보기에 분명 천체들은 빨라지거나 느려지기도 하며, 어떤 경우에는 멈추기도 하고 잠시 동안 뒷걸음쳤다가 다시 원래대로 방향을 바꾸어 진행하며, 때로 크기와 밝기가 바뀌기도 했다. 그럼에도 불구하고 천문학은 아카데미아의 연구 활동 가운데 중요한 한 분야로 자리 잡았던 듯하다. 크니도스의 에우독소스(Eudoxos, 기원전 390년경~337년경)와 폰티코스의 헤라클레이데스(Heracleides, 기원전 390년경~339년경)는 플라톤이 제시한 도전 과제를 플라톤과 함께 연구하여 큰 결실을 거두었다.

플라톤은 물질세계에 관한 자신의 사상을 천문학과 우주론에 국한시키지 않았다. 그는 물질세계가 가변성에도 불구하고 기하학적 관점에서 이해될 수 있다고 보았다. 심지어 엠페도클레스의 4원소 이론의 원자론적 버전을 지지하기도 했는데, 여기서는 각 원소의 원자들이 저마다 독특한 모양을 띠고 있다. 구체적으로 말하면, 그 모양들은 다섯 개의 정다면체(즉 모든 면이 서로 동일한 기하학적 물체. 가령 정육면체는 정사각형으로 이루어진 동일한 면이 여섯 개이고, 정사면체는 이등변삼각형으로 이루어진 동일한 면이 넷이다) 가운데 넷이다. 흙의 원자는 정육면체이며, 불은 정사면체인 원자로 이루어져 있으며, 공기는 보이지 않는 작은 정팔면체 원자로 이루어져 있고, 물은 정이십면체로 이루어져 있다는 식이다.

아마도 플라톤은 자신의 원자들이 물질적 실체임과 동시에 추상적인 기하학적 실체이기를 바랐던 것 같다. 3차원 원자들은 단지 삼각형 모양의 면을 지니고 있을 뿐만 아니라 삼각형으로 이루어져 있으며, 이 삼각형들은 분해 및 재배열되어 한 물질에서 다른 물질로 변환될 수 있다(따라서 물의 정다면체 원자의 스무 개의 삼각형들은 분리되어 공기 원자 두 개와 불 원자 하나로 변환될 수 있다)고 여겼다. 따라서 원자들은 고체가 아니라 2차원 삼각형(흙의 경우에는 사각형)을 모아서 만든 속이 빈 형태여야 한다.

실제 삼각형(또는 사각형)이 무엇으로 이루어졌는지는 명확하지 않다. 앞서 말했듯이 플라톤은 원자와 같은 물질적 실체를 천체의 운동처럼 기하학적으로 해석하려고 꽤 필사적으로 노력했던 듯하다. 하지만 안타깝게도 그럴수록 원자들은 비물질적으로 보이기 시작하고, 아마도 이데아, 즉 형상의 영역에 더 적합해 보이는 듯하다. 그렇긴 해도 참된 세계란 물질세계와는 확연히 다른 불변의 비물질적 세계이며, 감각이 아니라 이성에 의해서만 드러난다고 믿는 사상가에게는 그리 놀라운 결과가 아니다. 플라톤이 기하학적 원자론과 더불어 자신의 우주론을 《티마이오스*Timaios*》라는 대화편에서 설명하고 있다는 점 또한 언급할 가치가 있다. 여기서 이 우주론을 소크라테스에게 상세히 설명하는 인물은 티마이오스인데, 이 사람은 피타고라스주의자라고 소개된다. 필경 플라톤은 자신의 우주론이 넓게 볼 때 피타고라스의 사상으로 여겨지길 바랐다. 따라서 놀랄 것도 없이, 그의 원자들은 물질세계의 실제 물체들을 마땅히 구성하지만 원자 자체는 물질이 아니라 2차원의 추상적인 기하학적 실체들로 이루어져 있다.

그럼에도 불구하고 플라톤의 물리학이 갖는 중요한 의미는 이성(특히 논리와 기하학에 의해)을 통해서만 진리에 도달할 수 있음을 물리학을 통해 증명하려 했다는 것이다. 이로써 비슷한 성향을 지닌 후대의 사상가들도 세계는 겉보기엔 혼란스럽지만 추상적이고 수학적인 개념을 통해 이해할 수 있다고 여기길 플라톤은 바랐다.

아리스토텔레스, 상식의 챔피언 그리고 변화의 문제

파르메니데스와 플라톤이 물질세계를 낮게 보고 심지어 그 실재성을 부정한 데 비해, 아리스토텔레스는 온갖 변화 가능성으로 가득한 물질 세계를 끌어안았다. 그는 철저하게 현실적인 자연철학자답게, 우리는 감각을 통해 얻은 감각적 정보를 이른바 '상식'에 비추어 해석함으로써 지식을 얻는다고 보았다. 아리스토텔레스는 보통의 남자나 여자가 받아들일 수 없는 철학이라면 일단 의심했으며, 그런 까닭에 원자론조차 받아들이지 않았다. 플라톤의 이데아 세계는 말할 것도 없었다. 따라서 당연히 그는 엠페도클레스의 4원소 이론을 지지했다. 이 사상은 본질적으로 물질세계의 구성(땅, 바다, 바람, 불)에 대한 보통 사람들의 믿음에 바탕을 두기 때문이다.

아리스토텔레스 철학은 범위가 방대하고 매우 복잡하여 요약하기가 쉽지 않다. 다만 우리에게 중요한 것은 아리스토텔레스가 어떻게 변화의 문제에 접근했느냐는 점이다. 비록 환원주의자이긴 했지만 아리스토텔레스는, 세계의 복잡성은 단일한 설명 원리, 가령 물이나 공기로 환원될 수 없다고 여겼으며, 불변의 일자 또는 불변하는 이데아의 세계를 내세워 현실 세계를 부정할 수 있다는 생각은 결코 인정하지 않았다. 아리스토텔레스의 접근법은 완전히 달랐다. 그는 변화를 설명하려고 시도하는 대신 세상에 존재하는 모든 종류의 변화 또는 변화 가능성을 목록화하는 분류 체계를 내놓으려고 시도했다.

그가 내놓은 '4원인'을 살펴보자. 즉 어떤 것이 왜 그런 상태인가라는 질문에 대한 네 가지 답이다. 이는 아리스토텔레스의 전형적인 접근법이다. 어떤 것이 왜 그런 식으로 존재하는지 또는 무엇이 어떤 것을 그런 상태로 만들었는가라는 의문에 대해 우리가 저마다의 특정한 관심사에 따라 네 가지, 딱 이 네 가지 상이한 대답 유형을 예상할 것이라고 아리스토텔레스는 보았다.

고전적인 사례로 흙 항아리를 들 수 있다. 어떤 사람이 흙 항아리를 가리키며 항아리가 왜 이런 상태냐고 내게 묻는다면, 유리나 나무로 만들어진 비슷한 물건과 왜 그처럼 다른 형태냐는 뜻이다. 이때 나는 '흙으로 만들어졌기 때문'이라고 말할 것이다. 이어서 왜 항아리가 둥근 공이나 납작한 프라이팬 모양이 아니라 그런 모양인지 궁금하게 여길지 모른다. 그러면 나는 액체를 흘리지 않고 안전하게 담도록 설계되었기 때문이라고 답할 것이다. 또는 어떻게 항아리가 그런 모양이 되었는지 궁금해할지 모른다. 그러면 나는 도공이 흙을 그런 모양으로 쉽게 변형시킬 수 있기 때문이라고 대답할 것이다. 아리스토텔레스에 따르면, 이 세 가지 외에 제기할 수 있는 단 한 가지 원인은 항아리가 그렇게 만들어진 목적이다. "항아리인지는 알겠습니다. 하지만 왜 항아리를 만들었습니까?"라고 묻는다면, (위에서 이미 언급했듯이) '물을 나르기 위해'라는 대답이 나올 수 있다. 또는 더 심오한 목적을 언급할지도 모른다. 가령 생존하기 위해 우리는 물이 필요한데 멀리 여행하려면 물을 운반할 항아리가 필요하다는 대답이 나올 수 있다.

이 네 가지 대답 유형에서 본 대로, 아리스토텔레스의 4원인은 다음과 같다. 어떤 것이 그렇게 된 물질적 원인인 질료인(質料因), 모양이나 형태를 만든 원인인 형상인(形相因), 어떤 것을 그렇게 만든 작용의 원인인 작용인(作用因) 그리고 마지막 원인인 목적인(目的因). 4원인 이론은 인간이 만든 물체만이 아니라 세상의 모든 것에 적용된다. 가령 늑대가 나무가 아닌 동물로 존재하는 까닭은 살과 뼈로 이루어져 있기 때문이다. 늑대의 모습을 띠는 까닭은 빠르게 달려 먹잇감을 사냥하기 위해서다. 늑대의 작용인은 다른 모든 생명체와 마찬가지로 부모 그리고 부모가 제공하는 알과 씨앗에서 발생하는 내재된 성장 원리다. 한 생명체의 목적인이 무엇인지는 명확하지 않다. 어쩌면 종의 번성을 위해서일까? 어쩌면 자연의 어떤 생태 구역도 비어 있지 않도록 하기 위해서일까? 또 어쩌면 늑대의 경우 다른 작은 동물들이 너무 많이 번식하여 초목을 먹어치우지 못하도록 하기 위해서일까?

또한 아리스토텔레스는 존재의 범주를 열 가지로 분류했다. 역시 세상의 다양한 사물들을 체계적으로 분류하기 위한 방법이다. 어떤 사물이 존재한다고 말할 수 있는 방식을 목록으로 작성한 열 가지는 다음과 같다. 실체, 양, 성질, 관계, 장소, 시간, 위치, 상태, 능동, 수동(수동이란 다른 것의 능동적 작용에 대한 반응을 의미한다. 가령 캔버스에 그림을 그릴 수 있는데 이때 캔버스의 존재는 그것이 물감에 반응한다는, 즉 영향을 받는다는 사실에 의해 확인된다).

때때로 아리스토텔레스의 주된 관심사는 사물에 대해 이야기하는 방식인 듯하다. 그러니까 세계의 본질에는 그다지 관심이 없고 그것을 기술하는 방식에 더 관심이 있는 것 같다. 이로써 그가 상식이나 보통 사람들이 생각하거나 말하는 내용에 관심이 있었음을 알 수 있다. 그는 자연에 대한 자신의 철학이 보통 사람들이 이 세계 및 그 속의 익숙한 다양한 특징들에 대해 이야기하는 내용과 맞아떨어지길 원했다. 바로 이런 까닭에 그는 플라톤이 말한 비물질적인 이데아의 세계가 참된 세계라는 사상을 받아들이지 않으려 했다. 아리스토텔레스는 플라톤을 따르기보다는 실재의 개념에 대한 철학적 토대를 마련하고자 했다.

그러면서도 아리스토텔레스는 보통 사람들의 인식 수준을 넘어서 자신의 분석을 통해 사물의 존재 방식에 대한 확고한 결론에 이르렀다.

이 결론의 추상적이지만 중요한 한 측면은 그가 제시한 잠재성과 현실성의 구별에서 드러난다. 이것은 원래 파르메니데스의 견해를 극복하기 위해서 구상되었다. 앞에서 살펴보았듯이, 파르메니데스는 어떤 것이 자신이 아닌 무언가가 될 수는 없다고 했다. 왜냐하면 그가 보기에 이는 그 어떤 것이 무(無)가 되어 더 이상 존재하지 않음을 의미하기 때문이다. 아리스토텔레스는 단지 이렇게 주장했다. 즉 어떤 것이 다른 것으로 상시적으로 변한다면, 그것은 내부에 다른 것이 되려는 잠재성을 지니고 있기 때문이다. 도토리는 현실적으로 도토리이지만, 잠재적으로는 이미 참나무다. 단지 파르메니데스를 속이려고 도토리나 기타 변화를 겪는 사물들을 들고 나온 것이 아니다. 아리스토텔레스가 보기에 그것은 사물의 본질을 고스란히 드러내준다. 높은 절벽 위에 있는 돌은 떨어지면 치명적인 낙하물이 될 잠재성을 지니고 있다. 오늘날의 과학자들도 한 정적인 계(system)가 갖는 사물들의 잠재적 에너지를 거론하면서, 정지 상태가 더 이상 유지될 수 없을 때 생기는 계의 운동 에너지를 이 잠재적 에너지(이 경우에는 위치 에너지를 가리킨다—옮긴이)와 비교한다. 아리스토텔레스 철학에서 이 잠재성은 목적인과 밀접한 관련이 있다. 즉 모든 것은 목표나 목적을 갖는데, 어떤 경우에 그 목적은 현실성의 일부로서가 아니라 잠재성의 일부로서 유지된다는 것이다. 가령 도토리의 목적인은 참나무가 되는 것인데, 이는 설령 도토리에서 싹이 나지 않더라도 계속 유지된다.

아리스토텔레스는 또 사물의 본성을 본질적 속성과 비본질적 속성으로 구분했다. 의자는 온갖 색깔을 칠하더라도 여전히 의자다. 단지 비본질적 속성인 색깔만 변할 뿐이다. 하지만 의자에 불이 붙어 재가 되었다면 그것은 의자라고 주장할 수 없다. 본질적 속성이 바뀌었기 때문이다. 의자의 색깔은 의자를 의자이게끔 하는 것이 아니며, 의자는 앉기에 적합한 고유의 형태나 모양을 가져야 한다. 하지만 다른 경우에서는 색깔이 사물의 본질적 속성이 될 수 있다(가령 오늘날의 분광학은 서로 다른 화학물질은 서로 다른 색깔의 스펙트럼을 방출한다는 가정을 바탕으로 삼고 있다. 아리스토텔레스는 이에 대해 몰랐겠지만, 무지개의 경우 고유한 색깔이 본질적이고 결정적인 속성임에는 동의했을 것이다).

본질적 속성과 비본질적 속성의 구별을 통해 아리스토텔레스는 또 다른 개념, 즉 사물의 형상에 대한 사상을 발전시켰다. 사물은 그 형상이 변하지 않으면 변하지 않은 채 유지된다고 타당하게 말할 수 있다. 낡은 배는 자주 수리를 해서 군데군데 덧댄 곳이 많아 원래의 재료가 거의 남아 있지 않더라도 여전히 배라고 할 수 있다. 배의 형상이 줄곧 유지되었기 때문이다. 아리스토텔레스에 따르면, 모든 개별의 물리적 실체는 반드시 물질과 형상이 결합되어 이루어진다(물질은 어떤 물리적 형태 없이는 상상할 수 없으며, 비물질적인 것의 형태를 논하는 것은 터무니없다). 하지만 물질은 고대인들에게 하나이자 동일한 것으로 여겨졌기에(여기서 다시 환원주의적 경향이 드러난다), 어느 특정한 물체의 고유성은 그것의 특정한 형태 때문이다(여기서 말하는 물질은 만물을 구성하는 일반적인 재료, 즉 질료를 의미한다—옮긴이). 어떤 의미에서 아리스토텔레스는 탈레스나 아낙시메네스의 견해에 접근한다. 탈레스의 물이나 아낙시메네스의 공기처럼 물질은 언제나 동일하지만, 적절한 구체적인 형태를 취함으로써 온갖 상이한 방식으로 자신을 드러낼 수 있다.

하지만 주목할 점은 아리스토텔레스의 형상 개념은 개별 물체마다 구체적이라는 것이다. 즉 그는 플라톤의 보편적 또는 이상적 형상 개념을 거부한다. 아리스토텔레스에 따르면, 플라톤이 모든 탁자가 (그 모두를 탁자이게끔 하는) 공통점을 갖고 있다고 해서 그 공통된 속성을 단일하게 구현한 이상적 탁자가 존재한다고 결론 내린 것은 오류다. 아리스토텔레스가 보기에 모든 개별 탁자는 그 자신의 형상을 갖고 있는데 이는 그 탁자의 고유한 것이다. 비록 다른 모든 개별 탁자의 형상과 많은 특징을 공유하더라도 말이다. 이를 염두에 두면 우리는 어떤 말의 형상이나 딱정벌레의 형상에 대해 이야기할 수 있으며, 일반적으로 그들이 어떻게 서로 다른지(가령 말의 형상은 다리가 넷이고, 딱정벌레의 형상은 다리가 여섯 개다) 말할 수 있다. 하지만 이런 일반적인 논의는 대략적일 뿐이며, 실제로는 오직 개별 말, 딱정벌레 또는 탁자만이 개별적이고 구체적인 형상을 띤 채 존재한다.

형상에 대한 관심 그리고 사물의 본성을 이해하게 해주는 이 개념의 역할은 한 가지 중요한 결과로 이어졌다. 아리스토텔레스와 그의 추종자들이 고대 그리스 철학자들 가운데서 유독 세상의 다양한 생물체에 진지한 관심을 보인 것이다. 아리스토텔레스는 동물에 대한 많은 상세한 연구를 통해 일반적 관점에서 동물들의 형상을 기술했을 뿐 아니라 자세한 해부학적 구조까지 살피고 아울러 각 부분들의 형상이 어떻게 전체 형상에 이바지하는지도 기술했다. 아리스토텔레스는 동물들이 뿔과 뾰족한 이빨을 둘 다 갖지는 못하며, 육식동물은 이빨이 뾰족하고 초식동물은 이빨이 평평하지만 다른 표준적인 동물 형태는 서로 공유한다는 점을 언급했다. 아리스토텔레스는 생리학과 해부학의 중요한 특징으로 지금도 중요시되는 개념을 내놓았다. 즉 형태가 기능을 반영한다는 개념이다. 아리스토텔레스가 세운 학교인 리케이온의 수장을 맡은 그의 후계자 테오프라스토스(Theophrastos, 기원전 약 287년에 죽음)

는 스승의 업적을 확장시켜 식물 분류학 및 식물 각 부분의 형태와 기능 사이의 연관성에 관한 연구에서 스승과 비슷한 업적을 남겼다.

아리스토텔레스의 독특한 접근법—다양한 현상을 분류하고 목록화하는 방법—은 매우 중요하고 유용한 의미를 가진다. 그는 논리적 추론의 상이한 유형과 그 각각에 관한 구체적인 규칙을 내놓았다. 플라톤이 철학적 주장을 활동 속에서, 달리 말해 소크라테스와 다른 사상가들 사이의 대화를 통해 증명하는 데 만족했다면, 아리스토텔레스는 일련의 저서를 통해 타당한 주장과 그렇지 않은 주장의 차이가 무엇인지를 자세히 설명했다. 이 사실만으로도 아리스토텔레스는 후대 사상가들로부터 대단히 중요한 철학자로 여겨졌다. 그 결과 그의 논리적 저술들은 종종 '오르가논(Organon, 즉 '도구')'이라는 제목 아래 한 묶음으로 취급되었다.

* * *

플라톤과 아리스토텔레스의 사상은 후대 사상가들에 의해 다른 어떤 세속 사상가들보다 훨씬 많이 채택되고 응용되었다. 두 사람의 사상이 후대 자연철학자들에게 얼마나 유용했는지는 이들이 과학사상의 두 유형의 대표자라는 점에서 가장 잘 드러난다. 플라톤은 세계를 이해하기 위한 최상의 방법은 세계의 근간을 이룬다고 여겨지는 기하학적 및 수학적 규칙성의 관점에서, 또는 혼돈스러운 현실에서 추출한 추상성에 바탕을 둔 이성적 접근법을 사용하여 세계를 해석하는 일이라고 최초로 주장했다. 아리스토텔레스는 좀 더 평범하고 실용적인 관점을 택했다. 그는 우리 눈에 보이는 것을 관찰함으로써 세계를 이해할 수 있다고 여겼다. 사물들의 패턴은 단지 규칙적인 원리(존재의 열 가지 범주, 4원소, 4원인, 물질과 형상, 동물의 분류 등)에 따라 사물들을 분류하면 드러난다고 여겼다.

하지만 플라톤과 아리스토텔레스의 견해 밑바탕에는 더 이전의 그리스 사상가들에서 비롯된 공통적인 믿음이 깔려 있다. 자연계는 당혹스러울 정도로 끊임없이 변하는 듯 보이는 복잡성에도 불구하고, 규칙적이며 질서정연한 우주로서 자연법칙의 지배를 받는다는 믿음이 바로 그것이다.

이후의 철학사는 새로운 사상학파들이 등장하면서 발전했는데, 에피쿠로스주의, 스토아주의 그리고 신플라톤주의가 대표적이다. 에피쿠로스주의는 에피쿠로스(Epikouros, 기원전 341~270)가 발전시켰는데, 에피쿠로스는 그의 도덕 철학(흔히 쾌락주의와 동일한 것으로 오해된다)으로 가장 잘 알려져 있지만, 그의 자연철학은 원자론을 부활시키고 확장시켰다. 스토아주의자에는 크리시포스(Chrysippos, 기원전 280년경~207년경)와 포세이도니오스(Poseidonios, 기원전 135년경~기원후 51년경)가 있는데, 이들은 어떻게 인생을 살아야 할지에 관한 교훈을 내놓은 것으로도 잘 알려져 있지만, 근본적으로 생기론(生氣論)에 바탕을 둔 자연철학을 발전시켜 모든 것이 우주에 만연해 있는 프네우마(pneuma, 숨 또는 정기)에 의해 연결되어 있다고 주장했다. 고대의 신플라톤주의자로는 플로티노스(Plotinos, 204~270), 이암블리코스(Iamblichos, 245년경~325년경), 프로클로스(Proklos, 412~485) 등이 있다. 이들은 스스로를 플라톤주의자로 여겼지만, 이들의 플라톤 사상은 플라톤의 철학적 신학을 강조하여 신비주의적 영역으로 확장시켰기에 플라톤의 원래 사상과는 매우 다르다. 그래서 이들을 신플라톤주의자라고 따로 구분하여 부른다. 이 철학은 비록 우주의 본질에 관한 독특한 세계관을 표방하고 있음에도 강조점은 훌륭한 삶을 사는 방법에 놓여 있었다.

이들의 철학 체계는 과학이 발전하는 데 중요한 영향을 미쳤다. 플라톤과 아리스토텔레스 이후 고대 그리스 사상의 중요성은 철학 체계에 국한되지 않았던 것이다. 알려진 대로 헬레니즘 시기에 과학과 특히 수학에서 많은 발전이 있었는데, 고대 그리스는 과학 발전의 온상이라고 부를 만했다.

천문학 분야에서는 사모아 출신의 아리스타르코스(Aristarchos, 기원전 310~230년경)가 지구가 태양의 주위를 돈다고 주장했으며, 지구와 태양 사이의 거리를 계산했다. 에라토스테네스(Eratosthenes, 기원전 276년경 ~195년경)는 지구의 지름을 측정하는 독창적인(그리고 놀랍도록 정확한) 방법을 개발했으며, 4년마다 달력에 하루를 추가하는 역법을 제안했다 (하지만 이 제안은 기원전 45년에 율리우스력이 마련되기 전까지는 채택되지 않았다). 이들의 연구가 지닌 중요성은 곧바로 인정되지 않았지만, 히파르코스(Hipparchos, 기원전 190년경~120년경)는 달랐다. 그는 분점(춘분점과 추분점)이 천구의 적도 주변에서 느리게 움직인다는 사실(이른바 분점의 세차운동)을 발견했는데, 이는 천체를 이해하는 데 매우 중요한 것이라고 곧바로 인정받았다. 심지어 히파르코스의 발견이 기독교 이전에 번창했던 미트라교라는 새로운 종교의 창시에 어느 정도 영감을 주었다는 주장도 있다. 마지막으로 클라우디오스 프톨레마이오스를 들 수 있다. 그는 기존 천문학의 성과를 바탕으로 천체 운동을 계산하는 체계적인 방법을 내놓았는데, 이것이 16세기까지 천문학을 지배했다.

수학에서는 유클리드(Euclid, 기원전 325년경~265년경)가 기하학과 산수를 체계화시켜 《기하학 원론Stoikheia》을 내놓았다. 이 책은 모든 시대를 통틀어 가장 유용한 책 가운데 하나로 꼽힌다. 아폴로니오스(Apollonios, 기원전 262년경~190년경)는 기하학을 더욱 발전시켜 원뿔곡선론(타원과 포물선처럼 여러 각도에서 원뿔을 잘라서 생기는 형태에 관한 기하학)을 내놓았다. 아르키메데스(Archimedes, 기원전 287년경~212년경)는 수학의 대가였을 뿐만 아니라 정역학 및 유체 정역학 그리고 오늘날 공학이라고 불리는 여러 학문 분야를 발전시켰다. 마찬가지로 알렉산드리아 출신의 헤론(Heron, 10~70)도 극적인 효과를 내는 유체 역학적 장치와 공기역학적 장치를 개발했다. 비록 이 장치들은 주로 스펙터클한 장면 연출과 오락용으로 쓰이긴 했지만 말이다. 헤로필로스(Herophilos, 기원전 335~280)와 에라시스트라토스(Erasistratos, 기원전 304~250)는 뇌의 해부학적 구조를 포함하여 해부학을 크게 발전시켰다. 갈레노스(Claudios Galenos, 129~200년경)는 로마 황제이자 스토아 철학자인 마르쿠스 아우렐리우스(Marcus Aurelius, 121~180)의 주치의로서 기존의 의학 이론을 집대성하여 종합 이론을 내놓았다. 이는 줄곧 17세기까지 의학 이론과 실천을 지배했다.

1장과 2장을 통해 분명히 드러나듯이, 오늘날과 비교하자면 문화와 사상의 차이가 현저하지만 우리가 과학사상이라고 여기는 것은 고대 그리스에서 태동했으며, 기원전 6세기부터 서기 2세기까지 눈부신 성장을 이루었다. 여기서 우리는 고대 그리스인들이 발전의 사다리에 발을 디뎌 몇 칸을 성큼 올라갔고, 이후 인류는 곧장 줄기차게 위로 올라갔으리라고 짐작할지 모른다. 하지만 실제로는 그렇지 않았다.

로마 제국에서 이슬람 제국까지

고대 그리스인들이 성취한 업적은 아쉽게도 위로 곧장 뻗어 올라가는 지식 사다리의 첫 번째 발판이 되지 못했다. 철학 사상과 과학 사상에 관한 한 고대 그리스인들은 고대 세계에서 높은 수준의 지적인 업적을 내놓았지만, 그 후로는 더 발전하지 못했다. 고대 그리스인들이 도달한 수준에 필적하는 발전은 오랜 세기 동안 이루어지지 않았다. 서양 전통에서는 15세기부터 시작되는 르네상스가 도래하기 전까지는 자연계에 대한 지식과 이해가 고대 그리스 시기와 경쟁할 만한 수준이 되지 못했다. 하지만 곧 살펴볼 이슬람 문명은 오래전의 그리스 문명을 능가하지는 못하더라도 따라잡기 시작했다.

먼저 플라톤과 아리스토텔레스 이후에 무슨 일이 생겼는지부터 잠시 살펴보자. 플라톤 사상은 당대뿐 아니라 그 후에도 상당히 계몽적이고 유용한 것으로 여겨졌다. 플라톤이 세운 아카데미아는 900년 동안이나 유지되다가 529년에 기독교인 로마 황제 유스티니아누스에 의해 폐쇄되었다. 서양 철학의 역사는 플라톤에 대한 일련의 주석일 뿐이라는 말이 있듯이, 실제로 후대 그리스 철학자들이 내놓은 사상들은 플라톤 사상의 확장이나 정교하게 가다듬기(가령 스토아 철학자, 회의주의자 그리고 후대의 신플라톤주의자들), 아니면 플라톤에 대한 반대 주장(가령 아리스토텔레스 추종자들과 에피쿠로스주의자들)이었다.

아리스토텔레스는 후대의 그리스 사상가들에게 별로 인기가 없었다. 아마도 여타 철학 체계와 달리 우주의 본질을 이해하는 간단한 '핵심'을 제공하지 못했기 때문인 듯하다(가령 플라톤은 이데아를, 에피쿠로스는 원자를 제시했다). 앞에서 보았듯이 아리스토텔레스는 분류 체계를 내놓아 어떤 특정한 문제와 관련해 있을 수 있는 모든 측면을 고려하여 그 각각을 자신의 관점에서 다룰 수 있게 해주었다. 이것은 모든 현상과 문제를 매달 수 있는 철학적 '고리'를 제공하는 것에 비해 인기가 없었다. 하지만 아리스토텔레스는 나중에 좋은 평가를 받게 되었고, 특히 논리와 논증 형태에 관한 그의 연구는 지속적으로 영향을 미쳤다.

여기서 우리는 이후의 그리스 철학을 상세하게 다룰 필요는 없을 것이다. 다만 스토아주의, 에피쿠로스주의, 회의주의 그리고 신플라톤주의가 경쟁적으로 활약했다는 정도만 짚고 넘어가기로 한다. 이들 가운데서 가장 걸출한 사상은 신플라톤주의다(플라톤과 그의 업적이 남긴 독보적인 영향력을 새삼 확인하게 된다). 이 사상의 발전은 플로티노스에 의해 처음으로 체계화된 이후로 중요한 지적 결과를 낳게 된다.

이런 철학 활동의 도덕적, 정치적 그리고 종종 종교적인 의미들은 그리스 문명이 쇠퇴하고 지중해에 로마가 부흥한 이후에도 추종자들을 불러들였다. 로마는 많은 뛰어난 기술자, 건축가 그리고 다른 실용적인 사상가들을 배출했지만 독창적인 철학 사상가는 좀체 내놓지 못했다. 로마인 중에서 가장 철학적인 인물은 에피쿠로스주의자인 루크레티우스(Titus Lucretius Carus, 기원전 99년경~기원후 55), 스토아주의자인 세네카(Lucius Annaeus Seneca, 기원전 4~기원후 65)와 로마 황제 마르쿠스 아우렐리우스 그리고 회의주의자인 키케로(Marcus Tullius Cicero, 106~143)다. 이들 가운데 루크레티우스의 원자론만이 자연계를 이해하는 데 이바지했을 뿐이다.

따라서 로마 지배 시기에 자연철학은 내리막길을 걸었다. 자연현상에 대한 관심을 충족시켜준 것은 세네카의 《자연의 질문들》 그리고 대(大) 플리니우스의 《박물지》 같은 개요서나 백과사전이었다. 아리스토텔레스의 저작들은 아마도 서술 방식 때문에 이런 개요서에 많은 자료를 제공했던 것 같다.

로마 제국은 284년부터 둘로 나뉘기 시작했는데, 이때 디오클레티아누스 황제는 더 이상 제국을 하나의 정부로 통치할 수 없다고 판단했다. 서쪽 절반은 이전처럼 수도를 로마에 두고, 동쪽 절반은 콘스탄티노플(최초의 기독교인 황제 콘스탄티누스의 이름을 딴 곳)에 새로운 수도를 마련했다. 이 도시가 지금의 이스탄불이다. 동로마 제국은 여전히 그리스어를 공통어로 사용했기에 고대 그리스 저작물을 계속 이용했던 반면에, 서로마 제국은 고대 그리스 원전들을 직접 읽지 못하고 라틴어로 쓰인 어설픈 개요서와 백과사전에 의존해야 했다. 고대 그리스 사상의 사변적이고 형이상학적인 측면들은 식자층에서조차 자취를 감추었다. 특히 서로마 제국이 5세기에 반달족, 서고트족, 동고트족 그리고 기타 '야만인들'의 거듭된 침략을 받고 몰락한 이후에는 더욱 그러했다.

자연철학에 대한 관심이 부족했던 로마인들 가운데서 예외가 있다면 초기 기독교인들이다. 아우구스티누스는 초기 교부들 가운데 가장 위대한 인물이자 서양 사상의 개척자 중 한 명이었다. 그는 기독교인들이 그리스 자연철학의 기본적인 내용을 배워야 한다고 주장했다. 그는 기독교인들이 성경을 지나치게 문자 그대로 해석하여 조롱거리가 되지 않아야 한다고 역설했다. 아마도 성경을 근거로 지구가 평평하다고 선언했던 초기 교부 락탄티우스를 염두에 두었던 듯하다. 고대 그리스인들은 지구가 구(球)임을 오랫동안 당연시했기에, 학식 있는 사람이라면 락탄티우스의 글을 읽고 그가 무식하다고 여겼을 것이다. 근대 초기까지 사람들이 지구가 평평하다는 락탄티우스의 생각을 믿었다고 지금도 당연시하는 것은 아이러니가 아닐 수 없다. 사실 락탄티우스의 평평한 지구론은 아우구스티누스처럼 학식 높은 기독교인들에게는 매우 당혹스러운 것이었다. 고대 그리스에서 내려온 이 지혜는 결코 사라진 적이 없었다. 크리스토퍼 콜럼버스가 대서양을 건너는 항해를 시작했을 때 그는 결코 자신이 지구의 끝으로 떨어질지 모른다고 걱정하지 않았다. 다만 지구가 너무 크기에 중국에 다다르기 전에 식량과 물이 바닥날까 봐 걱정했을 뿐이다(아메리카 원주민들이 그들을 구해주지 않았다면 실제로 그랬을지 모른다).

아우구스티누스는 플라톤 사상의 진정한 흠모자였다. 기독교 교회의 선구자 가운데 플라톤 철학을 따른 사람은 그만이 아니었다. 심지어 기독교 소속의 소박한 수도원들도 기독교 저술뿐만 아니라 고대 그리스와 로마 저자들의 철학서, 역사서 그리고 문학서들이 빼곡하게 들어찬 도서관을 소유하고 있었다. 그렇긴 해도 로마 제국의 몰락은 '배움의 등불'이 희미하게 타올랐기 때문에 중세 암흑기라고 불리는 서유럽 역사의 시발점이 되었다고 볼 수 있다. 이 시기는 중세 역사가에게 별로 인기가 없기는 하지만, 자연철학에 관한 한 이 시기와 (다음 4장에서 드러나 듯이) 중세 전성기는 확연한 차이가 있다.

이 '어두운' 시기에 자연계에 관한 지식의 유일한 원천은 로마의 개요 서였는데, 당시에는 죄다 예전의 것을 바탕으로 만들어진 개요서들이 흘러넘쳤다. 어쨌든 자연철학이 살아남은 것은 유럽의 수도원에 흩어 져 있던 소수의 수도사들이 희미하게나마 명맥을 이어갔기 때문이다. 사실 이 시기에 수준 높은 학문을 추구했던 사람들이 겪은 어려움은 깊 은 사고를 권장하기는커녕 아예 허용해주지 않는 사회적·정치적 환경 때문만이 아니라 철학 저술을 구하기 어려운 탓도 있었다. 사변적 철학 의 관점에서 가장 유용한 자료는 칼키디우스(Chalcidius, 4세기경에 활동) 가 쓴 플라톤의 《티마이오스》에 관한 해설서, 마크로비우스(Ambrosius Theodosius Macrobius, 400년경에 활동)가 쓴 키케로의 《스키피오의 꿈 *Somnium Scipionis*》(《국가론*De Republica*》 4권의 별칭)에 관한 신플라톤주의 적 해설서, 마르티아누스 카펠라(Martianus Capella, 410~439년경에 활동)가 쓴 로마 교육의 핵심인 일곱 가지 교양 과목에 대한 검토서, 《필로로기 아와 메르쿠리우스의 결혼*De nuptiis philologiae et Mercurii*》 그리고 보에티 우스(Boetius, 480년경~524)가 아리스토텔레스의 몇 가지 논리적 저술을 라틴어로 번역한 서적 등이다. 후대의 학자들은 이 자료를 되풀이했을 뿐 새로 한 일이 거의 없고 종종 그 자료에다 자신의 기독교적 색채를 보탰다. 가령 카시오도루스(Cassiodorus, 488년경~575)는 《성·속학 교범 *Institutiones Divinarum Et Saecularium Litteratum*》을 썼는데, 이 책에는 인문학 독본을 대표하는 일곱 교양 과목에 관한 자료가 담겨 있었다. 세비야의 이시도레(Isidore, 560~636)는 방대한 백과사전인 《기원*Etymologies*》을 편 찬했는데, 성직자의 교육을 위해 (고대와 당시의) 모든 학문을 종합할 목적으로 쓴 책이다.

이 시기 중요한 사상가의 명단은 매우 적으나 영국 제도에서 두 명의 걸출한 사상가가 나왔다. 가경자 비드(Venerable Bede, 673년경~735)는 노섬벌랜드의 위어머스의 수도원에서 평생을 보낸 인물로서, 누가 봐도 당시에 가장 학식 있는 사람이었다. 역사가로 유명하지만(《영국교회사 History of the English》, 731), 《사물의 본성에 관하여De natura rerum》라는 백과사전도 썼다. 《계산에 관하여De temporum ratione》(723)라는 책을 보면 그가 독창적인 사상을 펼쳤음을 알 수 있다. 이 책에서 비드는 해마다 돌아오는 부활절의 날짜 계산에 관한 논쟁을 해결했는데, 이는 천문 계산에 능통해야 가능한 일이다. 또한 오늘날에도 활용되는 조수의 운동에 관한 관찰 기록을 남겼다.

요하네스 스코투스 에리우게나(Johannes Scotus Eriugena, 810년경~877년경)는 아일랜드에서 태어나 자랐지만 836년 이후 점점 잦아지는 바이킹의 습격을 피해 아일랜드를 떠난 것으로 보인다. 850년에는 서프랑크 왕국의 대머리왕 카를 2세(재위 840~877)의 궁전에서 중요한 역할을 했는데, 필시 왕실 주치의였던 것 같다. 그는 당시까지 이어져오던 플라톤 철학에 정통했지만 그의 가장 독창적인 저서인 《자연의 구분에 관하여》(라틴어 원서명은 *Periphyseon* 또는 *De divisione naturae*, 866년경에 완성)는 본질적으로 신플라톤주의의 유출설(공간, 빛 그리고 궁극적으로 모든 물질은 신의 물질로부터 유출된 것이라는 이론)을 기독교의 창조 이야기와 조화시키려는 시도였다. 요하네스의 연구가 독창적이라고 하는 까닭은 그가 (플라톤의 추종자답게) 오로지 이성에 근거하여 주장을 펼쳤기 때문이다. 그는 권위가 우선시되던 당시에 이성을 권위보다 '본디 우선하는' 것으로 보았다(그가 말한 권위는 성경의 권위를 뜻한다). 요하네스가 이성을 중시한 것은 이후 철학사의 발전에 중요한 의미를 지닌다. 10세기가 되자 서유럽은 중세 암흑기의 정체에서 벗어날 준비가 되어 있었고, 학문과 철학 사상의 부활이 다가오고 있었다. 따라서 요하네스의《자연의 구분에 관하여》는 중세 전성기 내내 후대인들에게 이전 시기의 권위적 저작들을 이성적으로 바라보게 하는 지침으로 이용되었다.

5세기부터 10세기까지 기독교 국가들에서 자연철학이 가치 있는 학문으로 여겨지지 않았음은 부인할 수 없다. 지적인 재능을 가진 이들도 당시의 사회정치적 환경에서는 빛날 기회가 없었고, 자신들의 지적인 에너지를 신학이나 법학 또는 행정에 쏟을 수밖에 없었다. 소수 성직자들의 괄목할 만한 노력에도 불구하고 고대 그리스인들이 남긴 유산은 영원히 잊힐 수도 있는 상황이었다. 하지만 새로운 문명이 도래하면서 그런 우려는 사라졌다.

* * *

이슬람 문명은 마호메트(570~632)의 가르침을 바탕으로 한 것으로 7세기부터 번성하기 시작했다. 아랍인들은 새로운 목적과 자기 확신에 충만하여 중동의 넓은 지역, 북아프리카 그리고 드디어 스페인과 시칠리아까지 정복했다. 무엇보다도 중요한 사실은 이 시기에 과학이 번성하기 시작했다는 것이다. 과학은 고대 그리스 이후로 빛을 보지 못하고 있었지만, 이슬람 과학은 고대 그리스의 과학을 능가하기에 이르렀다.

여기서 '왜?'라는 질문을 하지 않을 수 없다. 아랍인들과 이슬람의 성장에 기여한 다른 종족들이 자연과학에 그토록 강렬한 관심을 보이고 마침내 풍성한 결실을 얻게 된 이유는 무엇일까?

드러난 증거에 따르면, 초기의 관심은 의학, 천문학, 시금법 및 기타 화학 지식 등의 과학과 예술에 대한 실용적인 목적에서 비롯되었다. 의학 지식은 어느 문명에서도 늘 유용하지만 이슬람은 특히 천문학자를 필요로 했다. 기도할 때 메카를 향해야 했기에, 자주 먼 길을 떠나는 무슬림들은 어디를 가나 메카의 방향을 알아낼 수 있어야 했다. 마찬가지로 그들은 하루에 다섯 번 기도 시간을 정확히 지켜야 했다. 게다가 아랍 제국이 기틀을 잡으면서 그들이 차지한 서쪽 영토에서 사용되던 비잔티움 동전과 동쪽에서 사용되던 사산, 즉 페르시아의 동전을 대체할 제국의 동전을 새로 주조할 필요가 생겼다.

어느 곳에서든 메카의 방향을 알아내기 위해 필요한 천문학적 기법이나 황금을 감정하는 데 필요한 기법을 처음으로 개발하기 시작한 사람들은 그런 목적에 부합할 정도로만 개발하면 충분하다고 여겼을지 모른다. 이와 비슷한 동기에서 수학적 기법들이 개발되었는데, 이슬람법의 정교한 유산 분배 원칙 때문에 자주 부딪히는 현실적인 문제점을 해결하기 위해서였다. 얼마 지나지 않아 학식 있는 사람들은 여기서 한 걸음 더 나아가기 시작했다. 아마도 엄밀하게 이슬람적인 목적에 필요한 것만을 추구하는 데서 벗어나게 된 첫 번째 계기는 초승달 제국의 일자리 경쟁이었다.

새 제국이 새 동전을 원했듯이, 관료 기구가 아랍화되면서 필연적으로 비잔티움이나 페르시아의 행정 기관 소속의 관료들은 아랍인으로 대체되기 시작했다. 따라서 이전의 지위—어떤 경우에는 전보다 더 높은 정부 내 요직—를 되찾고자 하는 관료 가운데 그리스어를 아는 사람들은 고대 그리스의 원전을 다시 펼쳐 들었다. 이전에는 무시했던 천문학, 산수, 시금법 그리고 아랍 사회에 유용한 의학 등에 관한 기본적인 지식을 갖추기 위해서였다. 당연히 이들은 자신이 익힌 심오한 지식을 자신의 자식들에게 전해주었다.

예전의 비잔티움 및 페르시아 지역에서 진행된 행정 체계의 아랍화 및 새 동전 주조는 우마이야 왕조의 다섯 번째 칼리프 아브드 알-말리크가 시작했다. 750년에 우마이야 왕조가 무너지고 아바스 왕조가 들어서면서 고대 그리스의 지혜를 받아들이는 일은 더욱 가속화되었다. 아바스 시대는 흔히 '황금시대'로 불리는데, 바그다드를 제국의 새 수도로 삼은 알-만수르에서 하룬 알-라시드를 거쳐 알-마문까지 이들 칼리프는 고대 그리스 저작들의 복구 및 아랍어 번역을 장려하고 지원했다. 일부 이슬람 사상가들은 계몽된 칼리프의 후원을 받았고, 어떤 이들은 칼리프보다 지위는 조금 낮지만 고위직인 관료의 후원을 받았다. 이처럼 이슬람 사회에서 비종교적인 지식을 추구하는 활동의 전성기는 소수의 열성적인 후원자들에게 거의 전적으로 의존하고 있었다. 이것이 어떤 의미인지는 나중에 드러나게 된다.

아마도 아랍 제국에서는 실용적 기술에 관심이 있었기에, 새로운 개종자들이 고대 그리스 저작들을 곧이곧대로 받아들이지 않고 스스로 발전을 이루어나갔는데, 많은 경우 그리스인들이 알고 있던 지식을 훌쩍 넘어섰다. 시금법을 비롯한 기타 화학적 기법에 대한 그리스인의 지식은 사실상 새로운 과학, 즉 아랍어 이름으로 잘 알려진 연금술이 되었다. 마찬가지로 유산을 계산하기 위한 산수 기법의 활용도 새로운 영역인 대수학으로 발전했는데, 이는 고대인들에게는 없던 유형의 해법이다. 또한 아랍인들은 삼각법, 특히 구면삼각법 또는 사영삼각법에서도 큰 발전을 이루었다(이번에도 구형인 지구 위에서 메카의 방향을 알아낼 필요성이 어느 정도 계기가 되었다). 아울러 그들은 그리스 천문학을 숙지하는 데서 나아가 중요한 발전을 이루어냈다. 고대 그리스인들에게 천문학은 점성술과 밀접한 관계가 있었는데, 아랍인들도 이 점성술을 크게 향상시켰다.

이런 발전의 주요한 측면들을 나중에 유럽 사상가들이 받아들임으로써 비교적 빠르게 근대적인 서양 과학이 등장하게 된다. 하지만 서양 과학이 동양적 토대 위에 세워졌음은 부정할 수 없다(상자글 3.1 참고). 이슬람 문명에서 발전한 과학은 16세기부터 시작된 유럽의 과학혁명에 중대한 영향을 끼치게 된다. 따라서 역설적이게도 유럽 사상가들이 '중세 암흑기'에서 처음 나타날 무렵에 그들에게 영향을 끼친 이슬람 사상의 위력은 연금술이나 점성술, 더군다나 대수나 삼각법에서가 아니라 그들이 압도적인 관심을 보인 아리스토텔레스의 자연철학에서 드러났다. 사람들은 대체로 자신이 듣고 싶은 바를 듣는데, 이는 중세에도 마찬가지였던 듯하다. 이슬람 학문에 익숙한 유럽 사상가들은 실용적인 과학에는 거의 관심이 없었지만(물론 의학은 예외여서 서양 사상가들에 의해 바로 수용되었다), 아리스토텔레스의 자연철학에는 금세 사로잡히고 말았다.

그 이유를 다음 장에서 살펴보기 전에 먼저 어떻게 아리스토텔레스의 자연철학이 이슬람 문헌에서 그토록 큰 비중을 차지하게 되었는지를 살펴보자.

장차 이슬람 사상의 선구자가 될 사람들은 고대 그리스 저술들을 찾아내어 아랍어로 번역하는 데 열심이었다. 9세기가 되자 바그다드에서는 광범위한 그리스 저술들을 아랍어로 번역하는 작업이 계획적으로 추진되었다. 따라서 필연적으로 그들은 의학 서적, 점성술 서적 또는 기타 실용적 주제에 관한 서적뿐 아니라 플라톤과 아리스토텔레스 같은 위대한 사상가들의 심오한 철학 서적들도 포함시켰고, 아울러 다른 철학 학파의 선구적인 사상가들에게도 관심을 기울였다. 이들 가운데 가장 직접적인 영향을 미친 학파는 신플라톤주의자들이었다. 신플라톤주의자들은 후기 로마 제국에서 가장 성공적인 철학 학파였을 뿐 아니라 페르시아에도 활발하게 소개되었다. 529년에 로마 황제 유스티니아누스가 이교도 철학의 가르침을 금지하자 플라톤의 아카데미아 소속 교사들이 529년에 페르시아 황궁으로 거처를 옮겼기 때문이다.

이름에서 드러나듯이 신플라톤주의자는 플라톤주의와 밀접한 관계가 있다. 그런데 신플라톤주의라는 명칭을 붙인 것은 그들이 아니라 오늘날의 사람들이다. 그들은 분명 자신들을 플라톤주의자로 여겼을 테지만, 우리가 보는 관점에서는 새로운 이름표를 붙여도 좋을 만큼 두 사상은 크게 차이가 난다. 아무튼 자기 학파의 위대한 시조인 플라톤을 드높이려 했던 그들은 아리스토텔레스가 플라톤 사상에 가한 위력적인 비판을 잘 알고 있었다. 게다가 교육학에 관한 아리스토텔레스의 논리적 연구가 지닌 중요성 때문에 그의 견해를 무시할 수도 없었다. 따라서 신플라톤주의의 주요 내용은 플라톤과 아리스토텔레스를 조화시켜 아리스토텔레스의 비판이 결코 플라톤 사상을 약화시키지 않도록 하는 것이었다. 그 결과로 이슬람 사상가들은 신플라톤주의 저서들 속에서 무엇이 플라톤 사상이고 무엇이 아리스토텔레스 사상인지 구별하는 데 큰 어려움을 겪었고, 심지어 두 권의 신플라톤주의 저서를 아리스토텔레스의 저서라고 잘못 판단하기도 했다. 이른바 《아리스토텔레스의 신학》은 사실 신플라톤주의의 창시자인 플로티노스의 주요 저서인 《엔네아데스 *Enneades*》의 일부이고, 《순수한 신에 관한 책》(나중에 《리베르 데 카우시스 *Liber de causis*》('원인들의 책'이라는 뜻)라는 제목의 라틴어로

3.1_ 몇몇 뛰어난 아랍 사상가들

자비르 이븐 하이얀(Jabir Ibn Hayyan, 게베르, 730년경~810년경) | 아랍인 또는 페르시아인, 아니면 단지 전설 속의 인물로서 위대한 연금술사로 유명하다. 연금술에서 실험의 필요성을 강조했으며 무기산을 포함한 여러 화학물질을 발견했다.

알-콰리즈미(al-Khawarizmi, 알고리트미, 780년경~850년경) | 바그다드에서 살았던 페르시아의 수학자. 그가 발견한 알-자브르라는 이차방정식의 해법은 대수의 새로운 수학 체계를 마련했다. 그가 쓴 산수 책은 인도의 수 체계를 이슬람에 소개했으며(이것이 나중에 서양에 소개되었기에 우리는 그 수 체계를 아라비아 숫자라고 부른다!), 십진 표기법도 아울러 소개했다. 아랍식 기수법을 뜻하는 알고리즘은 그의 이름에서 딴 것이다. 삼각법, 천문학 및 지리학에도 중요한 업적을 남겼다.

알-킨디(al-Kindi, 알킨두스, 801년경~873) | 바그다드에서 일했던 아랍인으로 고대 그리스 철학을 이슬람 문화에 소개하는 데 선구자였다. 그리스 저작들의 아랍어 번역 작업과 더불어 그리스 철학과 이슬람 교리를 조화시키려 했다. 천문학과 점성술에 관한 연구를 통해 '영향의 빛살'이라는 이론을 내놓았는데(《별의 빛살에 관하여》), 이 이론은 초자연 현상의 탐구자들에 의해 종종 받아들여졌다. 또한 그는 광학, 화학 및 약학에서도 중요한 연구를 수행했다.

알-라지(al-Razi, 라제스, 864~932) | 페르시아의 박식가로서 의학에 중요한 업적을 남겼다. 연금술 역사에서 중요한 인물로, 널리 읽힌 《비밀 중의 비밀》의 저자이기도 한 그는 에피쿠로스 사상에 큰 감명을 받아 물질에 관한 원자론을 발전시켰다.

알-파라비(al-Farabi, 알파라비우스, 870년경~950년경) | 터키인으로 추정되는(어쩌면 페르시아인) 이 사상가는 거처를 옮겨가면서 바그다드, 알레포, 다마스쿠스 등에서 활동했다. (첫 번째 교사인 아리스토텔레스의 뒤를 이어) 두 번째 교사라고 불린 그는 아리스토텔레스와 플라톤의 사상을 이슬람과 조화시키려는 시도를 통해 자신만의 철학을 발전시켰다. 이러한 창의적인 절충주의는 그의 우주론에서도 엿보이는데, 여기서 그는 아리스토텔레스의 원인론과 프톨레마이오스의 천문학을 신플라톤주의의 유출론과 결합시켜 물질적이면서도 신성이 깃들어 있는 세계의 모습을 제시했다. 또한 그는 이슬람 사상가 중에서 물질계를 수학적인 관점에서 파악한 인물로, 수학적 분석과 수학적 관점에 따른 이해를 중시했다.

이븐 알-하이탐(Ibn al-Haytham, 알하젠, 965~1039) | 페르시아의 박식가로서 카이로에서 대부분의 일생을 보냈다. 광학과 안과학에 대한 연구로 가장 잘 알려져 있지만 천문학, 물리학 및 수학에서도 중요한 업적을 남겼다.

이븐 시나(Ibn Sina, 아비센나, 980년경~1037) | 페르시아 출신으로 광범위한 주제에 걸쳐 많은 저술을 남겼다. 특히 의학에 관한 연구로 유명하다. 그가 쓴 《의학정전al-Qunun al-Tibb》은 무려 17세기까지 서양의 여러 의과대학에서 중심 교재로 채택되었다. 이 책에는 이슬람 의학 전통과 그리스 의학에 대한 갈레노스의 자세한 설명 그리고 뛰어난 의사였던 그 자신이 직접 겪은 경험이 실려 있다. 아리스토텔레스 철학, 특히 그의 형이상학에도 능통했다.

알-비루니(al-Biruni, 알베루니, 973~1048) | 페르시아 출신의 과학자·역사학자. 수학, 역학, 천문학, 점성술, 지리학, 기상학, 의학 등을 연구했다. 과학철학 연구에 선구적인 업적을 남겼으며 실험적 방법을 촉진시키는 데도 기여했다.

이븐 바자(Ibn Bajja, 아벰파세, 1138년에 사망) | 세비야와 그라나다에서 활동하다가 모로코에서 죽었다. 천문학자이자 물리학자로서 운동 이론에 관한 중요한 연구를 수행했는데, 후대 아랍 학자인 이븐 루슈드뿐 아니라 심지어 갈릴레오도 이 연구를 받아들였다. 또한 아리스토텔레스 철학의 주석가로서, 알베르투스 마그누스와 토마스 아퀴나스도 때로 그의 해석을 받아들였다.

이븐 루슈드(Ibn Rushd, 아베로에스, 1126~1198) | 코르도바에서 살았던 사상가로, 기독교가 지배하는 유럽에서 세속 사상의 발전에 영감을 불어넣은 인물로 여겨졌다. 유럽에서 이른바 아베로이즘은 극단적인 자연주의(모든 것을 자연주의적 관점에서 해석하는 견해)와 동일시되었다. 아리스토텔레스 철학의 주요 해석자이면서—서양 사상가들은 종종 그를 '주석가'라고 불렀다—천문학, 의학 및 다른 여러 주제에 대해 중요한 업적을 남겼다.

나시르 알-딘 알-투시(Nasir al-Din al-Tusi, 투시, 1201~1274) | 페르시아 출신의 천문학자이자 수학자. 프톨레마이오스와 코페르니쿠스 사이의 가장 위대한 천문학자로 일컬어진다. 마라가(오늘날의 이라크 북부 지역) 근처에 있는 자신의 천문대에서 수행한 관찰을 바탕으로 행성 운동에 관한 정확한 도표들을 내놓았다. 두 가지 원 운동을 결합하여 직선 운동을 발생시키는 이른바 투시 커플(Tusi-couple, 투시 연성)의 발명자다. 이 장치는 알-투시가 프톨레마이오스의 천문학을 발전시키기 위해 사용했는데 코페르니쿠스도 같은 목적에서 이것을 활용했다.

번역됨)은 마지막 위대한 신플라톤주의자인 프로클로스의 《신학 원론》의 일부다.

여기서 우리가 신학 저서들에 관해 논의하는 것은 결코 주제에서 벗어나는 일이 아니다. 고대 그리스 이후로 철학에서 가장 위대한 업적을 남긴 뛰어난 사상가들이 독실한 무슬림이라는 점을 염두에 둔다면, 그들이 본질적으로 플라톤 사상의 종교적 측면을 확장시킨 신플라톤주의자의 저서에 흥미를 보이고, 이를 계시가 아닌 이성에 바탕을 둔 복잡한 신학으로 탈바꿈시킨 것은 놀랄 일이 아니다. 하지만 신플라톤주의에 대한 관심에도 불구하고 여러 가지 이유로 아리스토텔레스 사상이 이후의 이슬람 철학에서 전면에 부각되었다. 신플라톤주의자들, 특히 후대의 사상가들은 플라톤만큼이나 아리스토텔레스를 논하는 데 많은 시간을 보냈다. 아리스토텔레스의 저서들은 플라톤의 대화편보다 훨씬 더 체계적일 뿐 아니라 제목만 봐도 책의 내용을 짐작할 수 있었다. 가령《물리학》,《형이상학》,《영혼에 관하여》,《생성과 소멸에 관하여》 등의 제목이 붙어 있다(플라톤의《향연》,《파이돈》,《크리티아스》,《티마이오스》 등과 비교해보라). 더군다나 플라톤의 저서와 신플라톤주의 저술 가운데 플라톤 사상에 가까운 작품들은 종종 신학적인 주제를 다루었기에 이슬람 교리를 위협할 가능성이 있었다. 아리스토텔레스는 신학적인 문제에 관심이 훨씬 적은 데다 이슬람 사상가들에게 종교적인 의미와 무관하게 매우 만족스러운 지적인 과제를 제공했다. 따라서 플라톤보다 아리스토텔레스가 이슬람 철학자들에게 '첫 번째 교사'라는 칭호를 얻은 것도 충분히 이해가 된다.

'두 번째 교사'의 영예는 철학자 알-파라비에게 사후에 주어졌다. 알-파라비는 바그다드에서 철학자로 활동하기 시작하여 942년에 다마스쿠스로 옮겼다는 사실 외에는 거의 알려진 바가 없다. 알-파라비의 자연철학은 신플라톤주의의 유출설(모든 물질적, 비물질적인 것은 신의 존재에서 나온다는 견해)의 복잡한 조합에 바탕을 둔 우주론, 아리스토텔레스의 원인론 그리고 프톨레마이오스가 이룩한 천문학의 최종 결과를 출발점으로 삼았다. 전반적으로 알-파라비의 철학은 아리스토텔레스 사상에 가까웠고, 특히 아리스토텔레스의 논리학 저술들을 높게 평가했다. 이것이 후대의 이슬람 철학자들의 연구에 바탕을 마련해주었다.

가장 탁월한 이슬람 철학자는 페르시아 출신의 아부 알리 알-후세인 이븐 압둘라 이븐 시나와 알안달루스의 코르도바 출신인 아부 알-왈리드 이븐 루슈드였다. 두 사람 모두 독창적인 사상가로 알려져 있지만 아리스토텔레스 철학을 출발점이자 지속적인 안내자로 삼았다. 이들이 남긴 저술들은 서로마의 중세 철학자들에게 열렬히 받아들여졌다. 이븐 시나는 아비센나라는 라틴어 이름으로, 이븐 루슈드는 아베로에스라는 라틴어 이름으로 불렸다. 그만큼 중세 서양철학자들에게 자주 언급되었으며 존경을 받았다. 이븐 루슈드의 저서 다수는 아리스토텔레스에 관한 주석으로, 그중 아리스토텔레스의 한 저서는 이븐 루슈드가 문단별로 제시한 후 자신의 해석을 실었다. 유럽의 중세 내내 아리스토텔레스는 간단히 '철학자(The Philosopher)'로, 이븐 루슈드는 간단히 '주석가(The Commentator)'로 종종 불렸다.

여기서 그들의 철학을 자세히 살펴볼 필요는 없다. 비록 오늘날에는 이슬람 사상 전문가들만의 연구 대상으로 전락하긴 했지만, 사실 그들은 토마스 아퀴나스, 존 둔스 스코터스 또는 윌리엄 오컴과 동급의 철학자라고 해도 손색이 없다. 하지만 이 책의 목적은 과학사상의 발전을 이해하는 것이므로, 그들 및 동료 이슬람 철학자들의 아리스토텔레스주의가 중세 암흑기에 등장하는 서양 사상에 심오한 영향을 미치게 된다는 점이 중요하다. 넓은 맥락에서 볼 때 무슬림의 영향은 서양 기독교도들이 다른 고대 그리스 철학자보다 아리스토텔레스에게 거의 전적으로 초점을 맞추었다는 사실뿐 아니라 아리스토텔레스의 철학이 신학적 주장을 조사하거나 검증하는 데 사용되었다는 점에서 잘 드러난다. 사실 이슬람 사상가들, 이들보다 앞선 고대 후기의 신플라톤주의자들, 이후 이들을 모방한 기독교 사상가들을 포함하여 이성 그리고 진리에 이르기 위한 합리적인 사고방식이 가진 힘에 대한 믿음을 공유했던 이들은 하나같이 아리스토텔레스 사상에 깊은 인상을 받았던지라, 궁극적으로 아리스토텔레스 철학이 어떻게 그들 각자의 신앙이 제시한 진리와 양립할 수 있을지 캐묻지 않을 수 없었다.

이슬람에서 과학이 쇠퇴했다고 보는 주장이 있는데, 그 까닭은 무신론적인 과학에 대한 종교적 반발, 특히 알-가잘리(al-Ghazali, 1058~1111)의 《철학자의 모순*Tahafut al-Falasifah*》에서 이븐 시나에게 가한 종교적 비판 때문이라고 한다. 1258년 몽골에 의해 바그다드가 파괴되었기 때문이라는 견해도 있다. 하지만 둘 다 믿을 만한 원인이 되기에는 시기적으로 너무 이르다. 왜냐하면 이슬람 사상가들은 16세기까지 줄곧 과학의 발전에 중요한 역할을 했기 때문이다. 어쨌거나 알-가잘리의 《철학자의 모순》은 《모순의 모순》이라는 책을 통해 이븐 루슈드로부터 반박을 받았다. 이슬람 제국에 대한 몽골의 침략은 인간적인 면뿐 아니라 지적 성취의 결과인 많은 서적들을 잃었다는 점에서도 분명 잔혹했지만, 결코 아랍 과학의 끝을 의미하지는 않았다. 실제로 선구적인 아랍 천문학자인 나시르 알-딘 알-투시는 알라무트 요새가 함락된 후 탈출하여 목숨을 건졌을 뿐 아니라 이후에 칭기즈칸의 손자인 훌라구칸의 개인 점성술사가 되어 칸을 설득하여 마라가에 세계 최대의 천문대를 지었다는 사실에서 드러나듯이, 심지어 몽골인들도 천문학 전문가가 필요하다고 여겼다. 또한 주요 이슬람 사상가들이 종교 당국과 마찰이 있긴 했지만 이슬람 철학 및 과학의 쇠퇴가 점증하는 종교적 압력 때문이라는 증거는 없다.

과학이 쇠퇴하기 시작한 것은 16세기인 듯한데, 바로 이 시기에 통일 이슬람 세계가 끝나고 이슬람 제국은 세 군데로 나누어졌다. 오스만 제국(1453년경~1920)은 터키, 동부 지중해, 북아프리카 일부를 다스렸고, 사파비 제국(1502년경~1736)은 페르시아 및 그 동쪽 지역을 통치했으며, 무굴 제국(1520년경~1750년경)은 인도 아대륙을 지배했다. 이로 인해 이슬람의 문화적 응집력이 약화되어 학문 발전에 찬물을 끼얹었다고 볼 수 있다. 하지만 10세기 초에도 이와 비슷한 제국의 분열이 있었음을 감안할 때 다른 요인이 영향을 미쳤음이 분명하다. 750년에 아바스 왕조에 의해 우마이야 왕조가 무너지자 우마이야 왕조의 왕자 아브드 알-라흐만은 알안달루스로 달아나 코르도바를 세웠는데, 이곳은 서양의 학문과 문화의 중심지로 바그다드와 어깨를 견주었다. 10세기가 되자 그의 후손인 아브드 알-라흐만 3세는 자신을 알안달루스의 칼리프라고 선언하기에 이르렀다. 이보다 조금 전에 마호메트의 딸 파티마의 후손이라고 주장하는 파티마 왕조는 카이로를 근거지로 하여 자신들을 칼리프로 선언했다. 어쨌든 이전의 분열이 과학에 대한 후원 기회를 높였음을 감안할 때, 후대에 일어난 이슬람의 분열이 과학 쇠퇴의 원인이 되었다손 치더라도 다른 요인이 작용했음이 분명하다.

가장 중요한 요인은 이슬람 제국 바깥에 있었다. 16세기는 유럽인들의 신대륙 발견을 시작으로 잇따른 발견과 항해의 시기이기도 했다. 남아프리카를 돌아 남아시아와 극동에 이르는 길을 발견함으로써, 신세계의 새로운 시장과 미개발 천연자원을 이용하게 되었을 뿐 아니라 유럽인들은 무슬림 지역을 통과하지 않고도 세계의 여러 지역과 직접 교역할 수 있게 되었다. 이슬람 지역은 상업 활동이 쇠퇴하여 유럽 재화의 공급처가 아닌 소비처로 전락하였다. 마찬가지로 한때 이슬람 사상가들은 유럽인보다 앞선 지식을 가졌지만 17세기 말에 이르면 유럽의 최신 사상을 받아들임으로써 자기 나라에서 유명세를 얻었을 뿐이다.

또 하나 부인할 수 없는 중요한 요인은 서구 유럽의 발전 방식과 달리 이슬람은 여전히 부유하고 권세 있는 개인의 후원에 의존하고 있었다는 사실이다. 후원은 본디 일시적이고 잠정적인 것이기에 이슬람 철학자들의 등장과 성공도 그러했다. 이슬람 과학에 관한 뛰어난 역사가인 조지 살리바는 최근에 이렇게 썼다. "이슬람 세계의 과학적 성취는 주로 개별적인 천재들에 의해, 그리고 우연히 그 천재들이 마땅한 후원자를 만날 수 있을 때에야 이루어졌다." 이유가 무엇이든 과학에 대한 후원은 16세기에 더욱더 줄어들었던 듯하다. 이번에도 이슬람 영토 바깥에서 일어난 결과 때문인 듯하다. 17세기가 되자 자연계에 관한 고급 지식은 서양에서 얻을 수 있었기에 장차 과학 연구를 지원할 이들은 검증되지 않은 사상가(설령 잠재력이 있다 하더라도)를 장기적으로 지원하기보다는 필요한 지식을 수입하는 편이 더 쉽다고 여겼을 것이다. 게다가 서양 지식의 수입이 꾸준히 이루어지다 보니 이에 대한 태도와 기대도 차츰 달라졌다. 이전의 활력과 자긍심을 잃어버린 문화에서는 유럽의 지식에 의존하는 것이 점점 더 유일하게 현실적인 방법이 되었다.

서양 중세

10세기는 서유럽의 새로운 부흥이 시작되던 시기다. (바이킹족의 침입을 끝으로) 야만족의 침략이 없어지자 농업 및 관련 기술의 발전이 지속적인 인구 증가로 이어졌고, 이는 다시 소도시가 주변 지역의 농민들에게 용역을 제공하게 되면서 노동의 분업화와 도시의 번영을 가져왔다. 자신감이 커지자 지적인 갈망 또한 커졌다. 고대 그리스의 영광을 어렴풋이 알고 있던 데다 아랍인들이 고대 그리스의 지식을 갖추고 있었다는 사실도 알고 있던 서양의 학자들은 이 지식이 담긴 고대의 원전들을 찾아내기 시작했다. 오리야크 출신의 제르베르(Gerbert, 946년경~1003)는 나중에 교황 실베스테르 2세가 되는 인물로, 랭스의 성당학교 교장으로 있을 때 무슬림이 지배하던 스페인의 알안달루스의 인맥을 이용하여 고대 저술들의 라틴어 번역본들을 입수했다. 드문드문 이어지던 번역 활동은 1085년에 기독교인들이 스페인을 정복하고 1091년에 시칠리아를 탈환한 이후 봇물을 이루었다. 많은 서구 학자들은 새로 입수한 고대의 저술들을 아랍어에서 라틴어로 바꾸는 데 온갖 열정을 쏟았다(상자글 4.1 참고).

앞 장에서 살펴보았듯이, 그전까지 서유럽에서 구할 수 있는 자연철학 및 세속 철학에 관한 저술은 손에 꼽을 정도였고, 이전의 저술을 짜깁기한 요약서가 종종 있었는데, 이 책들은 고대 그리스 지혜의 불완전한 모음집이었을 뿐이다. 따라서 세계에 대한 불타는 호기심을 가지고 자연현상과 그 원인에 대해 많이 배우고자 갈망하던 이들에게는 좌절과 불만의 시기가 아닐 수 없었다. 오늘날 이 책을 읽는 대부분의 독자들은 아리스토텔레스의 철학 저술들을 전혀 보지 못했겠지만, 만약 여러분이 중세 서양인으로 배움의 기회에 굶주려 있는 상황이라면 가령 아리스토텔레스의 《형이상학》이나 《물리학》을 손에 쥔 순간 흥분하지 않을 수 없을 것이며 더 많은 책을 간절히 원할 것이다. 아리스토텔레스 사상의 의미가 무엇인지, 그것이 왜 중요한지를 훌륭한 주석가가 꼼꼼하게 달아놓은 책이라도 손에 넣는다면, 여러분은 새로운 삶의 지평이 열린 듯한 기분일 것이다. 분명 12세기의 서유럽에서는 아리스토텔레스 및 아랍 주석가들의 저술을 접하는 꽤 많은 독자들이 그렇게 여겼으며, 이들은 함께 서유럽의 지적인 발전을 위한 새로운 가능성을 열어나갔다.

스페인에 갔다가 이어서 (아랍어 번역본 대신에 그리스어 원전을 얻기 위해) 비잔티움에도 들른 학자들은 번역할 저술을 의도적으로 선택했다는 점도 언급할 가치가 있다. 실용적 가치가 있다고 판단되는 저술들에 대한 일반적인 관심은 예외이지만, 번역가들은 거의 전적으로 자연철학 저술들을 선택했다. 물론 의학 저술, 특히 고대 그리스의 의학 이론과

콘스탄티누스 아프리카누스(Constantinus Africanus, 1020년경~1087) | 몬테카시노 수도원의 수도승으로서 알리 이븐 압바스 알-마주시의《의학 백과사전》을 번역하여《의술총서》또는《판테그니*Pantegni*》라는 책으로 내놓았으며, 아울러 히포크라테스와 갈레노스가 쓴 고대 의학 저술의 아랍어 판본도 번역하였다.

크레모나의 제라르드(Gerard of Cremona , 1114년경~1187) | 87권의 책을 번역했다.《알마게스트*Almagest*》라는 프톨레마이오스의 천문학 개요서,《분석론 후서》,《자연학》,《천체에 관하여》,《생성과 소멸에 관하여》,《기상학》을 비롯한 아리스토텔레스의 여러 저서들, 유클리드의《기하학 원론》, 알-콰리즈미의《약분과 소거에 관하여》, 아르키메데스의《원의 측정에 관하여》, 알-파라비의《학문의 분류에 관하여》, 알-라지의 화학 및 의학 저술, 이븐 시나의《의학정전》, 이븐 알-하이탐의《광학》등이 그것이다.

바스의 아델라르드(Adelard of Bath, 1116~1142년경에 활동) | 유클리드의《기하학 원론》을 처음으로 번역했으며, 높이 평가되던 아부 마샤르의《점성학 입문》도 번역했다.

체스터의 로버트(Robert of Chester, 1150년경에 활동) | 자비르 이븐 하이얀(제베르)의 연금술 저서들을 번역했는데, 이중에는 연금술사들에게 가장 큰 영향을 미친 책《화학의 서*Kitab al-Kimya*》도 포함되어 있다.

피사의 레오나르도(Leonardo Pisario, 1170년경~1250년경) | 피보나치라고도 알려진 이 사람은 자신의 책《주판 책*Liber Abaci*》에서 처음으로 인도아랍 수 체계를 완벽하게 설명했다.

실천을 풍성하게 종합한 갈레노스의 저술에 관심이 집중되었다. 다양한 종류의 수학 저술들—천문학과 점성술 그리고 광학에 관한 저술까지 포함하여—도 유용하다고 여겨져 많이 번역되었다. 하지만 이들 분야를 제외하고 나면 주된 관심은 아리스토텔레스의 자연철학의 번역에 집중되었다.

분명 의학 및 수학 저술들은 전적으로 실용적 관점에서 유용하다고 여겨졌지만, 자연철학에 대한 관심은 자연계, 즉 신의 피조물에 관한 저술들이 성경 속 하느님의 말씀을 보완해줄 것이라는 강한 기대감의 발로라고 가정하지 않으면 이해하기가 어렵다. 교회 내의 일부 선구적인 사상가들 사이에서도 이성을 통해 종교를 지지하자는 열정적인 운동이 이미 있었다. 처음의 동기는 이성적인 형이상학을 발전시키는 것이었지만, 아리스토텔레스의 저술을 더 많이 입수하게 되면서 그 운동은 차츰 그의 자연철학 연구로 기울었다. 하지만 이런 경향은 이미 이슬람 철학 저술들, 특히 이븐 시나와 이븐 루슈드의 저술들의 특징이었다. 종종 이슬람 철학은 이슬람의 사변적인 신학에서 나온 사상 유형들, 특히 어떻게 신이 세상을 창조했는가, 그 후 신은 어떻게 세상에 관여했는가, 그리고 영혼의 존재와 본질 등을 이성적으로 설명하기 위한 용도로 쓰였다. 만약 철학이 이슬람 신학에 이바지할 수 있다면, 당연히 기독교 신학에도 이바지할 것이라고 기독교인들은 기대했다.

분명 종교를 이성적으로 접근하는 태도를 반대하는 경향이 줄곧 있었음에도 종종 반지성주의로 흐를 때도 있었다. 일례로 클레르보의 베르나르(Bernard de Clairvaux, 1090~1153)는 이성적인 사고에 빠져 삼위일체설에 반대하는 이단 사상을 퍼뜨렸다며 피에르 아벨라르를 고발하기도 했다. 베르나르는 피에르가 단지 지식을 위한 지식을 찾았다고 보았으며, 그가 보기에 이는 "어처구니없는 허영"이었다. 결국 베르나르는 피에르를 이겼고, 죽은 지 20년 후에 성인으로 추대되었다. 하지만 피에르의 이성적 신학이야말로 중세 기독교의 대표적인 특징이 되었다. 베르나르를 위시하여 그와 비슷한 사람들도 있긴 했지만, 적어도 서유럽에서는 새로운 사고의 발견에 흥분을 감추지 않았던 사람들이 늘 존재했고 이들을 죄다 핍박할 수는 없었다. 이성과 종교가 나란히 함께 갈 수 있다는 명백한 증거는 새로 등장한 대학의 설립에서 찾을 수 있다.

대학들은 대체로 성당학교의 명성 높은 교사 주위에 학생들이 모이면서 자발적으로 성장했다. 그런 모임은 주로 성당 도시의 이방인이나 외국인, 즉 그곳에 아무런 권리나 특권이 없는 이들이 꾸려나갔다. 따라서 그들은 상인들과 장인들이 '유니버시타스', 즉 조합을 결성한 것과 같은 방식으로 법에 의한 집단적 보호를 원했다. 차츰 성장해가면서 대학은 특정한 연구 분야를 전담하는 개별 학부들로 구성되었다. 신학부, 법학부, 의학부의 세 '상급' 학부가 등장했는데, 이는 서유럽의 인구가 급증하면서 의사와 변호사에 대한 수요가 늘어나고 성직자도 더 많이 필요했기 때문이다.

우선 상급 학부들은 학생들에게 교양 학부에서 예비 과목을 공부하도록 요구했는데, 처음부터 교양 학부에서는 (고대 로마의 교육 체계에서 내려오던) 일곱 개의 기초 교양 과목을 가르쳤다. 라틴어 문법, 수사학, 변증법(또는 논리학), 기하학, 산수, 천문학, 음악이 그것이었다. 스페인을 비롯한 여러 지역의 번역가들이 노력한 덕분에 아리스토텔레스의 저술들을 차츰 접할 수 있게 되면서 교양 학부는 철학부가 되었고, 여기서 모든 학생들은 아리스토텔레스의 자연철학을 배웠다. 일곱 개의 교양 과목은 이제 어린 소년들을 대상으로 했고, 이들이 나중에 자연철학을 공부하게 되었다. 아리스토텔레스는 "의학과 철학은 자매지간"이라고 선언했으며, 의학계에서 아리스토텔레스와 동등한 권위를 지닌 갈레노스도 최고의 의사는 또한 자연철학자라고 선언한 바 있다. 마찬가지로 법학부도 학생들이 논리를 구사할 능력을 갖추도록 요구했는데, 이 능력을 구비하는 데는 아리스토텔레스의 《오르가논*Organon*》(아리스토텔레스의 논리학 저술들에 대한 집합적인 명칭)을 공부하는 것이 최상의 방법이었다. 아마도 신학부는 이교도 철학을 기초 교육으로 인정하는 데 인색했을 것이다. 하지만 아리스토텔레스의 철학이 지닌 위력과 파급력이 워낙 강했던 터라 대학은 대체로 새로운 형식의 교양 과목들을 기꺼이 장려했다. 이런 점은 교회의 반지성적 측면을 비판했던 피에르 아벨라르의 관점이 결국 인정받기 시작했음을 보여준다. 자연철학은 의학이나 법학 연구는 말할 것도 없고 신학 연구를 위해서도 필수적인 학문으로 여겨진 것이다.

대학이 서유럽에서 등장했다는 사실, 그것도 서유럽 문명이 사회정치적으로 불안정했던 '중세 암흑기' 이후에 새로운 번영을 겪으면서 등장했다는 사실은 결코 우연이 아니다. 이 시기의 특징 중 하나인 강력한 왕조의 부흥에는 단지 법률 개혁이 아니라 국가의 법체계를 위한 든든한 기반이 필요했다. 따라서 유스티니아누스 황제의 지시로 제정된 성문 로마 법전인 《로마법대전*Corpus Juris Civilis*》의 중요성이 처음으로 인식되었으며, 새로운 법률 학부의 중심 교재가 되었다. 의학부는 갈레노스 및 그의 아랍어 주석가들, 특히 이븐 시나의 저술들을 가르쳤으며, 고대의 (따라서 우수한) 의학 지혜를 터득했다고 자부하는 엘리트 개업의들을 배출했다. 신학부는 당연히 성경 및 교부들의 저술을 탐구했다. 만약 교양 학부의 교수들이 야심차게 일곱 개 교양 과목을 넘어서서 상급 학부의 교수들과 같은 지위와 전문지식을 뽐낼 수 있었다면, 이는 분명 그들 스스로 고대의 텍스트들을 깊이 연구한 덕분이었을 것이다. 고대 저술 가운데 필독서는 분명 아리스토텔레스의 저술이었다.

주요 이슬람 철학자들도 거의 전적으로 아리스토텔레스에게 관심을 쏟았음을 감안할 때 서양 학자들이 같은 길을 걸었음은 그리 놀랄 일이 아니다. 당시까지 고대 그리스 학문을 계승하고 있던 비잔티움(이곳에서는 라틴어가 아닌 그리스어가 공용어였다)을 방문했던, 따라서 플라톤이나 다른 고대 그리스 철학자들의 저술을 찾았을지 모르는 이들조차도 아리스토텔레스의 저술에만 관심을 쏟는 편이었다. 그렇다 보니 아리스토텔레스가 서양 철학을 지배하게 되었다. 어떤 중세 철학서를 살펴보더라도 '철학자'라는 언급이 줄곧 나올 것이다. 가령 "철학자가 이렇게 말했으니……", "철학자에 따르면……" 등의 표현이다. 마찬가지로 '주석가'라는 언급도 늘 등장한다. 굳이 이름을 거론할 필요조차 없었던 것이다. 철학자란 으레 아리스토텔레스였고, 주석가란 이븐 루슈드였다. 서유럽의 12세기와 13세기 철학을 자세히 살펴보지 않더라도, 그 학문이 아랍인에 의해 기틀이 잡혔으며 이슬람 철학과 마찬가지로 거의 전적으로 아리스토텔레스에 초점을 맞추었음은 부정할 수 없다.

* * *

하지만 곧 학부들 사이에 알력이 생겼다. 교양 학부의 교수들은 교회의 근본을 훼손할 수도 있는 방식으로 아리스토텔레스 사상을 발전시키기 시작했다. 문제가 불거진 계기는 철학자들이 아리스토텔레스의 사상을 근거로 특정한 물리적 상태가 불가능하다고 주장했기 때문이다. 가령 아리스토텔레스는 진공이 존재할 수 없다고 주장했다. 빈 공간이 개념상 실재하지 않는다고 본 것이다. 그로서는 3차원 공간에 펼쳐져야지만 물체가 규정될 수 있었다. 속에 아무것도 없이 펼쳐진 공간에 대한 논의는 터무니없다고 보았다. 길이와 너비 그리고 깊이의 측정값을 갖는 공간이야말로 물체에 의해 채워진 공간이었다. 공간에서 물체를 제거하는 것은 공간에서 차원을 제거하는 것과 마찬가지이기에 해당 공간 자체가 더 이상 존재하지 않는다는 의미다. 즉 공간은 여전히 그곳에 있지만 비어 있다는 의미는 아니다. 아리스토텔레스에게 빈 공간은 명백히 불가능한 것이다.

하지만 교회의 견해는 달랐다. 신의 전지전능함을 염두에 두고서, 교회는 만약 신이 빈 공간을 만들기로 했다면 아리스토텔레스를 포함해 어느 누구도 신이 그렇게 하는 것을 막지 못한다고 주장했다. 또 한편으로 아리스토텔레스는 전체 세상(즉 지구 그리고 고정된 별들을 비롯한 주변의 모든 천체)은 움직일 수 없다고 주장했다. 아리스토텔레스의 주장은 어떤 것의 위치는 그것을 둘러싸는 물체들에 의해 규정된다는 사실에 바탕을 두고 있었다(가령 주차된 차의 위치는 그 차가 다른 두 차 사이에서 도로 경계석 옆에 서 있다는 사실에 의해 정해진다). 이 세계 자체는 그것을 둘러싸는 것이 없으므로 그것이 얼마나 멀리 움직였는지 또는 실제로 움직였는지 여부를 정의하는 것이 불가능하다. 따라서 세계 전체의 움직임에 대한 논의는 터무니없다. 그런 논의는 세계 전체의 움직임을 정의하거나 이해할 수 없다는 사실을 인식하지 못한 데서 생겨난 범주상의 실수다. 하지만 이번에도 신학자들은 만약 신이 세계를 움직이기를 원한다면 그렇게 할 수 있다고 주장했다.

신학자들은 전지전능한 신이라도 불가능한 일이 있다는 데는 기꺼이 동의했다. 가령 신이 논리적 모순을 행할 수 없다고 말한다고 해서 신의 전지전능함이 훼손되지 않는다는 점은 인정했다. 분명 신은 결혼한 독신자를 창조할 수 없으며, 배중률(어떤 명제든 참이나 거짓 중 하나이지 그 중간일 수 없다는 원리)을 부인할 수 없다. 진공이나 세계의 움직임에 관한 아리스토텔레스의 주장은 논리적 불가능성에 관한 것이었는데도, 신학자들은 직감적으로 진짜 문제는 물리적 불가능성 여부라고 생각했다. 그들이 보기에 전지전능한 신이 물리적으로(실제로) 하지 못할 일은 없었다.

따라서 신학부가 가장 힘이 센 대학들, 특히 파리 대학과 옥스퍼드 대학은 1277년에 아리스토텔레스의 가르침을 금지하라고 지시했다(상자글 4.2 참고). 이 금지는 대체로 파리 대학과 옥스퍼드 대학에 국한되긴 했지만 곧 풀렸고(다른 대학들은 아리스토텔레스를 금지하지 않았음을 내세워 학생들이 파리 대학을 꺼려하도록 부추겼다), 그럼에도 불구하고 자연철학의 향후 발전에 중요한 영향을 미쳤다.

이전에 아리스토텔레스의 사상에 완전히 매료되어 그의 가르침에서 벗어나려 하지 않았던 철학자들도 좀 더 비판적으로 사고하기 시작했다. 이는 대체로 교회의 관점에 좀 더 부합되는 쪽으로 사안을 바라보게 되었다는 의미이기도 하지만, 한편으로는 모든 주제에 대해 아리스토텔레스의 견해가 반드시 최종적인 해답이 되지는 않으며 현상을 바라보는 또 다른 방법이 있다고 중세 철학자들이 여기게 되었다는 의미이기도 하다. 어떤 경우 사상가들은 아리스토텔레스의 저술에 나오지 않았던 자연계에 관한 다른 이론을 제시하기도 했다.

가령 추동력 이론을 살펴보자. 아리스토텔레스에 따르면, 어떤 것은 다른 것에 의해서만 움직일 수 있다. 책은 누군가가 집어서 옮기기 전까지는 선반 위에 그대로 놓여 있다. 하지만 발사체는 어떨까? 창은 일단 던지는 사람의 손을 떠났는데도 왜 계속 움직이는가? 발사체 운동에 관한 아리스토텔레스의 설명은 모호하고 혼란스럽다. 이 때문에 어떤 중세 철학자들은 추동력 개념을 발전시켰다. 어떤 물체를 던지면 그것에 추동력이 전달되기에 물체가 계속 움직이다가 추동력이 소진되고 나면 땅에 떨어진다는 발상이다. 추동력 이론은 아리스토텔레스에게서는 찾아볼 수 없지만, 이 이론은 근대의 관성 이론의 전조가 된다. 과연 아리스토텔레스 사상이 금지된 덕분에 중세 사상가들은 아리스토텔레스의 굴레에서 벗어나 새로운 물리 이론을 발전시킬 수 있었을까?

9 첫 번째 사람도 없었고 마지막 사람도 없을 것이다. 사람에게서 사람으로 세대가 늘 존재했고 앞으로도 존재할 것이다.

34 첫 번째 원인(신)은 여러 개의 세계를 만들 수 없다.

35 아버지나 선조 같은 적절한 행위자 없이 신(만)에 의해 사람이 태어날 수는 없다.

37 자명하거나 자명한 것으로부터 확인될 수 없다면 어떤 것도 믿지 않아야 한다.

49 신은 직선 운동으로 천체(즉 세계)를 움직일 수 없다. 왜냐하면 진공이 남기 때문이다.

90 자연철학자는 자연적 원인과 자연적 이유에 의존하기 때문에 세계의 새로 생김(즉 창조)을 절대적으로 부정해야 한다. 하지만 신앙인은 초자연적 원인에 의존하기에 세계의 영원성을 부정할 수 있다.

91 하늘의 운동이 영원함을 밝혀내는 철학자의 주장은 궤변이 아니다. 놀랍게도 심오한 사람들도 이것을 알지 못한다.

141 신이라도 주체가 없이 속성이 존재하게 만들 수(즉 속성을 지닌 어떤 것을 만들지 않은 채 그 어떤 것의 속성을 만들 수는) 없으며 세 개보다 더 많은 차원이 한꺼번에 존재하게 만들 수 없다.

145 철학자가 반박하고 결정하지 않아야 …… 한다는 이유를 들어 어떤 질문을 반박할 수는 없다.

147 절대적으로 불가능한 것은 신 또는 다른 행위자라도 행할 수 없다. 자연에 따라 불가능성을 이해하는 것은 오류다(불가능성은 논리에 따른 것이라는 뜻—옮긴이).

153 신학을 안다고 해서 다른 것을 더 잘 알지는 못한다.

154 세상에서 유일한 현자는 철학자다.

185 어떤 것이 무(無)에서 생길 수 있다는 말은 옳지 않으며, 그것이 첫 번째 창조에서 생겼다는 것 또한 옳지 않다.

역사에서는 '그랬을지도 모른다'는 생각은 아무 소용이 없다. 실제로 아리스토텔레스 사상 그리고 이 사상 체계의 일관성이 지닌 위력이 너무나 컸기에 중세 사상가들은 그의 굴레에서 결코 벗어나지 못했다. 아리스토텔레스 이론들은 설령 개선되더라도, 아리스토텔레스주의에 들어맞도록 이루어지는 경향이 있었다. 그 결과 중세 전성기 내내 지속적으로 발전한 철학은 스콜라식 아리스토텔레스주의 또는 간단히 스콜라주의라고 부르는 편이 적절하다. 추동력 이론의 경우, 근대의 관성 원리―움직이는 모든 것은 다른 것에 의해 움직인다는 아리스토텔레스의 주장을 거부하는 원리(관성 원리는 어떤 것이 움직이고 있으면 다른 것이 그것을 멈추기 전까지는 계속 움직인다고 가정한다)―로 이어지는 대신에, 단지 아리스토텔레스 이론에 들어맞도록 손질되었을 뿐이다. 발사체가 던지는 사람의 손을 벗어나자마자 손 대신에 추동력이 발사체를 넘겨받는다. 따라서 움직이는 물체가 다른 것에 의해 움직인다는 것은 여전히 옳다. 추동력이 바로 물체를 움직이게 하는 '다른 것'인 셈이다. 관성은 오늘날 외부의 힘 때문에 더 이상의 운동이 불가능할 때까지 영원한 운동을 보장해주는 것으로 여겨지는 데 반해, 추동력은 물체가 움직이면서 소모되는데, 완전히 소모되고 나면 더 이상 물체를 움직이게 할 수 없는 것으로 여겨졌다.

토마스 아퀴나스(Thomas Aquinas, 1225년경~1274)는 파리 대학에서 처음에 금지한 아리스토텔레스의 주장들 가운데 많은 내용을 지지했다. 아퀴나스는 일부 동시대인들(특히 1260년경에 활동한 브라방의 시제와 다키아의 보에티우스는 모두 무신론적 색채가 가미된 열렬한 아베로에스주의자였다)과 달리, 아리스토텔레스 사상을 교회의 교리와 조화시키려고 했다. 사후 50년 후에 성인으로 추대되고 마침내 '교회박사'로까지 승격한 아퀴나스는 주로 스콜라식 아리스토텔레스주의를 발전시켰다. 그의 사상은 교회에서 채택되었을 뿐만 아니라 여러 측면에서 로마 가톨릭 신학의 대표적 사상으로 특별한 가치를 인정받았다. 아리스토텔레스의 세계관이 기독교적 세계관이 된 데에는 대체로 토마스 아퀴나스가 사후에 끼친 영향력 때문이다(그림 4.1 참고). 하지만 선구적인 성직자들이 신의 창조물을 이해하고자 이성적인 접근법을 줄기차게 지지하지 않았다면 아퀴나스의 업적도 불가능했을 것이다. 심지어 로마 가톨릭교회는 아리스토텔레스의 물질 이론을 이용하여 성체 성사의 신비를 설명하기도 했다.

2장에 나왔듯이 아리스토텔레스에 따르면 특정 물체는 물질과 형태로 이루어져 있는데, 이는 결코 따로 떨어져 존재할 수 없다(형태가 없는 물질이나 물질을 떠난 형태는 존재할 수 없다). 하지만 물체에 독특한 성질을 부여하는 것은 형태다(물질은 특정한 형태가 부여되기까지는 언제나 동일하다). 그런데 이런 성질 중 일부는 해당 물체에 본질적인 반면 어떤 것은 부수적일 뿐이다. 본질적 속성은 물체 자체를 바꾸지 않고서는 변할 수 없지만(칼을 녹여 구형으로 주조한 것을 칼이라고 부를 수는 없다), 부수적 속성은 물체에 심각한 영향을 미치지 않고서도 변할 수 있다(칼의 손잡이는 수사슴의 뿔에서 나무로 바꿀 수 있다).

놀랍게도 중세의 로마 가톨릭 교리는 물체에 관한 이 이론을 채택하여 성체 성사에서 빵과 포도주에 어떤 일이 일어나는지 설명하였다. 제병(祭餠, 성체 성사에 쓰이는 얇은 빵)의 형태는 빵의 형태에서 예수 그리스도의 몸의 형태로 바뀌는 과정에서도 유지된다. 따라서 빵은 예수의 몸의 본질적 속성을 가진다. 그러면서도 빵은 빵의 부수적 속성이라고 할 만한 성질을 가진다. 즉 빵처럼 생겼고 빵 맛이 난다(빵은 종류에 따라 맛

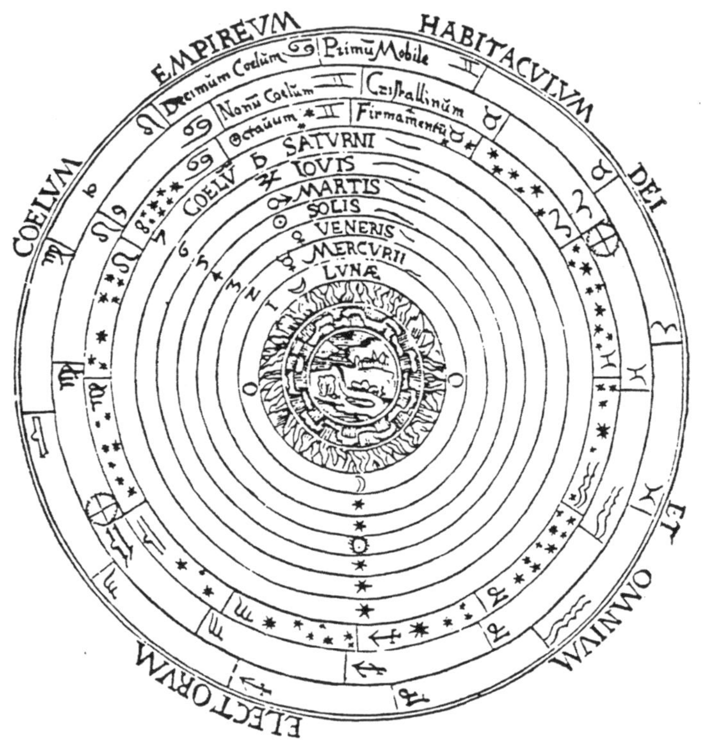

그림 4.1_ 코스모그라피아. 페트루스 아피아누스가 그린 아리스토텔레스 세계관(안트베르프, 1539). 에든버러 대학 도서관의 특별소장품부(JA 1050)의 허락하에 게재.

육지와 물로 이루어진 단일한 구(6장 참고) 한가운데의 지구 둘레에 공기의 구와 불의 구(달 바로 아래에 위치한 불의 띠)가 그려져 있다. 이는 각 원소마다 자연 속에서 자신의 위치를 가진다는 아리스토텔레스의 가정을 보여준다. 원 바깥에 있는 글자들은 '통치하는 하늘, 하느님과 모든 선택받은 이들이 거주하는 곳'이라는 뜻으로, 이 우주 그림이 종교적 믿음과 부합한다는 것을 잘 보여준다. 이 그림은 천구의 단면을 나타낸 것인데, 천구는 지구 주위를 완벽하게 감싸고 있는 것으로 표현되었다.

이 다른데도 빵이므로 맛은 본질적 속성이 아니다. 아마도 빵의 본질은 밀가루 반죽을 구워 부풀려 만들었다는 데 있다). 여기서 우리의 목적상 중요한 점은 교회가 성체 성사의 신비를 설명하기 위해 이런 기발한 생각을 갖다붙였다는 사실이 아니라 이성적 설명을 제공하려고 했다는 사실이다. 13세기 후반에는 교회 지도자들 사이에서도 이성적 설명을 추구하는 경향이 활발해졌다. 토마스 아퀴나스는 아리스토텔레스 철학에 정통한 유일한 해설가가 아니었으며, 다만 교회의 으뜸가는 신학자 중 한 명이었을 뿐이다(지금도 그렇다). 중세 신학은 자연철학 못지않게 스콜라 철학의 요소가 강했으며 또한 이성에 경의를 표했다.

로마 가톨릭 신학과 스콜라적 아리스토텔레스주의 사이에 맺어진 동맹(여기에서는 자연철학은 학문의 여왕인 신학의 시녀라는 관점이 줄곧 이어졌다)은 스콜라적 아리스토텔레스주의가 13세기부터 17세기(일부 대학은 18세기)까지 줄곧 모든 대학의 교양 학부 과목을 지배하게 되는 데 한몫했다. 결국 서유럽이 이전 동로마 제국을 지배했던 그리스 정교 및 이슬람 제국과 뚜렷이 구별되는 점도 바로 이 신성한 동맹이었다. 대학은 서유럽이 고안한 것이다. 비록 대학의 정확한 기원은 모호하지만 당시 교과목에 자연철학이 널리 포함된 사실에서 알 수 있듯이, 아랍인들이 되살려낸 자연철학은 금세 의학뿐 아니라 신학을 뒷받침하는 중요한 수단으로 여겨졌다. 다양한 대학들이 유럽의 여러 지역에서 성장하면서 자연철학은 교과목에 포함되었으며, 신학, 의학 또는 법학에 통달하기 전에 먼저 배워야 하는 학문으로 간주되었다.

이처럼 서양 기독교 사회인 중세는 자연계 연구의 중요성을 인식했다는 점에서 역사상 중요한 지위를 가진다. 더군다나 대학의 융성으로 인해 자연철학은 언제나 서양 문명에서 중요한 자리를 차지했다. 앞서 보았듯이 이슬람에서 일어난 과학 부흥은 부유하고 정치적 권세가 있는 후원자들의 관심과 참여에 전적으로 의존했다. 이런 점은 필연적으로 위태로울 수밖에 없었기에, 이슬람의 과학 발전이 르네상스 이전 서유럽의 수준을 훨씬 능가했음에도 이 발전은 결코 지속되지 못했다. 하지만 서유럽에서는 대학의 존속이 자연철학의 존속을 보장해주었다(초기의 대학인 볼로냐 대학, 파리 대학, 옥스퍼드 대학은 플라톤의 아카데미아가 이어진 기간인 900년을 뛰어넘는다). 게다가 대학에서는 누구나 처음부터 아리스토텔레스의 자연철학을 교육받았기 때문에 자연철학의 이해는 엘리트 문화의 필수 과정으로 받아들여졌다.

하지만 부정적인 측면도 있다. 이슬람의 새 문명이 고대 그리스의 업적을 바탕으로 중요한 발전을 이루어낸 반면에, 서유럽은 고대 그리스의 지혜를 찾아내어 자세히 설명하는 데 만족했다. 초창기 이슬람은 자신이 주변 문명, 가령 페르시아나 비잔티움 문명보다 우월함을 증명할 필요가 있었기에, 다른 문명들이 고작 보존하는 데 만족했던 고대 지식을 발판으로 이를 발전시켜나갔다. 서유럽에서는 이와 비슷한 성찰이 일어나지 않았다. 게다가 훌륭한 교육을 받을 기회가 적었던 시기에 활동한 당시 서유럽 학자들은 아리스토텔레스, 갈레노스, 프톨레마이오스 및 몇몇 다른 고대의 현인들에게 완전히 그리고 무비판적으로 마음을 빼앗겼다.

과학사에서는 중세를 오랫동안 중요한 일이 전혀 일어나지 않았던 시기라고 보는 것이 일반적이다. 고대 그리스에서 르네상스로 곧장 건너뛰면서 중간에 이슬람을 잠시 언급하는 정도다. 이것은 명백히 부당할 뿐 아니라 그릇된 관점이다. 중세의 과학사를 전문적으로 기술하는 책도 매우 많다. 그렇긴 해도 개괄적으로 보자면 중세는 스콜라적 아리스토텔레스주의가 13세기부터 16세기까지 학계를 지배한 시기로 보지 않을 수 없다(상자글 4.3 참고). 추동 이론과 같이 혁신적인 사상도 분명 찾을 수 있지만, 이런 사례들이 인간의 사고에 중요한 변화를 불러오지는 않았으며, 아리스토텔레스의 세계관에 들어맞게끔 변형되었을 뿐이다. 기껏해야 의심이 쌓여가고 점점 더 모순을 인식하면서 마침내 르네상스 시기에 사상의 거대한 변화가 일어나게 되었다.

그렇긴 해도 과학사가에게는 중세를 건너뛰지 않는 것이 중요하다. 자연계에 대한 연구가 고대 세계와 이슬람 세계에서 그랬듯이 결국 사라지지 않고 보존된 이유를 찾을 수 있는 시기도 바로 이 중세다. 달리 말해 이 시기를 통해 우리는 왜 과학 지식이 수많은 그릇된 출발에도 불구하고 문명의 본질적 일부이자 우리 문화의 필수불가결한 측면으로 자리 잡았는지 그 이유를 찾을 수 있다. 과학이 확고하게 지속될 수 있었던 것은 이슬람 문명에서와 같이 과학의 개별 후원자들에 대한 불안정한 의존이 서유럽 대학에서 자연철학의 제도화된 수용으로 대체되었고, 아울러 대학에서 자연철학이 기독교 신학과 긴밀히 연계되었기 때문이다.

기독교는 체계적인 신학의 필요성을 인식했다는 점에서 아브라함을 조상으로 여기는 다른 유일신 종교들과 뚜렷이 구별되었다. 유대교와 이슬람교에서는 신의 속성에 관해 조사하고 탐구하는 일이 필요하지 않았으며 오히려 부적절한 행위로 간주되었다. 아브라함을 조상으로 여기는 이 두 종교의 신앙에서 제기되는 질문은 대부분 법(율법)의 문제였다. 예를 들어 이런 질문이다. 신은 우리에게 무엇을 원하는가? 또는 주어진 환경에서 우리가 무엇을 하기를 기대하는가? 하지만 기독교에서는 초월적인 신의 개념을 한편에 두고, 신이면서 인간으로 온 예수

중세 사상가들의 가정에 따르면 완전한 지식은 과거에 속한다. 최초의 인간인 아담은 에덴동산에서 모든 것을 알고 있었지만 아담의 지혜는 이브와 함께 금단의 열매를 먹고 낙원에서 쫓겨난 후 차츰 사라졌다(잊혔다). (아담과 이브가 누군지 모른다면, 성경 〈창세기〉 1장과 2장을 읽어보라.) 따라서 중세 사상가들은 진보에 대한 의식이 없었으며, 지식이란 과거 사람들이 알았던 것을 찾아내어 복구하는 것이라고 믿었다. 앞선 시기의 사상가일수록 아담과 더 가깝기 때문에 아담의 지혜를 더 많이 기억할 것이라고 여긴 것이다. 그러므로 중세 사상가들은 스스로 새로운 지식을 발견할 수 있다고 여기지 않고 아리스토텔레스 같은 과거의 사상가들을 연구했다.

중세 대학에서 가장 유력한 학부는 신학부와 법학부였다. 두 학부의 교수들은 옛날 텍스트를 연구했으며, 고대의 텍스트(성경이나 고대 로마법의 다양한 텍스트)에 대한 지식의 깊이를 보임으로써 자신의 전문지식을 증명했다. 그러다 보니 교양 학부나 의학부 같은 다른 학부의 교수들도 고대 텍스트에 통달했음을 보임으로써 신학부와 법학부의 교수들을 흉내 내려고 했다. 그런 까닭에 유럽 전역의 교양 학부 교수들은 자신들이 아리스토텔레스의 저술에 통달해 있음을 저마다 드러냈다. 의학에서 아리스토텔레스에 버금가는 권위를 지닌 고대 인물은 갈레노스(5장과 10장 참고)라는 의사였다. 게다가 신학부와 법학부는 혁신을 도입할 아무런 동기가 없었다. 법에서 강조되는 것은 과거의 선례이지 새로운 결론 도출이 아니었다. 신학의 목표는 교회의 초창기 전통을 지지하는 것이었다. 대학의 의학과 자연철학도 같은 길을 따랐다.

가장 유력한 두 학부가 장래에 성직자가 될 학생들을 훌륭한 설교자가 되도록 가르치고, 장래에 법률가가 될 학생들을 법정의 훌륭한 연사가 되도록 가르친다는 사실은 고대 저술에 대한 대학의 집중적인 관심과 맞물려 대학 교육의 본질에 큰 영향을 끼쳤다. 학생의 성적은 대중적 토론, 즉 '논쟁'의 능력으로 판단되었다. 보통 한 학급마다 논쟁 주제가 주어졌다. '진공 상태가 가능한가?' 또는 '이 세계 외의 다른 세계가 있을 수 있는가?' 등의 주제가 제시되었다. 언제나 아리스토텔레스가 토론 주제였으며, 한 학생에게는 아리스토텔레스의 견해를 지지하고 다른 학생에게는 반대하는 역할이 주어졌다. 만약 우수한 학생이 아리스토텔레스에 반하는 위력적인 주장을 내놓는다면 논쟁에서 이길 수도 있었지만, 어느 누구도 크게 의미를 두지는 않았다. 다음번에 동일한 주제를 놓고 토론을 하면 다른 결과가 나올 수 있기 때문이다. 관건은 아리스토텔레스가 옳은가 그른가가 아니라 누가 더 설득력 있는 주장을 펼치느냐는 것이었다. 이것은 고대 그리스에서 내려온 전통이었다. 심지어 아리스토텔레스조차 (자신의《천체에 관하여》에서) 이렇게 시인했다. "우리는 질문을 주제에 맞추지 않고 논쟁의 적수에 맞추는 습관이 있다."

아리스토텔레스를 대신할 학자는 어디에도 없었다. 고대 저술을 복원한 자료들은 매우 단편적인데 유일하게 아리스토텔레스의 저술만이 거의 완벽한 형태로 구할 수 있었다. 따라서 유럽 전역에서 대학의 교양 학부 교과목은 전적으로 아리스토텔레스 철학을 바탕으로 구성되었기에, 그 결과 경쟁 견해가 없는 막강한 하나의 사고체계가 등장하게 되었다. 대안적 관점은 아예 존재하지 않았기에 자연철학의 어떤 사안을 판단해줄 다른 시각은 없었다.

결국 주로 토마스 아퀴나스(사후에 성인으로 추대된다)의 노력 덕분에 아리스토텔레스주의는 로마 가톨릭교회와 접목되었는데, 교리와 너무나 밀접하게 결합되다 보니 아리스토텔레스를 공격하는 것은 교회를 공격하는 것과 다름없는 일이 되었다. 이 점이 적나라하게 드러난 유명한 예가 있는데, 바로 지동설을 지지했던 갈릴레오의 일화다(9장 참고).

그리스도의 개념을 다른 편에 두고서 이 둘을 조화시킬 필요 때문에, 완전히 상이한 질문들이 제기되었다. 이 질문들은 신의 속성에 관한 것이기도 하다. 신성모독 여부와 무관하게 기독교인이라면 이런 질문을 던지지 않을 수 없다. 하나이면서 셋(성부, 성자, 성신)인 신에 대한 기독교 신앙은 많은 이들에게 비합리적으로(또는 유일신 사상과 양립할 수 없다고) 비쳤는데, 이것은 어떻게 신이 초월적인 존재이면서 동시에 인간일 수 있는지에 관한 철학적 논의에서 등장한 문제의식이다. 그렇다 보니 당연히 체계적 신학이 기독교에서 성장하게 되었다.

　게다가 신과 인간의 관계의 속성 그리고 우리의 관점으로는 더 중요하게도 신과 세계의 관계를 논하지 않고서 신의 속성을 논하기란 불가능하다는 점이 곧 분명해졌다. 이런 까닭에 자연철학은 중세 기독교 신학의 긴밀한 동반자이자 시녀가 되었으며, 대학에서도 정규 과목으로 자리 잡았고 아울러 고급 학문을 갈망하는 사람이라면 필수적으로 먼저 공부해야 하는 과목이 되었다. 유대교와 이슬람교에서는 물질계의 속성에 대한 질문은 그 문화에 별반 중요하지 않다고 보아 언제나 배제할 수 있었지만 기독교에서는 결코 그렇지 않았다. 기독교에서 가장 중요한 문제는 단지 신의 명령만이 아니라 신의 속성에 관한 것이었으며, 신의 속성은 피조물, 즉 물질계와 신의 관계를 고려하지 않고서는 논의될 수 없었다.

　지금 나는 유대교와 이슬람교가 과학에 반대했고, 기독교는 그렇지 않았다고 말하는 것이 아니다. 단지 유대교와 이슬람교에서는 신과 자연계의 관계를 자세히 고찰하는 일이 반드시 필요하지 않았으며, 따라서 종교 당국은 세계에 대한 과학적 탐구를 굳이 지지하거나 장려해야 한다고 보지 않았다는 말이다. 하지만 기독교에서는 하느님이면서 인간으로 온 예수를 숭배하는 독특한 상황이기에 체계적인 신학을 발전시켜야 했으며, 그 결과 물질계의 속성이 신의 속성을 이해하는 데 중요한 바탕이 된다고 여기게 되었다.

신학은 이슬람에도 아주 없지는 않았지만 언제나 상당한 저항에 맞닥뜨렸다. 마호메트의 엄격한 유일신교는 예수가 신성을 육화했다는 개념과 삼위일체 개념을 거부했으며, 많은 무슬림들에게 신학은 전혀 필요 없는 것이었다. 하지만 이슬람 신학의 필요성을 인식한 사람들조차 자연철학과 상호작용할 내적 필요가 없는 추상적 신학에 전념하는 편이었다. 오직 기독교에서만 신학과 자연철학이 손을 맞잡았다.

과학과 종교는 오늘날 범주상 뚜렷이 구별되는 영역으로 여겨지며, 각각은 서로 조화될 수 없는 자신만의 세계관을 가지고 있다. 둘 사이의 양립할 수 없는 차이를 강조하는 책들은 완전히 세속적인 이 세계에서 베스트셀러가 되었는데, 그런 책의 저자들은 과학과 종교가 서로에게 해가 된다는 세속 사회의 지배적인 관점을 대변하고 있을 뿐이다. 하지만 역사적 사실로 보자면, 만약 선구적인 중세 사상가들(이들은 모두 신학자였다)이 과학을 기독교 신학에 부수적으로 꼭 필요한 것으로 인식하지 않았다면 서양 과학의 줄기찬 발전은 십중팔구 이루어지지 못했을 것이다.

5

르네상스

15세기가 되자 서유럽의 문화와 문명에는 광범위한 변화가 일어났다. 르네상스라고 불리는 시기가 도래한 것이다.

이 시기에 인간의 생활을 획기적으로 바꾸게 될 세 가지 위대한 발명품이 등장했다. 화약이 발명되어 전투의 양상과 전쟁의 성격을 바꾸었다. 나침반의 발명으로 최초로 대양을 가로지르는 항해가 가능해졌고, 이는 지리상의 발견을 가져온 항해, 무역의 확장, 식민주의와 제국주의의 등장으로 이어졌다. 그리고 인쇄기가 발명된 덕분에 종교, 철학 및 문학 저술은 더 이상 권세 있는 이들의 전유물이 아니라 관심 있는 사람이면 누구나 접할 수 있게 되었다. 이러한 혁신 및 영향과 더불어 유럽인의 생활에는 다른 거대한 변화가 몰려오고 있었다. 이 시기에는 봉건주의의 쇠퇴와 중상주의의 융성 그리고 약간의 논란이 있지만 초기 자본주의가 등장했다. 은행도 이 시기에 처음 나타났다. 또한 강력한 도시의 번영과 민족국가의 시작도 이 시기에 일어났다. 아울러 이 시기는 회화, 조각, 건축의 눈부신 성장으로 유명하다. 종교개혁의 시기였고, 앞으로 살펴보겠지만 과학혁명의 시기이기도 했다.

이런 발전은 상당 부분 서로 연관되어 있었다. 한 분야의 변화는 다른 분야의 변화에 영향을 미치거나 심지어 변화를 이끌어냈다. 하지만 여기서 우리의 관심은 지적인 문제, 특히 자연계를 이해하려는 노력에 직접 영향을 미친 변화에 국한한다.

'르네상스'라는 말은 재생을 의미한다. 그런데 이 시기를 가리켜 왜 재생의 시기라고 할까? 흥미롭게도 '중세'와 달리 이 용어는 역사가들이 편의상 지어낸 것이 아니다. 르네상스는 당시 교육 받은 학자들이 직접 붙인 이름인데, 그들은 자신들의 시대를 혁신의 시대가 아니라 재생의 시대라고 여겼다. 그들이 말하는 재생이란 고대 지혜의 재생이었다. 고대 로마인 그리고 무엇보다도 고대 그리스인의 문학과 철학 저작들을 되찾았다는 의미에서 재생이라고 한 것이다. 12세기에 아랍과 비잔티움에서 찾아낸 것으로 몇 세기 동안은 만족했지만 이제 학자들은 살아남은 고대 문헌에서 언급된 다른 저작들을 찾아보기로 했다.

물론 그들은 마음 내키는 대로 연구에 착수하지는 않았다. 르네상스 시기 이탈리아 도시국가들의 신흥 군주들은 다양한 시각적 수단을 통해 자신들의 우월한 지위를 뽐내고 싶었다. 이 군주들은 조각가에게 아름다운 궁전을 짓게 하고, 화가에게는 벽과 천장을 프레스코화로 장식하게 하고, 정원사에게는 정성스레 정원을 가꾸게 했다. 이 군주들은 수집가이기도 해서, 세상 저 멀리 떨어진 곳의 이색적이고 진기한 것들(이것들을 '진기한 것들의 진열장Cabinets of Curiosities'에 전시했는데, 이것이 박물관의 시초가 되었다)과 중요한 책과 원고로 보이는 것들을 모았다. 선구적인 서적 수집가들은 사서를 고용하여 수집 목록을 늘렸다. 그 시기에 사상 최초로 학식 있는 사람들이 후원자의 수집품을 늘려주기 위해 권위 있는 저술을 찾아내는 일로 급료를 받게 되었다.

사서가 처음 도입된 곳은 수도원의 오래된 도서관인데, 이로 인한 결실은 매우 풍성했다. 지역 수도원에서 몇몇 고대 로마의 시집과 역사서를 찾아냈던 이탈리아 학자들은 곧바로 체계적인 문헌 찾기에 돌입했다. 처음에는 이탈리아의 수도원에서 시작하여 차츰 범위를 넓혀 그리스 정교회 지역의 수도원까지 찾아가 고대 그리스의 저술들을 발견했다.

수도원은 5세기 초반에 유럽에서 처음 세워졌는데, 수도승이 도서관을 마련하고 문헌을 보존하는 일을 맡았다. 인쇄기가 등장하기 전이라 닳아서 너덜너덜해진 책은 손으로 필사해야 했다. 필사본이 다시 해지기 시작하면 이 과정을 반복했다. 유클리드의 《기하학 원론》은 고대 그리스 기하학의 금자탑으로, 기원전 약 300년에 쓰였다. 지금 남아 있는 가장 오래된 원고는 880년에 쓰인 것이다. 9세기에 원고를 쓴 사람은 기원전 300년의 원고를 베낀 것이 아니라 수십 년 전에 나와 또다시 해질 위험이 있는 원고를 베껴 썼을 것이다. 수십 년 전에 나온 그 원고는 8세기의 판본을 베꼈음이 틀림없다. 베껴 쓰기의 사슬은 이미 오래전에 사라진 기원전 300년경의 첫 판본으로 이어졌음이 분명하다.

여기서 언급할 중요한 점은 수도승들이 도서관에 간직된 이런 고대 저술들을 읽었다는 증거가 없다는 사실이다. 그들은 단지 책을 존중하는 마음에서 언제나 새 책 같은 상태로 만들어 보존하고자 했던 것이다. 물론 어떨 때에는 베껴 쓰지 않고 문헌이 닳도록 방치하기도 했다. 대체로 그들이 인정하지 않는 문헌일 경우다. 수도원을 뒤지던 르네상스 학자들은 플라톤과 아리스토텔레스 저작의 많은 판본들을 찾아냈지만, 가령 루크레티우스의《사물의 본성에 관하여》나 카툴루스(Gaius Valerius Catullus, 기원전 84년경~기원후 54년경)의 시집은 한 판본만 찾아냈다. 오늘날 우리는 이 작품들의 현대 판본을 쉽게 구할 수 있다. 이는 한 수도원이 명백히 무신론적인 서사시인임에도 루크레티우스의 책을 보존하기로 결정하고, 또 다른 수도원이 성적으로 매우 노골적인 카툴루스의 시집을 보존하기로 결정한 덕분이다. 그 외의 다른 수도원은 닳아 없어지도록 내버려두기로 결정했을 것이다. 이 두 저술은 르네상스 학자들에 의해 적절한 시기에 발견되었다. 아쉽게도 다른 저술들은 학자들이 체계적인 문헌 조사를 시작할 무렵 이미 망각의 늪으로 사라져버렸다.

문헌을 찾는 시도로 얻은 결실은 정말로 놀라웠다. 오늘날 우리가 갖고 있는 고대의 고전문헌들은 거의 이때 찾아낸 것이며, 그 후 추가된 것은 극히 적다. 이 새로운 문헌의 영향력은 심오했다. 가령 철학 분야에서 오늘날 우리는 플라톤의 모든 저작들을 구할 수 있다. 이전에는 《티마이오스》일부만 구할 수 있었지만, 이제 학자들은 플라톤의 전체 관심사를 알 수 있으며 그의 주장이 지닌 깊이에 흠뻑 빠질 수 있다. 아울러 에피쿠로스주의자와 스토아주의자를 포함한 다른 고대 사상가들의 저작도 구할 수 있다. 오늘날에는 아리스토텔레스의 사고방식이 결코 유일한 사고방식이 아님을 너무나 쉽게 알 수 있다.

고대 그리스 철학사를 조명해줄 가장 중요한 발견 중 하나는 디오게네스 라에르티오스(Diogenes Laertios, 3세기)가 쓴《고대 그리스 철학자의 생활과 의견 및 저작 목록》이다. 제목에서 드러나듯이 이 책은 모든 고대 그리스 철학자들의 전기로 그들의 이론과 사상, 심지어 저작 목록까지 소개한다. 이 책 덕분에 우리는 고대 그리스의 지혜 가운데 얼마만큼이 아직 드러나지 않았는지 알 수 있다.

하지만 르네상스 철학자들이 보기에 이 책에는 한 가지 놀라운 점이 있었다. 내용은 말할 것도 없고 할애된 장의 분량 면에서도 분명 아리스토텔레스는 디오게네스 라에르티오스에게서 그다지 좋은 대접을 받지 못했다는 것이다. 아리스토텔레스에게는 당연히 플라톤보다 적은 지면이 주어졌고, 심지어 피타고라스보다, 무신론적 원자론자인 에피쿠로스보다, 스토아 철학자인 크리시포스와 키티온의 제논보다도 할애된 지면이 적다. 디오게네스의 논의를 보건대 그는 아리스토텔레스보다 저 철학자들을 더 높이 평가했음이 분명하다.

놀라운 점은 다른 곳에서도 드러났다. 따라하고 싶은 모범으로 여겨지던 로마의 웅변가 키케로는 많은 철학 저서를 지었다. 그중 일부는 플라톤의 대화 형식으로 구성되어 여러 철학자들의 사상을 한 명 한 명씩 자세히 소개하고 있다. 키케로의 가장 중요한 저서 중 하나인《신의 본질에 관하여De natura deorum》는 에피쿠로스주의자, 스토아주의자 그리고 회의주의자 사이의 대화 형식으로 쓰였다. 분명 키케로는 아리스토텔레스의 사상은 소개할 가치가 있다고 여기지 않았다.

이런 저서 및 유사한 다른 저서를 읽은 르네상스 시기의 독자들은 대학에서 아리스토텔레스 철학에 완전히 경도되어 있었고 그를 철학자의 대표격으로 부르는 데 익숙해 있었다는 점을 염두에 두면, 아리스토텔레스가 비교적 덜 중요한 사상가로 취급되는 상황이 그들에게는 얼마나 충격이었을지 짐작할 수 있다. 아리스토텔레스는 단지 여러 철학자 중 하나일 뿐이었던 것이다. 그 결과 르네상스 학자들에게는 사상의 위기가 찾아왔다. 모든 지적인 노력을 오직 한 철학자에게 바쳤는데 알고 보니 그는 여럿 중 하나일 뿐이었던 것이다.

이 위기에 다른 방식으로 반응하는 사람들도 있었다. 일부 사상가들은 아리스토텔레스를 버리고 다른 고대 사상가를 권위의 원천으로 삼았다. 플라톤이 가장 인기 있었지만, 어떤 이들은 스토아주의를 받아들였고, 심지어 어떤 이들은 무신론자로 비난받던 에피쿠로스를 옹호했다. 다른 이들은 절충주의 노선을 택하여 여러 철학자들에게서 최고의 사상들을 모은 뒤 혼합된 사상을 내놓기도 했다.

또 다른 고대 그리스 철학을 받아들인 이들도 있었는데, 이 철학은 고대 그리스인들에게는 인기가 있었을 법한 사상이다(디오게네스 라에르티오스와 키케로가 이 철학을 대한 태도에서 이를 알 수 있다). 바로 회의주의였다. 본질적으로 회의주의자들은 누가 옳은지 안다는 것이 불가능하다는 이유로 모든 권위를 거부했다. 오랜 세월 동안 아리스토텔레스가 철학의 절대적 권위자이고 늘 올바른 답을 내놓았다고 여겼기에, 이런 시기가 지나고 나자 많은 르네상스 사상가들은 부활한 회의주의를 받아들이기 시작했다.

하지만 회의주의가 마음에 들지 않는 사람들은 권위의 거부가 단지 회의주의에 그치지 않고 스스로 진리를 찾겠다는 새로운 결심을 하게 되었다.

이것은 학문의 길에서 매우 극적인 변화를 의미한다. 중세 내내 자연철학자들은 자연계를 직접 연구하지 않고 아리스토텔레스가 자연계에 대해 말한 내용을 연구했으니 말이다. 따라서 권위를 부정하고 자연계를 스스로 연구하자는 발상은 우리에게는 너무나 자명하지만 당시에는 급진적인 새로운 생각이었다.

르네상스 예술에서도 지적인 태도의 변화를 볼 수 있다. 중세 회화가 전형적이고 상징적인 데 비해 르네상스 회화는 훨씬 더 사실적이고 표현적이었다. 수학적 관점을 회화에 도입한 것은 르네상스 예술가들이 세상을 일상의 경험에서 실제로 드러나는 대로 묘사하고자 했다는 분명한 신호다. 중세 화가들은 사람과 물체 사이의 상징적 또는 의례적 관계를 그리는 데 만족했다. 그들은 사물의 존재 방식에 관한 전통적이고 권위적인 주장을 대변했다. 이와 달리 르네상스 화가들은 자신의 그림이 실제 세계에서 보이는 그대로 보이기를 원했다.

르네상스 시기 권위의 부정을 보여주는 또 하나의 사례는 마르틴 루터(Martin Luther, 1483~1546)가 로마 가톨릭교회와 교황의 권위에서 벗어나 프로테스탄트 교회를 세운 데서 여실히 드러난다. 루터는 사제의 권위를 따르는 대신 모든 사람이 스스로 사제가 되어야 한다고 주장했다. 그는 '스스로 성경 읽기'를 옹호했는데, 이는 로마 가톨릭교회가 금지한 것이다. 로마 가톨릭교도들은 (자연철학자들이 아리스토텔레스의 중재를 통해 자연을 배웠듯이) 사제의 중재를 통해 성경을 배워야 했다. 루터가 성경을 대하듯 르네상스의 새로운 자연철학자들은 자연을 대했다. 이제 자연은 권위적 인물이 내세운 사상에 기대지 않고 스스로 연구해야 할 원천이 되었다.

권위의 부정이 자연철학에 미친 극적인 영향은 식물학 및 의학 저서에 실리는 삽화의 표준이 변한 것에서 볼 수 있다. 1543년에 출간된 안드레아스 베살리우스(Andreas Vesalius, 1514~1564)의 해부학 교재《인체의 구조에 관하여*De humani Corporis fabrica*》에 나오는 사례를 살펴보자.

베살리우스 그리고 르네상스 해부학

인쇄술이 등장하기 전에 책은 손으로 베껴 쓴 판본으로 재생되었다. 따라서 훌륭한 필경사, 즉 손으로 정확하게 베껴 쓸 수 있는 전문가의 활동이 중요했다. 하지만 필경사라고 해서 꼭 그림을 잘 그린 것은 아니다. 의학 필사본을 베껴 쓸 때 그들은 분명 최선을 다했겠지만, 결과는 〈그림 5.1〉에 그려진 모습처럼 보였을지 모른다.

물론 이것은 특히 나쁜 사례이긴 하나, 이보다 나을 게 없는 삽화가 실린 의학 필사본이 많았다. 분명 삽화는 중요하게 취급되지 않았으며, 중요한 것은 갈레노스나 이븐 시나를 비롯하여 원 저자의 권위 있는 말이었다.

하지만 인쇄술이 등장하면서 변화가 생겼다. 인쇄업자들은 해부할 교재에 부적절한 그림이 실리는 것을 못마땅하게 여겨 화가를 고용해 그림을 그리게 했다. 화가가 모두 레오나르도 다 빈치는 아니었지만, 다 빈치가 그랬듯이 화가들은 스스로 해부학을 공부했다. 그 결과 〈그림 5.2〉에서 보이듯이 꽤 능숙하지만 해부학적 세부 사항이 별로 없는 삽화가 나왔다.

이때까지도 중요한 것은 책을 쓴 권위자가 제공하는 해부학에 관한 설명이었다.

안드레아스 베살리우스는 갈레노스나 다른 권위자들이 말한 내용을 받아들이기보다 인체를 면밀히 조사함으로써 혁신적인 르네상스 사상가로서의 진면목을 보여주었다. 베살리우스는 파도바 대학의 외과학 교수로 있으면서 직접 해부학 수업에서 사람의 시체를 해부했는데, 학생들이 그의 주위를 가득 에워쌌다고 한다. 이것은 엄청난 혁신이었다.

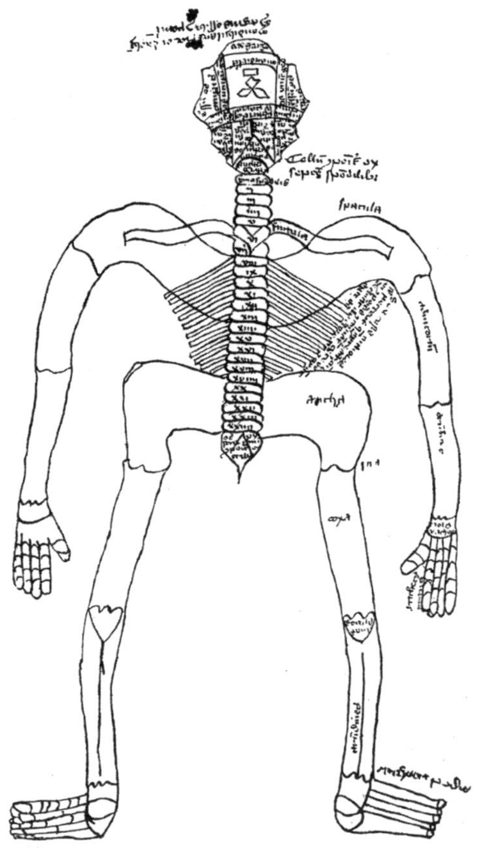

그림 5.1_ 14세기 의학 필사본에 필경사가 베껴 그린 인체 골격 그림. 웰컴 트러스트의 허락하에 게재.

예전 같으면 교수는 독서대에 서서 갈레노스의 해부학 서적을 읽고, 시체 해부는 부탁을 받고 온 그 지역의 외과의사가 맡았을 것이다. 종종 교수는 혼잡스러운 시체 해부 장소에서 멀찌감치 떨어져 있고, 해설자를 데려다가 갈레노스의 교재에서 언급된 부위가 시체의 어느 부분인지를 학생들에게 알려주었다(그림 5.3 참고).

이런 식의 수업은 갈레노스의 해부학 설명에 깃든 오류를 찾아내거

그림 5.2_ 샤를 에스티엔의 《인체 부분의 해부*De Dissectione Partium Corporis*》(파리, 1545)에 나오는 여성 복부의 해부학 그림. 에든버러 대학 도서관 특별소장품부(JY 526)의 허락하에 게재.

이 16세기 초 해부학 교재를 그려달라고 의뢰받은 화가는 소묘 실력이 매우 뛰어나지만(또한 독자들이 자신의 실력을 인정해주기를 원했다), 여성 몸의 해부학적 구조에 대해서는 아는 바가 그리 많지 않았다.

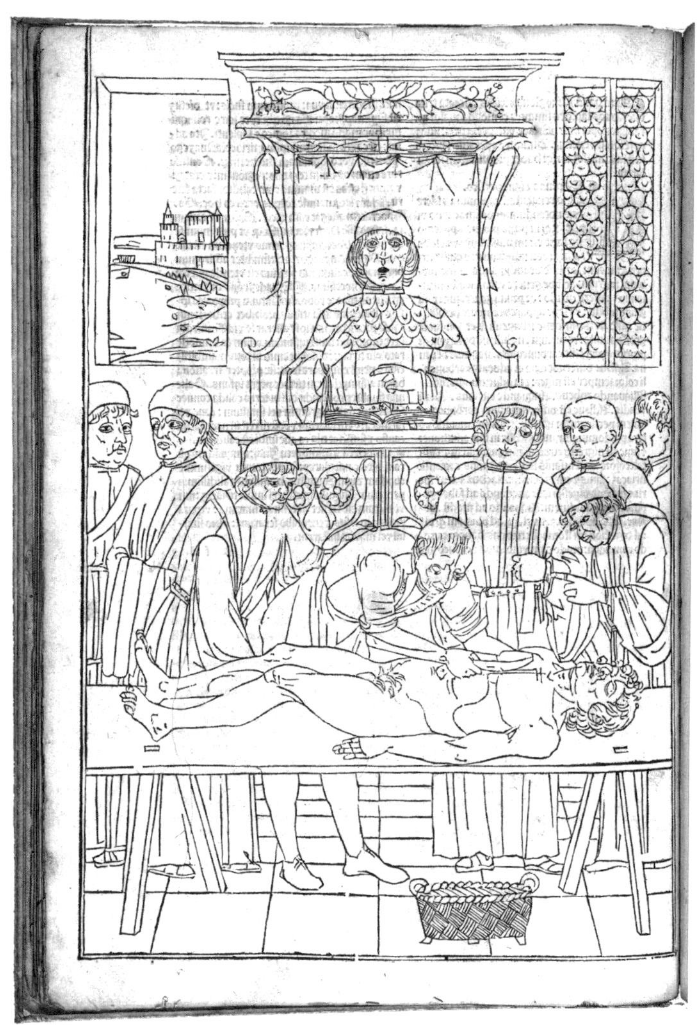

그림 5.3_ 요하네스 데 케탐의 《의학 논문집*Fasciculus medicinae*》(베네치아, 1495)에 그려진 인체 해부 수업. 웰컴 트러스트의 허락하에 게재.

교수가 갈레노스의 해부학 서적을 읽고 있고, 이발사 겸 외과의사가 몸을 절개하면 해설자가 적절한 신체 부위를 가리킨다. 이때 학생들은 주위에 선 채 별로 주의를 기울이지 않는다.

나 새로운 해부학적 내용을 발견하는 데 적합하지 않았다. 갈레노스가 한 말과 눈앞에 보이는 사실 사이의 차이를 알아차릴 가장 좋은 위치에 있는 외과의사는 안타깝게도 해부학계에서 라틴어를 읽을 수 없는 유일한 사람이었는지 모른다.

하지만 베살리우스는 갈레노스의 책을 읽기보다 수업 내내 학생들과 대화를 나누면서 직접 해부를 시행했다. 그 결과 그는 인체 해부에 관한 갈레노스의 권위 있는 설명에서 무려 200개가 넘는 오류를 찾아낼 수 있었다. 사실 갈레노스는 로마법이 인체 해부를 금지했기 때문에 어쩔 수 없이 원숭이나 돼지를 해부했고, 그것을 바탕으로 검증되지 않은 가정을 했던 것이다. 어떤 경우에는 그 오류들이 너무 치명적이어서 만약 드러났다면 갈레노스의 생리학 이론의 몰락으로 이어졌을 것이다(결국에는 그렇게 되었다). 마침내 르네상스인인 베살리우스가 갈레노스의 권위를 따르기보다 인체를 직접 관찰하기 시작하면서 이 오류들은 드러났다(갈레노스의 오류와 그 의미에 대해서는 10장에서 살펴본다).

아래 글처럼 베살리우스는 자신이 후대 사상가들에 의해 타락하기 이전의 올바른 고대 의학을 부활시키는 사람이라고 자부했다.

특히 고트족이 몰락한 후 그전에는 매우 번성하여 적절히 연구되던 모든 학문이 쇠퇴했다. 인기가 많았던 직종인 의사들은 옛 로마인을 흉내 내며, 처음엔 이탈리아에서부터 손의 사용을 하찮게 여기면서 환자를 위해 손으로 해야 할 일은 하인에게 맡기고 마치 조각상처럼 서 있기 시작했다. 그러다 보니 점차 참된 의술을 시행하던 다른 의사들도 그런 불쾌한 임무를 멀리했고—그러면서도 치료비는 낮추지 않았다—금세 예전의 의사보다 퇴보했다. …… 이렇게 세월이 흐르면서 치료 기술이 참

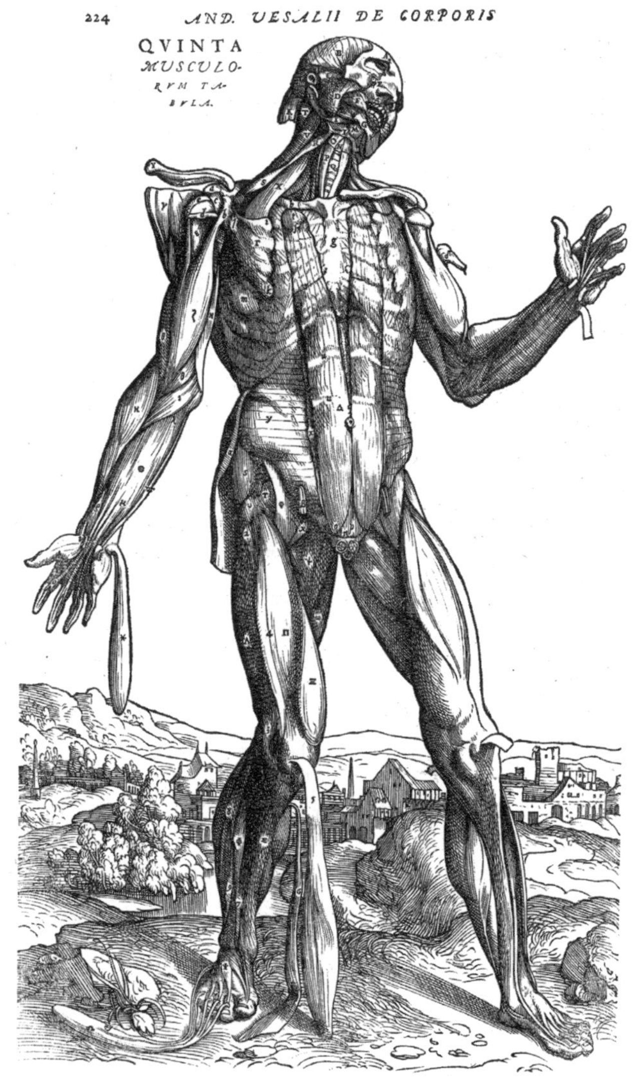

그림 5.4_ 안드레아스 베살리우스의 《인체의 구조에 관하여》에 나오는 〈다섯 번째 근육판〉(바젤, 1543). 에든버러 대학 도서관 특별소장품부(Df. 1.52*)의 허락하에 게재.

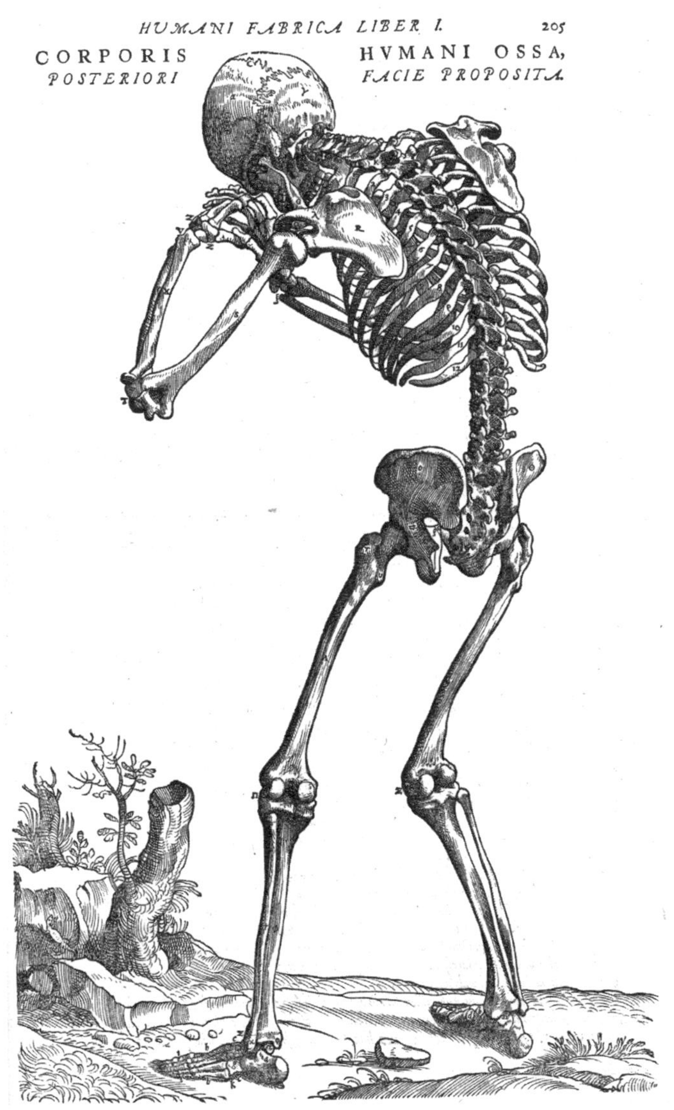

그림 5.5_ 안드레아스 베살리우스의 《인체의 구조에 관하여》에 나오는 〈해골의 뒷모습 〉(바젤, 1543). 에든버러 대학 도서관 특별소장품부(Df. 1.52*)의 허락하에 게재.

담하리만치 왜곡되다 보니 이름뿐인 의사들은 애매한 질병들에 대한 약과 음식 처방을 남용했을 뿐만 아니라 나머지 의료 행위는 이른바 외과 의사에게 떠넘기고 이들을 마치 하인처럼 대했다. 수치스럽게도 그들은 주로 자연에 대한 연구에 바탕을 둔, 의학에서 가장 막중한 분야를 내팽 개쳤다.

스스로 연구를 하기보다는 갈레노스의 말을 마치 신탁처럼 여긴 자들이 바로 이런 의사들이었다. 베살리우스는 계속 다음과 같이 말했다.

해부를 직접 하지 않는 것도 모자라 그들은 수치스럽게도 갈레노스의 저서를 간단한 개요서로 줄여 사용하면서—설령 그가 말한 의미를 이해한다 하더라도—조금도 그에게서 벗어나지 못했다. …… 이렇듯 전부 갈레노스에게 목을 매다 보니, 어떤 의사도 그의 해부학 저서에 사소한 오류들이 있을 뿐 아니라 지금도 그런 오류들이 남아 있음을 밝혀낼 수가 없었다. 하지만 내가 해부의 기술을 부활시키고 갈레노스의 책을 열심히 읽어보았을 뿐 아니라 여러 곳에서 새로 찾아낸 그의 책을 살펴보니 그가 인체를 해부해본 적이 없음이 분명하게 드러났다. 그는 원숭이의 내부 구조에 속은 나머지 인체 해부 훈련을 받은 고대 의사들을 종종 그리고 부당하게 반대했다.

게다가 베살리우스는 자신이 직접 해부학 교재를 쓰게 되었을 때 갈레노스를 대신해 자신이 권위자임을 내세우지 않았다. 다만 독자들이 간접적으로나마 해부를 실시하는 경험을 할 수 있기를 바랐다. 그래서 훌륭한 화가(티치아노의 화실 출신인 얀 칼카르로 보임)를 고용하여 그와 함게 작업하면서 근육에서부터 골격에 이르기까지 인체를 샅샅이 관찰한 일련의 그림을 내놓았다. 그 결과 그림도 예술적으로 훌륭할 뿐 아니라 해부학적 내용을 설명하는 데도 유용한 해부학 교재가 최초로 등장하게 되었다.

6

코페르니쿠스와 신세계

고대의 권위를 믿기보다 자연계를 스스로 관찰하는 일은 분명 르네상스 시기의 지식 추구에서 중요한 측면으로, 자연을 이해하는 데 지대한 영향을 미쳤다. 하지만 고대 권위를 거부하는 다른 방식도 있었다. 그중 하나는 폴란드 왕국의 프롬보르크에 있는 성당의 참사회 회원이었던 니콜라우스 코페르니쿠스(Nicolaus Copernicus, 1473~1543)가 도입한 방식이다. 공교롭게도 베살리우스가 위대한 해부학 책인 《인체의 구조에 관하여》를 출간한 1543년에 코페르니쿠스도 《천체의 회전에 관하여》(이 책의 라틴어 제목 *De Revolutionibus orbium coelestium*을 그대로 번역하면 《천구의 공전에 관하여》라고 옮겨야 정확하다. 하지만 이미 오랫동안 확립된 관례에 따라 위의 제목으로 적는다—옮긴이)라는 책을 출간하여 천문학에 혁신을 불러일으켰다. 과학사에서 1543년은 아주 특별한 해인 셈이다.

코페르니쿠스는 다음 사실을 독자에게 설득시키려 했다. 즉 플라톤,

아리스토텔레스, 프톨레마이오스 같은 권위자들이 설명한 대로 지구는 세계의 중심에 고정되어 있지 않고 다른 행성들(당시에는 수성, 금성, 화성, 목성, 토성만이 알려져 있었다)과 더불어 태양 주위를 공전하며, 또한 자전축을 중심으로 24시간마다 자전한다는 내용이었다.

오늘날 우리는 모두 코페르니쿠스 지지자이지만, 역설적이게도 르네상스 이전의 의사들이 해부학을 실제 경험이 아니라 믿음으로 받아들인 것과 마찬가지로, 우리가 지구의 운동을 인정하는 까닭은 그렇다고 믿기 때문이다. 일상 경험으로 판단하면 분명 지구는 안정하게 멈추어 있는 듯하다. 분명 코페르니쿠스도 당시 사람들의 자연에 대한 개인적 경험에 직접 호소했더라면 천문학에 혁명을 가져오지 못했을 것이다. 그 대신 천문학에서 이룬 그의 기념비적인 혁신은 천체 현상에 대한 자세한 분석을 바탕으로 이루어졌다. 무엇이든(심지어 천체의 운동과 정지에 대한 자신의 감각조차도) 그대로 받아들이기보다, 코페르니쿠스는 천문학적 증거를 통해 자신이 오로지 그 증거와 합치한다고 여기는 결론에 도달하려고 했다.

아래에 소개할 내용은 코페르니쿠스 이전과 이후의 르네상스 천문학에 대한 매우 간략한 설명이긴 하지만, 주된 목적은 그의 업적이 얼마나 경이로운 것인지를 드러내기 위함이다.

코페르니쿠스는 중세의 세계관을 넓혀 무한한 우주에 관한 사상을 펼치려 했는데, 혁신의 출발점은 르네상스 시대의 발견 항해로 인해 가능해진 지구에 대한 개념 변화에서 찾았다. 클라우스 A. 포겔은 1492년에 있었던 크리스토퍼 콜럼버스의 '서인도'를 향한 대서양 횡단 항해를 일컬어 "초기 근대 과학사에서 이루어진 최초의 위대한 실험"이라고 했다. 실험의 목적은 흔히 알려진 바와 달리 지구가 둥근지 평평한지를 알아내기 위함이 아니었다. 진짜 목적은 콜럼버스가 적었듯이, "지구와 물이 하나의 둥근 일체를 이루고 있는지" 확인하는 것이었다. 당시 지배적이던 스콜라식 아리스토텔레스주의 철학에 따르면, 지구의 구는 이보다 더 큰 물의 구 속에 떠 있으며 다만 지구의 꼭대기 반구만이 물 밖으로 나와 있다고 했다. 이 견해는 네 원소가 가장 무거운 흙을 제일 중심에 두고 그다음에 물, 공기, 불 그리고 제일 바깥에는 다섯 번째 원소인 별들이 연속적으로 동심원을 그리며 배열되어야 한다는 아리스토텔레스 사상에 따른 것이다. 이 견해를 적용하면 지구는 완전히 물에 둘러싸여 있어야 하지만 실제로는 그렇지 않다. 따라서 스콜라주의자들은 지구가 물의 구를 뚫고 솟아올라 공기의 구 속에 반구 하나를 드러냈다는 타협안을 제시했던 것이다.

당시에는 유럽, 아시아, 아프리카가 이 반구를 채우고 있고 이들 대륙은 하나의 대양으로 둘러싸여 있는데, 이 대양은 반구의 가장자리에서 커다란 물의 구와 합쳐진다고 알려져 있었다. 그런데 서인도에 이어 남아메리카가 발견되자, 이런 세계관이 틀렸을지 모르며, 땅의 구와 물의 구가 사실은 하나의 수륙 구 안에서 결합되어 있다는 견해가 나왔다. 지구에 관한 이 새로운 견해 덕분에 코페르니쿠스는 지구가 태양 주위를 돈다고 주장하기가 쉬워졌다. 과거의 견해는 (흙이 다섯 가지 원소 중 가장 무겁기 때문에) 땅의 구가 세계의 가장 낮은 지점에 있어야 한다는 가정을 바탕으로 삼았던 터여서 지구가 세계의 중심이 아니라는 사상에 본질적으로 적대적이었다. 따라서 코페르니쿠스는 천문학적인 세부 사항을 주장하기 전에 독자들에게 "어떻게 지구는 물과 더불어 하나의 구를 형성하는가"라는 제목의 장을 먼저 제시했다. 여기서 그는 지리상의 발견으로 얻은 결론을 소개했다.

다시 천문학으로 돌아가면, 고려해야 할 두 가지 기본 요소가 있다. 첫째, 고대 그리스 자연철학은 주로 플라톤과 아리스토텔레스가 제시한 대로, 지구가 세계의 중심에 고정되어 있고 행성들은 완벽한 원을 그리며 지구 주위를 도는데, 이때 완벽하게 균일한 운동(즉 원형 경로를 따라 움직일 때 빨라지지도 느려지지도 않는 등속 운동)을 한다는 근본 원리를 내세웠다. 이런 가정은 천체가 완벽하고 불변하다는 것을 전제로 한다(고대 그리스인들은 변화를 도덕적, 정치적, 미학적 관점에서 혐오스럽게 여겼다는 점을 기억하라). 구의 회전은 시작점에서 끝이 나므로 공간의 변화를 수반하지 않으며, 등속 운동은 구의 영원한 회전 이외의 다른 종류의 변화(감속이나 가속)가 일어나지 않음을 뜻했다. 운동이 하늘에서 일어나는 것은 인정하지만, 고대 그리스인들은 이런 가정을 동원하여 가급적 불변에 가깝도록 운동을 축소시켰다.

이런 성향 때문에 코페르니쿠스를 비롯한 모든 근대 이전 사상가들이 하늘에 품었던 또 하나의 중요한 측면이 나타났다. 즉 그들은 마치 양파 껍질처럼 지구가 일련의 구들에 의해 겹겹이 둘러싸여 있다고 보았다. 가령 화성의 구에 대한 언급은 우리가 짐작하듯 구형 천체인 그 행성 자체를 가리키는 것이 아니라 지구를 둘러싸고 있는 구 전체를 가리킨다. 화성이라는 천체가 그 구상에서 지구 주위를 돈다고 여긴 것이다. 마치 보이지 않는 구의 표면에 빛나는 한 점으로 그 행성이 존재하며, 그 덕분에 천문학자들이 구의 전반적인 움직임을 알아낼 수 있다고 보았다.

하지만 안타깝게도 이 가정은 오늘날 알려져 있는 행성 운동의 물리적 실상과는 거리가 멀다.

따라서 그 대안으로 지구를 포함하여 행성들이 태양 주위를 회전(공전)한다는 견해가 제시되었다. 여기서는 천체들이 원형 경로가 아니라 타원형 경로로 움직이며, 궤도 운동을 할 때 빨라지기도 하고 느려지기도 한다(타원형 궤도 가운데서 태양에 가장 가까운 부분에 접근할 때는 빨라지고 태양에서 멀어지는 궤도 부분에 진입할 때는 느려진다).

이 견해와 더불어 기억해야 할 것이 하나 더 있다. 코페르니쿠스 이전의 천문학은 지구가 절대적으로 정지해 있으며 자전축을 중심으로 24시간마다 회전(자전)하지 않는다는 가정에서 출발한다는 것이다. 그러다 보니 별들(서로 독립적으로 움직이는 행성이 아니라 서로와의 관계가 고정되어 있는 별들)이 붙박인 구가 지구 주위를 24시간마다 돌아야 했다. 지금 우리는 별들이 회전하는 듯이 보이는 이 현상이 사실은 지구의 회전으로 인한 착시임을 알고 있다.

따라서 여러분은 플라톤이 "그 현상을 지켜내라"—복잡한 천체의 운동을 완벽한 원형 경로에서 일어나는 등속 운동의 관점에서 설명하라—라고 당대의 천문학자들에게 내린 지시가 실패했으리라고 짐작할지 모른다. 천문학자들이 물리학적 진리에 어긋나는 그릇된 가정에 가로막혀 있는 마당에 어떻게 천체 현상을 완벽하게 설명할 수 있단 말인가? 실제로 고대 그리스 천문학자들은 언뜻 기발해 보이지만 완전히 엉터리인 이론을 들고 나왔다. 프톨레마이오스의 《알마게스트》(중세 사상가들에게는 이 아랍어 제목으로 알려졌다)에 나오는 고대 그리스 천문학의 최종 결론은 플라톤의 지시를 충실히 이행한 것에 지나지 않았다.

그런데, 그런 결론이 나오게 된 까닭은 적어도 두 가지 심각한 편법과 더불어 몇몇 사소한 편법을 부렸기 때문이다. 첫 번째 편법으로, 프톨레마이오스는 행성들이 지구 주위를 돌 때 하나의 원이 아니라 어떤 원 주위를 도는 또 하나의 원을 따라 움직이도록 했다. 행성은 원형의

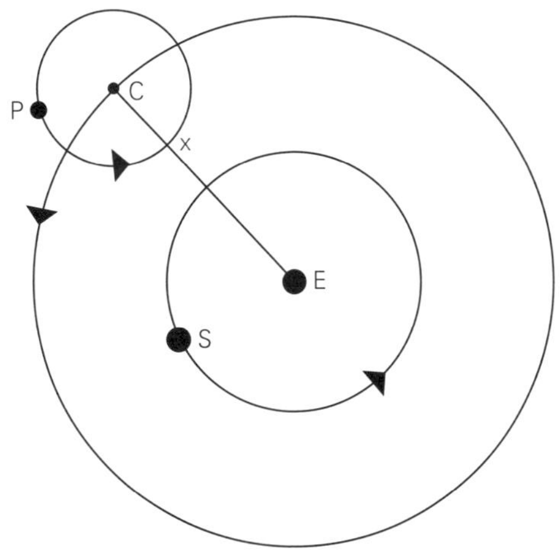

그림 6.1_ 가상의 원 주위를 도는 주전원상에서의 행성 운동. 프톨레마이오스가 제시한 견해.

바깥에 있는 행성(P)의 경우, 이 행성과 주전원(周轉圓, epicycle)의 중심(C)을 잇는 직선이 지구(E)와 태양(S)을 잇는 직선과 언제나 평행을 이룬다. 행성이 주전원을 따라서 도는 비율이 태양이 지구 주위를 도는 비율과 동일하다는 의미다. 또한 (코페르니쿠스가 그랬듯이) 행성들이 태양 주위를 공전한다고 여겼다고 했더라도 동등한 기하학적 관계가 유지될 수 있었다는 의미이기도 하다.

주전원을 따라 움직이며, 이 주전원은 대원(deferent)이라는 더 큰 원을 따라 돈다고 보았다(그림 6.1). 플라톤이 바랐던 답은 아니지만, 이것 덕분에 프톨레마이오스는 행성들이 평소와 달리 지구에서 멀어져 보이는 현상(이 때문에 행성의 크기와 밝기가 달라졌다)뿐 아니라 이른바 역행 운동도 설명할 수 있었다. 지구의 운동 때문에 때때로 행성은 원래의 운동 방향을 바꾸어 잠시 동안 뒤로 움직이는 듯 보였다(빠른 기차가 느린 기차를 따라잡을 때 느린 기차가 뒤로 움직이는 것처럼 보이는 현상과 마찬가지다). 이를 역행 운동이라고 불렀다(그림 6.2). 주전원과 대원을 함께 동원하면 행성은 원을 그리며 곡예비행을 할 수 있으며, 이때 원래의 이동

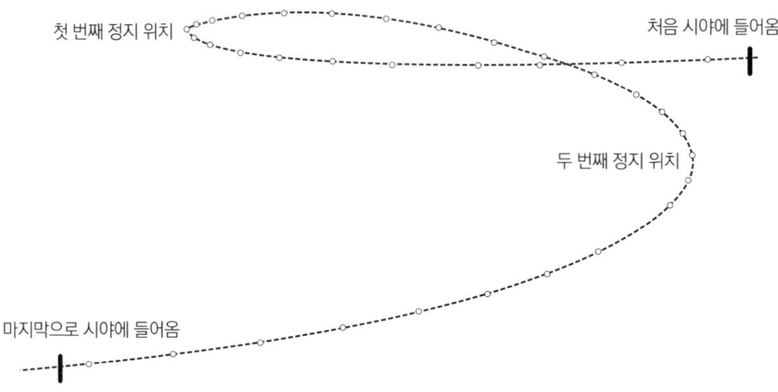

그림 6.2_ (첫 번째 정지 위치와 두 번째 정지 위치 사이에서) 행성이 역행 운동을 할 때 관찰되는 전형적인 경로.

방향과 반대 방향으로 움직이게 된다(그림 6.3 참고).

두 번째 편법은 이른바 '등각속도점(equant point)'이다. 이 점은 하늘에서 움직이는 행성들이 (일정한 속력을 유지한다는 플라톤의 가정과 달리) 빨라지거나 느려지는 현상을 다루기 위한 프톨레마이오스의 해결책이다. 프톨레마이오스는 이미 천구의 회전 중심을 지구에서 벗어난 지점에 두었는데(사소한 편법 가운데 하나), 이를 위해 타원 궤도의 기하학을 근사적으로 이용했다. 원은 중심에 놓인 단일 초점으로 정의되는 반면에 타원은 두 개의 초점으로 정의된다(그리고 원은 두 초점이 일치하는 타원의 특수 사례로 볼 수 있다). 따라서 지구의 위치를 천구의 회전 중심에서 조금 벗어나게 놓으면 지구는 자신을 둘러싸는 타원체의 한 초점에 놓인 것처럼 볼 수 있다(두 초점이 매우 가까우면 그 타원은 원과 닮은 모습이듯이, 이 2차원 타원에 대응하는 3차원 타원체는 구와 닮은 모습이다). 프톨레마이오스는

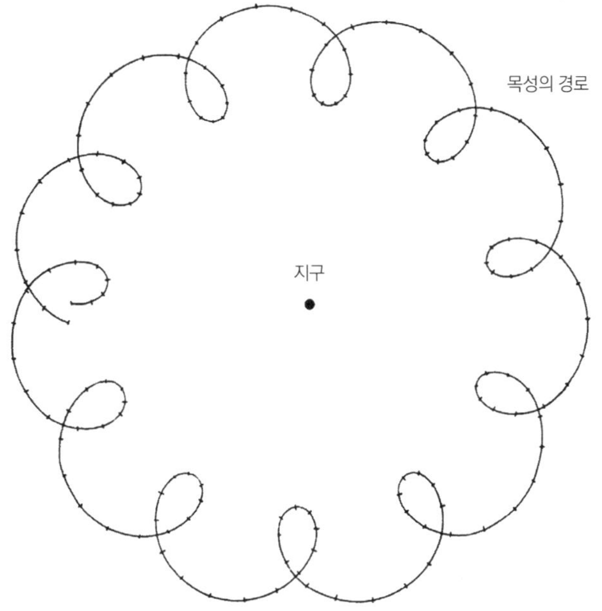

그림 6.3_ 주전원을 따라 도는 행성의 곡예비행 경로.

주전원과 대원을 동원하면 행성, 여기서는 목성(1708년과 1720년의 관찰을 바탕으로 함)의 역행 운동을 설명할 수 있는 경로를 얻게 된다. 왼쪽 부분에서 드러나듯이, 프톨레마이오스의 방법에 따르면 이 행성은 반시계 방향으로 돌면서 12년 후에는 출발점으로 돌아오지 못하게 된다.

행성의 운동은 그런 가상 타원체의 두 번째 초점에서 보면 등속으로 보인다는 점을 간파했다. 따라서 그의 주장에 따르면, 플라톤의 예상과 달리 행성은 원형 경로를 따라 등속으로 움직이지 않고 그가 등각속도 점이라고 부른 공간 내의 비중심적인 가상의 점에서 보았을 때만 등속으로 움직인다.

하지만 중요한 사실은 정작 프톨레마이오스는 타원이나 타원체 또는

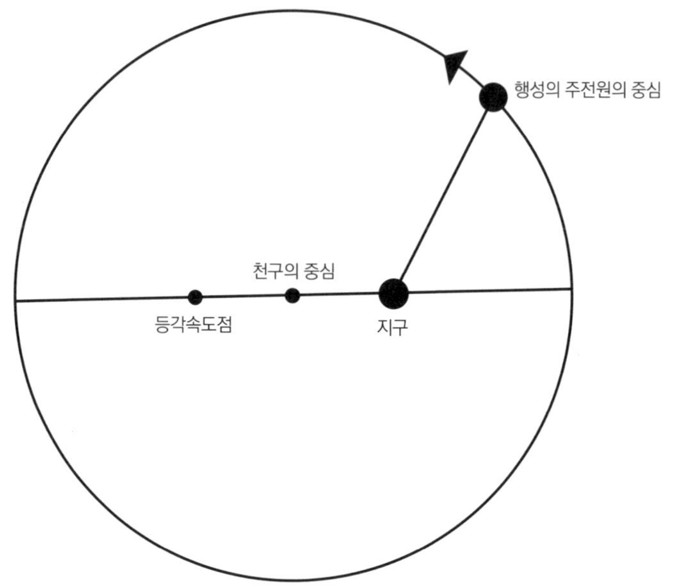

그림 6.4_ 프톨레마이오스가 '등속' 원형 운동을 억지스럽게 관철시키기 위해 고안한 등각속도점.

프톨레마이오스는 등각속도점이라는 공간의 한 점을 제시하여, 그 점에서 보면 행성의 운동, 즉 그 주전원의 중심의 운동은 등속이라고 주장했다. 이 이론은 실제로 관찰되는 행성의 운동을 설명하는 데는 잘 들어맞지만, 행성의 구가 행성의 중심 주위로 돌 때 교대로 빨라지고 느려지고를 반복해야 함을 의미한다. 따라서 물리적으로는 불가능한 것으로 여겨졌다.

타원의 두 초점의 관점에서 생각하지 않았다는 것이다. 그럼에도 내가 이런 관점에서 설명한 까닭은 나중에 요하네스 케플러가 내놓은 올바른 설명(8장 참고)에 프톨레마이오스가 실제로 근접했음을 알리기 위해서다. 프톨레마이오스는 지구를 둘러싸고 있는 구의 관점에서 그 문제를 보았고, 등각속도점을 그 구 중심에서 대칭으로 좌우에 위치한 곳에 놓았다. 여기서 중요한 점은 비록 프톨레마이오스는 자신이 행성의 등속 운동을 '구했다'고 주장했지만, 이 주장은 행성의 등속 운동에 대한 플라톤의 원리를 배신한 것으로 결코 용인할 수 없는 편법으로 여겨졌다는 사실이다. 그 주장에 따르면 등각속도점에서 보았을 때 행성이 등속으로 움직이는 것처럼 보이게 하기 위해 천구가 때로는 빠르고 때로는 느리게 돈다는 잘못된 결론이 나오기 때문이다(그림 6.4).

그렇다면 프톨레마이오스의 '현상을 구하려는' 시도는 용납할 수 없는 속임수이므로 퇴출되었어야 마땅할지 모른다. 가령 프톨레마이오스의 주전원과 대원, 원 속의 원 체계는 〈그림 4.1〉에 묘사된 깔끔한 체계와 결코 양립할 수 없다. 하지만 실제로는 프톨레마이오스가 고안한 체계는 그가 살던 시대부터 르네상스 시기까지 천문학의 기술적 해법의 바탕을 이루었다. 그 이유를 알아내기는 어렵지 않다. 단도직입적으로 말해, 프톨레마이오스의 체계가 받아들여진 까닭은 어쨌든 현상을 제대로 설명했기 때문이다. 즉 그 체계를 통해 과거와 미래의 행성 위치를 계산할 수 있었던 것이다. 이 능력은 달력 제작과 항해뿐만 아니라 천궁도 그리기와 점성술에 따른 예측을 하는 데도 중요했다.

그렇긴 하지만 학식 있는 사람들은 이 편법에 속지 않았다. 안달루시아의 고명한 철학자 이븐 루슈드는 다음과 같이 지적했다.

우리 시대의 천문학은 진리를 이끌어낼 수 있는 어떠한 내용도 제공하지 못하고 있다. 우리가 사는 시기에 발전된 모형은 계산과 일치할 뿐 실재와는 일치하지 않는다.

천문학이 행성의 위치를 계산하는 법을 알려줄 수는 있지만 우주의 물리적 구조에 대한 믿을 만한 내용은 전혀 알려줄 수 없다는 뜻이다.

우주의 실제 구조를 설명할 수 없는 프톨레마이오스의 체계가 지닌 중대한 문제점 하나는 행성들에 정해진 순서(지구에서 각각 몇 번째로 멀리 떨어져 있는지—옮긴이)를 배정하기가 불가능하다는 사실이다. 지구로부터 떨어져 있는 별의 순서는 오로지 관례에 따라 정해졌는데, 한 행성의 대원과 주전원 사이의 상대적 비율만 유지된다면 행성은 천구의 중심에서 어느 거리에나 위치할 수 있었다. 이 문제는 프톨레마이오스가 행성의 위치를 계산하기 위한 기하학적 편법을 제공했을 뿐 천체들이 실제로 어떻게 작동하는지에 관한 정보는 전혀 주지 못한다는 견해를 강화시켰다. 독일의 천문학자 게오르크 레티쿠스(Georg Rheticus, 1514~1576)는 이렇게 말했다.

> 지금까지 금성의 구와 수성의 구의 위치 그리고 이들과 태양의 관계에 대해 많은 논쟁과 다툼이 있었다. 하지만 아직도 답이 나오지 않았다. 흔한 가설들을 인정하면서 이 질문을 해결하기란 매우 어렵거나 심지어 불가능함을 알지 못하는 이가 어디에 있는가? 이 가설에서는 각 행성이 기하학적으로 어느 위치에 고정되어 있는지를 알려줄 일반적인 척도가 마련되어 있지 않으니, 구와 주전원의 상호 비율을 유지하기만 하면 토성을 태양보다 지구와 가까운 곳에 위치시키지 못할 까닭이 무엇인가?

코페르니쿠스도 아래에서 토로했듯이, 프톨레마이오스 천문학은 심지어 '으뜸 원리'조차 지키지 못했다.

> 관건은 우주의 구조와 각 부분의 진정한 대칭성이다. 이와 달리 그들의 경험은 여러 군데에서 손, 발, 머리 그리고 다른 부분들을 가져와서 그

럿듯한 모양을 만들긴 하지만 하나의 인간을 표현하지 못하는 것과 마찬가지다. 이 조각들은 전혀 들어맞지 않는지라, 이것들을 한데 모으면 하나의 온전한 인간이 아니라 괴물이 등장한다.

코페르니쿠스를 포함한 여러 르네상스 사상가들이 프톨레마이오스에 대해 이런 불만을 가진 까닭은 천문학과 우주론이 아쉽게도 분리되었다는 사실에서도 찾을 수 있다. 프톨레마이오스는 일련의 기하학적 기법을 마련하여 천문학의 기법을 그런대로 정확하고 실용적으로 유용한 바탕 위에 확립하고자 했지만, 세계의 참된 모습을 알고자 했던 플라톤과 아리스토텔레스의 소망에서는 까마득히 멀어져버렸다. 그는 실용적 기법인 천문학에는 관심이 있었지만 참된 학문인 우주론에는 관심이 없었던 것이다.

코페르니쿠스, 우주론자?

코페르니쿠스는 베살리우스를 포함한 여러 르네상스 사상가들처럼 고대인들의 방식을 부활시키고 싶어했다. 특히 참된 우주론을 세우려는 고대인들의 시도를 부활시키고자 했다. 실용주의자인 프톨레마이오스와 이후의 천문학자들도 내팽개친 일이었다. 코페르니쿠스로서는 당찬 포부였다. 그는 천문학자이자 수학자로 알려져 있었기에 당시 사람들은 그가 자연철학 문제에 나설 자격이 없다고 보았다. 우주론은 자연철학자의 몫이지 천문학자의 몫이 아니었던 것이다(상자글 6.1 참고).

당시에 수학과 자연철학은 엄연히 구별되었다. 아리스토텔레스는 자연철학의 목표는 물리적 원인의 관점에서 자연현상을 설명하는 것이라고 주장했다. 하지만 수학은 물리적 원인에 대해서는 아무 말도 할 수 없으며, 단지 다양한 현상에 대한 특별한 유형의 기술적 설명을 제공할 수 있을 뿐이다. 금성의 대원과 주전원 그리고 이들 원 각각의 운동을 기술하는 기하학은 언제, 어디에서 금성이 하늘에 나타날지는 알 아낼 수 있지만, 무엇이 금성을 계속 움직이게 만드는지, 어떻게 주전원 상에 머물 수 있는지, 왜 자신의 고유한 속력으로 움직이는지 또는 실제로 주전원 상에서 움직이는지 여부 등은 전혀 알려주지 못했다. 그러므로 아리스토텔레스의 견해에 따를 때 수학은 자연철학의 대상이 되기에는 불완전했으며, 스콜라주의에 따르는 대학 전통에서 보더라도 자연철학은 일반적으로 수학적 고려 없이 연구되었다.

자연철학과 수학의 분리는 아리스토텔레스의 우주론과 프톨레마이오스의 천문학의 분명한 차이에서 확인할 수 있으며, 한편으로는 우주론과 천문학의 분리를 영속시켰다. 코페르니쿠스는 이 분리를 종식시키고 싶었다. 그는 일대 혁신을 통해 천문학이 행성의 운동과 위치를 정확히 알려주는 동시에 세계의 참된 구조를 드러낼 수 있기를 바랐다.

짐작하건대 혁신을 향한 첫 자극제는 천문학에는 중대한 무언가가 빠져 있다는 당시 학자들의 인식이었다. 프톨레마이오스 체계의 부정확성에서 빚어진 차이가 너무나 큰 탓에 가령 (부활절 날짜를 계산하는 데 필요한) 춘분이 실제보다 열흘이나 앞당겨 일어났다. 더군다나 그 체계에 따라 계산된 보름달은 밤하늘에 실제로 보이는 현상과는 전혀 관련이 없었다(아무리 바보라도 언제 보름달이 뜨는지 알 수 있다). 이 때문에 부활절 날짜는 해마다 잘못 잡히곤 했다(325년 니케아 공회에서 정한 규칙에 따르면 부활절은 춘분 이후 첫 보름달이 뜨고 나서 첫 번째 맞는 일요일이다).

프톨레마이오스는 우주론의 전통을 내팽개치고 단지 실용적인 천문학을 선호했다고 여겨졌다. 이런 분리는 중세에 더 심해져서, 아리스토텔레스의 우주론은 자연철학의 일부로 인정받았지만, 천문학은 수학자들의 연구 분야로 실용적인 용도를 지닌 하나의 기술로 간주되었다. 코페르니쿠스는 천문학의 학문적 지위를 높여 우주론과 재결합시키고자 했다. 프톨레마이오스 이전의 상태로 되돌리고 싶었던 것이다.

우주론	천문학
세계의 구조를 기술하고 설명하려는 노력. 철학적이다.	기하학적 용어로 천체의 운동을 분석함으로써 우주론에 대한 자세한 근거를 제시하려는(따라서 우주론을 확인하려는) 노력. 수학적이다.
피타고라스(기원전 6세기) 플라톤(기원전 427~347) 아리스토텔레스(기원전 384~322) 기독교 교리로 흡수되었는데, 특히 성 토마스 아퀴나스(1225~1274) 이후 수용됨. 〈그림 4.1〉 참고	프톨레마이오스(100년경~165) 모든 중세 천문학자들(코페르니쿠스 이전)
미학적이고 형이상학적 고려에 바탕을 둔 주장으로, 우주는 '신적'인 지성이 이성적/기하학적 원리(즉 단순하고 조화롭고 무작위적이지 않고 질서정연한 원리)를 통해 창조했다는 '종교적' 확신이 자리 잡고 있었다.	전적으로 실용적인 고려, 즉 현상을 설명해주는지 여부에 바탕을 둔 주장. 기독교 시대에 전문적인 천문학자의 주된 임무는 아래 목적을 위해 미래와 과거의 천체 운동을 계산하는 일이었다. (a) 교회 축제일(부활절 등) 정하기 (b) 천궁도 제작 (c) 항해
학문으로 여겨짐	기술로 여겨짐

분명 무언가 조치를 취해야 했고, 1513년에 열린 제5차 라테란 공의회는 달력 개혁을 요구했다. 뛰어난 천문학자로 알려져 있던 코페르니쿠스는 이 일에 참여해달라고 요청받았지만 일언지하에 거절했다. 아마 프톨레마이오스의 체계 내에서 이루어지는 순전히 실용적인 일이라고 여기고서, 천문학과 우주론을 재결합시키는 연구를 홀로 수행하고자 했을 것이다.

태양이 중심에 있고 지구가 돈다는 세계관에 대한 경쟁 이론들도 있었는데, 그중 하나로서 코페르니쿠스도 다른 모든 행성이 태양 주위를 돌게 하면서 태양이 지구 주위를 돌게 하면 단순한 체계가 마련됨을 알아차렸다. 프톨레마이오스 이전부터 오랫동안 수성과 금성이 (지구 주위를 도는) 태양 주위를 돈다고 알려져 있었기에, 이를 다른 행성들에까지 확장시켜 상상하기는 그리 어렵지 않았다(그림 6.1의 설명글 참고).

또한 그는 어느 시기에 지구가 24시간마다 자신의 축을 중심으로 회전(자전)한다고 설정했다. 이렇게 하면 고정된 별들의 구를 포함하여 우주 전체가 매일 지구 주위를 회전할 필요가 없었다. 지구가 자신의 축을 중심으로 회전한다는 발상이 어리석게 보일 수도 있다. 하지만 대안적인 가정, 즉 별들의 구가 매일 회전한다는 발상은 그 구의 어마어마한 크기를 감안하면 더더욱 터무니없는 것일지 몰랐다. 어느 쪽이 맞는지 아직 모르겠지만, 코페르니쿠스는 춘분점 세차—지구 주위의 모든 천체가 조금씩 이동하는 현상으로, 기원전 2세기에 히파르코스가 발견했다—를 지구 자전축 방향의 점진적 이동으로 설명할 수 있음을 알아차렸다.

지구에 한두 가지 운동을 부여하면 질서정연한 결과가 나온다는 점에 이끌려 코페르니쿠스는 대담하게도 다른 행성들과 더불어 지구가 태양 주위를 운동하도록 만들었다.

이 마지막 단계—지구로 하여금 태양 주위를 운동하게 만든 단계—의 중요한 측면은 코페르니쿠스가 단지 실용적 천문학을 내놓은 것이 아니라 일관되어 보이는 우주론을 제시했다는 것이다. 프톨레마이오스 체계와 달리 코페르니쿠스의 태양 중심 세계관에 따르면 행성들의 순서는 오직 한 가지 배열로 정해지는데, 이 배열은 행성별로 차츰 커지는 공전 주기(즉 각 행성이 태양을 한 바퀴 도는 데 걸리는 기간, 수성의 88일에서부터 토성의 30년 주기까지)와 정확히 일치한다.

코페르니쿠스가 불가능해 보이는 지구의 운동에 기대고 있는 자신의 천문학이 틀림없이 옳다고 확신할 수 있었던 것은 바로 태양 중심 우주론의 조화로운 속성 때문이다. 코페르니쿠스는 이렇게 썼다.

> 지구에 운동을 부여한다고 가정하자 …… 장기간의 집중적인 연구를 통해 나는 마침내 알게 되었다. 즉 다른 행성들의 운동이 지구의 회전과 관계 있다고 가정하고 각 행성의 회전을 계산해보니, 이들 행성의 천체 현상이 그 계산대로 일어날 뿐 아니라, 모든 행성과 천구들의 순서와 규모 그리고 하늘 자체가 서로 긴밀히 연결되어 있어서 우주 전체의 나머지 부분을 방해하지 않고서는 어느 한 부분도 변경시킬 수 없다는 사실을 알게 되었다.

사실 코페르니쿠스의 우주론은 여전히 혼란스러운 수학적 기법에 의존하고 있었다. "현상을 구하라"는 플라톤의 호소에 영감을 받아 코페르니쿠스는 오직 완벽한 원형의 등속 운동만이 허용된다고 믿었다. 따라서 그는 프톨레마이오스가 고안한 독특한 개념인 주전원을 사용해

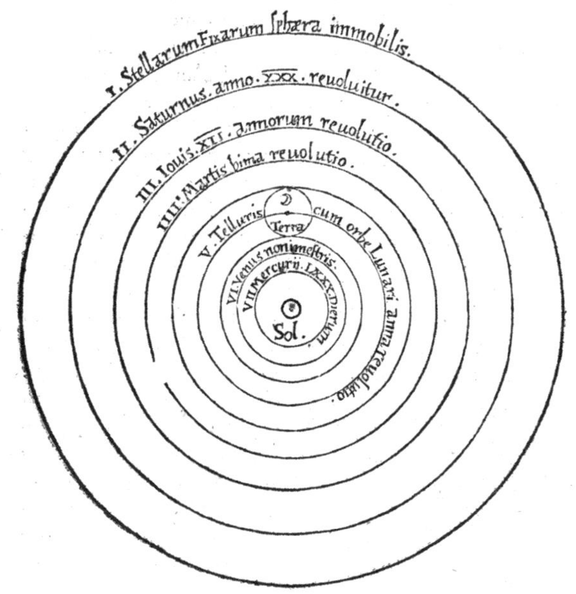

그림 6.5_ 코페르니쿠스의 《천체의 회전에 관하여》(프랑크푸르트, 1543)에 그려진 태양 중심의 세계관. 에든버러 대학 도서관 특별소장품부(JY 730)의 허락하에 게재.

야 했다(코페르니쿠스는 작은 주전원만 필요로 했던 반면에—이 때문에 스스로 알아차리지는 못했지만 결과적으로 천체 운동이 타원 궤도에 가깝게 구성되었다— 프톨레마이오스는 어떤 경우 거대한 주전원을 필요로 했다). 하지만 등각속도 점은 사용하길 거부했는데, 등속 운동의 원리를 배반하지 않기 위해서 였다. 그렇긴 해도 코페르니쿠스의 세계관은 〈그림 6.5〉에 보이듯이 깔 끔하고 단정하지는 않았다.

게다가 처음에는 우주론적 이점이 있는 듯 보였지만, 지구가 운동하 는 체계인지라 프톨레마이오스의 체계보다 아리스토텔레스의 세계관 과 더 맞지 않았다.

그럼에도 코페르니쿠스 당대의 천문학자들은 이 문제를 중요하게 여기지 않았다. 그들은 단지 프톨레마이오스 방식보다 더 정확하게 행성의 위치를 계산하는 방식을 원했을 뿐인데, 코페르니쿠스의《천체의 회전에 관하여》에 나오는 방법이 바로 그것이었다. 하지만 역설적이게도 그들 중 누구도 지구가 운동한다고는 믿지 않았다. 천문학이란 진리와는 아무 관련이 없는 계산 기법일 뿐이라는 생각에 젖어 있었기 때문이다. 그들은 코페르니쿠스의 체계도 마찬가지라고 여겼다. 지구가 돈다고 가정할 경우 행성 운동을 정확하게 재구성할 수 있다고 생각했지만, 지구가 실제로 운동한다거나 운동할 수 있다고 가정한 사람은 거의 없었다.

이런 식의 사고는 천문학자들에게는 자연스러웠지만,《천체의 회전에 관하여》를 읽고서 지구가 정말로 움직인다고 결론 내릴 뻔한 독자가 혹시 있었다고 하더라도 루터파 성직자인 안드레아스 오시안더(Andreas Osiander, 1498~1552)가 코페르니쿠스 책에 부친 서문을 읽고서 마음을 고쳐먹었을 것이다. 오시안더는 프랑크푸르트에서 책의 인쇄를 감독할 권한을 가진 인물이었다(코페르니쿠스는 독일의 인쇄소에 가려고 먼 길을 떠날 수 없는 형편이었다). 오시안더는 자신의 서명을 남기지 않았기에 독자들은 당연히 코페르니쿠스가 서문을 썼다고 여겼다. 오시안더는 천문학과 우주론 또는 수학과 자연철학의 전통적인 분리를 독자들에게 상기시켰다. 그는 주장하기를, 천문학은 행성의 운동을 계산하는 데 도움을 주는 수단일 뿐이므로 우주가 실제로 어떻게 펼쳐져 있는지를 알려줄 수 없다고 했다.

천문학자의 임무는 면밀한 전문적 연구를 통해 천체 운동의 역사를 기

코페르니쿠스는 '소심한 참사회 회원(프라우엔부르크에 있는 성당의 참사회 회원이었다)'으로서 진정한 천문학 혁명을 촉발시키기에는 너무 보수적이었고, 이 과업은 이후 다른 사람들이 이끌었다는 주장이 있다.

그가 보수주의자였다고 주장하는 근거는 아래와 같다.

① 프톨레마이오스의 설명 방식을 모방했다.

② 프톨레마이오스의 관찰에 의존했다.

③ 프톨레마이오스의 수학적 기법을 사용했다(등각속도점만 제외하고).

④ 고대 그리스의 원리에 위배된다는 이유로 등각속도점의 사용을 거부했다.

⑤ 무려 40년 동안 자신의 연구를 책으로 발간하기를 미루었다.

⑥ 자기 이론의 기원을 고대 그리스의 초기 권위자들에게 두었다.

⑦ 그의 책 서문에 보면, 이 연구는 단지 가설일 뿐 세계의 실재 모습을 설명하는 것이 아니라고 쓰여 있다.

사실 이 모든 주장을 반박하고 코페르니쿠스 편을 들 수도 있다. 가령 첫 번째와 두 번째 주장에 대해서 코페르니쿠스는 동료 천문학자들을 위해서 그렇게 했다고 볼 수 있다. 프톨레마이오스의 방식에 익숙한 동료들이 이해할 수 있도록 일반적인 패턴을 따랐다는 것이다. 그는 특정한 행성의 운동을 계산하는 방법에 관한 프톨레마이오스의 사례들(가령 프톨레마이오스가 잇따라 내놓은 다섯 가지 관찰 결과)을 사용함으로써 자신의 체계도 마찬가지로 훌륭한 결과를 내놓을 수 있음을 보여주었다. 그 자신의 관찰 결과와 새로운 사례들을 내놓았다면, 프톨레마이오스의 저서에 익숙한 당시 천문학자들은 코페르니쿠스의 낯선 설명 방식을 이해하기 어려웠을지 모른다.

한편 그가 책의 출간을 미루었다는 증거는 없다. 이와 달리 여러 증거에서 드러났듯이 그는 끊임없이 자신의 연구를 개선하려고 했던 것 같다. 당시 사람들은 아담에 가까운 더 옛날 사람일수록 아는 것이 많다고 믿었기에, 만약 코페르니쿠스가 동료 천문학자들에게 자기의 세계관이 옳다는 것을 설득시키고 싶었다면 고대인 중 누군가가 같은 생각을 했다는 증거를 찾아야 했다.

마지막으로 책 서문은 코페르니쿠스 몰래 또는 그의 허락 없이 실렸다. 게다가 그가 혁신적 사상가였음을 보여주는 다음 두 가지 중요한 측면이 그의 연구에 담겨 있다.

① 그의 목표는 우주론이라는 학문을 되살리는 것이지 또 하나의 수학적 기법을 내놓는 것이 아니었다.

② 그는 물리학보다 수학을 중시하여, 수학이 지동설을 요구하므로 지구가 운동하는 것이 틀림없다고 주장했다. 비록 어떻게 지구가 움직일 수 있는지를 물리학적으로 설명할 수 없는데도 말이다.

술하는 것이다. …… 참된 원인은 결코 알아낼 수 없기에, 천문학자는 기하학의 원리를 통해 과거뿐 아니라 미래에 대해서도 천체 운동이 올바르게 계산될 수 있게 해주는 가정이라면 무엇이든 채택하게 된다. 이 책의 저자는 이 두 가지 임무를 훌륭하게 수행했다. 따라서 이 책에 실린 가정들은 진리여야 하거나 심지어 개연성이 있어야 할 필요는 없다.

코페르니쿠스의 평생의 역작은 오시안더로 인해 "진리임을 누구에게라도 설득할 필요가 없이 단지 계산을 위한 믿을 만한 근거를 제공해주는" 가설로 전락했다. 오시안더의 주장에 따르면 코페르니쿠스는 우주론자가 아니라 프톨레마이오스처럼 천문학자이지 그 이상의 존재가 아니다.

코페르니쿠스는 책이 인쇄되어 출간된 지 몇 달 만에 죽었기에, 자신은 지구가 움직인다고 믿었음을 당대 사람들에게 밝힐 기회가 없었다. 그렇긴 해도 일부 독자들은 그가 무엇을 시도했는지 알아차리고 그의 주장을 받아들였다. 지금까지 드러난 바에 따르면, 1600년 전에는 오직 열한 명의 사상가만이 코페르니쿠스가 《천체의 회전에 관하여》를 통해 지구가 정말로 움직인다는 사실을 보여주었다고 믿었다. 다음 장에서 우리는 이들 중 세 명이 코페르니쿠스 혁명에 기여한 바를 살펴볼 것이다.

과학의 새로운 방법들

16세기의 '르네상스 전성기'에서 17세기 말까지는 과학사가에게 특별히 중요한 시기다. 스콜라 철학자들이 대학에서 수행하던 사변적인 자연철학이 바로 이 시기에 전면적으로 개혁되거나 (바라보는 관점에 따라) 대체되었기 때문이다. 근대 과학과 흡사하게 자연을 이해하는 방식이 도입된 결과였다. 따라서 역사가들은 이 시기를 과학혁명의 시기라고 부른다. 안드레아스 베살리우스와 니콜라우스 코페르니쿠스는 이 확장된 혁명적 변화의 시기에 등장한 가장 걸출한 두 인물이다. 하지만 이 두 사람을 당대 인물들 위로 우뚝 솟은 고립된 특별한 천재로 보아서는 안 된다. 그들은 '시대를 앞선' 것이 아니라 시대에 딱 맞게 나타났다. 다만 다른 해부학자와 천문학자들보다 확실히 먼저 등장했을 뿐이다.

앞의 두 장에서 나는 두 사람이 권위를 거부하고 관찰과 분석을 통해 스스로 진리를 발견하고자 했던 르네상스 혁신의 대표적인 인물이라고 소개했다. 하지만 또한 나는 이런 새로운 방법들이 르네상스 시기의 한 특징임을 분명히 짚었다. 르네상스 전성기에는 많은 사상가들이 새로운 발견뿐 아니라 자연계에 대한 믿을 만한 정확한 지식을 얻는 새로운 방법에도 각자 역할을 다했다.

베살리우스와 코페르니쿠스는 또한 자연에 대한 지식을 얻는 가장 훌륭한 두 방법인 '관찰'과 '수학적 분석'의 위력을 생생하게 보여주었다. 수학적 방법에 대해서는 나중에 다루고, 자연철학과 수학을 엄격히 구분하던 태도가 사라지고 물리학과 수학이 결합된 새로운 접근법이 등장하게 된 배경과 과정을 살펴보겠다. 우선 여기서는 경험과 관찰을 강조하는 태도가 어떻게 자연을 이해하는 방식을 바꾸고 스콜라적 아리스토텔레스주의를 거부하게 되었는지 살펴본다.

* * *

오래전부터 과학사가들이 인식했듯이, 과학혁명의 주요혁신 가운데 하나는 실험 방법의 개발이다. 이 방법은 지금도 현대 과학의 결정적인 특징으로 여겨진다(가령 이론적으로 제시된 아원자 입자의 존재는 실제로 실험을 통해 확인되기 전까지는 누구도 인정하지 않는다. 비록 거대 강입자 가속기와 같은 시설을 지어야 가능한 일이라고 해도 말이다). 하지만 정작 실험 방법이 과학혁명의 시기에 새로 개발되지는 않았다. 그렇게 주장한다면 마치 수학이 과학혁명 때 만들어졌다는 주장만큼이나 터무니없다. 요점은 자연철학자들이 여러 전통들로부터 실험 방법을 가져와 이용함으로써 자연철학을 과학에 훨씬 더 가깝게 변모시켰다는 사실이다.

그런데 경험이나 더 나아가 실험 방법이 이미 이용되던 전통은 어느 분야였을까? 제한된 규모이긴 하지만 의학 분야가 그랬다. 지난 장에서 보았듯이 인체 해부는 중세 내내 의학 교육의 한 특징이었는데, 심지어 베살리우스 이전에도 교수가 갈레노스의 권위적인 저서를 읽는 일과 더불어 부수적으로나마 해부를 실시했다. 게다가 의과대학은 임상 실습도 교육 과정에 포함시켰기에, 학생들은 견고한 의학 이론과 더불어 임기응변적인 의학 실습도 경험할 수 있었다. 의학 발전은 나중에 (10장에서) 다시 다룰 것이므로, 지금은 실험 방법의 다른 원천을 찾아보도록 하자.

역사 기록으로 판단하자면, 실험 방법의 가장 중요한 원천 중 하나는 마법 전통(magical tradition, 뭉뚱그려서 초자연적 또는 비의적 전통이라고 부를 수 있는 다양한 전통들)이다. 가령 연금술은 고대 이집트에서 태동해 고대 그리스를 거쳐 이슬람 문명에서 번성했으며, 나아가 서양 중세와 르네상스 시대까지 줄기차게 이어졌다. 여기서 그 역사를 일일이 쫓을 필요는 없고, 다만 연금술은 순전히 실험적인 방법으로 연구되었으며 온갖 종류의 특별한 도구가 사용되었다는 점만 알면 충분하다.

연금술은 매우 전문적인 연구로서 '자연마법'이라고 알려진 비술(秘術)의 특징을 다분히 띠었다(연금술은 이 비술의 특별한 예다). 이것은 중세 서양에서 널리 행해진 마법의 형태로서 사물들 간에는 숨은 (또는 '비의적인') 연관성이 있으며, 이처럼 연결된 사물들이 다양한 방식으로 서로에게 영향을 미친다는 가정에 바탕을 둔다. 자연마법사의 역할은 이 연관성을 찾아내고 아울러 연관된 사물들이 서로에게 영향을 미치는 방식을 알아내어 이 지식을 실용적인 목적에 활용하는 것이었다. 가장 흔한 예가 특정한 의약 성질을 지닌 식물에 대한 지식인데, 거울을 이용하여 착시를 일으키는 기술이나 정교하게 만들어진 기계를 이용하여 힘든 일을 손쉽게 하는 방법도 쓰이곤 했다.

우리에게는 이런 종류의 지식이 마법처럼 보이지 않는다. 요즘에는 이런 지식이 약학, 기하광학 또는 역학으로 정립되어 있기 때문이다. 하지만 당시 그런 것들은 대학의 자연철학에 포함되지 않았기에, 기계를 이용하여 어떤 일을 수행하는 것은 말 그대로 기술을 이용한 묘기로 치부되었던 듯하다. 아리스토텔레스의 분류 체계를 따랐던 스콜라주의 자연철학은 자연현상에만 관심을 가져야 하는 학문으로 인식되었는데, 기계는 명백히 인공적인 것이었다. 그런 기계를 설계하고 제작할 수 있는 자연마법사들은 자신들이 중력과 같은 자연의 힘을 이용한다는 사실을 알고 있었지만(가령 시계는 중력에 의한 추의 느린 진자 운동으로 작동되었다. 시계가 계속 작동하려면 틈틈이 추를 제일 높은 시작 위치로 되돌려주어야 한다), 그렇다고 해서 대학에서 자연철학으로 인정받지는 못했다. 기계의 작동은 자연스러운 활동이 아니라 자연에 어떤 인위적 제약을 가해서 이루어지는 활동이라고 본 것이다.

일반적으로 자연마법 전통이 스콜라주의 자연철학과 구별되는 두 가지 중요한 측면이 있었다. 첫째, 자연마법에는 사물들 간의 숨은 연관성과 서로에게 미치는 힘에 관한 지식은 오직 경험에 의해 발견—그전에는 숨어 있었기에 지식은 발견되는 것이라고 보았다—될 수 있다는 가정이 깔려 있었다. 둘째, 이 지식은 (좋은 쪽으로든 나쁜 쪽으로든) 실질적인 용도가 있었기에 그 보유자가 자신이 바라는 결과를 얻기 위해 이용할 수 있었다. 스콜라주의 자연철학은 이와 달리 대체로 '지식을 위한 지식'으로 간주되었다. 설령 용도가 있더라도 자연에 깃들어 있는 신의 뜻을 드러내는 게 고작이었다. 마찬가지로 스콜라 철학자들에 따르면 자연현상은 명백하고 결코 부정할 수 없는 원인들로 설명되어야 했다.

비의적 원인에 의한 설명은 정의상 불가능했다. 스콜라 철학자들은 비의적 원인의 존재를 부정하지 않았지만 자연철학에서는 이를 회피하고자 했다.

하지만 비술에 대한 스콜라 철학자들의 비난은 르네상스 때 허물어지기 시작했다. 여러 가지 이유가 있는데, 특히 많은 자연현상이 더위, 추위, 건조함과 습함(4원소인 불, 공기, 물, 흙 속에 구현되어 있다) 같은 명백한 성질들로 설명될 수 있다는 인식이 커졌기 때문이다. 하지만 또 하나 중요한 원인은 르네상스기에 고대 문헌들을 찾는 과정에서 헤르메스 트리스메기투스가 썼다고 알려진 일군의 저서들이 발견된 것이다. 이 고대의 현자는 고대 그리스인들에게 헤르메스 신과 동일시되었으며 르네상스 사상가들에게는 모세와 동시대인으로 여겨졌다.

이 헤르메스 저작들이 르네상스 사상가들에게 대단한 흥분을 불러일으킨 까닭은 이 고대 이교도 저자가 삼위일체 교리를 예견했을 뿐 아니라 다른 기독교 교리들도 넌지시 내비친 것처럼 보였기 때문이다. 지금으로서는 그런 점이 전혀 놀라울 게 없다. 왜냐하면 이 문서들은 초기 기독교 시기에 기독교 교리를 알고 있었을 익명의 신플라톤주의자들이 쓴 것이기 때문이다. 하지만 르네상스 인문주의자들은 그 문서들이 예수의 사제들보다 훨씬 이전의 것이라 믿고서, 저자가 이교도 사상가인데도 철학적 추론을 통해 기독교 진리에 이르렀다는 결론을 내렸다.

이런 고대 신학 저술과 더불어 헤르메스 트리스메기투스가 쓴 것으로 보이는 수많은 연금술 관련 저서와 다른 비의적 저술들이 있었다. 그렇다면 모세와 동시대인인 고대 현인이 한편으로는 기독교 교리를 일찌감치 내다보았고 다른 한편으로는 명민하고 뛰어난 자연마법사로 활동했던 셈이다. 오래전 사상가일수록 아담과 더 가깝고 아담의 지혜는 에덴동산 추방 이후 사라지기 시작했다(4장 참고)는 당시의 일반적인 가정을 감안할 때, 헤르메스 트리스메기투스의 신학적·비의적 저술은 고대 지혜의 위대한 원천으로 다가왔다. 수 세기 동안 교회로부터 비난을 받아왔던 비술은 많은 선구적인 사상가들에 의해 지식과 지혜의 가장 권위 있는 원천 중 하나로 여겨지게 되었다(상자글 7.1).

이런 배경에서 비의적 사상과 방법들은 자연철학에 포함될 수 있었다. 하지만 아직은 그런 일이 저절로 일어나지 않았다. 스콜라 철학자들과 대학 교과목이 걸림돌이었다. 자연철학자들을 설득하여 자연마법 및 실험 방법이라는 대안적 전통에 진지한 관심을 불러일으킬 만한 지위에 있는 사상가의 등장이 절실했다. 이 중요한 역할을 수행할 사상가는 엘리자베스 1세 치하의 야심만만한 영국 정치가였다. 나중에 제임스 1세 치하에서 대법관이 된 이 사상가의 이름은 프랜시스 베이컨(Francis Bacon, 1561~1626)이다.

베이컨과 학문의 개혁

프랜시스 베이컨은 근대 과학사에서 중요한 위치에 있는 사상가다. 비록 근대적인 관점에서 볼 때 단 한 건의 과학적 발견도 이루지 않았고 실질적인 과학 연구를 수행하지도 않았지만 말이다. 게다가 그는 당대의 과학에 대해 여러 차례 그릇된 판단을 하기도 했다. 가령 코페르니쿠스의 이론을 인정하지 않았고, 동시대인인 윌리엄 길버트의 실험적 연구(뒤에 논의한다)를 신뢰하기 어렵다며 배척했으며, 수학이 물질계의 작동을 이해하는 데 유용할 수 있다는 관점도 거부했다.

사물에 깃들어 있다는 불가사의한 힘들은 초자연적인 것이 아니라 자연적인 것으로 여겨졌다. 신이 사물을 창조할 때 이 힘들을 부여했기에, 비록 불가사의하지만 신의 창조 행위의 일부이므로 자연의 일부라고 본 것이다. 다음 인용문에서 자연을 강조하고 있음을 주목해보라.

자연의 모든 과정은 사물들의 일치와 불일치를 통해 우리에게 가르침을 주는데, 이를 위해 자연은 사물들을 분열시키거나 아니면 사물들끼리 어울리도록 한데 모은다. 이런 성질을 이용하여 우리는 기이한 일을 해낸다. (지암바티스타 델라 포르타, 《자연의 마법》, 1589).

자연마법사는 자연에 대한 면밀한 탐구자로서, 오로지 자연이 이전에 무엇을 준비했는지 알려주고, 능동성을 수동성과 통합시키고 아울러 결과 예측에 종종 성공하는 데, 이런 일은 실제로는 자연적 작동에 불과한데도 마법이라고 불린다. (코르넬리우스 아그리파, 《학문의 불확실성과 헛됨에 관하여》, 1526).

어떤 일이 효과를 내도록 인간이 할 수 있는 일은 자연의 물체들을 합치거나 떼어놓는 것뿐이다. 나머지는 사물 속에 깃든 자연의 작용으로 이루어진다. (프랜시스 베이컨, 《신기관》, 1부, 경구 4, 1620).

마법은 초자연적인 힘이 아니라 창조의 힘을 사용하여 경이롭고 특이한 유형의 다양한 것들을 만들어내는 기술 또는 기법인데, 어떻게 그럴 수 있는지는 감각과 일상적인 이해를 벗어난다. (마르틴 델 리오, 《마법에 관한 논문》, 1608).

이러한 자연마법만이 유일한 종류의 마법이라고 여겨졌다. 오늘날 널리 알려져 있는 마법의 개념은 그것이 초자연적인 힘에 의존한다는 가정에 따른 것이지만, 근대 이전에는 오직 신만이 초자연적인 현상을 일으킬 수 있다고 여겨졌다.

악마를 포함하여 악령들은 초자연적인 힘을 갖지 않는다. 이들은 신의 피조물이므로 자연의 일부일 따름이다. 이들은 어떤 일을 해내려면 자연마법의 지식을 이용할 수밖에 없다. 이들은 불멸의 존재이고 아담과 이브 이전부터 존재했기에 인간 중에서 가장 위대한 마법사보다 자연마법을 더 많이 알지만, 그 외에는 다른 특별한 힘이 없다고 여겨졌다. 하지만 영적인 존재이기에 벽을 통과하거나 하늘을 나는 등 인간에게는 불가능한 일을 할 수 있었다.

영적 존재인 악마는 어떤 특정한 자연의 과정을 넘어서는 일을 할 수 있고 지금껏 해왔지만, 자연 전체를 지배 또는 통제하거나 모든 세대의 영원하고 결코 방해받지 않는 질서 속에 깃든 불가침의 원리들을 침해하거나 변경시키지 않으며 그럴 능력도 없다. …… 자연은 신의 권능이 깃든 피조물에 지나지 않는데, 악마도 피조물에 속하므로 제약을 받으며 보편적인 힘의 구속을 받는다. (존 코터, 《마법의 시도》, 1616).

자연에는 그〔악마〕에게 아주 낯익은 어떤 속성, 원인 그리고 결과가 있다. 그런 것들은 본질적으로 경이가 아니라 단지 불가사의이자 비밀, 그리고 자신이 창조된 이후 줄곧 보아왔던 효능과 효과일 뿐이다. …… 악마는 모든 자연현상에 관한 정교한 지식을 갖고 있어서, 가령 별들의 영향, 인간을 포함한 다른 피조물들의 구성, 식물, 뿌리, 약초, 돌 등의 종류와 효능 및 작용을 훤히 알고 있다. 악마의 이 지식은 모든 인간의 능력, 심지어 인간 중에서 가장 훌륭한 존재인 철학자와 의사의 능력을 훨씬 넘어선다. (윌리엄 퍼킨스, 《저주받은 마법 기술에 관한 논의》, 1618).

그럼에도 그가 과학사에서 유명해질 수 있었던 까닭은 자연철학의 개혁 방법에 관한 야심찬 기획자이자 선동가였기 때문이다. 자신이 직접 실행하지는 않았지만 개혁에 관한 그의 전망은 후대 사상가들의 사고에 공명을 일으켰기에, 결과적으로 실험 방법뿐 아니라 지식은 실질적으로 유용해야 한다는 사상을 도입하는 데 중요한 역할을 했다.

개혁에 대한 베이컨의 전망을 이해하려면 먼저 부모가 그를 양육한 방식을 살펴보아야 한다. 그는 열두 살까지 어머니의 보살핌과 교육을 받았다. 프로테스탄트 영국인 가정에서 태어난 그의 어머니는 아들이 칼뱅 신학에 몰두하도록 만전을 기했다. 아버지 니컬러스 베이컨은 엘리자베스 1세 치하에서 정부의 주요 관직인 국새상서(국왕의 인장을 관리하면서 국왕의 명령을 공식화하는 직책—옮긴이)를 지냈다. 아버지는 아들도 장차 정부의 고관이 되기를 바라고 그에 맞는 교육을 시켰다.

이런 성장 환경 덕분에 베이컨은 종말에 관한 칼뱅주의 묵시록적 전망을 자연 지식의 발견과 활용을 담당하는 새로운 정부 '부서'를 구성하겠다는 야심과 결합시켰다. 이 둘 사이의 연결은 구약 〈다니엘서〉의 예언으로, "마지막 때"가 오기 전에 "많은 이들이 이리저리 오가고 학문이 발전할" 시기의 일이었다. 베이컨은 이 예언의 전반부인 "많은 이들이 이리저리 오가는" 일은 르네상스기의 발견 항해(크리스토퍼 콜럼버스와 바스코 다 가마를 포함한 여러 사람들의 활동)를 가리킨다고 보았기에 이미 성취되었다고 믿었다. 베이컨은 학문이 발전하도록 함으로써 예언의 후반부가 시작되기를 바랐다. 독실한 신자였던 베이컨은 세상의 종말이 좋은 개념이라고 여겼다. 그 후에 신자들이 축복받는 상태에서 영원히 살게 될 것이므로.

베이컨의 묵시주의는 예를 들어 그의 가장 중요한 저서인 《신기관 *Novum organum*》(1620)의 다음 내용에서 찾을 수 있다.

하느님은 이 세계가 작동하는 방식에 대해 우리가 제멋대로 상상하기를 금지하시고, 은혜롭게도 우리가 하느님의 피조물에 새겨진 창조주의 발자국을 통해 세상의 종말이나 참된 전망에 대해 쓰도록 허락하셨다. …… 따라서 우리가 이마에 땀을 흘리며 주님의 피조물에 대해 애써 연구하면 우리는 주님의 전망과 주님의 안식일에 참여하게 된다.

여기서 베이컨이 염두에 둔 안식일은 일주일의 마지막 요일이 아니라, 모든 신자들이 힘겨운 세상살이에서 벗어나 영원히 쉴 수 있는 세상의 종말에 있을 궁극적인 안식일을 의미한다.

과학 지식을 수집하는 일을 담당하는 정부 부서를 세우려는 그의 소망은 가령 《자연에 대한 해석*The Interpeeretation of Nature*》(1603) 서문에 다음과 같이 드러난다.

인류에 봉사하기 위해 태어났다고 믿으며, 아울러 공공복지를 돌보는 마음을 공기나 물처럼 누구에게나 해당하는 일종의 보편적인 속성이라고 여기기에, 나는 인류에 봉사할 수 있는 방법이 무엇인지 그리고 천성적으로 내가 어떤 봉사를 행하기에 가장 알맞은 사람인지 숙고했다. 이

제 인류에 수여될 수 있는 모든 혜택 가운데서도 새로운 기술, 재능 그리고 인류의 삶을 개선시킬 물건의 발견보다 더 훌륭한 것은 없음을 알게 되었다.

계속 읽다 보면 베이컨의 야심은 구체적인 발견이 아니라 발견을 위한 새로운 방법을 개발하는 것임이 분명해진다.

아무리 유용할지라도 어떤 특별한 것을 발명하기보다는 자연의 불빛—활활 타오르면서 우리의 현재 지식의 울타리에 갇힌 모든 경계 지역들까지 밝게 비추어줄 불빛—을 피우는 데 성공할 수 있다면, 그 불빛이 더 널리 퍼져 세계 속에 가장 은밀하게 숨은 모든 것이 곧 밝혀지고 드러나게 될 터이니, (내 생각에) 그 사람은 인류의 진정한 후원자, 인간 제국을 우주에 퍼뜨리는 전파자, 자유의 옹호자, 필요불가결한 것들의 정복자이자 지배자가 될 것이다.

베이컨은 자연에 대한 지식을 개혁하려는 자신의 계획을 '위대한 부흥'이라고 불렀다. 이는 수많은 이들의 물질적·정신적 공동 작업을 통해야만 성공적으로 이루어질 수 있었다. 이 점에 대해 그는 킹 제임스에게 보낸 헌사에서 이렇게 썼다.

부탁 드릴 것이 하나 있사온데, 이 부탁은 귀하에게 결코 가치 없는 일이 아니며, 특히 당면한 일에 관한 부탁입니다. 무슨 일이냐면, 여러 면에서 솔로몬을 닮은 귀하께서 …… 자연과 실험의 역사를 참으로 진지하게, 또한 이 바탕 위에서 하나의 철학이 구축될 정도로, 모으고 완성하기를 지시했던 솔로몬의 모범을 따르기를 바랍니다. 적절한 때에 제가 자세히 설명하겠지만, 그렇게 되면 마침내 …… 철학과 과학이 더 이상 허공에 떠 있지 않고 온갖 종류의 경험으로 다져진 확고한 토대 위에 자리 잡게 될 것입니다.

위대한 부흥은 여섯 단계로 구성되고 '새로운 철학'에서 절정을 맞이하게 되지만, 베이컨은 이중 두 가지만 진척시켰다. 첫째는 '신기관 또는 자연의 해석에 관한 방향'으로, 과학적 데이터를 해석하는 새로운 방법 또는 논리였고, 둘째는 '우주의 현상: 또는 철학의 토대를 위한 자연과 실험의 역사'로서 자연의 현상에 관해 알려진 모든 내용으로 구성되는 방대한 데이터베이스가 될 것이었다. 모든 지식을 담아낼 이 데이터베이스 작업을 위해 새로운 부서를 만들고 다양한 공무원들을 고용해야 했다. 하지만 자연에 대한 지식을 개혁하려는 베이컨의 계획이 지닌 가치에 대해 엘리자베스 여왕은 물론이고 제임스 1세의 행정부도 결코 인정하지 않았다. 따라서 그는 이 데이터베이스를 혼자 모아야 했고, 당연히 그다지 성과를 내지 못했다.

과학사에서 가장 중요한 베이컨의 저술은 1620년에 나온 《신기관》 (Novum Organum)이다. 제목에서 암시하듯이, 다양한 논리적 저술들의 모음집인 아리스토텔레스의 《오르가논》(Organon)을 대체하기 위한 책이다. 이 책에서 베이컨은 자신이 내놓은 독특한 유형의 실험주의를 포함하여 새로운 학문 탐구의 방법을 제시했다.

베이컨의 방법

베이컨은 우리가 자연을 이해하려고 할 때 오류를 빚는 주된 원인은 모든 가능성을 고려하기도 전에 섣불리 결론부터 내리는 경향 때문이라고 확신했다. 그는 이렇게 썼다. "따라서 이해에는 날개가 달려서는 안 되고, 대신에 추가 달려야 도약과 비약을 일으키지 않는다." 이는 엄격한 자기 부정의 규칙하에서 사실들을 장기간에 걸쳐 모아야만 취합된 사실들을 설명하려는 미숙한 이론 구성을 막을 수 있다는 의미다. 이상적으로 보자면 모든 가능한 정보들이 모인 후에라야 다음 단계의 활동에 들어갈 수 있다. 이 정보 수집에는 사물들 간의 명백한 유사점과 차이점 또는 다른 관계들을 드러내기 위해 광대하고 복잡한 '발견의 도표들'을 배열하는 일이 포함된다. 도표들 속의 정돈되고 조직화된 사실들을 모조리 검토함으로써 베이컨은 사물들의 근본적인 패턴과 사물들 간의 근본적인 연관성이 드러난다고 믿었다.

안타깝게도 베이컨은 이 '발견의 도표들'이 어떻게 작동될지에 대해 단 한 가지 사례만 제시하는 데 그쳤다. 뜨거운 사물들 그리고 열을 발생시키는 사물들과 과정의 많은 사례 가운데서 그가 생각해낼 수 있는 것만을 모아 부분적인 도표를 만들었다. 이 사례들을 살펴보고서 그는 열의 발생이란 언제나 활발한 움직임과 관련이 있음을 알아차렸다. 따라서 그는 열은 운동이라는 결론을 내렸다.

놀랍게도 현대 과학자라면 베이컨이 본질적으로 옳다는 데 동의할 것이다. 하지만 문제는 열과 운동의 연관성이 오늘날에는 분자나 원자의 운동 속력에 의해 명백하게 설명될 수 있다는 점이다. 베이컨이 열은 운동이라고 선언할 때는 그런 설명을 동원할 수 없었다. 그는 단지 귀납적인 근거를 바탕으로 그런 결론을 내렸을 뿐이다. 당시 사람이라면 베이컨의 주장이 전혀 이치에 맞지 않는다고 말했을 것이다. 열은 열이고 운동은 운동이다. 이 용어들은 서로 바꿔가면서 사용될 수 없다. 떨어지는 물체의 운동은 떨어지는 물체의 열과 똑같지 않으니 말이다.

하지만 귀납법을 사용하자는 베이컨의 주장은 중요한 혁신이었다. 아리스토텔레스에 따르면 연역적인 삼단논법이야말로 학문에 사용될 수 있는 유일한 논리였다. 자연철학은 명백한 원인에 근거하여 설명해야 한다는 아리스토텔레스의 요구에 들어맞는 논리였기 때문이다. 베이컨은 이 절차로는 결코 새로운 지식을 얻을 수 없다고 지적하면서, 왜냐하면 삼단논법은 결론이 언제나 전제에 내포되어 있기 때문이라고 했다(상자글 7.2에서 베이컨의 논리 참고). 이와 달리 귀납적 논리에서는 처음에는 알려지지 않았던 새로운 정보가 결론이 된다. 베이컨의 실험적인 시행착오 방법들과 일맥상통하는 논리 유형이지만, 물론 당시에는 중대한 비판에 부딪혔다(아리스토텔레스가 거부했던 방법이기 때문이다). 귀납을 통해 도달한 결론이 명백히 옳다고 보장할 수는 없었다. 잠정적으로 어떤 귀납적 결론이라도 차후의 관찰에 의해 오류로 판명될 수 있다. 귀납적 경험에 따라 백조는 모두 흰색이지만, 그것은 검은 백조가 서부 오스트레일리아에서 행복하게 살고 있다는 사실이 드러나기 전까지만 진실이었다.

베이컨도 이 문제점을 잘 알고 있었지만, 이를 극복할 수 있도록 긍정적 사례들을 자세히 설명해줄 뿐만 아니라 모든 가능한 대안적 설명들을 배제할 귀납의 방식을 고안하고자 했다(가령 백조의 경우 베이컨 학파의 자연주의자들은 세상의 모든 지역을 일일이 체계적으로 조사해서 다른 색깔의 백조가 없는지 철저히 알아보려 할 것이다. 그렇게 한 뒤에라야 백조는 모두 흰색이라고 말할 수 있을 것이다). 열의 본질과 열이 어떻게 생기는지를 알아내기 위해 베이컨은 차가움을 발생시킬 것으로 짐작되는 차가운 물체들에 관한 정보를 수집하기도 했는데, 그 까닭은 차가움은 결코 운동에 의해 생기지 않음을 확인하기 위해서였다. 안타깝게도 귀납의 문제점은 오늘날에도 철학자들의 논란거리이므로, 베이컨이 이를 극복하는 것은 무리였다. 그렇긴 하지만 귀납적 논리는 과학사상의 중요한 방법으로 인식되었는데, 뒤에서 다시 다루고자 한다.

하지만 어떤 실험이라야 베이컨의 방법에 들어맞는가? 과학적 배경을 갖춘 독자라면 대다수의 과학 실험은 특정한 가설을 검증하려고―그러므로 베이컨의 귀납적 방법보다는 이른바 가설-연역적 방법에 따라―의도적으로 행해진다는 것을 알 것이다. 분명 윌리엄 길버트(조금 뒤에 소개한다), 갈릴레오(9장) 그리고 윌리엄 하비(10장)가 행한 실험을 살펴보면 이들이 가설-연역적 방법을 따르고 있음을 알 수 있다. 하지만 베이컨은 이런 유형의 실험은 오류에 빠질 소지가 있다며 거부했다. 그가 보기에, 누구든 자신이 증명하길 원하는 바를 증명해줄 실험을 고안할 수는 있었다. 아마 그는 사기성이 짙은 연금술사들이 금이나 금 비슷한 것을 만들려고 실시했던 실험을 염두에 둔 듯하다.

베이컨에게 실험이란 현상에 관한 자세한 지식을 모으는 하나의 방법으로, 가능한 한 광범위하게 발견의 도표를 작성하기 위한 일이었다. 베이컨은《신기관》에서 이렇게 적었다.

실험에는 …… 한 가지 경탄스러운 속성 또는 상태가 있다. 즉 실험은 결코 빗나가거나 실패하지 않는다. 실험은 어떤 특정한 결과를 만들어 낼 목적이 아니라 어떤 결과의 자연적 원인을 발견할 목적으로 행해지기 때문에, 어떤 방법으로 실시되든 그 목적에 맞는 답을 내놓는다. 감각의 역할은 실험을 판단하는 것일 뿐 …… 바로 실험이 사물을 판단한다.

따라서 갈릴레오처럼 서로 다른 무게의 추들이 동일한 속력으로 낙하하는지 알아보기 위한 실험을 고안하기보다는 매우 큰 범위에 걸쳐 무게가 서로 다른 추들 또는 어쩌면 서로 다른 물체들이 낙하하는 각각의 속력을 측정하기 위한 실험이 마련되어야 했다(물론 서로 다른 물체들이 낙하할 경우, 중력이 개입되어 혼란이 초래될지 모른다. 하지만 베이컨은 이를 미리 알아서도 안 되고 알 수도 없는지라 납으로 만든 여러 개의 추만을 사용하기로 했다).

사실 베이컨의 방법대로 실험을 수행한 과학자는 아무도 없었다. 실험은 대체로 특정한 이론이나 가설을 검증하기 위해 실시되는데도, 베이컨은 이론과 무관한 관찰을 원했던 것과 마찬가지로 이론과 무관한 실험을 원했던 듯하다(이 또한 비현실적이다. 우리는 언제나 미리 어떤 것을 예상하면서 관찰한다). 그럼에도 불구하고 베이컨이 미친 영향은 엄청나다. 비록 그의 사상은 과학을 잘 수행하는 데 쓰이기보다 어떻게 과학이 수행되는지에 관해 추상적으로 논의하는 데 쓰이지만 말이다. 어쨌든 그의 저서는 유럽 전역에서 읽혔으며, 실험적 방법을 강력하게 옹호한 역작으로 인정받았다(비록 경험주의가 베이컨의 방법을 엄밀히 따르지는 않았지만 말이다).

베이컨과 자연마법

주요 철학자들 가운데 베이컨이 자연에 대한 지식을 인류를 위해 사용해야 한다고 맨 처음 제안했고, 실험적 방법의 이점을 찬양하기도 했으니, 그가 '시대를 앞서갔으며', 어느 정도 오늘날의 과학과 기술의 결합을 미리 내다본 인물이라고 여기기 쉽다. 실제로 1940년대의 과학사가 벤저민 패링던(Benjamin Farringdon)은 《프랜시스 베이컨, 산업과학의 철학자*Francis Bacon, Philosopher of Industrial Science*》라는 책을 쓰기도 했다.

하지만 앞서 밝혔듯이 베이컨의 실험주의와 "지식은 힘이다"라는 그의 유명한 전망은 미래에 대한 탁월한 예지에서가 아니라 오래된 마법 전통에서 나왔다. 의심할 바 없이 자연마법의 개념들이 베이컨에게 영향을 미쳤다. 가령 베이컨이 1624년에 작성한 〈인류에게 특별히 이용될 위대한 자연 연구*Great works of nature for the particular use of mankind*〉 목록에서 그 점이 드러난다. 사실상 이 목록에서 실현하길 원하는 내용은 모두 마법사들이 할 수 있다고 주장했던 것들이다. 예를 들어 수명의 연장, 힘과 활력의 증가, 생김새 바꾸기, 변신, (다른 사람이나 자기 자신에게 가하는) 상상의 힘, 공기의 압축이나 폭풍 일으키기, 감각 속이기 등이다. 만약 패링던이 옳았다면 우리가 보게 되었을 목록은 그전에 레오나르도 다 빈치가 꿈꾸었던 것과 비슷했을 것이다. 즉 헬리콥터를 포함한 여러 비행 기계들, 말 없이 움직이는 마차, 탱크, 잠수함 등등. 베이컨은 산업과학의 철학자가 아니라 자연마법사처럼 글을 썼으며, 그가 새로운 철학을 통해 이루고자 했던 유용한 것들은 자연마법사들이 실현시킬 수 있다고 주장한 것과 다르지 않았다(상자글 7.3 참고).

또 한 가지 언급할 점은 귀납적 방법이 자연마법 전통에서 사용되던 지금 사용되는 논리(아리스토텔레스의 연역적 논리)는 진리를 추구하는 데 도움이 되기보다 널리 인정되는 개념들에서 비롯된 오류들을 굳건하게 고착시키는 데 이바지한다. 따라서 이로움보다 해로움이 더 많다. (《신기관》, 2부, 경구 12).

삼단논법은 명제로 이루어지고, 명제는 단어로 이루어지고, 단어는 개념의 기호다. 따라서 만약 개념 자체(문제의 뿌리)가 혼란스럽고 사실들로부터 너무 성급하게 추상화되었다면 상부 구조가 굳건할 수 없다. 따라서 우리의 유일한 희망은 올바른 귀납뿐이다. (《신기관》, 2부, 경구 14).

여기서 베이컨이 염두에 두었던 장황한 논증의 한 예를 소개하고자 한다. 아래는 아리스토텔레스의 《자연학*physics*》에 나오는 주장을 현대에 맞게 고친 내용으로 아리스토텔레스의 논증 방식을 고스란히 보여준다.

진공이 존재할 수 있는가?

정육면체 공간은 물에 잠기면 자신을 물에 넘겨준다. 매질(媒質, 파동을 매개하는 물질—옮긴이)이 공기라면 비록 이 넘겨줌이 감각기관에 인식되지 않을 뿐 마찬가지다. 따라서 매질이 무엇이든 그것은 침투하는 물체에 자신을 넘겨준다.

하지만 이 넘겨줌은 진공에서는 불가능하다. 진공에는 물질적 실체가 전혀 없기에, 정육면체 공간이 차지하기 전에 원래부터 그 자리에 있던 공간의 차원은 침입하는 정육면체의 동일한 차원과 서로 스며든다. 이는 정육면체와 진공이 동일한 시간에 동일한 공간에 존재하게 됨을 의미한다. 하지만 두 물체는 동일한 시간에 동일한 공간에 존재할 수 없다.

따라서 진공은 존재할 수 없다.

아리스토텔레스는 스스로 진공이란 '물질적 실체가 없다'고 말해놓고서도 이를 놓치고 말았다. 그러고서도 두 물질적 실체, 즉 한 물체와 한 진공(또는 한 물체와 한 공간)을 상정하여 이 둘이 동일한 시간에 동일한 공간을 차지하고 있다고 주장한다. 베이컨은 아리스토텔레스의 논증이 진공이 불가능하다는 아리스토텔레스의 오류를 '굳건하게 고착시키는 데 이바지한다'고 정확하게 꼬집었다.

진리를 찾고 발견하는 방법은 오직 두 가지뿐이다. 하나(연역)는 감각과 특정 사실로부터 가장 일반적인 공리로 도약한 다음에, 굳건하게 확립된 이 원리로부터 판단으로, 이어서 중간공리(middle axiom)들의 발견으로 나아간다. 이 방법이 지금 유행하고 있다. 다른 하나(귀납)는 점진적이며 지속적인 상승을 통해 감각과 특정 사실로부터 공리를 도출하기에 가장 보편적인 공리 목록에 이른다. 이것이 옳은 방법인데도 아직은 시도되지 않고 있다. (《신기관》, 2부, 경구 19).

연역적인 삼단논법은 아래와 같은데, 아래 결론은 전제에서 이미 내포된 내용 외에는 아무것도 알려주지 않는다. 하지만 아리스토텔레스는 이 논법이야말로 왜 소크라테스가 죽는지를 확실하게 설명해준다고 생각했다.

모든 인간은 죽는다.
소크라테스는 인간이다.

따라서 소크라테스는 죽는다.

귀납은 아래와 같이 진행되는데, 설명을 제공하지 않지만 (설령 잠정적일지라도) 새로운 지식을 내놓는다. 아래 예는 베이컨 당시에 사용된 논리학 교재인 토머스 윌슨(Thomas Wilson)의 《이성의 규칙*Rule of Reason*》에 나오는 내용이다.

> 라인산 포도주는 따뜻해진다.
> 말바시아 포도주는 따뜻해진다.
> 프랑스 포도주는 따뜻해진다.
> 그렇지 않은 포도주는 어디에도 없다.
>
> 따라서 모든 포도주는 따뜻해진다.

논리라는 것이다. 자연마법사들은 주로 기술이나 절차적 과정에 관심을 기울였지 현상에 대해 설명하려고 하지 않았다. 따라서 자연마법사에게는 귀납적 경험에 바탕을 둔 결론이 취향에 맞았다.

베이컨은 방법 및 실용적 목적 면에서 분명 자연마법으로부터 영감을 받았다. 자연철학을 개혁하려는 그의 포부는 자연마법사들의 방법을 완벽한 수준으로 끌어올려야 그들의 오랜 꿈을 실현할 수 있다는 믿음과 더불어 펼쳐졌다. 자연마법사의 방법을 철학적으로 옹호하려는 베이컨의 시도는 당대의 자연철학자들에게 막대한 영향을 끼쳤으며, 이를 통해 베이컨의 방법이 확립되어갔다.

아래는 베이컨의 저술에서 인용한 구절로, 자연마법 및 그 역할에 관한 베이컨의 관심이 고스란히 드러난다.

> 물체들은 끌리고 친근한 것에는 자신을 활짝 열어주며 만나러 가는 반면에, 싫고 적대적인 것을 대하면 멀리 떨어진 채 뒤로 물러서며 움츠려든다. (《밀도와 희소성의 역사*History of Density and Rarity*》, 1624)

> 우리는 반드시 …… 물체들이 지닌 저마다의 특정한 우정과 다툼, 또는 공감과 반감을 면밀히 조사해야 하는데, 이로써 물체들에는 그런 많은 유용한 것들이 동반됨을 알게 된다. (《자연에 관한 새로운 입문서*New Abecedarium of Nature*》, 1622)

> 그러한 것들은 오류와 허구의 덩어리 아래에 깊이 가라앉아 있긴 하지만 그래도 자세히 살펴보아야 한다. …… 왜냐하면 그중 일부, 예를 들면 매혹, 상상력의 강화, 멀리 떨어져 있는 물체들 사이의 동조, 몸과 몸끼리와 마찬가지로 정신과 정신끼리의 감동의 전달 등에는 어떤 자연적인 작용이 밑바탕에 놓여 있을지 모르기 때문이다. (《신기관》, 2부, 경구 31, 1620)

> 마법의 목적은 사변의 허영에 빠진 자연철학에 실험의 중요성을 일깨우는 것이다. (《학습의 숙달과 발전*The proficiency and Advancement of Learning*》, 제1권, 1623)

우리의 최종 목적은 원인들 그리고 사물들의 은밀한 운동에 관한 지식이며, 아울러 인간 제국의 영역을 확장시켜 모든 것이 가능하도록 만드는 것이다. (《새로운 아틀란티스*New Atlantis*》, 1624)

윌리엄 길버트와 실험적 방법의 기원들

프랜시스 베이컨이 실험적 방법인 귀납적 논리를 도입하자고 요청하고, 자연에 대한 실용적인 지식이 자연마법 전통에서 영감을 얻고 큰 영향을 받았음에도 불구하고, 그의 요청은 중요하게 여겨지지 않았다. 어쩌면 베이컨이 진정한 과학자가 아니라 단지 과학이 어떠해야 한다고 주장하는 선동가로 보였기 때문이다. 따라서 그는 마법과 과학 사이를 연결해주는 매개자 정도로 간주될 수 있다. 달리 말해 마법이 과학의 발전을 직접 이끌어낸 것이 아니라 단지 베이컨에게 영향을 주었을 뿐이고, 그 후 베이컨이 과학사에서 중요한 역할을 한 경험주의와 실용주의 철학을 발전시켰다고 볼 수 있다.

하지만 자연마법 전통의 중요성을 부인하는 이런 부정적인 견해는 많은 자연철학자들을 살펴보면 금세 설 자리를 잃고 만다. 이 자연철학자들은 헤르메스 저작이 발견된 후 새로이 알게 된 자연마법의 지적 우수성에 감동을 받아 자신들의 자연마법적 세계관을 통해 과학에 혁신을 불러일으켰다. 이들 중 한 명을 살펴보고자 하는데, 이 사람을 고른 이유는 과학사가들이 오랫동안 그를 실험 과학의 '창시자'로 여겨왔기 때문이다.

그의 이름은 윌리엄 길버트(William Gilbert, 1544~1603)다. 엘리자베스 여왕의 주치의였던 길버트는 자석의 성질을 체계적으로 연구하여 지구 자체가 하나의 거대한 자석임을 발견했으며, 아울러 실험적으로 확립한 최초의 사상가로 알려져 있다. 또한 그는 베이컨과 마찬가지로 자연마법 전통과 비의적 사고에서 큰 영향을 받았다.

1600년은 길버트에게 행운의 해였다. 엘리자베스 1세의 주치의를 맡았고 왕립의학대학의 총장이 되었으며, 이것으로도 부족하다는 듯 책도 발간했다. 그에게 큰 영예를 안겨준 이 책이 바로 자기 현상을 처음으로 자세히 연구한 《자석에 관하여De magnete》다.

여기서 이런 의문이 떠오른다. 왜 길버트는 자기 현상에 대한 연구에 착수했으며, 무엇이 그로 하여금 책 한 권 분량에 달하는 자기 현상 연구에 임하도록 했을까?

예전의 과학사가들은 길버트를 근대적 '산업과학'의 선구자로 보았다. 이 견해에 따르면 길버트가 자기 현상에 관심을 가진 것은 자석 나침반에 대한 지식에서 비롯되었다. 르네상스 시기의 주요 발명품 가운데 하나로 위대한 발견 항해를 가능하게 했던 나침반이 계기가 되었다는 말이다. 당시에 나침반은 항해, 따라서 필연적으로 식민지를 건설하는 데 매우 중요했다. 어쨌든 영국은 그 무렵 바다를 지배하는 열강으로 번영을 누리기 시작했다. 길버트가 항해와 관련된 사안뿐 아니라 나침반 생산의 다른 기술적 측면들, 가령 자철석(자연 자석)과 철의 채굴 같은 사안들도 논의했음을 고려하여, 이들 역사가는 길버트가 베이컨과 마찬가지로 오늘날의 과학기술 복합 문명의 전조가 되는 자연 지식과 기술의 결합이 갖는 중요성을 내다보았다고 여겼다.

이런 관점에서 이루어진 대표적인 연구가 바로 에드거 질셀(Edgar Zilsel)의 〈윌리엄 길버트의 실험적 방법의 기원〉이라는 논문이다. 그의 생각에 따르면, 길버트는 엘리자베스 시대의 애국적 제국주의자와 경제적 요인에 이끌려 동료 학자들에게 자석에 관한 지식을 알려주었는데, 특히 자석 나침반에 대한 지식은 이전에는 오직 선원, 금속 주조공, 용광로 작업자 그리고 금속이나 자철석을 다루는 작업자들만이 알고 있는 것이었다.

따라서 질셀이 보기에 실험적 방법의 기원은 자연마법사가 아니라 손으로 재료를 다루는 데 익숙한 장인과 숙련공으로부터 비롯되었다(상자글 7.4 참고).

질셀은 예를 들어 광부들이 마치 실험을 한다는 듯이 이야기한다. 하지만 광부들이 실험이라고 부를 만한 어떤 작업을 수행한다고 볼 수 있는 사례를 전혀 제시하지 않는다. 가장 근접한 사례로 든 것이 길버트가 실시한 실험에 광부들이 손을 거들었다는 내용이다. 실제 과정은 이랬을 것이다. 길버트가 지하에 묻혀 있는 큰 자철석의 위치를 땅에다 표시한 다음 자철석을 파낼 수 있도록 여러 가지 준비를 한 후 자철석을 땅 위로 꺼낸다. 그러고서 큰 수조 속에 둥둥 떠 있는 나무 뗏목 위에 자철석을 올려놓고 자유롭게 움직이는 자철석이 어떻게 정렬되는지 알아본다. 필시 길버트는 이 실험 도중에 광부들의 도움을 받았겠지만(무거운 자철석을 꺼낼 일꾼이 필요하니 말이다), 분명 그들은 길버트의 지시에 따랐을 뿐이다. 이전에 광부들이 호기심을 가지고 이런 일을 했다고 믿을 만한 근거는 어디에도 없다.

길버트가 장인과 숙련공으로부터 실험 기법을 베꼈음을 밝히려는 또 하나의 술책으로 질셀은 길버트가 이전에 자석에 관한 글을 쓴 두 저자가 실시한 실험을 반복했을 뿐이라고 지적했다. 두 저자란 1269년에 《자석에 관한 서한》을 쓴 피에르 드 마리쿠르(Pierre de Maricourt, 라틴어 이름은 페트루스 페리그리누스)와 《새로운 인력》(1581)이라는 책을 쓴 로버트 노먼(Robert Norman, 1560~1584년경에 활동)을 가리킨다.

질셀은 피에르를 장인이나 숙련공으로 소개하고 있지만, 사실 그는 자연마법 전통에서 유명한 인물이다. 그는 《자석에 관한 서한》에서 자신의 책이 자석에 관한 더 큰 연구의 제1부이며, 제2부(이 책은 우여곡절

유럽 전역의 대학 교양 학부에서 으뜸 교과로서의 지위를 누리던 아리스토텔레스 자연철학은 16세기부터 차츰 공격을 받았다. 공격의 주된 이유는 (수업 내용대로) 아리스토텔레스 철학이 사변적이어서 실용적인 지식에 대한 관심이 부족하다는 것이다. 어떤 학자들은 이 점을 개선하기 위해 애써 장인의 지식을 찾아서 동료 학자들에게 알려주었다. 주요 사례 중 하나는 당시 차츰 경제적으로 중요해지던 광산 채굴과 야금술 분야에서 찾을 수 있다. 르네상스 시기 채굴 기술을 최초로 기록한 책은 반노초 비링구초(*Vannocio Biringuccio, 1480~1539*)의 《신호탄에 관하여*De la Pirotechnia*》(1540)인데, 이 책에는 광석에서 금속을 추출하는 방법과 더불어 대포 그리고 심지어 화약을 만드는 방법까지 실려 있다. 로마의 무기고 감독관까지 지냈던 채굴 기술자가 썼으니, 이 이탈리아어 책은 분명 금속을 다루는 장인들을 위한 작업 지시서로 읽혔을 것이다. 이와 비견될 수 있는 것으로 게오르기우스 아그리콜라(Georgius Agricola, 1494~1555)의 《금속에 관하여*De re metallica*》(1555)를 들 수 있다. 아그리콜라는 인문학자로서 라이프치히 대학에서 그리스어를 가르치다가 의학으로 진로를 바꾸었다. 광산 채굴 분야에서 활동했던 데다 광물과 금속을 의학적으로 이용하는 데 관심이 있었기에 그는 곧 광산 채굴과 야금술에 관한 온갖 지식을 갖추게 되었다. 《금속에 관하여》는 라틴어로 쓰였으므로, 광부나 주물 작업자가 아니라 대학 교육을 받은 독자들을 대상으로 했음을 알 수 있다. 게다가 이 책은 여러 판본으로 유럽 전역에 널리 퍼졌으니 아그리콜라는 독자를 잘못 택하지 않았다.

광석 제련과 금속 추출에 대한 이와 유사한 관심은 윌리엄 길버트의 《자석에 관하여》(1600)에서도 엿보인다. 이 책을 통해 그는 주로 자석의 순간적인 움직임을 이용하여 지구 자체가 움직인다는 것을 보여주려 했지만, 동시에 자석에 관한 실용적인 노하우를 알릴 기회로 삼기도 했다. 따라서 그는 야금술 관련 내용뿐 아니라 자석을 항해에 이용하는 방법에 대해서

도 썼는데, 여기에는 방대한 항해 관련 정보도 덤으로 담겼다. 여기서 그
는 로버트 노먼의 연구를 명시적으로 활용했는데, 이 사람은 자석이 '기우
는' 현상을 우연히 발견함으로써 천체들이 구름이나 안개에 가려 보이지
않을 때도 위도를 확인하는 방법을 알 수 있게 해주었다.
분명 장인의 노하우에 대한 관심이 커졌고, 학자들 중에도 기꺼이 이 실용
적인 지식을 받아들이고 활용하려는 사람이 있었지만 지나친 해석은 피
해야 한다. 1930년대와 1940년대에 많은 사회역사학자들이 이를 간과하
고서 현대 과학이 노동자에게서 비롯되었을지 모른다고 여겼다. 심지어
역사가 에드거 질셀은 실험적 방법을 개발한 것이 장인이라고까지 주장
하기에 이르렀다. 장인의 지식은 과학혁명 동안 학자들이 받아들이긴 했
지만, 이는 주로 학자들 스스로 필요성을 느껴서였을 뿐 장인들에게서 받
은 것이 아니었다. 학자들의 주요 관심사는 지식을 얻는 새로운 방법을 발
견함으로써 당시에 오류가 드러났던 고대의 지식을 대체하는 일이었다.

끝에 쓰였지만 지금은 전해지지 않는다)는 자석을 이용한 부적 만들기에 관
한 내용이 될 것이라고 말하고 있다. 분명 피에르는 2세기 후 로버트 노
먼과 길버트가 이용한 모든 실험 기법들을 개발하긴 했지만, 마법 전통
에서는 실험이 으레 사용되었기에 실험적 방법을 사용하여 부적을 만
드는 데 관심을 둔 것은 전혀 놀랄 일이 아니다.

로버트 노먼은 질셀의 주장에 훨씬 잘 들어맞는 사람이다. 그는 선원
이었다가 직업을 바꾸어 생계를 위해 나침반을 만들었다. 노먼의 책
《새로운 인력*Newe Attractive*》은 원하는 방향을 알기 위한 실험에 대해 설
명하고 있지만, 노먼이 실험을 한 이유는 '학식 있는 사람들'의 권고 때
문이라고 적고 있는데도 질셀은 이를 언급하지 않는다. 따라서 일상적
으로 실험을 하는 장인의 예로 노먼을 들 수는 없다. 아마 노먼에게 권

고한 학식 있는 사람들은 마법 전통을 통해 실험에 관해 알았을 것이며, 자석에 관한 실험의 경우 아마도 피에르의 《자석에 관한 서한》을 통해 알았을 것이다. 이 책은 1558년에 처음으로 인쇄되었는데 그전에는 물론 원고 상태로만 알려져 있었다.

과학사에서 고전적인 논문의 지위를 누리고는 있지만, 길버트의 실험적 방법이 장인이나 숙련공에 의해 길버트에게 전해졌다는 질셀의 논문은 믿을 만한 증거가 없다. 분명 그런 사람들은 손으로 일하긴 했지만, 그들이 재료들을 다룬 까닭은 자연의 속성에 관한 진리를 발견하거나 세계가 작동하는 방식을 이해하기 위함이 아니었다. 이런 유형의 활동을 추구한 사람들은 장인이 아니라 연금술사를 포함하여 자연마법 전통을 따르던 이들이다.

길버트는 분명 세계의 작동 원리를 설명하고자 했다. 자석에 관한 그의 책을 보면 분명 그의 주된 목적은 자연철학의 한 가지 긴급한 문제를 설명하는 것이었다. 이 문제가 길버트에게 긴급했던 까닭은 그가 마침 코페르니쿠스의 이론이 참이라고 믿는 극소수의 사상가 중 하나였기 때문이다. 달리 말해, 그는 코페르니쿠스의 이론이 단지 천체 운동의 계산에 유용한 것일 뿐이라고 여기지 않았다. 지구가 실제로 축을 중심으로 자전하면서 태양 주위를 공전한다고 믿은 초기 자연철학자 중 한 명이었던 것이다.

그렇다 보니 코페르니쿠스가 풀지 못한(사실은 코페르니쿠스가 논의조차 하지 않았던) 문제를 그도 떠안게 되었다. 문제는 이것이었다. 어떻게 지구는 움직이는가? 무엇이 지구를 영원히 움직이게 만드는가?

결과적으로 코페르니쿠스는 이 문제를 후대의 자연철학자들에게 넘긴 셈이다. 정말로 그는 (우주론에 관심을 갖는) 자연철학자와 (천문학에 관심을 갖는) 수학자의 해묵은 구분을 끌어들여 이를 핑계로 그 문제에 도 전하지 않았다. 사실상 그는 자신이 수학자이며 이 세계를 수학을 통해 바라보니 지구가 움직이고 있음이 분명하다고 책에 적었으면서도, 어 떻게 지구가 계속 운동하는지 알아내고 설명하는 일은 자연철학자들 에게 맡겼다.

아리스토텔레스 물리학에 따르면 지구의 운동은 당연히 불가능하다. 흙 원소는 그것의 자연적 위치가 세계의 중심에 놓여 있는 원소로 정의 되었다. 이 정의를 바탕으로 아리스토텔레스의 삼단논법에서는 왜 무 거운 (흙으로 된) 물체들이 지구로 떨어지는지가 설명되었다. 흙으로 된 작은 물체들은 본래 위치로 되돌아가려는 본성을 갖기에 지구의 중심 으로 곧장 떨어진다. 따라서 수백만 톤의 흙—지구 전체—을 중심으로 부터 이동시켰는데도 다시 중심으로 즉시 돌아가지 않고 바깥에 그대 로 머물러 있다고 기대하는 것은 터무니없는 일이었다.

또한 아리스토텔레스 물리학의 황금률에 따르면, 운동하고 있는 것 은 무엇이든 다른 어떤 것에 의해 움직여야 했다(어떤 것이 일단 운동을 시 작하면 다른 것에 의해 멈추기 전까지는 계속 운동한다는 관성의 개념이 당시에는 없었다). 따라서 만약 지구가 운동한다면 영원히 밀어주거나 당겨주는 다른 무언가가 있어야 했다. 다른 유일한 대안은 지구가 동물처럼 스스 로 움직일 수 있다고 가정하는 것이었다. 아리스토텔레스 자연철학에 서는 동물과 인간처럼 스스로 운동하는 존재도 다른 어떤 것, 즉 영혼 에 의해 움직인다고 보았다. 동물의 움직임은 동물 영혼이 존재한다는 증거였다. 동물들은 외부의 어떤 것이 밀거나 당기지 않는데도 움직일 수 있으므로 그들을 움직이게 하는 내부의 영혼이 존재한다고 본 것이 다. 실제로 코페르니쿠스도 (지구를 포함한) 행성들이 "새처럼 하늘을 난다"고 말했지만 이를 더 발전시키지는 못했다.

길버트가 어떻게 이 문제에 대한 해법을 떠올렸는지는 알려져 있지 않지만, 필시 자기 현상이 답을 내놓을 수 있다고 여기고서 문제 해결에 나섰을 것이다. 그 결과가 바로 《자석, 자성 물체 그리고 거대한 지구 자석에 관한 새로운 철학*De magnete, magneticisque corporibus, et de magno magnete tellure, Physiologia nova*》(줄여서 《자석에 관하여》)이라는 훌륭한 책이다.

길버트가 이 책을 쓴 계기는 명백하다. 즉 자철석 그리고 자화된 철이 저절로 회전 운동을 하면서 특정한 방향을 가리키는 현상을 발견한 것이다. 이런 자발적 운동(누구도 자침을 밀지 않았지만 자침은 스스로 회전하여 북쪽을 가리킨다)으로 볼 때 자석은 스스로 운동하는 존재다. 따라서 만약 지구 자체가 거대한 자철석이라면 코페르니쿠스가 말한 지구의 회전 운동도 이 때문에 스스로 일어날 것이다.

길버트의 《자석에 관하여》는 이 가설을 검증하여 지구가 거대한 자석이며, 따라서 코페르니쿠스의 이론이 요구하는 대로 움직일 수 있으며 실제로도 그렇게 움직이고 있음을 보여주기 위해 쓰인 책이다(한편 바로 이 때문에 베이컨은 길버트의 노력을 폄하했다. 그가 보기에 길버트는 성급하게 결론을 내렸는데, 자석의 작용에 관한 사실을 기록하기 위한 실험들—그런 실험도 얼마간 있긴 했지만—을 고안하는 대신에 자신의 가설이 참인지를 증명하기 위한 실험들만 각별히 고안했다).

그렇다면 길버트는 코페르니쿠스의 가설을 어떻게 증명했을까? 그는 권위자, 특히 아리스토텔레스라는 권위자를 반박하지 않았다. 스스로 움직이는 자석 지구에 관한 그의 가설은 완전히 새로운 발상이었기 때문이다. 그리고 분명 어떤 직접적인 수단으로 지구의 운동을 증명하지도 않았다. 실제로 그가 한 것은 유추에 의한 논증이다. 이 사안의 경우, 실험을 통한 증명에 이용될 수 있는 작은 자철석의 작용을 유추하여 지구에 적용시켰다. 문제는 당시에는 자석의 작용에 익숙한 사람이 극소수였다는 점이다. 자석은 항해용 나침반에 쓰이기 전까지는 흔히 보기 어려운 신비한 물체였고 배를 타는 소수의 사람들만이 직접 볼 수 있었다.

따라서 길버트의 《자석에 관하여》는 당면 문제(자석과의 유추를 통해 지구의 운동을 증명하는 일)에만 관심을 두지 않았고, 일반 독자들이 자석의 성질과 작용에 익숙해지도록 하는 내용을 담았다. 게다가 길버트는 자석의 작용을 설명하면서 독자들이 스스로 책 내용을 살펴볼 수 있도록 했다. 달리 말해 그는 독자들에게 자신의 실험을 반복하는 방법을 알려주었다. 심지어 실험을 설명하는 부분에는 여백에 별표를 해서 독자들이 재빨리 찾게 해주었다. 그것도 모자라 별표의 크기를 실험의 중요성에 따라 달리했는데, 중요한 실험일수록 열성 독자들이 반드시 실시해보도록 큰 별표를 달았고 덜 중요한 실험에는 작은 별표를 달았다.

하지만 길버트가 자신이 실험 방법을 발명했다는 주장을 어디에서도 하지 않았다는 점은 언급할 가치가 있다. 다만 책의 서문에서 자칭 '자성 철학(magnetic philosophy)'의 혁신적 속성에 대해 자랑하고 있지만 새로운 방법은 자랑하지 않는다. 실험의 중요성을 표시하기 위해 별표를 사용하는 방식을 설명하면서도 특이한 절차를 도입한 것에 대해 양해를 구하는 말은 어디에도 없다. 분명 그는 자신의 실험이 당연한 진행 방식이라고 여기고 있는데, 아마도 자신이 자연마법의 문헌에 너무 익숙하다 보니 독자들은 이런 방식에 낯설 수 있다는 점을 간과한 듯하다.

길버트의 궁극적인 목표는 지구가 하나의 거대한 자석임을 밝히는 것이므로 그는 실험을 하는 데 가장 편한 막대자석이 아니라 이것을 절단 공구로 깎아 만든 구형 자철석을 사용했다. 영리하게도 그는 이 구형 자석을 '테렐라(terrella)'로 불렀는데, 라틴어로 '작은 지구'라는 뜻이다. 따라서 그가 자기 책의 독자들에게 테렐라를 어떤 식으로 작동하게끔 가르칠 때마다, 사실은 작은 지구로 그렇게 해보라고 시킨 셈이다.

《자석에 관하여》를 읽은 독자라면 자석이 저절로 움직이는 신비한 능력(자석이 회전하여 방향을 가리키는 능력으로, 길버트는 이를 '버티시티 verticity'라 불렀다)을 갖고 있음을 부정할 수 없었다. 이어서 길버트는 아리스토텔레스 철학을 아는 학식 있는 독자들에게 자석은 스스로 움직일 수 있으므로 영혼을 지니고 있음이 틀림없다고 주장했다. 아래 글에 나오듯이, 그는 심지어 자석은 속임을 당하거나 오류에 빠질 수 없으므로 인간의 영혼보다 더 우월한 영혼을 갖고 있다고까지 했다.

> 인간의 영혼은 이성을 사용하며 많은 것을 보고 더 많은 것을 조사한다. 하지만 아무리 훌륭한 영혼이라도 빛과 지식의 단초들은 경계 너머에 있는 외부의 감각들로부터 얻는다. 따라서 이로 인한 무지와 어리석음 때문에 우리의 판단과 생명 작용은 혼란을 겪는지라 그런 작용을 올바르게 지시할 사람은 극소수이거나 아무도 없다. 하지만 지구의 자력 및 물활론적 형태인 지구의 영혼은 감각이 없지만 아울러 오류도 없고 질환이나 질병의 해로움도 없으며 한 덩어리 전체로서 신속하고 확정적이며 일정하고 방향성이 있으며 동기에 따라 일어나는 조화롭고 무한한 작용을 행한다. …… 하지만 자연의 원천에서 생기는 이런 운동들은 우발적이고 불완전하며 불확정적인 인간의 활동처럼 사고나 추론 또는 짐작에 의해 일어나지 않으며, 그 운동들 속에는 세계의 토대와 시초들로부터 능동적이고 확정적인 활동을 진행시키는 이성, 지식, 과학, 판단이

선천적으로 깃들어 있다. 하지만 이런 진실을 우리는 영혼의 빈약함 때문에 이해할 수 없다. 고로 아리스토텔레스가 《영혼에 관하여 *De Anima*》에서 기록하고 있듯이, 탈레스는 추론을 거치지 않고서도 자철석은 살아 있으며, 살아 있는 대지의 일부이자 대지의 사랑스러운 자손임을 선언했던 것이다.

이어서 길버트는 지구 자체가 그의 책에서 설명하고 있는 구형 자철석인 테렐라의 거대한 버전임을 보여줌으로써 자신의 주장을 매듭지을 수 있었다.

그가 이룬 성과는 이른바 '자기 경사(magnetic dip)'라는 자기 현상이 새로 발견된 덕분이었다. 나침반 제작자인 로버트 노먼이 발견한 현상으로 그의 책 《새로운 인력》에 소개되어 있었다. 하지만 노먼은 이 현상을 설명할 수 없었다. 노먼이 알아낸 바에 따르면, 자침은 북쪽 방향을 스스로 가리킬 뿐만 아니라 지구를 향해 아래쪽으로도 기울었다. 물론 자침의 방향은 곧장 둥근 지면을 통과하여 자극(磁極)을 가리키기에 수평 아래로 기울어진다. 노먼은 이 사실로부터 자석에 방향을 가리키는 능력이 내재되어 있음이 틀림없다고 결론 내렸다. 이전에는 자석이 가리키는 방향이 북극성이며, 자석은 이 별이 끌어당기는 힘 때문에 방향을 가리킨다고 짐작되었다. 노먼은 자침이 지구로 향하여 기운다는 사실을 알고서 북극성의 힘을 배제하고 오로지 자석은 스스로의 힘을 지니고 있다고 가정했다.

이와 달리 길버트는 테렐라 표면 위에 매달린 작은 철사 조각을 사용하여 자기 경사 현상을 소규모로 재현할 수 있었다. 테렐라의 수평면에서는 철사가 수평을 이루지만, 철사를 극으로 가까이 옮기면 테렐라의

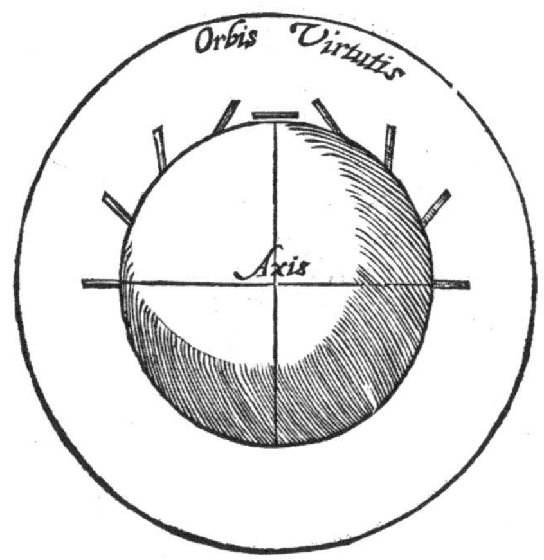

그림 7.1_ 윌리엄 길버트의 《자석에 관하여》(런던, 1600)에 나오는 '자기 경사' 현상에 대한 설명. 에든버러 대학 도서관 특별소장품부(JY 192)의 허락하에 게재.

이 그림에서는 북남 축이 수평으로, 적도가 수직으로 나타나 있다. 한 점 위에 균형을 잡고 있는 자침은 적도에서 수평을 이루지만 차츰 북쪽이나 남쪽으로 갈수록 곧장 지표면 아래에 놓인 극을 가리키므로 아래로 기운다. 극에서 자침은 수직 아래를 향한다.

곡면을 가로질러 곧장 극을 가리키며 점점 더 기울어졌다. 극에서는 테렐라의 중심 방향인 수직 아래를 가리켰다. 구형 자철석 표면상에서 자기 경사 현상을 재현함으로써 길버트는 노먼이 발견한 이 현상이 지구 자체가 하나의 구형 자철석이라는 증거임을 밝혀냈다(그림 7.1 참고).

지구가 구형 자철석이고 자철석은 스스로 움직이는 영혼을 가지고 있다면 지구는 24시간마다 한 번 자신의 축을 중심으로 회전(자전)할 수 있고, 1년에 한 번 태양 주위를 회전(공전)할 수 있다. 심지어 2만 6000년마다 한 번 자전축의 방향을 바꿈으로써 세차운동을 일으킬 수 있다. 살아 있는 것으로 밝혀진 지구는 스스로 움직일 수 있기에, 코페르니쿠스가 제안한 방식대로 지구가 움직인다는 가정은 지극히 타당해 보였다.

길버트의 이론은 살아 있는 생명체는 스스로 움직일 수 있다는 아리스토텔레스의 사상과 맞아떨어지지만, 그렇다고 해도 결코 아리스토텔레스주의에 따른 주장은 아니다. 길버트의 물활론적 세계관은 전적으로 자연마법 전통에 속하므로, 길버트는 자연마법사의 실험적 방법을 사용하여 자연철학의 새로운 주장, 즉 지구가 (아리스토텔레스의 가르침과 달리) 움직일 수 있고 실제로 움직이고 있음을 밝혀냈다.

수학과 자연철학의 결합

요하네스 케플러

윌리엄 길버트의 《자석에 관하여》는 그 후로도 자석의 본질에 관한 논의를 불러일으켰을 뿐 아니라 길버트처럼 코페르니쿠스 체계를 (단지 천체 운동 계산에 유용한 가설적 천문학이 아니라) 새로운 우주론이라고 믿었던 소수의 사상가들에게 분명한 메시지를 던졌다. 앞에서 살펴보았듯이, 코페르니쿠스의 《천체의 회전에 관하여》는 천문학과 자연철학에 곧바로 엄청난 격변을 일으키지는 않았다. 실용적 기술인 천문학과 사변철학적 학문인 우주론을 구분하는 전통은 아무런 방해도 받지 않고 지속되었기에 결과적으로 코페르니쿠스는 천문학에만 이바지했다고 여겨졌다. 그런데 길버트는 지구가 어떻게 움직일 수 있는지에 대한 자연철학적 설명을 제시함으로써, 코페르니쿠스의 체계가 참된 세계관으로 인정받으려면 어떻게 해야 하는지를 제시했다. 이는 길버트의 물활론적 세계관을 받아들이려 하지 않거나 받아들일 수 없는 이들에게조차 중요한 교훈이 되었다.

길버트의 사상을 가장 적극적으로 받아들인 두 사상가가 있는데, 이들은 코페르니쿠스의 이론이 참이라고 당시 사람들을 설득했다. 바로 독일의 수학자이자 천문학자인 요하네스 케플러(Johannes Kepler, 1571~1630)와 이탈리아의 수학자 겸 장차 자연철학자가 될 갈릴레오 갈릴레이(Galileo Galilei, 1564~1642)다. 두 사람 모두 길버트의 자석에 대한 연구를 자신의 책에 소개했기에, 자연스레 길버트를 독자들에게 알리는 역할을 했다.

마법과 수학: 요하네스 케플러

케플러의 위대한 업적은 오늘날 행성 운동의 세 가지 법칙으로 알려진 다음 내용을 발견한 것이다. 첫째, 행성은 완전한 원형이 아니라 타원형 궤도를 그린다. 둘째, 태양과 행성을 잇는 직선이 동일한 시간에 쓸고 지나가는 면적은 언제나 동일하다(어떻게 행성이 궤도를 따라 움직이는지—움직이면서 빨라지고 느려지는지를 알려주는 법칙). 셋째, (고대부터 정확하게 알려져 있던) 행성의 공전 주기의 제곱은 태양과 행성 사이의 평균 거리의 세제곱에 정비례한다(모든 척도를 이른바 '천문 단위', 즉 태양과 지구 사이의 거리로 삼으면, 이 법칙은 $T^2 = r^3$으로 표시된다. T는 행성의 공전 주기이며, r은 태양과 행성 사이의 평균 거리다). 하지만 가장 흥미로운 이야기는 행성의 위치를 쉽고 정확하게 계산할 수 있게 해주는 이 법칙들을 케플러가 어떻게 내놓았느냐는 것이다.

케플러는 일찌감치 코페르니쿠스 사상으로 전향하여 지구가 움직인다고 믿었다. 그는 코페르니쿠스와 마찬가지로 지동설이 행성들의 순서를 고정시켜주며 태양으로부터 각 행성 간의 거리를 기하학적 요인에 의해 명확하게 확립시켜준다는 사실에 큰 감명을 받았다. 알다시피 프톨레마이오스 체계에서는 불가능한 일이기 때문이다. 그 체계에서는 행성들이 어떤 순서여도 무관하기에 단지 관례에 따라 순서가 정해졌다. 하지만 코페르니쿠스는 적절하게 기하학적으로 정의된 우주를 제시했는데, 케플러가 보기에는 아주 훌륭한 우주였다.

하지만 케플러는 코페르니쿠스 체계의 이런 특징에서 비롯되는 의문들을 제기했다. 우리의 관점에서 볼 때, 케플러는 과학과 무관한 질문에 답을 하려고 시도하고 있었다. 우리가 보기에는 엉뚱한 질문이지만 케플러에게는 여간 중요한 질문이 아니었다. 다음과 같은 질문이다.

- 왜 행성은 여섯 개뿐인가? (당시에는 누구도 천왕성과 해왕성의 존재를 몰랐다.)
- 왜 행성들은 태양으로부터 특정한 거리에 위치해 있는가?

그는 처음부터 이런 의문이 떠올랐다고 하는데, 그 이유는 우주에 있는 움직이지 않는 것들(즉 태양, 고정된 별들로 이루어진 천구 그리고 그 사이의 공간)과 삼위일체(즉 성부, 성자, 성신) 간에 경이로운 유사성을 보았기 때문이다. 그렇다면 여섯 행성의 우주적 의미는 무엇일까? 어떻게 신은 이 행성들을 각자의 자리에 놓기로 결정했을까? 만약 신이 행성들을 태양으로부터 똑같은 간격으로 두었다면 이런 질문을 할 필요가 없겠지만, 행성들의 실제 간격은 미학적 측면에서 분명 이상적인 동일 간격과는 판이했다.

케플러는 자신이 계시를 통해 이 질문들에 대한 답을 처음으로 알아 냈다고 믿었다. 제자들에게 합(合, 두 천체가 가까워져 보이는 현상)을 가르 치고 있을 때였다.

그림을 그려놓고 보니 목성과 토성의 궤도는 그 사이에 삼각형 하나 를 삽입시킨 거리만큼 떨어져 있음을 알게 되었다(그림 8.1 참고). 그는 다른 기하학적 그림을 이용하여 이를 다른 행성들에게도 적용해보았 다.

마침내 그는 2차원이 아니라 3차원으로 생각해야 한다는 것을 깨닫 고(어쨌든 그는 평면상의 원이 아니라 천구를 다루고 있었다), 행성의 천구들을 다섯 개의 정다면체를 이용해 순서대로 배치하려고 시도했다. 놀랍게 도 이 방법은 적중한 듯 보였다. 정육면체를 토성 구의 내부에 놓으면 각 꼭짓점들이 구에 닿았다. 이어서 그 정육면체의 각 면에 닿도록 한 구를 내접시켰더니, 이 구는 목성 구와 비율적으로 매우 가까웠다. 목 성 구 속에 정사면체를 놓았더니 화성 구의 크기가 정해졌고, 화성 구 속에 정십이면체를 놓았더니 지구 구의 크기가 정해지는 식이었다.

이 구성의 아름다움―케플러는 무엇보다도 기하학적인 아름다움 때 문에 이것이 참이라고 확신하게 되었다―은 이렇게 정다면체들을 내 접하는 방식을 통해 왜 행성들이 서로 얼마만큼씩 떨어져 있는지 설명 해줄 뿐 아니라, 왜 신이 여섯 개의 행성을 창조한 다음에 멈추어야 했 는지도 설명해주었다. 요점은 정다면체, 즉 면이 동일한 다면체가 다섯 개뿐이라는 것이다(정사각형 면이 여섯 개인 정육면체, 이등변삼각형 면이 네 개인 정사면체, 정육각형 면이 열두 개인 정십이면체 등). 기하학 법칙이 허용 하지 않기에 신조차도 다른 정다면체를 창조할 수 없었다. 따라서 신은 수성 구를 정팔면체 안에 놓은 후에는, 정다면체를 다 사용해버린 까닭

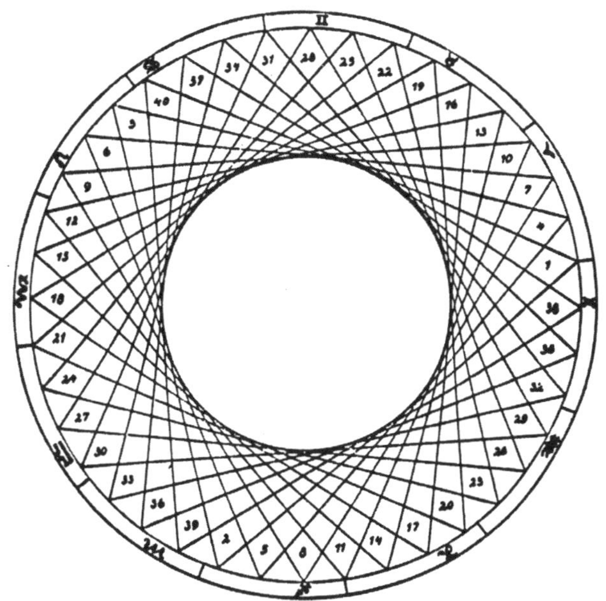

그림 8.1_ 어떻게 목성과 토성의 연속적인 합이 하늘을 돌며 움직이는지를 보여주는 케플러의 그림. 케플러가 쓴 《우주 구조의 신비*Mysterium cosmographicum*》(튀빙겐, 1596) 중에서. 에든버러 대학 도서관 특별소장품부(JA 429)의 허락하에 게재.

어떻게 목성과 토성의 연속적인 합이 하늘을 돌며 움직이는지를 학생들에게 보여주기 위해 이 그림(위치 1은 3시 방향에, 위치 2는 약 7시 방향에, 위치 3은 약 10시 방향에, 위치 4는 위치 1 바로 위에, 이런 식으로 계속 원을 따라 돈다)을 칠판에 그렸을 때 케플러는 바깥 원과 안쪽 원 사이의 비율이 목성 구와 토성 구 사이의 비율과 가깝다는 사실을 알아차렸다. 이를 바탕으로 그는 신의 '기하학적 원형'이라는 개념을 내놓았다.

에 다시 반복하는 방법 말고는 다른 행성을 어디에 놓을지 정할 수가 없었다. 그래서 멈추었던 것이다.

다섯 개의 정다면체가 '플라톤 입체'로도 알려져 있다는 사실은 분명 케플러에겐 덤으로 얻는 이득이었다. 왜냐하면 플라톤도 대화편 《티마이오스》에서 우주를 설명하기 위해 그 입체들을 사용했기 때문이다. 플라톤에 따르면 4원소는 특정한 상태로 존재하는데, 각각은 고유한 모양의 입자로 되어 있다. 흙은 정육면체, 물은 정이십면체, 공기는 정팔면체, 불은 정사면체 형태의 입자로 되어 있다(정십이면체는 우주 전체를 나타내는 것으로 보았다. 2장 참고). 분명 케플러는 플라톤주의 또는 신플라톤주의 세계관을 추종했기에 자신이 밝혀낸 기하학적 원형이 그런 세계관을 확인시켜준다고 여겼다(그림 8.2).

케플러는 코페르니쿠스의 계산에 따라 행성들 사이의 거리를 알고 있었으며, 만약 행성들이 그가 제안한 내접한 정다면체들의 거리만큼 떨어져 있으려면 어떤 거리여야 하는지도 계산할 수 있었다. 믿거나 말거나 두 계산치는 놀랍도록 가까웠다. 하지만 케플러는 '신의 뜻을 헤아린다'고 자부하는 사람답게 단지 가깝다는 것으로는 부족했다. 그에게는 훨씬 더 정확한 관찰이 필요했다. 그런 후에라야 신이 창조한 세계에 딱 들어맞는 계산이 나올 터였다.

케플러는 정확한 관찰 기록을 어디에서 구해야 할지 정확히 알고 있었다. 튀코 브라헤(Tycho Brahe, 1546~1601)라는 덴마크 귀족을 알고 있었던 것이다. (자신이 직접 고안한 도구를 사용하여) 전례 없이 정확한 천문 관찰로 평판이 자자했던 튀코는 그 무렵(1597)에 신성로마제국의 황제 루돌프 2세의 궁정 천문학자로서 프라하에 머물고 있었다.

튀코가 처음 명성을 얻은 계기는 오늘날 초신성이라고 알려진 별을 관찰한 덕분이었다. 1572년에 나타난 이 초신성은 한동안 대낮에도 볼 수 있을 만큼 아주 밝았다고 한다. 아리스토텔레스에 따르면 천체는 완전하고 불변의 상태이므로, 새로운 별이 하늘에 나타나서는 안 되었다. 따라서 사람들은 어느 날 별처럼 보이지만 사실 이 새로운 '별'은 천체

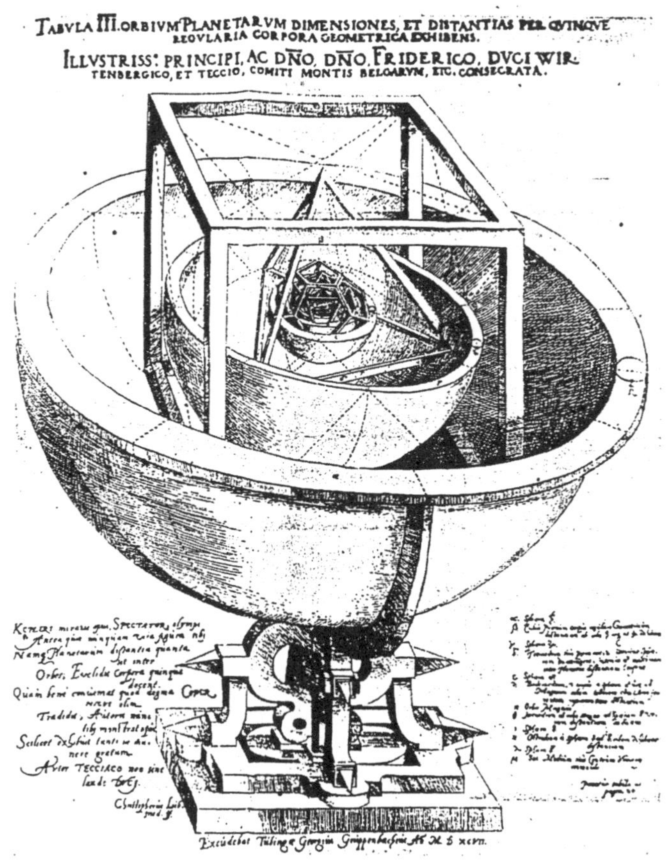

그림 8.2_ 케플러의 기하학적 원형을 나타낸 모형. 그가 쓴 《우주 구조의 신비》 중에서. 에든버러 대학 도서관 특별소장품부(JA 429)의 허락하에 가재.

케플러의 《우주 구조의 신비》에 실린 삽화. 여기서 케플러는 신의 기하학적 원형 또는 우주를 만들기 위한 청사진이라고 믿었던 내용을 설명하고 있다. 이 그림은 어떻게 행성 구들이 다섯 개의 정다면체, 즉 플라톤 입체들로 번갈아 내접되는지 보여줌으로써 각 구의 크기뿐 아니라 왜 행성 수가 여섯 개로 제한되었는지도 설명한다.

현상이라고 짐작했다. 유성과 혜성도 오랫동안 이런 식으로 취급되었다. 비와 우박처럼 기상학적 현상 또는 대기 현상이라고 여겼던 것이다.

하지만 튀코 브라헤는 유럽 각지의 전문적인 천문학자들과 더불어 하늘에 나타난 이 새로운 빛을 관찰한 결과 시차(視差)가 아님을 확인했다. 즉 지구의 대기 속이 아니라 우주에 나타난 천체임이 분명했다.

시차를 간단히 이해하려면 밤하늘에 달이 보일 때 길거리를 걸으면서 무언가를 보는 상황을 떠올리면 된다. 길거리를 걸으면서 가로등을 볼 경우 여러분은 시선을 계속 바꾸어야 할 것이다. 가령 처음에는 가로등이 앞에 있다가 조금 후에는 측면에 있으며, 그다음에는 뒤돌아보아야 하는 위치에 있게 된다. 하지만 달은 여러분이 걷기 시작할 때 측면에 있었다면 거리의 끝에 다다라도 여전히 측면에 있다. 마치 달이 여러분을 따라오는 듯하다. 가로등은 시차가 있지만 달은 그렇지 않다. 요약하자면 시차는 어떤 물체를 다른 장소에서 보았을 때 위치가 달라 보이는 현상이다. 만약 아주 멀리 있는 물체라면, 관찰자의 위치가 바뀌더라도 보기에는 매한가지일 터다.

튀코는 하늘의 새로운 빛은 시차가 없고, 아울러 만약 기상 현상이라면 달 아래에서 생겼겠지만 그것도 아니므로 틀림없이 천체 영역에 존재함을 밝혀냈다. 이 발견에 한껏 고무되어 그는 1577년에 나타난 혜성의 시차도 확인해보기로 했다. 그 결과 혜성도 시차가 없으며 실제로 천체 현상임을 밝혀낼 수 있었다. 게다가 이들 천체는 행성 구를 관통한다고밖에 볼 수 없는 경로를 지나감을 알아냈다. 이로써 그런 구들이 실제로는 존재하지 않을 가능성이 제시되었다. 일부 스콜라 철학자들이 단단한 수정 구 형태로 존재한다고 주장했던 그런 구들은 분명 존재하지 않았다.

튀코는 이를 정황 증거로 삼아 코페르니쿠스의 견해를 따랐을 수도 있다. 이미 코페르니쿠스는 지구가 일종의 구 안에 감싸이지 않은 상태로 공간을 가로질러 움직인다는 이유에서 그런 견고한 구의 존재를 부정했으니 말이다. 하지만 튀코는 코페르니쿠스 추종자가 아니었다. 사실 그가 천체를 더욱 정확하게 관찰하는 일에 몰두했던 까닭은 지구의 운동과 같은 터무니없는 개념을 도입하지 않고서도 천문학과 우주론을 하나로 만들 올바른 방법이 그런 관찰을 통해 드러나리라고 여겼기 때문이다.

마침내 그는 자신만의 우주관인 튀코 체계를 내놓았다. 모든 행성들이 태양 주위를 돌고, 태양은 정지된 지구 주위를 도는 체계였다(코페르니쿠스 체계와 프톨레마이오스 체계를 절충한 셈이다). 하지만 튀코는 수학에 능하지 않았기에 당대의 천문학자 가운데 가장 수학에 뛰어나다고 알려진 케플러를 데려와 조수 역할을 맡겼다. 튀코 체계가 실제로 작동하도록 만들 수학적 도구를 마련하기 위해서였다.

튀코는 케플러의 수학 지식을 필요로 하면서도 한편으로는 그를 경계했다. 케플러는 코페르니쿠스주의자일 뿐 아니라 기하학적 원형과 같은 괴상한 발상을 하는 인물이었기 때문이다. 따라서 튀코는 케플러에게 화성에 관한 자신의 데이터만을 보고 사용할 수 있게 함으로써 가장 어려운 행성의 궤도를 알아내는 일에 그를 묶어두었다(화성은 지구와 가까웠기에 궤도를 알아내기가 더욱 어려웠다). 두 사람이 합동 연구를 시작한 이듬해 튀코가 죽은 후에도 유족들은 이 엄격한 규칙을 고수했다.

케플러는 화성의 궤도를 알아내려다 "열 번이나 죽을 뻔했다"고 말했지만, 마침내 튀코의 데이터에 맞는 유일한 궤도는 타원형임을 알아냈다(이전에 알아냈지만 스스로도 인정하지 않다가 끝내 타원 궤도를 지지할 수밖에 없었다). 케플러는 연구 결과를 1609년에 《새로운 천문학*Astronomia nova*》을 통해 발표했는데, 이 책에 케플러의 세 가지 행성 운동 법칙 중 첫 번째와 두 번째 법칙이 담겨 있다.

이제 짐작하다시피 케플러가 행성의 타원 궤도를 발견했다는 것은 기하학적 원형 개념을 폐기할 수밖에 없었다는 뜻이다. 그 개념은 행성들이 완벽한 구 상에서 움직인다고 가정했으니 말이다. 하지만 기하학적 원형은 너무나 아름답고 올바른 듯 보였기에 케플러는 쉽사리 포기하지 못했다.

대신에 케플러는 스스로에게 이렇게 물었다. 왜 하느님은 원형 대신에 타원형을 선택했을까? 그리고 왜 행성들을 등속으로 움직이게 하지 않고 빨라지거나 느려지게 했을까? 케플러는 여전히 '신의 뜻을 헤아리고자' 했다.

이런 질문을 다룬 최초의 시도가 《새로운 천문학》에 나타났으며, 바로 이 책에서 그는 윌리엄 길버트의 연구를 집중적으로 인용했다. 케플러는 코페르니쿠스가 맞닥뜨린 것과 같은 운명에서 벗어나야 했기에 자신의 《새로운 천문학》이 물리적 실재와 전혀 관련 없는, 단지 계산 절차의 조합으로 치부되지 않도록 해야 했다. 따라서 그는 각고의 노력을 기울여 행성이 어떻게 움직이는지에 관한 인과론적 설명, 즉 행성의 타원형 궤도와 속력 변화를 동시에 해결하는 물리학적 설명을 내놓았다. 아리스토텔레스 자연철학이 수학적 기법이 아닌 인과론적 설명을 다루었듯이, 궁극적으로 우주론자가 되고자 했던 케플러도 그 길을 따른 셈이다.

케플러는 심지어 자신의 의도를 반영하여 이 책의 전체 제목을 《원인 또는 천체물리학에 바탕을 둔 새로운 천문학*Astronomia nova aitiologetos,*

seu physica coelestis》이라고 지었으며, 자신의 의중이 담긴 다음의 유명한
구절을 적어 넣었다.

> 천체 기계는 신성한 물활론적 존재와 같은 것이 아니라 시계와 같은 것
> 이라고 나는 말하기에 …… 시계의 모든 운동이 단일한 추에서 비롯되
> 듯이 온갖 다양한 운동은 단일한 물리적 자기력에서 비롯된다.

케플러의 천체물리학은 윌리엄 길버트의 연구 없이는 불가능했을 텐
데도 그는 길버트의 물활론적 세계를 전적으로 물리적인(그에게는 심지
어 역학적이기도 한) 시나리오로 과감히 바꾸어버렸다.

케플러는 모든 행성이 지구와 마찬가지로 구형 자석이며, 태양은 〈그
림 8.3〉에 나오듯이 극이 하나뿐인(가령 북극만 있고 이에 대응하는 남극이
없는) 독특한 유형의 자석이라고 가정했다. 이런 가정을 세우고 나자 신
비로운 자기력에 의해 각 행성은 태양과 이어졌고, 그 힘에 의해 태양
을 중심으로 공간을 휩쓸고 지나가며 공전할 수 있게 되었다. 그리고
행성이 태양에서 멀어질수록 느리게 움직이는 까닭은 자기력이 거리
에 따라 감소하기 때문이다.

하지만 태양과 행성 사이의 자기력은 행성의 방향에도 영향을 받았
다. 만약 행성의 남극이 태양의 단일 북극에 가장 가까우면 강한 인력
때문에 행성은 태양 쪽으로 가속을 하게 되지만, 만약 행성의 북극이
태양에 가까운 위치로 행성이 진입하게 되면 (자석의 같은 극이 서로 밀어
내듯이) 척력이 일어나 행성의 가속은 약해지고 행성을 태양으로부터
멀리 떨어지게 만든다. 자기력에 바탕을 둔 케플러의 세계관은 타원 궤
도와 더불어 행성의 가속과 감속을 설명해냈다.

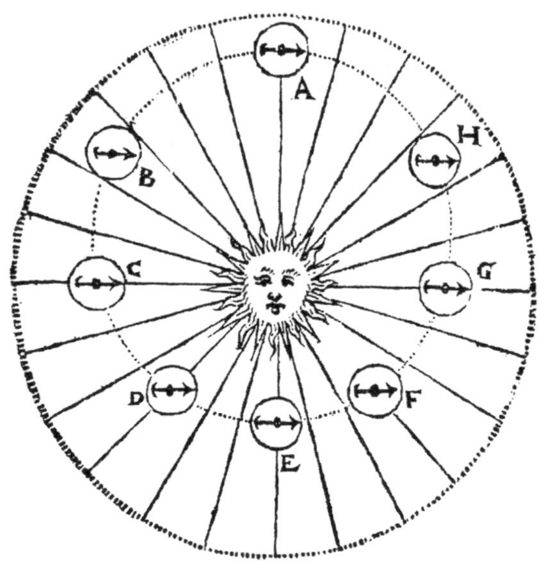

그림 8.3_ 태양과 행성들 사이의 자기적 인력과 척력을 바탕으로 케플러가 내놓은 타원 궤도에 대한 설명. 《새로운 천문학》(프라하, 1609)에 실린 그림. 에든버러 대학 도서관 특별소장품부(JA 845)의 허락하에 게재.

태양 주위를 도는 행성의 연속적인 위치를 나타낸 그림으로, 가운데 끼어 있는 나침반은 행성의 자기장 방향을 보여준다. 케플러의 가정에 따르면, 태양은 극이 하나인 자석처럼 작용하여 때로는 행성을 끌어당기고 때로는 밀어낸다. 이 과정은 행성의 가속과 감속도 설명해준다.

하지만 케플러는 여기서 멈추지 않았다. 여전히 그는 신의 기하학적 원형, 즉 신이 세상을 창조할 때 사용한 청사진을 발견했음을 입증하고 싶었다. 그러기 위해서는 타원에서 원으로 또는 타원체에서 구로 되돌아가는 길을 찾아야 했다. 신플라톤주의 사고에 깊이 빠져 있던 케플러는 왜 타원이어야 하며, 왜 각 행성의 속력이 지속적으로 변하는가라는 새로운 질문에 답하기 위해 자연마법 전통이 지닌 또 하나의 유명한 측

그림 8.4_ 각 행성이 태양 주위를 돌 때 내는 음정을 나타낸 케플러의 그림. 출처는 케플러의 《우주의 조화 *De Harmonices mundi*》(린츠, 1619). 에든버러 대학 도서관 특별소장품부(JY 112)의 허락하에 게재.

상이한 행성들이 타원 궤도를 돌며 빨라졌다 느려졌다 하면서 내는 음정들. 금성은 원형 궤도이므로 단일 음정을 낸다.

면에 눈길을 돌렸다. '구의 음악'이라는 피타고라스의 발상에 주목한 것이다. 피타고라스에 따르면, 천체들이 회전할 때는 지구에 있는 우리에게는 들리지 않지만 창조주인 신은 들을 수 있는 천체의 음악이 흘러나온다.

케플러는 다성 음악의 시대에 살았던 터라 행성이 완벽한 원을 그리며 등속으로 움직이면 단일 음정만 낼 수 있지만, 속력이 변하는 행성은 다양한 음정을 낼 수 있음을 금세 알아차렸다. 당시의 최신 천문학 데이터를 사용하여 그는 각 행성이 내는 음정을 계산했다(그림 8.4).

더 나아가 케플러는 자칭 '음악적 원형'을 개발했다. 그는 인접한 행성들이 음악 소리를 내는 다양한 방식을 고찰했는데, 예를 들어 어느 행성이 최대 속력으로 움직일 때(태양에서 가장 가까운 궤도인 근일점에서) 내는 소리와 가장 느릴 때(태양에 가장 먼 궤도인 원일점에서) 내는 소리를 비교했다. 믿을 수 없게도 케플러는 음악적 비율과 행성들의 속력 비율간에 놀랍도록 가까운 상관관계를 발견했기에(도표 8.1 참고), 다시금 자신이 신의 음악적 원형을 재구성해냈다고 믿었다.

이런 연구 도중에 케플러는 그때까지 알려지지 않았던, 행성들 사이의 여러 관계를 알아냈는데, 그중에서 한 가지는 특히 의미가 컸다(후대의 천문학자들은 이것을 케플러의 행성 운동의 제3법칙이라고 불렀다). 행성의 항성 주기(행성이 기준점인 고정된 특정한 별에서 출발해 이 별로 되돌아오는 데 걸리는 시간)는 고대부터 매우 정확하게 알려져 있었는데, 이를 바탕으로 행성과 태양의 평균 거리, 즉 최대(원일점) 거리와 최소(근일점) 거리의 평균치를 알아낼 수 있었다. 이 덕분에 케플러는 완벽한(그리고 정확하게 계산된) 원 또는 구로 되돌아갈 수 있었고, 드디어 기하학적 원형의 정확성을 확인할 수 있었다. 믿거나 말거나 케플러는 기하학적 원형이 실재함을 확인할 수 있었다(도표 8.2 참고). 고대 세계에 알려져 있던 행성들은 보이지 않는 플라톤 입체들에 딱 들어맞는 거리만큼 실제로 떨어져 있는 것처럼 보였다.

신의 뜻을 헤아리는 사람이 되고자 했던 케플러에게 그의 시도는 명백히 증명된 듯 보였다. 하지만 역사의 판단에서 볼 때 케플러의 진정한 업적은 행성 운동의 세 가지 법칙(그에게는 전적으로 부수적인 성과)을 발견한 것이다.

마지막 역저인 《우주의 조화》를 쓰던 무렵 케플러는 자신의 사상을 이해하거나 믿는 사람은 극소수일 것으로 여겼다. 하지만 아래 글에서 드러나듯이 100년 안에는 자신의 사상을 이해해줄 사람이 나타나길 바랐다.

보라! 주사위는 던져졌나니, 나는 동시대인들을 위해, 아니면―중요한 문제는 아니지만—후대를 위해 책을 한 권 쓰고 있다. 아마도 내 책은 독자를 100년 동안 기다려야 할 것이다. 하느님께서도 누군가가 나타나 당신의 업적을 숙고하여 이해하기까지 6000년을 기다리지 않았던가?

케플러의 혼령은 그 누군가의 등장을 그리 오래 기다리지 않아도 되었다. 채 70년도 지나지 않아 또 한 명의 수학자가 나타나 자력에 바탕을 둔 케플러의 천체물리학을 중력이라는 보편적 원리에 바탕을 둔 물리학으로 바꾸어버렸으니 말이다. 흥미롭게도 이 수학자도 신플라톤주의 및 자연마법의 사고에 빠져 있었으며 구의 음악에 매료되어 있었다. 그의 이름은 아이작 뉴턴이다.

도표 8.1_ 케플러의 음악적 원형

케플러는 튀코 브라헤의 데이터를 이용하여 각 행성이 원일점(태양에서 가장 먼 곳, 따라서 가장 느리게 움직이는 곳)에 있을 때와 근일점(태양에서 가장 가까운 곳, 따라서 가장 빠르게 움직이는 곳)에 있을 때 이동하는 거리를 알아냈다. 그러고서 이 두 측정치의 비율을 다양한 화음들 사이의 비율과 비교하여 둘 사이에 어떤 일치점이 있는지 알아보았다. 그 결과 놀라우리만치 가까운 상관관계가 드러났다.

행성	원일점과 근일점에서 하루에 이동하는 호(弧)의 각도(초 단위) 비율	가장 가까운 화음	데이터와 음악 이론의 일치성
토성	106:135 4:5 (=108:135)	장3도	매우 좋음
목성	200:330 5:6 (=275:330)	단3도	매우 좋음
화성	1574:2281 2:3 (=1521:2281)	5도	좋음
지구	3423:3673 15:16 (=3448:3678)	반음	훌륭함
금성	5690:5857 24:25 (=5690:5927)	디에시스	매우 좋음
수성	9840:23040 5:12 (=9840:23616)	옥타브와 단3도	좋음

이어서 그는 이웃한 행성들이 원일점에 있을 때 이동하는 거리와 근일점에 있을 때 이동하는 거리 사이의 비율을 화음의 비율과 비교했다. 이번에도 우연이라고 하기에는 너무나 가까웠기에 케플러는 신이 세계를 창조할 때 틀림없이 화음을 사용했다는 사실을 자신이 발견했다고 확신했다.

이웃 행성들	원일점과 근일점에서 하루에 이동하는 호(弧)의 각도(초 단위) 비율	가장 가까운 화음	데이터와 음악 이론의 일치성
토성(원일점)/ 목성(근일점)	106:330	옥타브와 5도 1:3 (=110:330)	좋음
토성(근일점)/ 목성(원일점)	133:270	옥타브 1:2 (=135:270)	완벽한 일치

목성(원)/ 화성(근)	270:2281 1:8 (285:2281)	3옥타브	괜찮음
목성(근)/ 화성(원)	330:1574 5:24 (=345:1574)	2옥타브와 단3도	괜찮음
화성(원)/ 지구(근)	1574:3678 5:12 (=1593:3678)	옥타브와 단3도	좋음
화성(근)/ 지구(원)	3678:3423 2:3 (=3679:3423)	5도	완벽한 일치
지구(원)/ 금성(근)	3423:5857 3:5 (3513:5857)	장6도	좋음
지구(근)/ 금성(원)	3637:5690 5:8 (=3780:5690)	단6도	좋음
금성(원)/ 수성(근)	5690:23080 1:4 (5640:23080)	2옥타브	매우 좋음
금성(근)/ 수성(원)	5857:9841 3:5 (=5844:9841)	장6도	매우 좋음

주: 이 도표는 다음 자료에 나오는 도표에서 단순화시킨 것이다. J. 브루스 브래켄리지, '케플러, 타원 궤도 그리고 천체의 순환', 《과학연보》, 39 (1982)

도표 8.2_ 케플러의 기하학적 원형과 실제 관측 데이터의 일치성(튀코 브라헤의 데이터 및 케플러의 행성 운동 제3법칙을 적용한 결과)

이웃 행성들 플라톤 입체	두 궤도 사이의 거리에 채워질 수 있는 입체	두 궤도 크기의 이론적 비율	관측 비율
수성 금성	정팔면체	86:122	88:122
금성 지구	정이십면체	122:153	121:153
지구 화성	정십이면체	153:192	145:192
화성 목성	정사면체	192:577	192:577
목성 토성	정육면체	577:1000	635:1000

주: 케플러는 이 도표의 가장 덜 정확한 곳(지구/화성 및 목성/토성)이 음악적 원형에서는 가장 정확하다는 점을 독자들이 간파하기를 바랐을 것이다. 실제로 그는 기하학적 원형도 음악적 원형도 완전히 정확하지는 않음을 알아차렸다. 왜냐하면 신은 두 가지 원형을 모두 사용하길 바랐기에 각 경우에 약간의 타협을 해야 했기 때문이다. 케플러가《우주의 조화》의 다음 구절에서 암시한 내용도 바로 그런 의미다. "이로부터 행성들과 태양의 거리의 정확한 비율은 다섯 개의 정다면체만으로 정해지지는 않는 듯하다. 왜냐하면 플라톤이 썼듯이 언제나 기하학의 실행에 관여하는, 기하학의 참된 원천인 창조주는 자신의 원형에서 벗어나지 않기 때문이다."

수학과 역학
갈릴레오 갈릴레이

케플러와 마찬가지로 갈릴레오도 플라톤주의 또는 피타고라스주의 사상가라고 볼 수 있다(그렇게 여겨졌다). 세계를 수학적으로 이해하는 방식을 강조했다는 뜻이다. 갈릴레오는 《프톨레마이오스와 코페르니쿠스의 두 우주 체계에 관한 대화*Dialogo sopra i due massimi sistemi del mondo, tolemaico e copernicaon*》(1632)에서 이렇게 썼다. "내가 확실히 알고 있는 바로는, 피타고라스주의자들은 수(數)의 학문에 최고의 존경을 보냈으며, 플라톤 자신도 인간의 지성을 숭앙하였고 아울러 지성이 수의 본질을 이해할 수 있다는 오직 그 이유에서 지성이 신성에 관여한다고 믿었다."

그러나 갈릴레오와 케플러 사이에는 확연한 차이가 있음에 주목해야 한다. 케플러는 기하학 자체 그리고 우주의 기하학적 패턴을 신성의 작용을 이해하기 위한 단서로 여겼다. 창조주에 대한 숭배라는 인간의 신성한 의무를 행하는 데 도움을 주려고 신이 인간에게 보낸 신호를 해석할 수단으로 본 것이다. 그러다 보니 기하학적 분석은 천체(천문학)와 빛(광학)을 이해하려는 시도에서 가장 모범적인 활동이 된다고 믿었다. 케플러가 보기에 바로 이 두 현상이야말로 신에게 가장 가까운 것이었다. 수학에 대한 케플러의 태도는 수학이 창조의 조화로움에 관한 종교적, 마법적 전망과 맞닿아 있다는 신플라톤주의 그리고 이와 관련된 견해들과 발걸음을 나란히 한다.

이와 달리 갈릴레오에게는 수학적 또는 기하학적 분석이란 지구의 현상을 포함하여 자연계의 모든 측면에 적용될 수 있었다. 게다가 신의 마음을 헤아리는 일은 세계 그 자체를 이해하는 일만큼 유용하지는 않았다. 갈릴레오는 이 세계를 일종의 기계로 간주하고 그 작용을 수학적 관점에서 분석할 수 있다고 보았다. 다음은 그의 책《분석자*Assayer*》에 나오는 내용이다.

철학은 우리의 시야에 늘 열려 있는 우주라는 드넓은 책에 쓰여 있다. 하지만 그 책은 그것을 구성하고 있는 알파벳을 읽고 그 언어를 먼저 익히지 않으면 이해할 수 없다. 그 책은 수학의 언어로 쓰여 있는데, 이 언어의 문자는 삼각형, 원 그리고 다른 기하학적 도형들이다. 이 도형들이 없다면 그 언어의 단 한 낱말도 이해하기란 아예 불가능하며, 인간은 어두운 미로 속을 헤매게 된다.

우리에게는 갈릴레오가 케플러보다 확연히 '근대적'으로 보이지만, 갈릴레오 자신은 고대 수학자 아르키메데스의 방법을 부활시켰을 뿐이라고 여겼다.

아르키메데스의 저술들은 르네상스 철학자들에 의해 얼마 전에 재발견되었고 그 중요성도 선구적인 수학자들만 알고 있는 정도였다. 아리스토텔레스와 스콜라 철학자들이 고수했던 이전의 가정들에 따르면 수학은 단지 자연계의 구체적인 측면들을 이해하는 데만 적합했다. 예컨대 천문학, 광선의 작용(광학)이 그런 것인데, 이 둘은 기하학적 해석으로 환원될 수 있었다. 그 외에 수학이 물질계와 어떤 연관성을 갖기에는 너무 추상적이었다. 따라서 물질계를 수학적으로 쉽게 분석할 수 있게끔 아르키메데스가 극단적인 추상화 과정(물질계의 실재가 거의 사라질 정도로)을 물질계에 의도적으로 적용했다고 보기는 무리였다. 아르키메데스의 전략은 정적 시스템(지렛대, 도르래, 저울 등)과 유체 정역학적 시스템(물 속에 떠 있는 물체)을 다루는 데만 유용한 것이었다. 갈릴레오의 야심은 아르키메데스의 방법을 확장하여 움직이는 시스템을 다루고 아울러 (오늘날 '운동학'이라고 부르는) 운동에 관한 새로운 과학을 개발하는 것이었다. 이 과제는 아리스토텔레스 물리학을 거부하여 권좌에서 내쫓는 갈릴레오의 최우선 목표와 나란히 진행되었다.

케플러와 갈릴레오의 관점 차이는 수학 이외의 다른 영역에 대한 태도에서도 드러난다. 케플러는 비의적 전통에 전혀 거리낌이 없었다. 가령 그는 점성술에도 헌신적이어서 그것을 더 정확하게 만들려고 변혁시켰다. 비록 윌리엄 길버트의 물활론을 받아들이진 않았지만 빈 공간의 광대한 거리에 걸쳐 자기력이라는 비의적 힘이 작용하는 우주 이론을 기꺼이 발전시켰다.

이와 달리 갈릴레오는 '원거리 작용'이라는 개념을 완전히 거부했으며, 곧 살펴보겠지만 비가시적이고 무형적인 가상의 힘에 의존하는 가정들을 피했다. 그도 길버트를 존경했고 자신의 가장 유명한 책인《두 우주 체계에 관한 대화》에서 길버트의 《자석에 관하여》를 논했지만, 갈릴레오에게 영감을 준 것은 길버트의 실험적 방법이지 자석, 즉 지구의 본질에 관한 그의 짐작이 아니었다.

하지만 케플러와 갈릴레오 사이에는 한 가지 중요한 유사성이 있었다. 둘 다 수학과 자연철학을 하나로 묶으려는 마음은 매한가지였다. 이미 살펴보았듯이 케플러는 《새로운 천문학》에서 행성의 움직임에 관한 물리학적 설명을 내놓음으로써 천문학과 자연철학, 즉 물리학 사이의 경계를 흐리게 만들었다. 또한 《새로운 천문학》의 전체 제목(《원인 또는 천체물리학에 바탕을 둔 새로운 천문학》)에서 이 책이 또한 천체물리학 서적이라고 밝힘으로써 자신이 서로 다른 두 학제적 전통의 통합에 착수했음을 선언했다. 그는 수학자이면서도 통상적으로 자연철학이 다루는 주제인 운동의 이론을 연구했다. 게다가 갈릴레오는 실제로 직업 천문학자로 활동하지 않았으며, 코페르니쿠스주의를 받아들였을 때에도 그것의 천문학적 세부 사항보다는 우주론적, 물리학적 의미에 더 큰 관심을 보였다. 갈릴레오는 자연철학자로 알려지길 바라 마지않았기에, 차츰 명성을 얻어 피렌체의 코시모 데 메디치의 궁전으로부터 초빙을 받았을 때 자신을 수학자이자 동시에 자연철학자로 임명해달라고 부탁하기까지 했다.

자신의 노선을 추구하는 여정에서 케플러와 갈릴레오는 결코 유일무이한 존재가 아니었다. 그들은 이른바 '세계관의 수학화'라는 훨씬 더 넓은 맥락의 운동에서 단지 선구적인 역할을 맡았을 뿐이다. 과학사의 옛 문헌들은 위대한 천재성을 지닌 자연철학자들이 수학이 얼마나 중요한지 깨달았으며, 세계의 작동 원리를 이해하는 데 수학을 이용했다고 가정하곤 한다. 하지만 오늘날 밝혀진 바로는, 지성의 사다리에서 아래 칸으로 밀려났던 수학자들이 대체로 자신들의 물질계에 대한 이해 방식을 자연철학자들에게 알려주었다. 물론 그렇게 함으로써 수학자들은 궁전에서, 더 넓게는 사회 전체에서 높은 평판과 지위를 누렸다. 이는 과학혁명의 주요한 측면인데, 케플러와 갈릴레오는 여러 상이한 유형의 그리고 후기 르네상스와 초기 근대사회의 여러 상이한 수준의 수학계 종사자들을 아우르는 좀 더 폭넓은 운동을 대표하는 인물이라는 점에서 의미가 있다.

갈릴레오의 초기 연구는 아르키메데스의 방법론을 확장시킨다는 목표에 따라 운동 및 이와 관련한 현상을 다루었다. 이 연구의 가장 성공적인 측면은 (심지어 일부 아리스토텔레스주의자조차) 오랫동안 짐작해왔던 내용, 즉 모든 물체는 같은 속력으로 떨어진다는 사실을 확인한 것이다. 이로써 무거운 물체일수록 더 빨리 떨어진다는 아리스토텔레스의 가정은 부정되었다. 매끄러운 홈이 파인 경사면을 세심하게 준비하여 홈에 딱 들어맞는 잘 닦인 금속 공을 이용한 실험을 통해 갈릴레오는 마침내 낙하 중에 이동한 거리가 홀수로 증가함을 밝혀낼 수 있었다. 만약 1이 첫 번째 경과 시간에 하강한 거리를 나타낸다면, 두 번째 경과 시간에서 그 물체는 3의 거리를 하강하며, 세 번째 경과 시간에서는 5만큼 하강한다. 즉 첫 번째 시간 간격이 끝난 후 이동 거리는 1단위이지만, 두 번째 시간 간격이 끝난 후에는 총 이동 거리가 4(1+3)이며, 세 번째 시간 간격이 끝난 후에는 총 이동 거리가 9(1+3+5)가 된다는 것이다. 따라서 증가하는 낙하 속력은 경과한 시간의 제곱에 정비례하며 낙하한 거리의 제곱근에 비례한다(이로써 갈릴레오는 속력 증가가 낙하 거리에 비례한다는 자신의 원래 가정을 바로잡았다).

또한 그는 자연적인 운동과 비자연적인 또는 난폭한 운동 사이의 아리스토텔레스식 구별이 완전히 오류임을 알아냈다. 아리스토텔레스에 따르면 자연적 운동은 오직 세 가지로, 흙으로 구성된 물체의 지구 중심을 향한 하강 운동, 주로 공기와 물로 구성된 가벼운 물체의 상승 운동 그리고 천체의 완전한 등속 원형 운동이다. 다른 운동들은 전부 비자연적이다. 일반적인 견해에 따르면, 만약 한 발사체를 공중으로 쏘아 올리면 이 발사체에 가해지는 운동의 난폭성(위의 세 가지 운동에 해당하지 않으므로 난폭성을 갖는 운동이라는 뜻—옮긴이)은 그 물체가 자연적 운동을 하지 못하도록 막는다. 오직 이렇게 가해진 운동이 끝나야만 자연적 운동으로 대체된다. 즉 투사체는 지구로 떨어진다. 하지만 갈릴레오는 발사체는 손, 활, 대포 등을 떠난 후 곧바로 중력에 종속됨을 알아차렸다. 따라서 발사체의 향후 궤적은 발사 수단에 가해진 운동 그리고 발사와 동시에 중력의 영향으로 작용하는 자연적 운동의 속성과 방향으로부터 언제나 도출되었다. 심지어 그는 발사체의 궤적이 포물선 또는 포물선의 일부라는 사실도 밝혀냈다.

갈릴레오는 피사 대학에 이어 나중에는 파도바 대학에서 수학을 가르쳤으나 천문학자는 아니었다. 그는 아리스토텔레스가 틀렸음을 증명하기 위한 방편으로 코페르니쿠스 이론을 환영했던 듯하다. 게다가 운동에 관한 새로운 이론을 발견하는 데 관심이 있었기에, 윌리엄 길버트와 케플러가 그랬듯이 어떻게 지구를 비롯한 다른 행성들이 움직이는가라는 문제를 고민하지 않을 수 없었다. 만약 그가 무엇이 지구를 계속 움직이게 하는지 설명할 수 있다면 동시에 아리스토텔레스 이론이 이치에 맞지 않음을 증명하게 될 터였다.

하지만 갈릴레오의 코페르니쿠스 옹호 활동의 첫 번째 성과는 운동 이론에 관한 연구가 아니라 그가 새로 발명한 망원경으로 발견한 내용을 통해서 얻어졌다. 갈릴레오는 망원경을 발명한 것은 아니지만 그것에 대해 듣고 나서(아마도 실물을 보았을 것이다) 제작법을 연구했다. 여러 렌즈로 실험해본 결과 1609년 8월에 8배로 배율을 올리고 그해 11월에는 20배로, 그리고 마침내 1610년 1월에 30배로 올릴 수 있었다.

이 망원경으로 하늘을 바라보자 놀라운 발견들이 뒤따랐다. 그는 곧바로 그 내용을 소책자 《별세계의 보고 *Siderius Nuncius*》(1610)에 담아 발간했다. 이 책은 엄청난 반향을 일으켰고 갈릴레오는 드넓은 인정을 받았지만 동시에 어느 정도 비난도 받았다.

갈릴레오의 관찰은 코페르니쿠스 이론이 참인지를 증명하지는 못했지만(증명할 수 없었지만), 그 이론을 지지하는 정황 증거를 아주 많이 보태주었다(상자글 9.1 참고). 또한 아리스토텔레스주의가 묻힌 관에 더 많은 못을 박아 넣었다. 그 결과 갈릴레오는 자신의 장점을 더욱 밀고 나가 세계의 체계에 관한 책을 쓰기로 계획했다. 이 계획에서 그는 분명 다음 두 가지 목표를 품었다. 첫째는 움직이는 지구에 대한 모든 철학적, 물리학적 반대를 물리치는 것이었고, 둘째는 지구가 틀림없이 운동하고 있다는 자신만의 증명을 내놓는 것이었다.

지구의 운동에 대한 갈릴레오의 증명은 아마도 아르키메데스처럼 '유레카'의 순간으로 다가왔던 듯하다. 이는 모든 자연현상에 대한 그의 사고에 심오한 영향을 끼치게 된다. 일례로 갈릴레오는 조수(潮水)에 대한 설명은 오로지 지구의 운동에 기대어 가능하다고 믿었다. 확신이 부족한 사상가라면 조수에 대한 다른 여러 설명들의 대안으로 이런 조수 이론을 내놓았을지 모른다. 하지만 갈릴레오는 자신이 새로 내놓은 이론이 조수를 지구의 운동의 관점에서 설명할 수 있을 뿐 아니라 오로지 운동만으로 모든 물리 현상을 설명할 수 있다고 생각했다. 갈릴레오

《별세계의 보고》(1610)에 소개된 관찰 내용

달의 산, 계곡, 바다

따라서 지구는 우주 공간 속을 날고 있는, 흙으로 이루어진 유일한 물체가 아니다. 아리스토텔레스가 내놓은 지상적 존재(4원소로 이루어진 모든 것)와 천상적 존재(제5원소, 즉 정수精髓로 이루어진 모든 것)의 이분법은 더 이상 유지될 수 없다.

목성의 달(위성)들

따라서 지구는 주위에 회전하는 다른 천체를 둔 유일한 행성이 아니다.

육안으로는 볼 수 없는 아주 많은 별들

따라서 많은 별들이 우주 저 멀리에 존재한다. 이는 고정된 별의 구가 존재한다는 고대의 주장에 의문을 던지며, 별들이 24시간에 한 번씩 지구 주위를 회전한다고 보기 어렵게 만든다. 또한 지구가 태양 주위를 돌 때 꽤 먼 거리를 이동하며 위치를 바꾸는데도 고정된 별들은 너무 멀리 있는지라 시차를 전혀 보이지 않는다는 코페르니쿠스의 가정에 신빙성을 더해준다. 아울러 우주는 크기가 무한하며 별들의 수도 무한함을 넌지시 내비친다.

《흑점에 관한 편지들*Letters on Sunspots*》(1613)에 소개된 관찰 내용

금성에는 달과 같은 위상 변화가 있다

따라서 금성은 태양 주위를 돈다(하지만 이는 행성들이 태양 주위를 돌고, 태양은 정지한 지구 주위를 돈다는 튀코 체계와도 양립한다).

의 물리학은 거의 전적으로 운동학적 용어로 쓰여 있다. 운동을 상정하고서 이를 이용하여 모든 현상을 설명하려는 태도다. 갈릴레오는 힘에 관한 논의는 가급적 배제했으며, 힘의 관점에 따른 설명을 피하려고 했다. 그가 반대한 것은 충격의 힘 또는 충돌의 힘 같은 개념이 아니었다. 이런 종류의 힘은 운동에서 추진력을 얻기에 갈릴레오의 철학에 들어맞았기 때문이다. 실제로 그가 반대한 것은 물체에서 신비스러운 방식으로 뿜어져 나온다는, 당시 유행하던 비의적인 힘 개념(가령, 자석이 오르비스 비르투티스orbis virtutis, 즉 활기 또는 힘의 구에 둘러싸여 있다거나, 이와 비슷하게 달도 활기의 구에 감싸여 있다는 등의 개념)이었다. 분명 갈릴레오는 중력을 포함하여 그런 힘을 비의적 실체라고 간주했으며, 그런 불가해한 개념이 필요 없는 물리학을 원했다.

갈릴레오의 조수 이론은 석호를 지나 베네치아 시에 식수를 공급하는 바지선이 조수와 유사하다는 점에 바탕을 두었다. 바지선이 모랫둑과 부딪히면 어떻게 될지 상상해보라. 바지선은 멈추거나 급격히 속력이 줄겠지만 바지선에 실린 식수는 계속 움직이다가 바지선의 뒤쪽에서는 가라앉을 것이고 앞쪽에서는 위로 튀어오를 것이다. 갈릴레오는 더 나아가, 만약 코페르니쿠스의 이론이 옳다면 지구의 이런 갑작스러운 가속과 감속은 12시간마다 일어남이 틀림없으며 따라서 바다도 똑

같은 방식으로 솟아오르게 된다. 이른바 조수 현상이 생기는 것이다. 갈릴레오는 여기서 멈추지 않고 곧바로 이렇게 주장한다. 조수를 설명할 수 있는 다른 이론이 없으므로(그는 달이 미치는 비의적 영향을 배제했다) 조수가 존재한다는 사실 그 자체는 지구가 실제로 운동하고 있음을 증명해준다!

하지만 갈릴레오의 이 말은 지구가 코페르니쿠스 이론에 따라 12시간마다 빨라지고 느려지고 해야 한다는 의미일까? 그가 품은 생각은 지구의 공전 및 자전 운동의 더하기와 빼기로 인한 속력의 변화였다. 지구가 동에서 서로 태양 주위를 따라 공전할 때 태양에서 먼 지구의 반구는 또한 지구의 자전으로 인해 동에서 서로 움직이지만, 태양에서 가까운 반구는 분명 반대 방향으로(서에서 동으로) 움직인다. 따라서 태양에서 먼 반구의 속력은 서쪽 방향의 두 운동의 합으로 결정된다. 하지만 태양에서 가까운 반구의 속력은 서쪽 방향으로의 공전 운동에서 동쪽 방향으로의 자전 운동을 뺌으로써 결정된다(그림 9.1 참고).

갈릴레오는 마침내 지구의 운동에 관한 이 증명을 1632년에 《두 우주 체계에 관한 대화》라는 책에서 소개했다. 1616년에 이미 조수 이론에 관한 기초적인 설명을 써놓았지만 로마 가톨릭교회의 방해로 출간이 지연되었다(이에 대해서는 이 뒤에 더 자세히 논의한다). 하지만 이렇게 지연된 덕분에 갈릴레오는 신비스러운 힘의 관점에 기댄 모든 설명을 자신의 자연철학에서 제거할 방법을 알아낼 수 있었다.

가령 무엇이 지구를 영원히 운동하게 만드는가에 대한 그의 독창적인 설명을 살펴보자. 알다시피 이것은 코페르니쿠스 이론에서 매우 중요한 문제였다. 이에 관한 논쟁이 《두 우주 체계에 관한 대화》에서 살비아티와 심플리치오 사이에 진행된다. 살비아티는 갈릴레오의 대변인

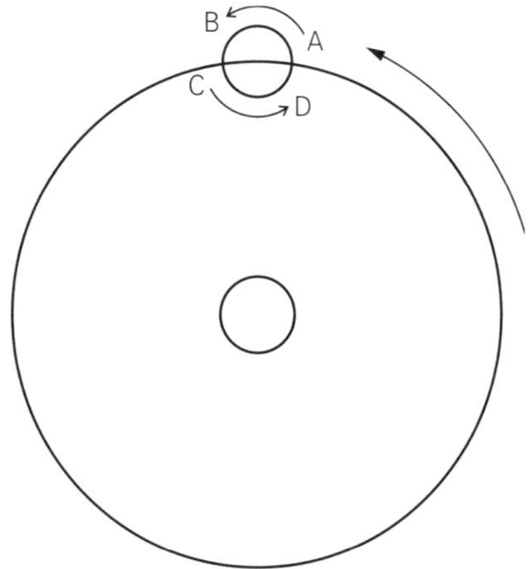

그림 9.1_ 지구의 운동으로 조수의 움직임을 설명하려는 갈릴레오의 시도.

이 설명은 지구가 태양 주위를 공전하면서 동시에 자전할 때 지구 표면의 상대 운동의 변화에 바탕을 두고 있다. A에서 B로의 자전은 지구의 전체적인 서쪽 방향 공전에 더해지지만, C에서 D로의 자전은 빼진다. 따라서 A-B 면과 C-D 면은 서로 다른 속력으로 움직이는데, 한 속력에서 다른 속력으로의 변화가 바로 지구 바다의 출렁거림을 일으킨다.

역할을 맡은 인물이고, 심플리치오는 아리스토텔레스주의의 옹호자다.

살비아티/갈릴레오는 심플리치오에게 미끄러운 비탈에서 청동 공을 굴려 내리는 상황을 상상해보라고 한다. 어떤 일이 벌어질까? 분명 공은 비탈을 내려가며 가속될 것이다. 비탈 위쪽으로 밀면 어떻게 될까? 비탈을 올라가면서 점점 감속될 것이다. 하지만 완전히 수평인 면에서는 어떻게 될까? 만약 공을 그 면 위에서 움직이도록 하면(그리고 운동을 방해할 마찰이 없다고 가정한다면) 어떤 일이 벌어질까? 공은 둘 중 어느 하나를 할 이유가 없기에, 가속도 감속도 하지 않을 것이다. 단지 같은 속력으로 계속 움직일 뿐이다.

따라서 이제 갈릴레오는 지구상에 완전히 수평인 면은 무엇인가라고 묻는다. 답은 지구의 중력 중심에서 일정한 거리에 있는 면이다. 실제로 그런 면은 지구의 곡률을 따라 휘어져 있을 것이다. 따라서 지구의 중심을 가운데에 둔 원형 경로 위에 공을 굴리면 공은 지구 주위를 계속 무한히 회전할 것이다.

여러분도 알겠지만 갈릴레오는 중력을 배제한 상황을 제시했다. 비탈 위에서는 중력이 감속이나 가속을 일으키는 고려 요소이지만, 비탈이 없을 때는 그리고 물체가 움직이는 면이 회전 중심에서 언제나 같은 거리일 때에는 운동은 중력에 의해 이런저런 영향을 받지 않고 같은 속력으로 계속 무한히 진행된다(마찰이나 다른 방해를 무시한다면 말이다. 기억하겠지만 여기서 갈릴레오는 아르키메데스처럼 추상적으로 사고하고 있다). 물론 우리는 갈릴레오가 중력을 실제로 완전히 제거하지는 않았다고 반박할 수 있다. 왜냐하면 그의 설명에는 중력의 영향을 상쇄하는 수평면이 필요하니 말이다. 하지만 갈릴레오가 그런 면이 물리적으로 필요하다고 믿지 않았음은 분명하다. 심플리치오에게 요점을 설명하기 위해 그는 실제 면에서 굴러가는 공의 관점에서 이야기를 해야 했다. 하지만 갈릴레오가 믿기에 이런 설명에서 얻게 될 참된 결론은 지구 주위를 완벽한 원형 궤도를 따라 등속으로 움직이는 물체는 위의 설명처럼 무한히 계속 움직인다는 것이다.

이 논증을 그대로 확장하면 지구 자체도 태양 주위를 완벽한 원형 궤도로 영원히 돌고 있다는 의미다. 분명 독창적이지만 이 발상은 역사가에게는 해석상 중요한 문젯거리를 불러일으킨다. 언뜻 보기에도 갈릴레오가 정말로 그렇게 믿었다고 하기는 불가능한 듯하다. 위의 논증 전체는 행성이 태양 주위를 완벽한 원형 궤도를 따라 같은 속도로 움직여여 한다는 주장에 기대고 있다. 이것은 플라톤의 희망 사항일 뿐, 천문학자라면 누구나 그것이 실제 관찰 결과와 맞지 않음을 잘 알고 있었다. 그런 까닭에 프톨레마이오스는 온갖 기이한 개념들, 가령 주전원과 등각속도점을 제시해야 했다. 게다가 1632년이면 케플러의 《새로운 천문학》이 나온 지 20년도 넘은 시점이라 어렵지 않게 그 책을 구할 수 있었다. 하물며 그 책에서 케플러는 행성은 완벽한 원형이 아니라 타원형 궤도를 따라 움직이며 속력도 궤도 내에서 줄곧 변한다고 밝혔다.

갈릴레오는 자신이 《두 우주 체계에 관한 대화》에서 증명했다고 주장하는 등속 원 운동을 행성들이 따르지 않는 이유는 단지 혼잡한 현실에서 기인한 부수적인 요인들에서 비롯되었다고 믿었음이 확실하다. 갈릴레오의 조수 이론은 12시간 주기의 조수 변화를 요구하지만 현실은 훨씬 더 복잡하며 좀체 갈릴레오의 이론에 딱 들어맞지는 않는다. 따라서 갈릴레오가 시인하듯이, 여러 해양의 상이한 수심, 물의 부피, 해저의 성질, 지구의 운동에 대한 물의 상대적인 운동 방향, 심지어 주변 지형과 같은 외부 요인들이 개입하여 사안을 복잡하게 만든 결과, 조수의 근본적인 동인(지구의 운동)이 완전히 가려질 위기에 처할 정도였다. 십중팔구 갈릴레오는 지구 및 다른 행성들의 운동에 대해서도 이와 비슷하게 생각했을 것이다. 지구와 같이 암석이 많은 수륙의 구형 천체는 완벽하고 균일한 구처럼 매끈하게 움직일 것으로 기대하기 어렵다. 따라서 행성들은 느려졌다 빨라졌다 하면서 완벽한 원형 경로에서 벗어날 수도 있지만 근본적으로는 영원한 원형 운동을 지속한다. 중력의 중심 주위를 도는 등속 원 운동은 무한히 지속된다는 원리 때문이다.

이와 별도로 중력의 중심 그리고 이 중심에서 멀어지거나 가까워지는 물체에 이 중심이 미치는 신비로운 힘에 관해 더 자세히 말해달라고 갈릴레오를 몰아붙이고 싶은 유혹이 든다. 하지만 갈릴레오는 이에 대해 할 말이 전혀 없다. 《두 우주 체계에 관한 대화》를 자세히 읽어보면, 중력이나 자력 또는 기타 어떤 신비스러운 힘이 언급되는 어느 대목에서도 갈릴레오는 드러내놓고 그런 힘을 부정하거나 또는 (중력의 경우처럼) 그럴 수 없는 경우에는 그런 문제를 논의하기에 상황이 적절하지 않다며 얼버무린다.

중력과 같은 힘들을 배제하려는 갈릴레오의 결심은 자유낙하와 낙하하는 물체의 가속에 관한 논의에서도 엿볼 수 있다. 마지막 저서인 《두 개의 새로운 과학에 관한 논증과 증명*Discorsi e dimonstrazioni matematiche intorno a due nuove scienze attenenti alla meccanica*》(1638)에서 그는 운동에 관한 이전의 연구를 심화시킨 내용을 내놓았다. 자유낙하의 가속에 관하여 그는 이렇게 적었다.

돌이 …… 처음에는 높은 곳에서 정지해 있다가 떨어지면서 속도가 계속 새로이 증가함을 관찰할 때, 그런 증가가 누가 보더라도 매우 단순하고 명백한 방식으로 일어난다는 것을 나는 왜 믿지 않아야 한단 말인가? 만약 우리가 지금 그 문제를 자세히 살펴보면 그것은 동일한 방식으로 …… 언제나 반복된다는 설명보다 더 단순한 설명을 찾지 못한다. 그러므로 임의의 동일한 시간 간격 동안 동일한 속도의 증가가 일어나는 일정한 가속 운동이라고 볼 수 있다. …… 따라서 우리가 논의하고자 하는 운동의 정의는 다음과 같이 기술된다. 운동은 정지 상태에서 출발하여 동일한 시간 간격 동안 동일한 속도 증가분을 획득할 경우 균일하게 가속된다.

달리 말해 자연이 자신의 법칙을 따르고 매 순간 동일한 방식으로 작동한다고 가정하면, 자유낙하에서 일어나는 과정은 매 순간 동일하다고 확신할 수 있다. 여기서 주목할 점으로서, 갈릴레오는 중력으로 인한 가속에 대해서 말하지 않고 단지 어떤 물체가 얻는 속도의 증가에 관해 이야기한다. 왜 물체가 빨라지는지 설명하는 대신에 그는 단지 어떤 방식으로 빨라지는지를 기술할 뿐이다. 만약 1초에 어느 정도만큼 빨라진다면 다음 1초에도 동일한 양만큼 빨라질 것이라는 말이다. 갈릴레오는 마치 우리에게 자유낙하에 관한 자연의 법칙을 알려주는 듯 보이지만, 사실은 아무것도 설명하지 못하고 있다. 게다가 중력으로 인한 가속에 관해 말하는 대목에서는 언제나 그 현상을 '자연적 가속'이라고 일컫는다. 그냥 자연적으로 일어나는 현상이므로 왜 그런지에 대해서는 더 이상 캐묻지 말라는 것이다.

갈릴레오의 자연철학은 심각한 문제점을 안고 있긴 하지만 그렇다고 널리 인정받지 않은 것은 아니다. 그리고 적어도 어떤 사람들에게서는 이전의 어떤 철학보다도 더 유용하다는 평가를 받았다. 그의 실험적 방법들은 이탈리아에서 활동하던 직계 추종자들을 비롯하여 유럽 곳곳의 다른 추종자들에 의해 채택되었다. 하지만 더 중요한 점을 들자면, 비의적인 냄새가 풍기는 어떤 것도 거부하고 대신에 전적으로 운동 및 운동하는 물체의 관점에서 현상을 설명하려는 그의 시도는 다음 세대의 자연철학자들에게 큰 영향을 끼쳤다는 것이다.

갈릴레오와 교회

갈릴레오 이야기를 끝내기 전에, 그가 로마 가톨릭교회와 일으킨 충돌에 관해 알아볼 필요가 있다. 이른바 갈릴레오 사건으로 유명한 이 사안은, 그게 사실이라면 과학과 종교가 함께 갈 수 없고 실제로 그러했음을 보여주는 대표적인 사례라 할 수 있다. 곧 살펴보겠지만, 사실 갈릴레오 사건은 특수한 상황의 결과이고 대단히 '일회성'이었기에, 양립할 수 없는 세계관 사이의 불가피한 충돌의 전형적인 사례라고 보기는 어렵다.

어쨌거나 우선 코페르니쿠스 이론이 1543년에 출현했다는 점을 상기하자. 가톨릭교회의 반응은 어땠는가? 단지 무시했을 뿐이다. 코페르니쿠스는 《천체의 회전에 관하여》를 교황에게 헌정했으며, 그전에 이미 교회의 달력 개혁 사업에 참여해달라는 부탁을 받았다. 또한 알려진 대로 조반니 마리아 톨로사니(Giovanni Maria Tolosani, 1470~1549)라는 가톨릭 신학자가 1544년에 코페르니쿠스 이론에 반대하는 글을 썼지만, 그 이론이 성경에 반한다는 내용이 아니라 아리스토텔레스주의에 반한다는 내용에 중점을 두었다. 이 모든 정황에서 볼 때 분명 코페르니쿠스가 한 일은 교회 내에서 잘 알려져 있었음에도, 교회는 그것을 무시하기로 했던 것이다.

종교개혁의 선구자인 마르틴 루터는 "세상을 뒤집으려는 바보"라는 이유로 코페르니쿠스를 반대했다고 알려져 있다. 아마도 이렇게 태도가 달라진 까닭은 코페르니쿠스가 지동설을 매우 진지하게 받아들였음을 루터가 간파했기 때문이다. 루터는 이 사실을 게오르크 레티쿠스의 동료들을 통해 알게 되었을 것이다. 레티쿠스는 1540년에 펴낸 《코페르니쿠스 학설에 대한 첫 번째 해설*De libris revolutionum Copernici narratio prima*》에서 코페르니쿠스 사상의 개요를 처음으로 소개했으며 루터가 근거지로 삼았던 비텐베르크 대학에서 학생들을 가르쳤다. 이와 달리 가톨릭 지도자들은 오시안더의 서문(6장 참고)에 속은 나머지 코페르니쿠스가 지동설을 주장한다고 여기지 않았을 가능성이 높다(더군다나 코페르니쿠스가 교황에게 책을 헌정한 사실도 이를 뒷받침해준다).

따라서 코페르니쿠스 이론은 1543년부터 전문적인 천문학자들이 계속 사용하긴 했지만 이들 외에는 누구도 큰 관심을 기울이지 않았다. 이런 상태는 1616년 로마 가톨릭교회가 코페르니쿠스 이론에 반대한다고 공식적으로 선언할 필요가 있다고 결정하기 전까지 약 70년 동안 지속되었다.

그렇다면 무슨 일이 있었기에, 그다지 새로운 천문학 이론도 아닌데 느닷없이 교회가 주목하게 된 것일까? 가장 간결하면서도 정확한 답은 바로 갈릴레오의 등장이다.

대다수 역사가들이 동의하듯이, 갈릴레오가 좀 더 주의 깊고 더 재치 있고 느긋했더라면 상황은 다르게 진행되었을지 모른다. 분명히 갈릴레오가 몰락하게 된(갈릴레오의 몰락이었지만 불행히도 코페르니쿠스 이론도 함께 휘말려든) 주된 까닭은 적을 만드는 변함없는 능력 때문이었다. 특히 갈릴레오는 예수회의 중요한 한 분파인 도미니크 수도회의 한 집단을 적으로 만들었고, 마침내 교황과도 적이 되었다. 이런 사람들을 적으로 만든 것은 아무리 좋게 말해도 현명하지 못한 처신이다.

교황 파울루스 5세가 1616년에 코페르니쿠스주의에 대한 교회의 공식 결정을 요청한 까닭은 도미니크 수도회의 한 열성 집단과 갈릴레오 및 그 추종자들의 대립이 교회를 당혹스럽게 만들었기 때문이다. 그 결정은 천문학자는커녕 자연철학자도 아닌 신학자가 내렸던 터라 코페르니쿠스 이론에 반대할 수밖에 없었다. 결국 신학자들은 종교적 측면에서는 이단이고 철학적 측면에서는 어리석은 이론이라는 선언을 내렸다.

갈릴레오의 친구인 프란체스코 스텔루티는 1620년에 쓴 편지에서 예수회를 적으로 삼지 말라며 이렇게 경고했다. "교부들과 언쟁을 벌인다면 그 끝이 어떻게 될지 모르네. 왜냐하면 그들은 너무 수가 많아서 세상을 좌지우지할 수 있는 데다, 설령 그들이 틀렸다고 하더라도 절대 시인할 리가 없기 때문이네." 하지만 갈릴레오는 콜레기오 로마노(예수회 대학)의 주요 천문학자들을 계속 멸시했는데, 그런 태도는 특히 1623년에 쓴 책《분석자》에서 가장 노골적으로 드러났다.

가장 불행한 일은 교황 우르바노 8세와의 결별이었다. 파울루스 5세의 뒤를 이은 이 교황은 이전에 마페오 바르베리니 추기경이었을 때 갈릴레오의 좋은 친구이자 갈릴레오를 진심으로 존경하던 이였다. 갈릴레오가 끈질기게 간청하자 결국 코페르니쿠스 이론을 논하는 책을 써도 좋다고 허락한 사람이 바로 우르바노 8세였다. 갈릴레오는《조수의 이론*Theory of the Tides*》(앞의 내용 참고)이라는 책을 써서 그것을 지구의 운동에 대한 증거로 제시하고자 했으나, 1616년의 결정 때문에 교황은 허락할 수가 없었다. 대안으로 우르바노 8세는 갈릴레오가 그의 이론을 프톨레마이오스와 코페르니쿠스 이론에 대한 찬성과 반대를 논의하는 맥락에서 다루어야 한다는 제법 관대한 제안을 내놓았다. 교황이 염두에 둔 것은 상당히 중립적인 두루뭉술한 논의였으며, 또한 교회가 최종 결정권자임을 밝히는 정형화된 결말을 책의 말미에 넣도록 요청했다. 정형화된 결말이란, 하느님은 전지전능한 분으로 어떤 일이든 원하는 대로 할 수 있으므로 인간은 자연의 본질을 결코 파악할 수 없다는 내용이다.

앞서 살펴보았듯이 갈릴레오는 자신의 책을 (플라톤의 대화편을 모범으로 삼아) 대화 형식으로 썼지만, 아무리 좋게 보아도 '두 가지 주요 세계관(프톨레마이오스 체계와 코페르니쿠스 체계)'에 관한 균형 잡힌 중립적인 설명이라고 보기 어렸다. 코페르니쿠스를 전적으로 옹호하는 내용이기 때문이다. 갈릴레오는 교황이 요청한 대로 정형화된 결말로 책을 마무리하긴 했다. 하지만 문제는 대화 속에서 그런 말을 하는 인물로 심플리치오를 활용했다는 점이다. 심플리치오라는 이름은 교묘하게 정해진 것인데, 그는 시종일관 바보처럼 그려졌다(심플리치오Simplicio는 '바보, 얼간이'란 뜻의 이탈리아어 simpliciotto에서 따온 이름이다—옮긴이). 갈릴레오의 《두 우주 체계에 관한 대화》를 읽고 나서 교황은 이렇게 말했다고 한다. "그는 내 말을 얼간이의 입으로 전하게 했다."

이 말이 사실이든 아니든 분명 교황은 갈릴레오에게 단단히 화가 났고, 갈릴레오가 죽은 후 그를 기념하여 동상을 세우게 해달라는 여러 개인 및 단체의 거듭되는 부탁을 끝끝내 거절했다. 우르바노 8세가 죽고 나서야 가톨릭 국가들은 갈릴레오를 기념하기 시작했다.

아직도 여전히 과학의 대변자인 갈릴레오와 교회의 충돌은 그가 아무리 신중하게 처신했더라도 피할 수 없었으리라고 여기는 사람이 있다면, 주요 재판 문서와 재판의 쟁점 사안을 꼭 살펴볼 필요가 있다.

갈릴레오는 단지 코페르니쿠스주의자이기 때문에 재판에 회부된 것이 아니다. 코페르니쿠스 이론은 '수정되기 전까지' 1616년에 발표된 금서 목록에 올라 있었다. 얼마 후(1620년)에 수정 내용이 발표되었고, 가톨릭교도들은 자신들이 직접 손으로 수정 내용을 책에 적어 넣는다는 조건으로 책을 한 권 소유할 수 있었다. 지금도 유럽 전역의 도서관에는 손으로 고친《천체의 회전에 관하여》가 많이 남아 있다.

갈릴레오 재판에서 쟁점이 된 사안은 1616년의 결정 후에 그가 어떤 식으로든 코페르니쿠스 이론을 지지해서는 안 된다는 지시를 받았느냐 여부였다. 만약 지시를 받았다면 그는《두 우주 체계에 관한 대화》를 쓰게 해달라고 부탁하면서 교황을 고의로 속인 셈이다. 특히 그 책을 코페르니쿠스에 찬성하는 관점에서 썼으니 말이다. 만약 갈릴레오의 말대로 지시를 받지 않았다면, 그는 전혀 잘못한 것이 없다. 자, 그런데 바티칸 파일 속의 한 문서에 따르면 그는 분명 1616년의 결정 후에 어떤 식으로든 코페르니쿠스 이론을 논의하지 말라는 지시를 받았던 듯하다. 하지만 이 문서에는 의심스러운 점도 있다.

바티칸 파일 속의 다른 문서를 보면, 분명 교황 파울루스 5세는 1616년에 갈릴레오를 어떻게 다룰지에 대해 심문관들에게 자세한 지시를 내렸다. 지시 내용은 이렇다.

교황께서는 벨라르미노 추기경에게 상기한 갈릴레오를 불러들여 상기한 의견을 버리도록 훈계하라고 지시하셨다. 만약 순종하기를 거부할 경우, 주교 대리는 공증인과 증인 앞에서 그에게 이 견해와 신조를 가르치거나 옹호하거나 심지어 논의하는 일조차 하지 말라고 명령해야 한다. 만약 이에도 순순히 따르지 않으면 그를 투옥시켜야 한다.

갈릴레오가 자신의 견해를 곧 철회하기로 동의했음을 암시해주는 믿을 만한 증거가 있다. 이 증거는 그 무렵 벨라르미노가 갈릴레오에게 준 진술서 형태로 이렇게 기록되어 있다.

본 로베르트 벨라르미노 추기경은 갈릴레오 갈릴레이가 자신의 의견을 버렸고 고행으로써 참회한다는 소문이 있음을 듣고 이에 관해 진실을 밝히라는 요청을 받은바, 상기 갈릴레오는 우리가 생각하기에, 아울러 로마 또는 다른 어떤 곳의 누가 생각하기에도 그가 지닌 의견이나 신조를 아직 버리지 않았음을 선언한다. 그래서 교황께서 결정하시고 금서 목록을 위한 신성한 공회에서 발표한 선언이 그에게 전달되었는데, 그 선언에서는 코페르니쿠스가 내세운 주장, 즉 지구가 태양 주위를 돌고 태양은 세상의 한가운데서 정지해 있지 동쪽에서 서쪽으로 움직이지 않는다는 주장은 성경에 어긋나기에 옹호하거나 수용할 수 없다는 내용이 제시되어 있다.

하지만 1616년에 내려진 갈릴레오에 대한 실제 금지 명령은 파일 속에 기록되어 있듯이 교황의 지시와도 벨라르미노 추기경의 편지와도 일치하지 않는다. 관련 대목은 아래와 같다.

벨라르미노 추기경이 상주하는 저택에서 상기한 갈릴레오는 소환을 받아 상기한 추기경 앞에 출석하여 '검사성성(Holy Office, 종교 재판소를 가리킨다—옮긴이)'의 수석대표이자 설교자 수도회 소속의 미켈란젤로 세지치 존사(尊師)의 면전에서 상기 추기경으로부터 앞서 말한 견해의 오류에 대해 경고를 듣고서 그것을 버리라고 권고를 받았다. 곧이어 나와 증인들 앞에서 그리고 추기경이 여전히 참석한 자리에서 상기 갈릴레오는 상기 수석대표로부터 존귀하신 교황과 검사성성의 전체 회중의 이름으로 상기한 견해, 즉 태양이 정지한 채 세상의 중심에 놓여 있으며 지구가 움직인다는 견해를 완전히 버리라는 명령을 받았다. 말로든 글로든 어떤 식으로든 그런 견해를 더 이상 고수하거나 가르치거나 옹호해서는 안 되며, 이를 따르지 않으면 그를 고발하는 소송 절차가 검사성성에 의해 취해질 것이라는 명령이다. 이 명령을 상기 갈릴레오는 묵인했으며, 따르기로 약속했다.

미켈란젤로 세지치는 아마도 갈릴레오가 너무 쉽게 책임을 모면한 데 격분했던 듯하다. 그래서 비록 갈릴레오가 교황의 첫 번째 지시를 따랐다 하더라도 세지치는 교황의 지시를 무시하고 임의로 교황 지시의 두 번째 단계를 곧바로 실행했던 것 같다. 아마 벨라르미노도 세지치의 행동에 분개했기에 금지 명령에 담긴 나쁜 인상을 바로잡은 증명서를 갈릴레오에게 제공하자는 데 기꺼이 동의했던 것 같다. 벨라르미노나 세지치의 서명은 금지 명령서에 들어 있지 않았으며 단지 벨라르미노 집안의 두 하인이 증인으로 나섰을 뿐이다. 아마 벨라르미노는 세지치가 이 금지 명령서를 파일 속에 끼워둠으로써 자신에게 순종하지 않고 있다는 사실을 몰랐던 듯한데, 만약 알았다면 서명을 거부했을 것이다.

갈릴레오 재판에서 심문관들은 이 문제를 철저히 밝히려 했으나, 불행히도 1633년까지 벨라르미노, 교황 파울루스 5세, 심지어 세지치까지 모두 세상을 떠났다. 1633년에 열린 갈릴레오 재판에서는 모든 심문관들이 그의 유죄를 인정하지는 않았다. 아마도 갈릴레오가 '어떤 식으로든 그것〔코페르니쿠스 이론〕을 옹호하지' 말라는 지시를 받지 않았을 수도 있다고 여겼기 때문인 듯하다. 하지만 결국 다수의 심문관들은 1616년 금지 명령이 제대로 전달되었다고 판단하여, 갈릴레오가 코페르니쿠스 이론을 지지하지 않아야 할 의무를 위반했으며, 아울러 갈릴레오가 교황 우르바노 8세에게 허락을 구할 때 그를 기만하여 결과적으로 금지 명령을 어겼다는 선고를 내렸다.

이 모든 사정을 고려할 때, 갈릴레오 사건을 과학과 종교는 불가피하게 충돌할 수밖에 없다거나 근본적으로 서로 반목하는 증거로 보는 태도는 옳지 않다. 1615년에 벨라르미노 추기경이 쓴 편지에서 알 수 있듯이, 교회는 지구가 정지해 있다고 보는 듯한 성경 구절을 문자 그대로 해석할 필요는 없다고 한발 물러섰을지도 모른다. 하지만 다음 글에서처럼, 벨라르미노는 교회가 그런 양보를 하기 전에 코페르니쿠스 이론이 참인지를 명명백백하게 가려야 한다고 주장했다.

> 태양이 세계의 중심이고 지구가 세 번째 천체이며 태양이 지구 주위를 돌지 않고 지구가 태양 주위를 돈다는 것이 정말로 증명된다면, 그와 달리 보이는 성경 구절을 조심스럽게 해석하여, 그렇게 드러난 내용이 틀렸다기보다 우리가 그 내용을 이해하지 못하고 있다고 말해야 할 것이다. 하지만 나는 그런 증명이 내게 보이기 전까지는 믿지 않을 것이다. …… 그리고 아직 의심이 남아 있는 경우에는 교부들이 해석한 성경 말씀을 결단코 버리지 않아야 마땅하다.

애석하게도 갈릴레오 사건은 코페르니쿠스 이론이 참인지 거짓인지에 관한 합리적인 결정이 내려지기 전에 끝나버렸다. 아마 갈릴레오는 벨라르미노를 설득할 증명을 마련해놓았다고 여겼겠지만, 만약 조수에 관한 이론을 염두에 두고 있었다면 그릇된 생각이었다. 갈릴레오가 좀 더 주의 깊게 그리고 덜 오만하게 나왔더라면 결국 이겼을지 모르지만, 그의 행동은 파울루스 5세로 하여금 신속히 공식 결정을 요구하게 만

들었다. 일단 그 결정이 코페르니쿠스에 반대한다는 내용인 이상 갈릴
레오는 지는 싸움에 휘말릴 수밖에 없었다.

하지만 모든 게 갈릴레오 탓이라는 인상을 주는 것은 바람직하지 않
다. 재판 전에 갈릴레오의《두 우주 체계에 관한 대화》에 대한 보고서
를 작성하는 일을 맡은 위원 중 한 명은 갈릴레오가 "존재하는 바다의
밀물과 썰물이 존재하지 않는 태양의 부동성과 지구의 운동 때문이라
고 잘못 파악했다"고 기술했다. 그를 비롯해 다른 어떤 위원들이나 심
문관들에게서 갈릴레오의 주장을 면밀히 살펴보았다는 흔적은 찾아볼
수 없다. 태양의 부동성과 지구의 운동이 참인지 거짓인지 판단할 필요
가 있는지 따져보지도 않고 그들은 처음부터 그런 것이 존재하지 않는
다고 못 박았다. 갈릴레오의 주장은 결코 공정한 재판을 받지 못했다.

10

르네상스 의학의 실천과 이론

윌리엄 하비와 피의 순환

앞서 우리는 안드레아스 베살리우스가 어떻게 갈레노스(갈레노스는 철학계의 아리스토텔레스에 맞먹는 의학계의 고대 권위자였다)의 교재를 따르는 데 중점을 두었던 해부학 강의 방식을 거부하고 스스로 해부에 나서 인간 시체를 통해 직접 해부학을 가르치기로 했는지 살펴보았다. 베살리우스는 선구자였지만 해부학과 생리학을 개혁한 오직 한 명의 고독한 천재는 아니었다. 기억하다시피 우리는 5장에서 고대 권위를 거부하고 자연계를 직접 바라보기 시작한 르네상스의 여러 사상가들의 한 예로 베살리우스를 다루었다.

거론할 만한 인물이 이외에도 많이 있다. 가령 레오나르도 다 빈치는 해부학 연구를 많이 했음에도 그의 연구와 그림이 극소수를 제외하고는 잘 알려진 내용이 없다. 따라서 해부학 지식의 축적에 별로 기여한 바가 없다는 점에서 의학사적으로 중요한 인물은 아니다.

이제 우리는 해부학 지식을 거듭 쌓아감으로써 피의 순환이라는 중요한 발견에 이른 한 사례를 살펴볼 것이다. 하지만 시작하기 전에 짚고 넘어가야 할 점이 있다. 이 발견은 그 즉시 중세와 르네상스 시기 내내 모든 의학 이론과 실천의 바탕을 이루었던 갈레노스 의학 체계의 완전한 붕괴를 의미한다는 것이다. 이를 이해하려면 갈레노스의 체계가 얼마나 일관성이 있는지 그리고 모든 부분들이 얼마나 상호 연결되어 있는지 살펴보는 것이 중요하다(상자글 10.1 참고).

《인체의 구조에 관하여》(1543) 제1판에서 베살리우스는 자신이 갈레노스의 해부학에서 200개가 넘는 오류를 발견했다고 밝혔다. 여기서 그는 심실사이막(심장의 오른쪽을 왼쪽과 분리시키는 두꺼운 벽)의 구멍들을 찾아낼 수 없었다는 점은 포함시키지 않았다. 이 구멍은 갈레노스 의학 체계의 핵심적인 특징이었다. 갈레노스의 권위가 너무나 높았던 탓에 베살리우스조차도 이 문제만큼은 자신의 눈으로 본 증거보다 갈레노스를 따르는 쪽을 택했다. 하지만 그는 이 구멍들이 너무나 미세함이 틀림없다며 다음과 같이 놀라움을 표했다.

우리는 만물의 창조자(하느님)의 솜씨에 크나큰 경이를 느끼지 않을 수 없는데, 이 솜씨 덕분에 피는 오른쪽 심실에서 왼쪽 심실로 눈에 보이지도 않는 통로를 따라 흐른다.

하지만 이 책의 제2판이 나왔을 무렵에 베살리우스는 조금 더 대담해졌다.

나는 심실사이막을 지나는 지극히 애매모호한 통로조차도 찾지 못했다.

비록 해부학 교수들이 피가 우심실에서 좌심실로 흘러들어간다는 사실을 확신하고서 그런 통로에 대해 자세히 설명했지만 말이다. 이런 점에서 나는 심실에 관해 두 가지 마음이 적지 않게 든다.

여기서도 베살리우스는 더 나아가지 않았다. 그는 이 사실에 자극받아 심장의 기능에 관한 독립적인 연구를 수행하지도 않았고, 그렇다고 자신의 의심에 깃든 넓은 함의에 관해 어떤 결론을 내리지도 않았다. 단지 무언가 문제가 있을지 모른다고 알리는 데 만족했을 뿐이다.

베살리우스의 후임자로 파도바 대학의 외과의 교수였던 레알도 콜롬보(Realdo Colombo, 1516~1559)가 그 과제를 맡아 소순환(小循環), 즉 폐순환(肺循環)을 제안했다. 피가 우심실에서 좌심실로 이동할 때 심실사이막의 구멍이 아니라 폐를 통과해 지나간다는 사실을 발견한 것이다.

콜롬보의 주장에는 세 가지 내용이 담겨 있었다. 첫째, 우심실에서 나가서 폐로 향하는 폐동맥은 영양분을 폐로 보내는 역할만 한다고 보기에는 너무 컸다. 둘째, 폐에서 나와서 좌심실로 들어가는 폐정맥은 공기가 아니라 늘 피로 가득 차 있다. 반면 갈레노스에 따르면 이 정맥을 통해 폐에서 좌심실로 공기가 운반되어 정맥혈과 섞여 동맥혈이 생성된다고 했다. 셋째, 심장의 판막은 아주 능숙하게 폐동맥에서 양 방향 흐름을 허락하지 않는다. 반면 갈레노스에 따르면 좌심실에서 동맥혈이 생성된 후 노폐물은 날숨을 통해 빠져나가기 위해 폐정맥을 통해 폐로 되돌아간다고 했다.

콜롬보는 우심실로 들어가는 피가 폐로 흘러가서 폐에서 생성되는 생명 정기를 포획한다고 결론 내렸다. 생명 정기를 운반하는 피는 몸 전체 순환을 위해 다시 좌심실로 되돌아간다. 하지만 그는 사람들이 믿

인체는 각 부분별로 서로 다르게 결합된 네 가지 체액(humour)으로 구성되어 있다. 이는 물질계의 모든 것들이 네 가지 원소로 구성되어 있는 것과 정확히 일치한다. 원소와 체액은 서로 대응된다. 차가움/건조함의 원리는 흙 원소와 우울 체액이 담당하고, 차가움/습함의 원리는 물과 가래가 담당하고, 뜨거움/습함의 원리는 공기와 피가 담당하며, 뜨거움/건조함의 원리는 불과 담즙이 담당한다.

모든 질병은 네 가지 체액의 불균형 상태로 볼 수 있고, 의사의 역할은 균형을 회복시키는 일이다. 각각의 체액은 특정한 기관과 관련이 있으며, 몸의 세 가지 주요 기관은 어떤 미묘한 유체(流體), 즉 정기와 관련이 있는데, 이 정기는 세 가지 별도의 관(管) 체계(정맥, 동맥, 신경)를 통해 몸 전체로 전달된다.

비장은 우울 또는 검은 담즙(흙 또는 차가움/건조함 원리)의 자리다. 과도한 우울은 하제나 완하제를 처방하여 치료할 수 있다.

간은 성마름 또는 노란 담즙(불 또는 뜨거움/건조함 원리)의 자리다. 담즙 과다는 사혈(정맥을 끊어서 개방하기. 왜냐하면 간은 정맥혈과 정맥 순환계의 원천이므로) 또는 구토제로 치료할 수 있다. 간은 유미(乳糜, 위에서 음식 혼합물에 의해 만들어진다)를 자연 정기가 들어 있는 정맥혈로 변환시키는 일을 담당한다. 이 정기는 몸의 각 부분에 영양을 공급하며 정맥을 통해 분배된다.

심장은 피의 주요한 자리(공기 또는 뜨거움/습함 원리)다. 피의 과다는 사혈(이 경우에는 동맥을 끊어서 개방하기)이나 거머리를 붙여서 치료할 수 있다. 좌심실은 자연 정기가 들어 있는 간의 정맥혈을 생명 정기가 들어 있는 동맥혈로 만드는 일을 담당한다. 생명 정기는 몸의 각 부분에 생명 원리와 살아 있는 온기를 제공하며, 동맥을 통해 분배된다.

뇌는 가래의 주요한 자리(물 또는 몸의 차가움/습함 원리)다. 가래의 과다는 다양한 방법으로 해소할 수 있다. 이뇨제, 발한제, 거담제(전부 물 성분인 오줌, 땀 또는 가래를 제거할 목적)를 사용하거나, 또는 부스럼이나 기타 다른 종양 속에 담이 축적된 경우에는 찢거나 불로 지져 제거할 수 있다. 뇌는 생명 정기가 들어 있는 동맥혈을 동물 정기가 들어 있는 신경액(신경계에 들어 있다고 하는 액체)으로 변환시킨다. 이 정기는 몸의 각 부분에 감각 및 운동 능력을 제공한다고 여겨졌으며 (정맥과 동맥 같은 연속적인 관 체계를 구성하고 있다고 알려진) 신경을 통해 분배된다.

갈레노스에 따른 일련의 '변환'

음식은 위에 들어가서 유미로 변환된다.

유미는 간문맥을 통해 간으로 들어가 정맥혈로 변환된다.

정맥혈은 자연 정기를 운반하는 역할을 하는데, 영양 공급을 위해 몸의 모든 부분에 전달된다. 이 분배 과정 동안 우심실에 도착한 피의 일부는 심실사이막의 구멍들을 통해 좌심실로 스며든다.

심장의 좌심실에 있는 정맥혈은 생명 정기를 담고 있는 동맥혈로 변환된다.

동맥혈과 생명 정기는 동맥을 통해 분배되어 몸의 모든 부분에 활기와 온기를 준다. 이 분배 동안 일부 동맥혈은 뇌의 바닥에 있는 괴망(怪網, 혈관들로 이루어진 미세한 망)에 도달한다(사실 인체에는 괴망이란 것이 없다. 갈레노스가 인체를 해부할 수 없었기에 생긴 오류 중 하나다).

피는 뇌(구체적으로는 괴망)에서 동물 정기가 들어 있는 신경액으로 변환된다. 동물 정기는 신경을 통해 분배되어 몸의 각 부분에 감각과 운동을 부여한다.

어줄지 자신이 없어 이렇게 말했다. "두렵게도, 이처럼 폐의 기능을 새롭게 보는 일은 이제껏 어떤 해부학자도 상상하지 못했던지라 믿지 않는 사람들과 아리스토텔레스주의자들에게는 모순으로 보일 것이 틀림없다."

이 이야기가 전체 순환의 절반이라면, 나머지 절반의 이야기는 이후에 파도바 대학의 외과의 교수가 되는 히에로니무스 파브리키우스(Hieronymus Fabricius, 1537~1619)가 주인공이다. 그는 정맥 내 판막을 발견한 사람이다. 하지만 파브리키우스는 본질적으로 갈레노스의 관점에서 생각한 까닭에 그 판막이 피의 오직 한 방향 흐름을 보장하기 위한 것임을 알아차리지 못했다. 단지 그 판막이 정맥혈의 흐름을 늦추는 역할을 한다고 여겼다. 가령 지나가는 피에서 필요한 생명 정기를 무릎이 뽑아내기 전에 발로 너무 급하게 피가 몰려가지 않도록 막아준다고 본 것이다.

더욱 중요한 점으로, 파브리키우스는 고대 그리스의 고전적인 연구 경향으로 볼 때 환원주의적 입장이었던 아리스토텔레스식 해부학(2장 참고)을 파도바 대학에서 복원시키는 프로젝트를 추진했다. 갈레노스 및 다른 중세 저자들이 오직 인간 해부학에만 관심을 가진 반면에, 아리스토텔레스에 이어 파브리키우스도 '동물'의 형태와 기능에 관심을 가졌다. 아리스토텔레스는 인간의 간이나 개의 간 또는 소의 간에 관심을 가진 것이 아니라 '간'에 관심을 가졌다. 동물의 구조에서 간이란 무엇인가? 간은 일반적으로 무슨 일을 하는가? 따라서 파브리키우스는 비교 해부학 연구를 통해 다양한 동물들의 특정 기관이나 몸을 구성하는 부분들을 관찰했다. 이런 유형의 연구는 파도바 대학의 독특한 활동이었다.

　1602년에 케임브리지 대학의 명민한 의과대학생인 윌리엄 하비(William Harvey, 1578~1657)는 가장 훌륭한 의과대학에서 공부를 계속하기로 결심했다. 따라서 파도바 대학으로 가서 파브리키우스 밑에서 배웠다. 하비는 아리스토텔레스와 그의 방법에 대한 충성스러운 추종자로 자처했다는 점에서 과학혁명의 공헌자 가운데서도 별난 사람으로 오랫동안 인식되었다. 베이컨, 갈릴레오 및 다른 이들이 아리스토텔레스를 깎아내리고 부정한 데 반해 하비는 그가 자신에게 최고의 스승임을 숨기지 않았다.

　아리스토텔레스주의에 대한 하비의 헌신은 파브리키우스와 함께 진행한 아리스토텔레스식 해부학 프로젝트에 관한 그의 연구에서 비롯되었음이 분명하다. 파도바 대학은 다른 곳에서는 아리스토텔레스주의가 더 이상 환영받지 못하던 무렵에 아리스토텔레스 자연철학의 주요 거점으로 남아 있었다(갈릴레오가 이 대학을 떠난 까닭도 바로 이 때문이다). 특히 의과대학은 갈레노스에 비해 아리스토텔레스의 해부학 및 생리학 이론을 더 중시했다. 하비는 이런 노선에 기꺼이 동참했으며, 1600년에 영국으로 돌아온 후에는 비교 해부학적 방식으로 동물에 관한 연구를 해나갔다. 그의 주된 관심사는 동물의 발생—달리 말해 번식—이었는데, 이와 관련하여 동물의 심장과 피의 역할을 살피게 되었다.

　비교 해부학적 연구를 했던 까닭에 하비는 인체에만 관심을 가졌던 의학 연구자들이 하게 마련인 사체 해부만이 아니라 생체 해부도 할 수 있었다. 그는 물고기, 양서류, 뱀, 개를 대상으로 생체 해부를 실시했다. 그 결과 심실이 하나만 있는 단순한 심장을 관찰함으로써 그 속에서 어떤 일이 진행되는지 더 잘 알 수 있게 되었다. 또한 냉혈동물을 얼음 위에 올려놓고 심장 박동을 살펴본 결과 박동이 느려짐을 알 수 있었다.

죽어가는 개 역시 심장 박동이 느려졌고, 심장이 뛸 때 어떤 일이 벌어지는지 더 잘 이해하게 되었다.

또한 하비는 심장으로부터 상이한 위치에 있는 동맥과 정맥의 여러 부분을 실로 묶음으로써(결찰) 상이한 결과들을 관찰할 수 있었다. 실로 묶인 정맥에서는 심장에서 먼 쪽에 충혈이 생기고 심장에 가까운 쪽에서는 피가 빠지는 반면에, 실로 묶인 동맥에서는 심장에서 가까운 쪽에 충혈이 생기고 심장에서 먼 쪽에서 피가 빠진다는 사실을 알아냈다. 따라서 하비는 정맥혈은 심장으로 들어가고 동맥혈은 심장에서 흘러나오는 것을 확인하였다. 또한 심장과 정맥의 판막들이 피의 흐름을 한 방향으로만 가능하게 해준다는 사실도 알아냈다. 따라서 정맥의 경우 피는 심장으로만 흘러들어갈 수 있는데, 이는 정맥혈이 간에서 가령 발로, 또는 팔을 거쳐 손가락으로 간다고 보았던 갈레노스의 체계에서는 불가능한 일이다.

갈레노스의 방식으로 연구를 한 어떤 의사도 그런 현상을 볼 수 없었다. 죽은 사람만 해부했기 때문에 심장이 어떻게 작동하는지 이해하기가 어려웠던 것이다!

하지만 때때로 하비의 비교 해부학적 방식은 그릇된 것으로 밝혀지기도 했다. 가령 그는 폐가 없는 동물과 포유류의 태아(여기서는 폐가 아직 기능을 하지 않는 상태라 피가 우회한다)를 연구하고서, 일반적으로 폐가 심혈관계에 핵심적인 역할을 할 수 없다고 결론 내렸다. 그의 가정에 따르면, 폐는 단지 피와 심장에 공기를 통하게 하고 너무 뜨거워지지 않도록 식혀주는 기관일 뿐이다. 그는 심혈관계를 하나의 닫힌 체계, 즉 몸을 살아 있게 유지해주는 자족적인 체계로 보았다.

하비의 실험적 기법과 자세한 관찰을 높이 사던 사람들은 그가 우심실로 되돌아가는 정맥혈과 폐에서 나가는 산소가 가득 찬 피 사이의 명백한 외관상의 차이를 전혀 언급하지 않는다는 사실에 당혹스러워했다. 사실 하비는 자신만의 동물 해부학 및 생리학 개념과 일치하는 점들만 알아차렸다(어쨌거나 프랜시스 베이컨은 중요한 점을 간파했다. 즉 우리는 아무런 선입견 없이 사실들을 수집해야 한다). 폐는 심혈관계의 일부일 수 없다고 확신했던 하비는 피가 폐를 지날 때 나타나는 중요한 변화를 놓치고 말았다.

이러한 하비의 결점을 보완해주려는 듯이, 초기의 해설자들은 하비의 주장에 정량적인 요소가 포함되어 있다고 간주하고서 이를 강조했다. 하비는 각각의 심장 박동마다 좌심실에서 얼마만큼의 피가 방출되는지, 그리고 가령 1분 안에 박동이 몇 번 일어나는지를 어림잡아 계산하고 나서 방출된 피의 총량을 볼 때 동일한 피가 계속 순환한다고 결론 내렸다. 갈레노스 체계에 따르면 피는 궁극적으로 음식에서 생성되어 유미로 변환되고 이어서 정맥혈과 동맥혈로 변환된다고 했지만, 우리가 아무리 많이 먹는다고 해도 좌심실에서 방출되는 피의 양을 설명할 수가 없다. 그렇다고 해서 하비를 수학적 생물학자의 유형으로 파악하는 것은 오해의 소지가 있다는 점은 결코 과장이 아니다. 하비의 주장을 슬쩍 보기만 해도 드러나듯이, 그는 심장이 수축할 때 얼마만큼의 피가 방출되는지 측정하지 않고서 "합리적인 추측을 해보자면 4분의 1, 5의 1이나 6분의 1, 그리고 적어도 8분의 1의 양이 동맥으로 보내지며", 따라서 매 박동마다 "1온스나 3드램(1/8온스에 해당—옮긴이) 또는 1드램"을 방출한다고 주장했다. 정확한 측정치도 아니고 명백히 과소평가된 양을 바탕으로 한 주장인지라 오히려 더 설득력이 있다.

전체적으로 보았을 때, 하비의 《동물의 심장과 혈액의 운동에 관한 해부학적 연구*Exercitatio Antomica de Motu Cordis et Sanguinis in Animalibus*》는 혈액 순환을 강력하게 지지하는 내용을 담고 있다. 하비는 정맥혈과 동맥혈이 갈레노스의 설명처럼 하나는 간에서 시작되고, 다른 하나는 좌심실에서 시작되는 별도의 두 체계가 아님을 보여주었다. 게다가 이 두 종류의 서로 다른 피는 각자의 체계에서 조수처럼 "밀려왔다 쓸려나가지" 않고 몸의 상이한 여러 부분에서 차츰 소비된다(이어서 각각 간과 좌심실로부터 신선하게 제공되는 피로 보충된다). 하비에 따르면, 피는 좌심실에서 새로 생기를 얻어 펌프질을 통해 대동맥으로 가고, 이어서 동맥계의 나머지 부분을 거쳐 몸의 말단까지 이른다. 마지막으로 소진된 피는 동맥을 지나 정맥으로 들어가서 우심실로 되돌아간다. 포유류의 경우, 그다음에 피는 폐를 통과하여 좌심실로 들어가 다시 생기를 얻어 한 번 더 보내진다.

흠잡을 데 없는 실험 기법과 설득력 있는 추론에도 불구하고 그는 당시 사람들을 금세 설득시키지 못했다.

문제는 하비의 새로운 이론이 갈레노스 체계를 완전히 붕괴시키긴 했지만 이를 대체할 것을 내놓지 않았다는 점이다. 만약 하비가 옳다면 갈레노스는 심장뿐 아니라 간, 뇌 그리고 그의 생리학 이론의 모든 연관된 부분에 대해서도 틀렸다는 말이 된다. 만약 간이 자연 정기를 신경을 통해 몸에 전달하지 않는다면 과연 자연 정기가 존재하긴 하는가? 만약 존재하지 않는다면, 생명 정기와 동물 정기는 어떻게 되는가? 호흡은 어떻게 존재하는가? 하지만 하비는 심혈관계 외에는 간, 뇌, 정기 또는 폐에 대해서 아무런 언급도 하지 않았다.

게다가 갈레노스 체계는 질병 이론 및 질병 치료의 올바른 방법—네 가지 체액 간의 균형 유지—과 긴밀하게 관련되어 있었다. 의사들은 갈레노스의 질병 및 치료 이론을 따름으로써 오랜 세기에 걸쳐 넉넉한 생활을 해왔다. 그런데 어떻게 갈레노스가 틀릴 수가 있단 말인가? 의사들은 하비가 틀렸다고 믿었다.

당시의 반응은 존 오브리가 1660년대 후반에 쓴 기록에서 알 수 있다.

> 내가 듣기로, 혈액 순환에 관한 책이 나온 후 그는 자신이 개업의로서 크게 몰락했으며 천한 사람들한테서 미치광이 취급을 당했음을 실토했다고 한다. 그리고 모든 의사들이 그의 견해에 반대했다. …… 전문적인 경력 덕분에 훌륭한 해부학자가 되긴 하겠지만, 그의 치료법을 높이 사는 사람이 있다는 말은 듣지 못했다.

이와 비슷하게 비스카운트 콘웨이는 1651년 딸에게 이런 편지를 보냈다.

> 네가 하비 박사를 대단하게 여긴다고 들었다. 네가 장점을 지닌 사람을 따르고 존경하는 것은 좋다고 본다. 그는 이제껏 밝혀낸 것을 볼 때 학식 있는 사람들 중에서도 대단한 평판을 받을 만한데 …… 하지만 내가 볼 때 개업의로서 그는 심각할 정도로 너무 자주 공상에 빠지는데 …… 의사가 공상에 젖는 것은 매우 위험하다. 병을 치료하는 일은 아주 긴급할 때가 많기에 의사는 오로지 자신의 판단에 의지해야 한다.

사람들은 하비의 발견이 훌륭하다고 인정하면서도 그를 여전히 믿을 수 없는 의사로 치부했다. 이런 이중적인 태도는 서로 어울리지 않기에 긴장을 유발할 수밖에 없었다. 이 같은 긴장의 밑바닥에는 갈레노스는 우리 주위에서 경험할 수 있는 세계의 많은 측면들을 이해하기 위한 하나의 완벽하고 일관된 체계를 내놓았지만 하비는 단지 심장과 피에 대한 그럴듯한 설명만 내놓았을 뿐이라는 인식이 깔려 있다.

마침내 한 무리의 추종자들이 하비의 연구를 보충하는 연구를 실시했다. 호흡, 위, 간 및 뇌에 관한 연구였다. 이로써 해부학과 생리학에 관한 갈레노스의 깔끔하고 상호연관된 체계는 차츰 대체되어갔지만, 그럼에도 여전히 네 가지 체액의 균형 유지를 회복시키는 데 바탕을 둔 갈레노스의 치료법은 19세기까지 이어졌다. 한 체계를 완전히 대체하기란 결코 쉬운 일이 아니다.

11

체계의 정신

데카르트와 기계론적 철학

해부학 분야에서 이룬 하비의 제한적인 혁신을 받아들이느냐, 아니면 비록 새로 얻은 지식과는 일치하지 않지만 총체적이고 일관된 하나의 의학 체계를 유지하느냐 사이의 긴장은 초기 근대 자연철학의 경우에서도 볼 수 있다. 코페르니쿠스, 튀코 브라헤, 윌리엄 길버트, 케플러, 갈릴레오뿐 아니라 덜 알려진 다른 많은 사람들이 스콜라주의적 아리스토텔레스 체계에 심각한 문제점이 있음을 밝혀냈지만, 아무도 이를 대체할 체계를 내놓지 못했다. 매우 단편적인 비판에 그칠 뿐이었다. 프랜시스 베이컨은 자연철학 전반을 야심차게 개혁해야 할 필요성을 절감했지만 결실을 이루지는 못했다. 기존 체계를 총체적으로 대체할 체계를 마련하는 과제에 도전했던 르네상스 사상가들이 있기는 하다. 베르나르디노 텔레시오, 프란체스코 파트리치, 페트루스 세베리누스 등이다. 하지만 이들 중 누구도 당시 사람들을 설득시키지 못했다.

바로 그때 르네 데카르트(René Descartes, 1596~1650)가 등장했다. 그는 아리스토텔레스만큼이나 광범위한 대상들을 다루는 하나의 완결된 자연철학 체계를 개발했으며, 자신이 모든 답을 갖고 있다고 당시 사람들을 설득하는 데 성공했다. 데카르트는 오늘날에는 과학자보다 철학자로 더 잘 알려져 있지만, 처음에는 케플러와 갈릴레오처럼 수학자로 시작하여 그들과 마찬가지로 나중에는 자연철학으로 기울었다. 그의 새로운 자연철학은 어떻게 행성이 움직이는지에 관한 새 이론, 또는 운동 일반에 관한 새 이론에서 멈추지 않고 상상 가능한 모든 주제들을 다루었다. 그는 자신의 《철학 원리*Principia philosophiae*》(여기서 철학은 '자연철학'을 뜻한다) 말미에서 "이 논문은 어떤 자연현상도 배제하지 않았다"라고 썼다. 물론 문자 그대로의 의미로 한 말은 아니다. 모든 현상을 설명할 수 있는 원리를 제시했다는 의미다. 단지 그의 원리를 우리가 필요로 하는 어느 현상에나 적용시키는 문제가 남으며, 그러면 이해가 저절로 뒤따를 것이었다.

말할 필요도 없이 데카르트는 많은 오류를 범했으며 결국에는 실패했지만, 근대의 지적 풍경에 항구적인 족적을 남겼기에 오늘날의 과학적 세계관은 데카르트에게 큰 빚을 지고 있다. 하지만 여기서 우리의 목표는 어떻게 데카르트가 당시 사람들에게 그처럼 큰 영향을 끼칠 수 있었는지 이해하는 것이다.

앞서 보았듯이, 아리스토텔레스를 대신할 고대 사상이 재발견된 이후로 '유럽 사상의 위기'라는 인식 속에서 그가 더 이상 진리의 계시자가 아님이 분명해졌는데, 지리학(서양의 반대편에도 사람이 산다는 사실)과 천문학(천체의 변화, 달의 산 등)의 새로운 발견들이 이를 확인시켜주었다. 유럽 전역의 많은 학식 있는 사람들이 혼란과 좌절에 빠졌다. 무엇을 믿어야 하는가? 프랜시스 베이컨은 독자들에게 폰티우스(성경에서는 본디오 빌라도라고 나오는 인물로 예수가 살던 시절에 유대의 로마 총독이었다. 폰티우스는 로마식 이름이다. 다음 질문은 그가 예수를 심문할 때 던진 말이다─옮긴이)가 "진리란 무엇인가?"라고 물었음을 상기시켰지만, 더 나아가 "그가 답을 내놓지는 못했다"는 점도 말했다. 17세기에도 사정은 같았다. 사람들은 무엇이 참인지를 아무도 알려줄 수 없으니 기다려보았자 답은 나오지 않을 것이라고 믿었다. 회의주의가 등장하기 시작했다.

회의주의로 향하는 이런 경향은 르네상스 학자들이 회의주의가 고대인들에게도 유행했음을 이미 알고 있었기에 더 심해졌다. 실제로 일부 고대의 회의주의자들은 어떤 지식도 얻을 수 없다는 데까지 나아갔다. 다른 회의주의자들은 덜 허무주의적인 노선을 취해 현재의 지식 수준에서는 어떤 확고한 결론을 내리기에는 정보나 증거가 모자라기에 더 많은 증거가 나올 때까지 기다려야 한다고 여겼다. 그 결과 유럽 전역에 걸쳐 절망에 빠지거나 기존에 확립된 지식에 반대하는 심술 맞은 학자들은 회의주의로 돌아섰다. 옥스퍼드에서부터 파도바까지 탄식이 만연했다. "내가 아는 것이라고는 내가 아무것도 모른다는 사실뿐이다." 그리고 웁살라에서 나폴리까지 이런 절규가 울려 퍼졌다. "오직 한 가지는 확실하다. 아무것도 확실하지 않다는 것이다."

그럼 여기서, 선구적인 세속 사상가들이 위기를 느낀 결과 생겨난 회의주의가 새로운 위기를 초래할 가능성이 크다는 점을 쉽게 알 수 있다. 즉 이런 회의주의적 비난을 모든 신조와 사상에 적용하기 시작하면 기독교가 위험에 처하게 되는 것이다. 실제로 루터의 종교개혁에서 시작된 후 곧이어 칼뱅주의 같은 경쟁적인 프로테스탄트 교회의 성립으로 이어진 새로운 종교적 다원주의는 회의주의를 더욱 촉진시켰다. 한

때는 오직 가톨릭교회만이 있었지만, 이제는 다른 대안들이 많아졌다. 그렇다면 진리는 어디에 있는가?

그 무렵 유럽의 지적 문화에서 무신론이 등장하기 시작했다는 사실은 결코 우연이 아니다. 중세에는 무신론의 기미가 전혀 없었지만(이단이 있을망정 무신론은 없었다), 르네상스 후기에 이르면 무신론이 처음으로 정통 사상가들에게 공격을 받을 정도로 표면화되었다('무신론'이라는 용어도 이때 처음 만들어졌다). 역사 기록에서 무신론자들이 드러나지는 않지만—매우 은밀하고 비밀스러웠다—정통 사상가들이 무신론을 공격한 것을 보면 당대에 무신론이 존재했음을 알 수 있다.

따라서 신자들에게 회의주의는 가장 큰 공공의 적이 되었다. 하지만 여러분이라면 어떻게 그것과 싸울 수 있는가? 아무것도 확실하거나 신뢰할 수 없다는 사상을 골자로 하는 철학의 추종자들에게 어떻게 어떤 주장이 유효하다거나 어떤 결론이 참이라고 설득시킬 수 있단 말인가? 회의주의 사상가는 여러분이 말하는 것은 모두 조롱거리로 만들 것이다. 따라서 누구도 부정할 수 없을 만큼 명백히 옳은 하나의 주장을 찾는 것이 관건이었다. 그런 주장을 내놓을 수 있다면 회의주의자들도 더 이상 부정할 수 없을 테고, 그렇다면 이와 마찬가지로 부정할 수 없는 다른 주장들로 그들을 계속 설득할 수 있을지 모른다.

데카르트가 첫 출간물인 《이성을 올바르게 이끌어 여러 가지 학문에서 진리를 구하기 위한 방법의 서설》(줄여서 《방법서설*Discours de la méhode*》)을 내놓으며 목표로 한 일이 그런 것이었다. 데카르트의 가장 유명한 주장이자 아마도 시대를 통틀어 가장 유명한 철학적 주장인 "나는 생각한다. 그러므로 나는 존재한다(코기토 에르고 숨Cogito Ergo Sum)"는 그 자신, 즉 데카르트가 존재함을 증명하기 위함이 아니었다. 요점은 이것이 어떤 회의주의자도 부정할 수 없는 주장이라는 데 있다. 가장 반항적이고 허무주의적인 회의주의자라고 해도 "나는 생각한다. 하지만 그것이 내가 존재함을 보장하지 않는다"라고 반박할 수 없었다. 여러분이 생각하고 있음을 인정하는 순간 데카르트가 이긴 것이다.

따라서 회의주의적 위기가 이 유명한 철학적 주장의 바탕을 마련한 셈이다. "나는 생각한다. 그러므로 나는 존재한다"는 어떤 회의주의자도 거부할 수 없는 주장으로서 제시되었다. 회의주의자도 이제는 어떤 것(즉 자신의 존재 자체)은 확실하며 부정할 수 없음을 인정해야 한다. 하지만 이것으로부터 어디로 나아가야 하는가?

데카르트는 다음 단계로서, 우리가 마음속에 완전성에 관한 개념을 갖고 있음을 지적했다. 하지만 이 개념은 어디서 왔는가? 우리 자신에게서 왔을 리는 없는데, 왜냐하면 어느 누구도 완전하지 않기 때문이다. 우리의 경험으로부터 추상화시킨 것일 리도 없는데, 왜냐하면 우리의 경험에서 완전한 것을 실제로 만난 적이 없기 때문이다. 가령 우리는 완전한 것을 본 적도 완전한 맛을 느낀 적도 없다. 완전성에 관한 개념을 설명할 수 있는 유일한 방법은 어떤 완전한 존재가 그것을 우리 마음에 심어놓았음이 틀림없다고 보는 것이다.

여기서부터 데카르트는 논쟁적인 주장 하나를 내놓는다. 이 완전한 존재가 분명히 존재한다는 것이다. 그가 이런 확신의 밑바탕으로 삼은 것은 우리가 완전성의 개념(이 완전한 존재를 통해서만 생길 수 있는 개념)을 갖고 있다는 사실뿐만 아니라, 완전성 그 자체의 속성이다. 이 존재가 완전하다면 그것은 반드시 존재한다. 현실을 직시해보자. 실제로 존재하는 빠른 차는 상상 속에서만 존재하는 훨씬 더 빠르다고 짐작되는 차보다 더 낫다. 내가 여러분에게 포르셰 한 대를 선물하면서, "이것 말고 모든 면에서 포르셰보다 월등한 상상의 어떤 차를 가질 수도 있다"라고 말하며 손가락으로 허공을 가리킨다면, 여러분은 당연히 포르셰를 갖겠다고 할 것이다. 그렇지 않은가?

따라서 데카르트가 주장하듯이, 실재하지 않는다는 사소한 문제를 예외로 하고서 이 존재가 지극히 완전하다는 말은 전혀 이치에 맞지 않는다. 만약 존재하지 않는다면 그 존재는 완전하지 않은 것이다. 상상할 수 있는 어떤 것보다 더 월등하다고 할 수 없다. 따라서 이런 발상은 완전한 존재에 관해 타당한 생각이 아니다. 여러분도 완전한 존재에 관해 타당하게 생각해보면, 데카르트가 주장하고 싶어하듯이, 그 존재는 반드시 실제로 존재함을 알게 될 것이다.

신의 존재에 관한 존재론적 설명이라고 알려진 이 주장은 11세기에 최초로 캔터베리의 성 안셀무스가 약간 다른 방식으로 정식화했다. 대체로 이는 근거 없는 주장으로 여겨지지만, 아직도 일부 철학적 신학자들은 이 문제를 논의하고 있다. 하지만 우리의 목적상 데카르트는 회의주의자들이 반박할 수 없는 또 하나의 주장을 자신이 내놓았다고 확신했음을 언급하는 것으로 충분하다(하지만 동시대인들, 심지어 매우 종교적인 동시대인들까지 이 주장을 일제히 반대하자 데카르트도 잘못을 알아차렸음이 틀림없다).

그렇긴 하지만 일단 데카르트가 신의 존재를 증명했다고 가정하자. 이제 그는 아무 어려움 없이 앞으로 나아갈 수 있다. 그는 주장하기를, 신은 우리가 체계적으로 속임수를 당하기를 허용하지 않을 테니, 우리가 사실을 확인할 적절하게 주의 깊은 방법을 사용하여 어떤 것이 참인지 거짓인지 밝혀내면 우리의 결론이 믿을 만하다고 확신할 수 있다.

이에 필요한 방법을 데카르트는 《방법서설》에서 제시했다. 몇 가지 수정을 거쳐 기하학에 사용되는 방법에 토대를 둔 것으로, 아래 네 가지 일반적인 절차로 요약된다.

첫째, 만약 어떤 것의 존재를 명백하게 알지 못하면 결코 인정하지 않는다. 이를 위해서는 경솔함과 편견을 애써 피하고 내가 결코 의심할 수 없을 정도로 분명하고 뚜렷하게 제시된 것만을 판단의 대상으로 삼는다.

둘째, 조사한 각각의 문제를 가능한 한, 그리고 더 나은 해법을 위해 필요한 만큼 여러 부분으로 나눈다.

셋째, 사고를 질서정연한 방향으로 향하게 한다. 가장 단순하고 가장 잘 알려진 대상에서 시작하여 조금씩 단계별로 가장 복잡한 지식으로 올라간다. 그리고 대상들 간에 자연적인 우선순위가 없을 경우에도 사고의 순서를 정한다.

마지막으로, 더 이상 아무것도 남지 않았다고 확신할 수 있을 정도로 그러한 나열과 일반적인 조사를 철저하게 한다.

꼭 언급해야 할 점으로, 프랜시스 베이컨과 마찬가지로 데카르트도 실제 과학을 내놓기 전에 과학을 하는 방법을 내놓기로 결심했다. 하지만 베이컨과 달리 데카르트는 이미 자신의 철학 체계를 충분히 마련해놓았다. 1633년에 갈릴레오의 유죄 판결에 대해 들었을 때는 그 체계를 발표하기 직전이었다. 데카르트의 체계는 코페르니쿠스 사상을 바탕으로 하지만 데카르트 자신은 독실한 로마 가톨릭 신자였기에 교회의 결정을 거스르고 싶지 않았다. 따라서 그는 자신의 체계를 발표하겠다는 마음을 접고 대신에 《방법서설》을 썼다.

어떤 면에서 《방법서설》은 데카르트가 회의주의를 물리치고 참된 철학에 이르는 완전한 방법을 기술할 수 있을 뿐 아니라 이 철학을 이미 개발했다는 일종의 선언이다. 따라서 그는 이 방법이 어떤 결과를 내놓을 수 있는지, 즉 자신이 주의 깊게 선택한 다양한 자연현상을 어떻게 설명하는지 보여주는 몇 가지 예를 책에 포함시켰다. 스스로 질문하고 답하는 이런 방식은 효과가 있었다. 1644년에 데카르트가 그의 체계를 발표했을 때, 아리스토텔레스주의와 갈레노스주의를 통째로 완벽하게 대체할 매우 포괄적인 체계가 될 것이라는 기대와 함께 금세 받아들여졌다.

데카르트주의와 기계론적 철학

데카르트는 그의 철학 체계는 그의 방법을 사용하여 이루어졌다고 주장한다. 따라서 "나는 뭐든지 참임을 명백히 알지 못하면 결코 인정하지 않는다. 이를 위해서는 경솔함과 편견을 애써 피하고 내가 결코 의심할 수 없을 정도로 분명하고 뚜렷하게 제시된 것만을 판단의 대상으로 삼는다"는 주장을 전적으로 따라야 한다. 비록 숨 막힐 정도로 독창적이지만 실제로는 상상의 날개를 펼친 쪽에 훨씬 더 가깝다. 그러면 어떻게 데카르트가 자신의 체계를 세웠는지 살펴보자.

그는 어리둥절할 정도로 복잡한 세계를 이해하기 위해 환원주의 노선을 택하고서 물질계의 진정한 본질이 무엇인지 스스로에게 물었다. 모든 것은 다양한 성질, 가령 크기, 질감, 무게, 색깔, 온도 등을 가지고 있다. 하지만 이런 것이 어떤 사물의 본질의 전부는 아니다. 한 물체의 온도는 (예외가 있긴 하지만) 그 물체를 바꾸지 않고서도 바뀔 수 있으며 색깔이 바뀌더라도 본질적으로 동일한 물체로 유지된다. 어떤 성질은 다른 성질로 환원될 수 있기에 근본적이지 않다. 가령 질감은 물체 표면의 형태상의 세부 사항으로 환원될 수 있다(평평한 면을 지닌 물체는 매끄러운 느낌이 들고, 미세한 주름이 잡힌 물체는 거친 느낌이 든다).

하지만 데카르트는 모든 물체가 형태를 지닌다는 사실만큼은 부정할 수 없다는 데 주목했다. 즉 모든 물체는 3차원 공간에서 존재한다. 심지어 밀랍 한 덩이나 진흙도 무한히 많은 개수의 상이한 형태로 변형시킬 수 있을지언정 아무 형태가 없도록 변환시킬 수는 없다. 만약 그랬다가는 밀랍은 사라지거나 더 이상 존재하지 않을 것이다. 따라서 '연장(extension)'은 물리적 실재의 본질을 이루는 일부임이 틀림없다.

데카르트는 물질을 공간의 연장으로 파악했기에, 결과적으로 진공은 모순되는 용어였다. 그에게 연장된 진공은 불가능한 것이기에 연장된 공간은 물질적 실체여야만 했다.

또한 그는 실재란 불변하는 것이 아니므로 운동 또한 물질적 실재의 한 본질임이 틀림없다는 데 주목했다. 따라서 모든 것은 다른 어떤 것에 의해서가 아니라 물질과 운동의 관점으로 설명할 수 있다. 심지어 성질의 변화도 운동하는 물질의 관점에서 설명할 수 있다. 이런 점에서 데카르트의 체계는 원자론과 비슷하지만(원자론은 원자들의 배열과 재배열—여기서 운동이 수반된다—의 관점에서 모든 현상을 설명한다), 그는 원자론자가 아니었다. 왜냐하면 모든 물질을 구성하는 보이지 않을 정도로 작은 물질의 입자는 무한히 나누어질 수 있다고 여겼기 때문이다.

따라서 데카르트는 자신이 모든 비의적 영향과 현상을 거부할 수 있다고 믿었다. 순전히 운동하는 물질의 관점만으로도 그런 것을 설명할 수 있으니 말이다. 여기서 그는 앞서 살펴본 대로 신비적인 힘을 배제하고 모든 것을 운동의 관점에서 설명하고자 했던 갈릴레오를 빼닮았다.

자기 현상을 예로 들어보자. 데카르트는 보이지 않는 작은 입자들의 흐름이 자석의 한 극에서 발생하여 순환한 뒤 다시 그 자석의 다른 극으로 들어간다고 주장했다. 자석 자체가 온통 보이지 않는 작은 구멍으로 이루어져 있고, 이 구멍들을 통해 작은 입자들이 흐를 수 있다. 철에도 이와 비슷한 구멍들이 있다. 자기 현상을 담당하는 것은 바로 이 입자들의 흐름이기에, 자석은 비의적인 '원거리 작용'이 아니라 이런 입자들의 접촉 작용에 의해 작동된다는 것이다.

하지만 인력과 척력은 어떻게 설명했을까? 그의 가정에 따르면, (여기서 그의 방법과 더불어 "만약 어떤 것의 존재를 명백하게 알지 못하면 결코 인정하지 않는다"는 주장을 기억하라) 입자들은 두 유형으로 존재하는데, 전부 작은 나사처럼 생겼지만 한 유형은 오른쪽 나사산, 다른 유형은 왼쪽 나사산이다. 이와 비슷하게 입자들이 관통하는 구멍들도 오른쪽 아니면 왼쪽으로 비틀려 있다. 오른쪽으로 비틀린 입자들이 오른쪽으로 비틀린 구멍을 만날 때는 통과하면서 나사와 유사한 작용에 의해 철이나 다른 자석을 그 입자들이 흘러나온 자석 쪽으로 끌어당긴다. 하지만 오른쪽으로 비틀린 입자들이 왼쪽으로 비틀린 구멍들을 만날 때는 입자들의 흐름이 자석을 밀어내는데, 물론 이 현상은 척력의 작용처럼 보이게 된다.

데카르트는 진공을 부정했기에 자칭 '소용돌이' 이론을 개발했다. 물체가 어딘가를 향해 이동하면 통과하는 매체, 가령 앞에 놓인 공기를 쫓아내야만 한다는 이론이다. 하지만 공간에는 이렇게 쫓겨난 공기가 들어갈 진공이란 존재하지 않으므로, 일종의 연쇄작용이 일어나 쫓겨난 공기는 순차적으로 인접한 다른 공기를 쫓아낸다. 하지만 이런 위치

변동은 우주 전체로까지 확장되지는 않는다. 왜냐하면 어딘가를 향해 나아가는 물체는 그 뒤에 진공을 남길 위험이 있기에 공기가 빠져나간 공간은 즉시 흘러들어오는 다른 공기로 채워지기 때문이다. 하지만 이 다른 공기가 비워진 공간 또한 채워져야 하므로, 실제로는 운동하는 물체의 앞에서부터 뒤로 갔다가 다시 되돌아오는 공기 순환이 일어난다. 이 순환이 바로 소용돌이다.

소용돌이는 데카르트의 설명에서 한 가지 중요한 역할을 한다. 가령 태양계를 예로 들어보자. 태양계 전체는 보이지 않는 작은 입자들이 북적대는 하나의 거대한 소용돌이다. 태양계가 회전할 때 원심력이 생겨서(붕대 끝에 돌을 매달고 돌리면 돌이 멀리 날아가고자 하는 탓에 붕대는 팽팽해진다) 입자들의 흐름은 줄곧 중심에서부터 주변부로 이동한다. 태양계의 주변부에는 다른 세계 체계들이 존재하는데(그림 11.1 참고), 이웃하는 세계 체계에서 바깥으로 흘러나가는 입자들의 흐름은 서로 충돌하여 다시 출발지로 되돌아간다. 따라서 다시 중심으로 되돌아가는 아래 방향의 지속적인 입자 흐름 또한 존재한다.

데카르트는 바깥쪽 방향과 안쪽 방향의 두 흐름을 이용하여 행성의 안정된 궤도를 설명했으며, 아래 방향의 흐름으로 중력을 설명했다. 물체가 떨어지는 까닭은 입자들의 이러한 연속적인 하강 흐름에 의해 끌어당겨지기 때문이라는 것이다.

따라서 자신의 방법의 출발점으로 '체계적 의심'이 그토록 중요하다고 역설했음에도 정작 그는 독창적이긴 하지만 실현될 수 없는 공상적인 체계를 개발한 셈이다.

그의 체계에는 오류가 쉽게 발견된다. 만약 밑으로 잡아당기는 아래로 향하는 흐름에 의해 중력이 생긴다면, 물체를 책상 밑에서 놓을 때

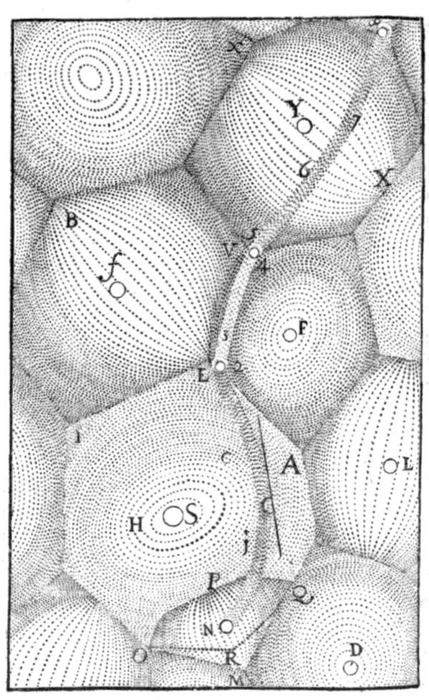

그림 11.1_ 데카르트가 그린 우주의 일부로서 회오리치는 물질들의 소용돌이 상태인 다양한 태양계들을 보여준다. 르네 데카르트의 《철학 원리》(암스테르담, 1644). 에든버러 대학 도서관 특별소장품부(JA 398/1)의 허락하에 게재.

데카르트의 우주는 상이한 별들(D, S, F 등) 주위를 도는 여러 소용돌이를 보여준다. 이웃 소용돌이가 얼마나 가까운지 그리고 궁극적으로 서로에게 영향을 주는지에 주목하기 바란다.

는 왜 떨어지는가? 아래로 향하는 입자들의 흐름을 책상이 막아주어야 마땅하지 않은가? 데카르트의 대답은 입자들이 너무 작고 미세해서 책상을 뚫고 지나갈 수 있다는 것이다. 이것 또한 의문을 일으킨다. 입자들이 책상은 통과하는데, 왜 이들 입자가 땅으로 밀어내는 대상인 낙하 물체는 통과하지 않는가? 너무 작아서 책상을 통과할 수 있는 입자들이라면 어떻게 물체를 실제로 밀 수 있는가?

또한 세상에는 새로운 운동이란 있을 수 없다는 데카르트의 주장도 살펴보자. 신은 천지창조 때 우주를 움직이게 했지만, 데카르트의 추측에 따르면, 그 이후로는 한 입자에서 다른 입자로의 접촉을 통해 운동이 전달될 뿐이다. 정지한 물체는 움직이는 입자와 충돌함으로써 운동을 시작하므로 움직이는 입자로부터 자신의 운동을 넘겨받는 셈인지라 필연적으로 느려지거나 어쩌면 멈추게 된다. 데카르트는 운동의 전이에 관한 정밀한 규칙을 도출해냈지만 그런 세부 사항을 굳이 들여다보지 않아도 데카르트의 설명 체계에 여러 가지 문제점이 있음을 알아차릴 수 있다. 앞서 우리는 어떻게 자석이 한 극에서 나와서 다른 극으로 되돌아가는 입자들의 흐름의 결과로 작동하는지 알아보았다. 이들 자석의 일부는 신이 창조한 때부터 운동을 시작하게 되었다고 가정하는 편이 합리적인 듯하다. 하지만 자석으로 문질러서 자화된 철 한 조각의 경우는 어떻게 보아야 하는가? 새로 자화된 철 주위를 도는 입자들의 흐름은 원래 자석의 문지르기 운동에 의해 시작되었다고 가정해야 할까? 이것이 말이 될까? 철 조각이 데카르트의 충돌 규칙을 따른다고 볼 수는 없다. 화약의 극적인 효과 또한 마찬가지다. 화약이 무거운 대포알에 전달할 수 있는 운동은 화약이 점화될 때 폭발하는 화염의 운동에 의해 화약으로 다시 전달된다고 가정해야 할까? 아니면 화약을 제조하는 화학적 과정이 어떤 식으로든 화약 속에 운동을 저장해두었다가 점화 시에 방출한다고 가정해야 할까? 이것이 실제로 가능할까? 이 경우도 데카르트의 충돌 규칙과 양립할 수 없는 듯하다.

이런 것들을 포함하여 받아들일 수 없는 명백한 문제점이 많긴 하지만 데카르트의 체계는 누가 보더라도 성공적이어서 유럽 전역의 자연철학자들에 의해 수용되었다. 그의 '기계론적 철학'(상자글 11.1 참고)은 실제로 아리스토텔레스주의를 제치고 자연계를 이해할 최상의 방법을

11.1_ 데카르트의 기계론적 철학

1. 물질에 관한 새로운 이론

- 한 물체의 속성과 성질은 그것의 형태, 크기 및 운동에서 비롯되지만, 때로는 그 구성 입자들의 형태, 크기, 배열 및 운동의 관점에서 이를 이해해야 한다.
- 모든 물체는 보이지 않을 정도로 작은 물질 입자('원자' 또는 '미소체')들로 구성된 것으로 보인다.
- 원거리 작용은 불가능하다.
- 물질 또는 다른 어떤 것에서도 '비의적 성질', '힘(power)', '공감' 및 '반감', '생기' 원리 또는 '활기' 원리 같은 것은 존재하지 않는다.
- 제1원인(형태, 크기, 배열, 운동)과 열, 색깔, 질감 및 제1원인으로 환원된다고 여겨지는 (가령 원자나 미소체는 색깔이 없지만 상이한 운동 속도 때문에 눈/뇌에 상이한 색깔로 인식된다) 제2원인은 뚜렷이 구별된다.

2. 인과관계에 대한 새로운 개념

- 네 가지 원인(질료인, 형상인, 작용인, 목적인)으로 설명하는 아리스토텔레스의 원인 이론이 거부되었다.
- 작용인만큼은 이해할 수 있다고(사건의 새로운 상태를 즉시 일으키는 것으로) 여겨진다. 그리고 원인은 접촉 작용, 충돌 또는 재료들의 맞물림의 관점에서 이해되어야 한다(인과관계는 시계 작동이나 당구 경기와 유사하다).
- 물질이 원자 또는 미소체로 이루어져 있다는 가정과 더불어 비의적 힘을 거부함으로써 작용인은 종종 '운동하는 물질'의 관점으로 요약된다.
- 유일하게 유효한 '힘(force)'의 개념은 '충돌의 힘' 또는 '운동의 힘'이다.
- 작용인은 세 가지 구체적인 자연법칙의 형태로 체계화된다.

3. '자연'법칙에 관한 새로운 개념

- 생명 현상을 포함한 모든 현상은 기계적 모형이나 유사체(analogue)를

이용하여 '기계적' 관점에서 설명된다. 이 세계는 거대한 시계와 마찬가지다.

- '자연'과 '인공'을 가르는 이전의 구별이 거부된다. 기계는 더 이상 자연마법의 영역이 아니라 자연철학의 원리다. 자연은 신의 작품으로 인간이 만든 기계보다 낮지만 둘 다 근본적으로 기계라는 점에서는 차이가 없다.

마련해주는 철학 체계로 인정되었다. 이유는 명백해 보인다. 데카르트가 마침내 자신의 체계를 발표한 해인 1644년까지 이미 모든 사람들이 아리스토텔레스 체계가 유지될 수 없음을 알았지만, 새로운 대안이 될 종합적인 체계가 나오기 전까지는 아리스토텔레스 체계를 포기할 수가 없었다. 데카르트의 체계는 온갖 결점에도 불구하고 아리스토텔레스주의를 전면적으로 대체할 수 있는 실질적인 가능성을 가진 최초의 사례였다.

데카르트 철학에서 또 한 가지 중요한 측면은 자연의 정밀한 법칙들을 체계화했다는 것이다. 자연에 대한 논의는 고대 그리스 이후 흔해졌지만 개념이 모호하고 무분별했다. 벌이 꿀을 만들고, 불꽃이 위로 타오른다는 것이 자연의 법칙이라는 생각 정도였다. 하지만 데카르트는 모든 것을 물질과 운동의 관점에서 설명하고자 했기에, 운동이 충돌 과정에서 한 물체에서 다른 물체로 전달되는 법칙들을 체계화하는 데 집중할 수 있었다. 이전의 자연철학적 체계에서는 제한된 개수의 법칙들을 규정하고, 이로부터 다른 모든 것이 도출된다는 것은 상상할 수도 없었다. 데카르트의 체계는 제한된 개수의 법칙을 정식화할 수 있게끔 했을 뿐 아니라 그 체계를 일관적이게 만들려면 그 법칙들이 실제로 필요했다. 데카르트의 세 가지 운동 법칙은 세계의 작동을 충분히 포착해내지 못해(모든 것을 운동의 관점에서 설명하려는 시도가 걸림돌이 되었다) 뉴턴의 법칙으로 곧 대체되었지만(13장 참고), 그러한 법칙을 내놓았다는 사실만으로도 데카르트는 장래의 모든 물리학에 토대를 마련했다고 보아야 한다. 물리계의 미래 행동을 예측하는 데 이용할 수 있는 정확한 자연법칙들은 물리학의 '시네 쿠아 논(sine qua non, '꼭 필요한 것'이란 뜻의 라틴어─옮긴이)'이지만, 데카르트 이전에는 존재하지 않았다(이 점에서 꼭 짚고 넘어가야 할 이야기를 보태자면, 갈릴레오의 자유낙하 법칙과 케플러의 행성 운동 법칙은 갈릴레오나 케플러에 의해 법칙으로 규정된 것이 아니라, 이후의 사상가들이 보기에 그것들이 자연법칙은 어떠해야 한다는 데카르트의 기준에 들어맞았기에 법칙으로 규정한 것이다).

이번 장의 초입에서 살펴보았듯이, 데카르트는 자신의 체계가 모든 자연현상을 설명할 수 있다고 철석같이 믿었다. 심지어 자신의 주장을 확장하여 생물계를 다루면서, 자신의 체계는 아리스토텔레스주의를 대체할 뿐 아니라 의학 분야의 갈레노스주의까지 대체한다고 보았다. 가령 데카르트의 심혈관계에 관한 이론을 살펴보자(상자글 11.2).

데카르트가 보기에 동물은 영혼, 즉 그들을 움직이게 만들 수 있는 생명 원리가 없다. 동물은 단지 복잡한 기계일 뿐이다. 그는 시계를 포함한 자동장치들도 스스로 움직일 수 있지만 영혼이 없음을 지적하면서, 동물의 자율 운동이 동물에게도 영혼이 있다는 증거라고 본 아리스토텔레스의 견해를 거부했다. 그럼에도 불구하고 데카르트는 여전히 인간은 영혼이 있다고 믿었다. 인간 영혼의 주 기능은 생각하는 것이다. 영혼은 이성의 자리다. 하지만 우리는 (단지 본능적으로 세계에 반응할 뿐인 동물과 달리) 자유의지가 있기에 우리의 영혼은 몸으로 하여금 특정한 방향으로 움직이게 만들 수 있다.

바로 여기서 데카르트는 기계론적 철학으로 모든 것을 설명할 수 없다는 점을 흔쾌히 받아들인다. 영혼은 생존 시의 이성적인 것이든 사후의 불멸의 것이든 다른 차원의 존재에 속한다. 물질계는 연장된 존재(레스 엑스텐사res extensa)의 세계이지만 영혼은 사유하는 존재(레스 코그니탄스res cognitans)의 세계다. 앞서 보았듯이, 데카르트에게 연장된 존재는 반드시 물질적 존재이지만, 영혼은 비물질적이어서 연장될 수 없고 사유하는 존재임이 틀림없다.

언뜻 보자면 데카르트주의의 이런 측면은 이점이 있다. 몸과 영혼의 이분법적 구별은 플라톤화된 로마 가톨릭교회의 이분법과 딱 들어맞는다. 하지만 데카르트의 레스 코그니탄스와 레스 엑스텐사의 구별은 많은 사상가들이 보기에 너무 막연했다. 어떻게 비물질적인 사유적 실체가 물질적인 실체를 움직이게 할 수 있는가? 비물질적 영혼은 살로 된 죽은 몸을 밀쳐서 움직이게 만들 수 없다. 유령처럼 단지 어떤 물체에 닿으면 통과할 뿐이다.

데카르트로서는 애석하게도 그를 따르는 많은 추종자들은 인간 영혼이란 것은 존재하지 않는다고 선언함으로써 이 문제를 해결하는 쪽을 택했다. 우리도 동물과 마찬가지로 기계라는 것이다. 자유의지는 환상일 뿐이며 우리 모두 본능에 따라 반응할 뿐이다. 추종자들은 여기서 멈추지 않았다. 그들은 신도 존재하지 않는다고 선언했다. 데카르트에 따르면, 신은 세계를 창조하여 이런저런 모든 것들을 움직이도록 했다. 하지만 그 후로 신은 더 이상 아무것도 하지 않아도 되었다. 신은 자연법칙을 세계에 부여하였고, 모든 것은 더 이상 신의 도움 없이도 자연법칙에 따라 움직였다. 하지만 여기서 한 발짝 더 나아가면 이 세계 및 데카르트는 하비의 발견을 알고 있었지만 그것을 자신의 목적에 맞게 수정해야 했다. 알다시피 하비는 심혈관계가 몸의 생명 원리인 자율적인 체계라고 믿었다. 거기에 따르면 심장과 피는 영혼의 자리이기에 영혼에 의해 움직일 수 있다. 왜 심장이 계속 뛰는지에 대한 설명이 더 이상 필요 없는 것이다.

데카르트는 심장의 지속적인 박동에 관한 기계적 설명을 영혼과 같은 개념보다는 물질과 운동의 관점을 이용하여 찾아야 했다. 이를 위해 갈레노스 이론으로 일부 되돌아갔다. 갈레노스에 따르면 심장의 능동 박동은 팽창(디아스톨레diastole)인 반면에, 하비는 완전무결한 실험을 통해 심장의 수축(시스톨레systole)이 능동 박동임을 보여주었다(팽창은 심장이 느슨해지면서 생기는 현상일 뿐이었다). 데카르트는 하비의 실험을 외면하고 디아스톨레가 활동 박동이라고 가정했다.

데카르트에 따르면, (차가운 상태의 폐에서 나온) 몇 방울의 피가 폐정맥으로부터 좌심실로 흘러들어간다. 좌심실의 내부는 매우 뜨거우므로, 데카르트의 말로는, 차가운 피가 열기와 부딪혀 급속하게(거의 폭발적으로) 팽창하여 심장을 부풀게 만든다. 팽창한 피는 대동맥(주된 동맥)으로 힘차게 몰려간 다음 다른 동맥들로 퍼져나간다. 이제 심장은 쪼그라드는데(수축하는 것처럼 보인다) 다시 몇 방울의 피가 흘러들어오면 폭발적 팽창이 일어나 더 많은 피를 대동맥으로 보낸다.

이 모형은 내연기관과 조금 비슷하다. 주입되는 연료(피)를 점화시키는 불꽃 대신에, 이 모형에서는 좌심실에 타오르는 불이 있다. 빛이 없이 타오를 뿐 다른 점에서는 우리에게 익숙한 불과 동일한 불이라고 데카르트는 주장했다. '데카르트의 불'이라고 알려진 불이다.

데카르트는 심장에 관한 자신의 설명이 마치 톱니바퀴들의 배열에서 시계의 운동이 도출되듯이 부분들의 배열로부터 필연적으로 도출된 것이라고 주장했다. 하지만 그의 이론은 하비의 설명이나 동물의 생체 해부 시혈관을 실로 묶어가면서 행한 많은 실험 결과와 일치하지 않았다. 이들 실험에서는 심장의 팽창(단지 심장이 느슨해졌을 때 일어나는 현상)이 아니라 수축이 능동 박동임을 보여주고 있었다.

하지만 데카르트는 하비의 설명을 받아들일 수 없었다. 그렇게 되면 심장이 계속 뛰는 이유를 자신이 설명할 수 없음을 인정해야만 하기 때문이다.

그 자연법칙들은 늘 존재했으며 신은 존재하지 않았다고 쉽게 가정할 수 있다.

따라서 데카르트의 체계는 회의주의와 무신론을 물리치기 위해 '코기토' 논증 및 신의 존재 여부에 관한 존재론적 증명을 활용하여 마련되었지만, 거꾸로 무신론자들은 이를 도용하여 신과 영혼이 배제된, 전적으로 기계적인 체계로 바꾸어버렸다. 지금도 번성하는 데카르트의 이러한 유산 덕분에, 세속화된 세계에 사는 우리 대다수는 기계론적 세계관을 믿고 있다.

왕립협회와 실험철학

결과적으로 기계론적 철학은 13세기에 설립된 이래 유럽 전역의 대학에서 교과 과정으로 군림해왔던 아리스토텔레스 철학을 물리치고 이를 대체했다. 하지만 데카르트는 결코 그 공을 독차지하지 못했다. 데카르트 체계가 지닌 명백한 문제점들로 인해 많은 사상가들이 그것을 개선하려고 시도한 결과 기계론적 철학에는 여러 경쟁 버전이 존재했다. 가령 프랑스 사제인 피에르 가상디의 버전,《리바이어던》(1651)이라는 정치 이론서로 유명한 토머스 홉스의 버전 그리고 영국의 로마 가톨릭 철학자인 케넬름 디그비 경의 버전 등이 있다.

하지만 필경 가장 중요한 대안적 버전을 개발한 것은 일군의 영국인 자연철학자들이다. 이들은 영국의 공위(空位) 기간(1649년 찰스 1세가 의회주의자들에 의해 처형된 후 1660년 찰스 2세가 복위하기까지의 시기) 동안 함께 모였다. 왕정 복고 무렵 이들을 포함하여 성향이 비슷한 자연철학자들이 최초의 과학 연구기관 중 하나인 왕립협회를 결성하고서 이른바 '실험철학'을 이 협회의 특징으로 내걸었다.

이 새로운 협회의 정식 명칭은 '유용한 지식의 촉진을 위한 런던 왕립협회'였는데, 목적이 무엇이든 '왕립협회'의 시초였기에 일반적으로 왕립협회라고 불리게 되었다. 지금도 물론 건재한 이곳의 공식 명칭은 단순하게 왕립협회로 바뀌었다.

가장 유명한 설립자들은 로버트 보일(Robert Boyle, 1627~1691), 로버트 훅(Robert Hooke, 1635~1703), 크리스토퍼 렌(Christopher Wren, 1632~1723)이지만 덜 알려진 이들도 많이 있었다. 협회의 지도자들은 어느 정도 기계론적 자연철학을 받아들이긴 했지만, 당시 군림하던 데카르트의 이성적 접근법과 별도의 길을 가길 원했기에 자신들의 자연철학을 실험철학이라고 명명했다. 하지만 이 실험철학은 길버트나 갈릴레오 또는 심지어 하비의 실험주의(이른바 가설연역적 방법론)를 모범으로 삼지 않았다. 왕립협회는 좀 더 베이컨주의적인 실험을 촉진하겠다고 밝혔다. 달리 말해 선입견, 직감, 가설 등을 배제하고 단지 어떤 특정한 상황에서 무슨 일이 생기는지 관찰하는 실험을 실시하여 자연에 관한 지식을 늘려가겠다는 포부를 드러냈다. 요약하자면, 이미 구상된 특정한 이론들을 발전시키는 것이 아니라 사실들을 모아가겠다는 것이다. 따라서 왕립협회는 가능한 한 많은 자연 지식을 모으는 협력적인 활동을 통해, 궁극적으로 프랜시스 베이컨의 '위대한 부흥'을 일으키려고 했다.

따라서 이런 질문이 대번에 떠오른다. 어째서 이 기계론적 철학자 집단은 자신들이 기계론적 철학을 좋아한다는 점은 숨기고 마치 (기계론적 철학이든 다른 무엇이든) 아무런 이론적 선입견 없이 연구하는 베이컨주의자인 것처럼 자신들을 소개했을까? 이 질문에 답하려면 영국 왕정

복고의 역사적 배경을 이해할 필요가 있다.

토마스 아퀴나스가 아리스토텔레스주의의 이교도적 측면들을 로마 가톨릭 신학과 성공적으로 결합시켰던 13세기 이래로 자연철학은 '학문의 여왕(신학)'의 '시녀'로 여겨졌다. 달리 말해 자연철학은 신학을 북돋우고 떠받치는 데 이용되었다. 당시에는 누구나 로마 가톨릭주의로 대표되는 오직 하나의 신학만이 존재한다고 믿었다. 하지만 종교개혁 이후 가톨릭주의와 더불어 기독교의 다른 버전들이 번성하기 시작하면서(루터주의, 칼뱅주의 및 다른 프로테스탄트 운동들), 자연철학을 끌어들여 각자의 신학을 지지하려는 시도들이 나타났다.

영국에서는 내란에 이어 찰스 1세의 처형(1649) 이후의 공위 기간 그리고 찰스 2세의 왕정 복고(1660) 동안에 이런 경향이 절정에 이르렀다. 이 기간 동안 영국 국교회가 금지되었기에 교회 법정과 검열이 중단되었다. 그 결과 급진적 프로테스탄트 분파들이 번성하기 시작했다. 일부만 언급하더라도 랜터파, 수평파, 진정한 수평파, 사랑의 가족파, 침례파, 재세례파, 퀘이커교 등의 분파를 꼽을 수 있다.

이런 급진적인 분파들은 사회정치적 야심이 컸던지라 대단히 체제 전복적일 때가 왕왕 있었기에, 정통적이고 보수적인 신자들은 의심스러운 눈초리로 이들을 지켜보았다. 이들 분파의 특징적인 태도는 조명주의(illumination)와 반율법주의다. 전자는 종교적 진리란 신성의 빛에 의해 직접적으로 누구에게나 다가온다는 믿음이며,(따라서 일자무식꾼이라도 옥스퍼드나 케임브리지에서 교육 받은 추기경에 버금가는 종교적 진리를 품고 있다고 주장할 수 있다) 후자는 진정한 신자는 법 위에 있기에 죄를 지어도 죄가 되지 않는다는 믿음이다(왜냐하면 그들은 신의 은총을 입은 상태에 있기 때문이다). 분명 이런 주의들은 체제 전복적이었고, 나중에는 무

정부주의로 치달았다.

이런 분파들 중 일부는 오랜 관례에 따라 참된 종교에 관한 자신들의 주장을 뒷받침하려고 자연철학의 최신 사상을 이용했다. 가령 영혼의 불멸성을 부정하고 대신에 심판의 날에 모든 죽은 자들이 살아 있는 몸으로 부활한다고 주장하는 필멸주의자(mortalist)들은 영혼이 피 속에 있는지에 관한 (이들이 물질주의적 방식으로 해석했던) 하비의 사상을 이용하여 자신들의 주장을 뒷받침했다. 또 어떤 분파는 스위스의 급진적인 연금술사 파라셀수스(Philippus Aureolus Paracelsus, 1493~1541)의 연금술적 세계관을 채택하여 조명주의 신학을 지지했다. 그 결과 정통 사상가들은 자연철학의 혁신적인 사상들이란 특이하고 체제 전복적일 뿐 아니라 정치적, 종교적 입장을 뒷받침하기 위해 의도적으로 마련된 사상에 지나지 않는다고 여기게 되었다.

가령 장로교 목사였던 토머스 홀(Thomas Hall, 1610~1665. 장식된 기둥을 돌며 춤을 추는 오월제를 포함하여 봄철 유흥을 비난한 것으로 유명하다)은 '가족파적-수평파적-마법적 성향'이 사회에 가하는 위협을 성토했다. 그는 (자유연애를 옹호했던) 가족파, (모든 사람이 평등하다고 주장한 원시 공산주의자들인) 수평파 및 연금술적이거나 마법적인 세계관의 체제 전복적인 사상들을 한 덩어리로 보았다. 그가 보기에는 모두 한통속이었고 모두 나쁜 사상이었다.

실제로 급진적이고 분파적인 사상들이 활개를 치자 일부 사람들은 이른바 '음모 이론'의 관점에서 이를 바라보기 시작했다. 즉 보수적 사상가들은 제대로 교육받지 못한 사람들이 체제 전복과 사회 분열을 노리고 의도적으로 체제 전복적인 사상을 퍼뜨린다고 여겼다. 건전한 영국의 개신교(감리교)를 위협하는 이런 음모를 획책한 도깨비는 말할 것

자연을 연구하는 데 전념하는 공식적인 협회나 학회의 출현을 역사가들은 과학혁명의 중요한 특징으로 여겼다. 1697년부터 파리 왕립과학아카데미 사무총장을 지냈던 베르나르 드 퐁트넬(Bernard de Fontenelle, 1657~1757)이 "아카데미의 새로운 시대"를 주창하던 무렵에 여러 집단의 사상가들이 자연계를 새롭게 이해하는 일에 동참하고자 함께 모이기 시작했다. 자연 지식과 자연 연구에 관심이 있는 부유한 후원자가 나서준 덕분에 사람들이 모인 경우도 있었다. 초기의 사례를 들자면, 프라하에 있는 루돌프 2세의 궁전에서 연금술사, 점성가 및 다른 비의적 과학자들이 함께 모인 집단(튀코 브라헤와 케플러도 여기에 포함되었다) 그리고 몬티첼로 후작 페데리코 체시(Federico Cesi, 1585~1630)가 설립한 린체이 아카데미(Lincei dei Accademi)를 꼽을 수 있다. 그러한 협동적 활동의 매력이 분명하게 드러난 예로, 장미십자회가 유럽 전역의 학자들로부터 대단한 관심을 받았다. 연금술, 파라셀수스주의 및 다른 비의적 개념을 바탕으로 학문을 개혁하고자 했던 이 모임은 1614년과 1615년에 두 차례의 선언문을 통해 개혁 요강을 발표했다. 사실 이들과 접촉하고자 했던 데카르트 같은 사람들에게는 실망스럽게도 이 모임은 프랜시스 베이컨의《새로운 아틀란티스》에서 묘사된 이상적인 연구기관인 '살로몬 하우스'처럼 허구적인 집단이었던 것 같다. 비록 장미십자회가 허구라 하더라도 베이컨의 전망은 우리가 이미 살펴보았듯이 장차 심오한 영향을 끼쳤다. 가장 중요한 두 과학협회인 런던 왕립협회와 파리 왕립과학아카데미 모두 자연에 대한 실증적 연구와 더불어 베이컨이 전망한 자연 지식의 실용적 활용에 바탕을 두고 있었으니 말이다.

이 두 주요 협회는 유럽 전역에 흩어져 있던 실험적 성향의 자연철학자들로 구성된 덜 공식적인 집단에서부터 성장해나갔다고 볼 수 있다. 유럽을 선도하는 두 도시 런던과 파리에 자리 잡은 두 협회는 향후 과학 발전에 엄청난 영향을 끼치게 된다. 두 협회가 자연 지식을 얻는 새로운 방식과 더불어 새로 발견하는 인상적인 내용들은 이들이 만든 학회지뿐 아니라 회원들의 발간물과 서신 교환을 통해 널리 알려졌다.

초기 과학협회들은 의도적으로 개혁주의를 표방하고 아울러 학회지를 포함한 발간물을 통해 연구 방법과 연구 의도를 공개적으로 발표했다는 점에서 대학과 완전히 달랐다. 시쳇말로 이 기간 동안 대학들은 전통적인 아리스토텔레스주의의 늪에서 허우적거리는 아사 직전의 기관으로서 모든 혁신에 등을 돌리고 있었다. 이는 지금 와서 보면 아주 부당한 평가여서, 일부 대학의 교양 학부와 의학 학부가 과학 변화에 미친 중요한 업적은 재조명을 받았다. 하지만 공정하게 말하자면, 그런 역할을 한 쪽은 혁신적인 개별 교수들이지 이들이 속한 기관이 아니었다. 예외가 있다면 지역의 제후가 후원을 통해 영향력을 행사했던 독일의 작은 대학들이다. 그중 한 곳은 교과목을 의미심장하게 바꾸었다. 특히 (파라셀수스주의 의학 및 연금술에 바탕을 둔 이와 견줄 만한 의학 유형들을 받아들인) 키미아트리아(chymiatria), 즉 화학적 의학이라는 학문의 도입은 많은 독일 대학들을 급진적으로 변모시켰다. 그렇긴 해도 대체로 일반적인 유럽 대학들은 혁신적인 교수들이 일부 있긴 했지만 변화에 굼떴고 전통적인 교과목에 치중했다. 이에 비해 새로운 아카데미나 협회는 이 기관들 자체가 혁신적이었기에 자연 지식에 대한 태도를 바꾸는 데 훨씬 더 큰 영향을 미쳤다.

도 없이 로마 가톨릭이었다. 나중에 링컨 주교가 되는 토머스 발로(Thomas Barlow)는 이런 음모 이론을 아래와 같이 요약했다.

확실히 (그들이 부르는 대로) 이런 새로운 철학이 시작되었으며 로마의 술책으로 진행되고 있다. …… 왜냐하면 이 철학의 거물급 저자들과 선동가들은 가령 데카르트, 가센두스, 두 하멜, 메르세누스 등과 같이 로마 가톨릭교도들이기 때문이다. …… 이 새로운 철학이 네덜란드와 영국의 프로테스탄트들에게 어떤 분열을 일으켰는지는 사려 깊은 사람이라면 누구든 모를 리가 없다.

따라서 데카르트의 기계론적 철학을 포함한 이 새로운 자연철학들은 체제 전복적이고 반사회적으로 보이는 급진적 분파주의와, 또 한편으로는 영국 정부를 무너뜨리고 영국에 가톨릭을 다시 세우려는 로마 가톨릭의 음모와 떼려야 뗄 수 없는 것으로 여겨졌다.

이것으로도 모자랐는지 이 새로운 철학은 무신론과도 연결되었다. 가령 지난 장에서 보았듯이 데카르트의 체계는 무신론자들에 의해 도용되었다. 게다가 영국에서 토머스 홉스(Thomas Hobbes, 1588~1679)가 발전시킨 기계론적 철학 또한 무신론으로 간주되었다. 홉스는 철저한 유물론자였기에 그의 기계론적 철학은 데카르트가 이분법적으로 주장했던 불멸의 영혼(11장 참고)을 인정하지 않았다. 따라서 많은 이들이 보기에 홉스는 무신론자였고, 기계론적 철학은 유물론적이고 무신론적인 철학이었다.

영국의 공위 기간 동안 지도적인 자연철학자였던 로버트 보일 같은 사람들은 새로운 자연철학이 이런 식으로 매도되는 것을 보고 곤혹스러워했다. 새로운 철학을 발전시키는 데 골몰했던 영국의 사상가들 대부분은 대체로 보수적 성향의 독실한 신자들이었다. 그들 중 상당수가 영국 국교회가 금지된 기간 동안 자연철학을 받아들였고 언젠가는 영국 국교회가 다시 세워지길 희망했다.

마침내 1660년에 이 희망이 실현되어, 군주제의 부활과 더불어 영국 국교회는 교회 법정과 검열 권한을 즉시 되찾았다. 대부분의 급진파들은 서서히 자취를 감추었다. 실험적 과학을 추구하면서 공위 기간이 끝나길 기다리던 보일과 렌 같은 이들은 생산적인 협력을 위해 과학협회를 결성하기로 결심하고 새로 복위한 군주 찰스 2세에게 후원자가 되어달라고 부탁했다. 이렇게 해서 왕립협회가 탄생했다.

그런데 공위 기간 동안 자연철학의 이미지가 너무 실추된 탓에 왕립협회는 시작하자마자 의심의 눈길을 받았다. 예수회가 영국에 잠입하는 동안 훌륭한 사람들의 마음을 딴 데로 돌리기 위한 가톨릭 비밀 결사라는 비난을 받았던 것이다. 협회의 한 회원이 보고했듯이, 영국의 위대한 일부 자연철학자들이 벌이는 협력 작업은 많은 이들이 보기에 "무신론자, 가톨릭 무리, 멍청이 그리고 모든 학문의 적으로 이루어진 집단"일 뿐이었다.

상황이 이렇다 보니 왕립협회 설립자들은 그런 비난을 극복하고 자연철학의 명예를 되찾기로 결심했다. 하지만 한번 고착된 이미지를 바꾸는 것은 결코 쉬운 일이 아니었다. 그들의 과제는 이전의 모든 자연철학이 종교의 꼭두각시였음을 밝히는 일이었다. 즉 가톨릭주의든 필멸주의든 또는 기타 어떤 종교적 견해든지 간에 자연철학을 해당 종교에 맞게끔 왜곡하고 변질시켜 종교를 뒷받침하도록 이용해왔음을 밝히려 했다. 요즘 식으로 말하자면 이전의 모든 자연철학이 이데올로기적(17세기에는 이 용어를 사용하지 않았지만)임을 밝히려 했던 것이다.

둘째, 자신들의 자연철학 버전은 결코 이데올로기적이 아님을, 즉 특정 종교를 홍보하기 위한 숨은 속셈이 없다는 점을 보여주어야 했다. 물론 이렇게 한답시고 정교하고 교묘한 논증을 사용할 수는 없었다. 다른 속셈이 없다고 부산스럽게 떠들었다가 오히려 의심의 표적이 되기 십상이기 때문이다. 그래서 자신들의 자연철학이 명백히 비편파적이고 이데올로기와 무관한 것으로 보이기 위해 애써야 했다. 누구나 쉽게 이해하고 빠른 시간 안에 사람들을 설득할 수 있는 것이어야만 했다.

이는 결코 쉬운 일이 아니었음에도 왕립협회의 초기 회원들은 상당한 성과를 거두었다. 어떻게 가능했을까?

첫째, 그들은 1626년에 죽은 베이컨이 추천한 방법론으로 되돌아갔다. 이들은 왕립협회가 '살로몬 하우스'를 뒤늦게나마 구현하려는 시도라고 여겼다. 베이컨이 《새로운 아틀란티스》라는 유토피아적 저서에서 이상적인 과학 연구소로 묘사한 그런 기관을 꿈꾸었다. 자신들의 과제란 단지 베이컨의 '위대한 부흥'을 일으키는 일이라고 목청을 높였던 것이다.

잘 알려져 있듯이 베이컨은 순전히 사실적인 지식을 강조했기에 이들의 목적과 부합했다. (7장에서) 이미 보았듯이, 베이컨은 앞으로 진행할 최상의 방법은 아무런 가정도 하지 않고서 대규모로 사실들을 모으는 일이라고 여겼다. 따라서 회원들의 요청으로 쓰인 협회에 관한 일종의 사과문인 《런던 왕립협회의 역사》(1667)에서 토머스 스프랫(Thomas Sprat)은 이렇게 썼다. "회원들은 주제의 무규칙성에 갇혀 오로지 '잡다한 실험 결과들을 쌓는 데'만 노력을 기울였다."

게다가 협회 회원들이 주장하기로, 그들의 실험은 길버트, 갈릴레오, 하비, 데카르트 등이 이미 내놓은 가설들(일례로 심장에 관한 데카르트의 이론)을 검증하기 위함이 아니라, 단지 '사실들'을 확보하기 위함이었다.

이런 베이컨주의적 방법은 (역사라기보다는 협회의 선언문 격인) 스프랫의 《런던 왕립협회의 역사》에서뿐 아니라 왕립협회 회원들의 모든 저술에서 표방되었다. 가령 로버트 훅은 현미경 관찰 결과를 담은 유명한 책인 《마이크로그라피아*Micrographia*》(1665)에서 '협회에 바치는 글'이라는 제목의 서문에 이렇게 썼다.

귀 협회가 철학 발전을 위해 스스로 정한 규칙들은 이제껏 실시된 것 중에 최상인 듯하다. 특히 실험에 의해 충분히 근거를 얻었거나 확인되지 않은 가설을 지지하지 않아 독단화에 빠지지 않은 점도 돋보인다. 이 방법이 가장 훌륭한 듯 보이며, 아마도 철학과 자연사 둘 다 부패하지 않도록 지켜낼 것이다.

자연철학의 이미지를 쇄신하려는 노력은 두 가지 중요한 결실을 맺었다. 첫째, 과학이란 이른바 편견에 사로잡히지 않은 객관적인 지식이라는 인식을 확립하는 데 도움이 되었다. 둘째, 영국의 자연철학자들이 비의적인 사상들을 자신들 버전의 기계론적 철학에 재도입할 수 있게 되었다. 데카르트는 비의적 성질이나 힘을 지나치게 배제하다 보니 그런 현상을 운동의 관점에서 전적으로 추정에 기대어 설명하는 방법을 도입할 수밖에 없었다(가령 그는 자석이 오른쪽 및 왼쪽 방향의 나사산을 가진 영원한 입자의 흐름을 방출한다고 주장했다).

이와 달리 왕립협회 회원들은 실제 자석으로 실험을 해보니 자석이 먼 거리에 있는 철 조각을 끌어당길 수 있다고 말했을 뿐이다. 어떤 실험도 데카르트의 설명처럼 나사산을 지닌 입자는커녕, 그런 자기 입자들이 통과할 것으로 짐작된 자석이나 철에 그러한 나사산을 지닌 경로가 존재함을 밝혀낼 수 없었다. 따라서 데카르트는 반박할 여지가 없는 사실이 아니라 가설을 다룬 셈이며, 이 가설들은 어떤 숨은 속셈을 은연중에 퍼뜨리기 위해 구성되었을지 모른다. 어쨌거나 그는 자신의 철학을 이용하여 성체 성사에 관한 가톨릭교회의 주장을 뒷받침할 수 있는 방법을 설명하려고 시도했으니 말이다. 이와 대조적으로 왕립협회는 자기 인력이 존재한다는 사실만 지적할 수 있었을 뿐인데도, 자석이 어떻게 작동하는지 설명하는 데 아무런 거리낌이 없었다.

이런 경향의 정점 그리고 과학사에서 이 경향이 지닌 중요성이 잘 드러난 예는 데카르트주의 철학자인 G. W. 라이프니츠(Gottfried Wilhelm von Leibniz, 1646~1716)가 제기한 자연철학 비판에 대한 아이작 뉴턴(Isaac Newton, 1642~1727)의 유명한 반응이다. 라이프니츠는 지적하기를, 뉴턴은 그의 책《자연철학의 수학적 원리*Philosophiae Naturalis Principia Mathematica*》(1687)에서 중력이 어떻게 작용하는지를 전혀 설명하지 않았다(분명 라이프니츠는 데카르트가 제시한 것처럼, 물체를 아래로 미는 보이지 않는 입자들의 흐름이란 관점에서 그 현상이 설명되길 원했다). 이 위대한 책의 제2판(1713)에서 뉴턴은 "나는 가설을 끌어들이지 않는다"라고 일축했다. 라이프니츠는 뉴턴의 중력 개념이 비의적인 힘이기에 그가 비의적 성질을 기계론적 철학에 다시 허용한다고 비난한 적이 있다. 그러자 뉴턴은 이렇게 응수했다.

가설은 형이상학적이든 물리학적이든 비의적 성질에 바탕을 두든 기계론적이든 간에 실험철학에서는 설 자리가 없다.

보이지 않는 작은 하강 입자들의 관점에서 중력을 이해하고자 했던 데카르트의 기계론적 설명은 여느 비의적 설명만큼이나 모든 면에서 가정적이었다(그리고 타당해 보이지 않았다). 이와 달리 뉴턴은 라이프니츠에게 "나는 사실을 다룰 뿐이다"라고 말했다. 뉴턴은 중력이 정밀한 수학법칙(역제곱 법칙)에 따라 작동하고, 따라서 "실제로 존재하며", 그것이 어떻게 작동하는지 설명하려는 어떤 시도도 짐작일 뿐이며, 아울러 왕립협회의 베이컨주의적 이상과도 일치하지 않음을 보여주었다.

13

실험, 수학 그리고 마법

아이작 뉴턴

아이작 뉴턴은 모든 시대를 통틀어 가장 위대한 과학 천재 중 한 명으로 꼽힌다. 과학자들은 대체로 알베르트 아인슈타인(Albert Einstein, 1879~1955)과 닐스 보어(Niels Bohr, 1885~1962) 또는 찰스 다윈(Charles Darwin, 1809~1882)과 더불어 으뜸가는 서너 명의 과학자 중 하나로 뉴턴을 꼽는다. 17세기에 살았던 사람임을 감안하면 더욱 놀라운 평가다. 이와 달리 아인슈타인과 보어는 20세기에 살았던 사람이라는 이점이 있다.

뉴턴의 명성은 거의 전적으로 단 두 권의 책 덕분이다. 《자연철학의 수학적 원리》(1687년; 제2판 1713년; 제3판 1726년. 간단히 《프린키피아》라고도 한다)와 《광학 : 빛의 반사, 굴절, 변화 및 색채에 관한 논문*Opticks, or A Theatise of the Reflections, Refractions, Inflections and Colours of Light*》(1704년. 라틴어판 1706년, 제3판 1717년)이 그것이다. 앞의 책은 수리물리학 분야의 대표적인 저서이고, 뒤의 책은 실험과학의 대표적인 저서다.

나중에 회고한 바에 따르면, 뉴턴은 스물세 살, 케임브리지의 트리니티 칼리지에서 초급 연구원으로 있을 때 가장 훌륭한 연구를 수행했다고 한다. 이른바 '아누스 미라빌리스(기적의 해)'는 1665년에서 1666년인데, 이때 그는 흑사병 때문에 케임브리지 대학이 휴교하는 바람에 링컨셔 근처의 그랜섬에 있는 고향에 머물고 있었다. 뉴턴은 자신의 성취를 다음과 같이 직접 밝혔다(〔 〕는 필자가 덧붙인 것이다).

1665년 초에 나는 수열을 근사하는 방법 및 어떤 차수의 이항식이든 그런 수열로 환원하는 규칙을 알아냈다. 그해 5월에는 그레고리&슬루시우스의 접선에 관한 방법을 알아냈고, 11월에는 유율(流率, fluxion)에 관한 직접적인 방법을 알아냈으며〔즉 그는 미분학을 발명했다!〕, 이듬해 1월에는 색깔에 관한 이론〔1704년에 《광학》을 통해 발표된 자료들 상당수〕을 개발했고, 5월에는 유율의 역산을 알아냈다〔즉, 적분학을 발명했다!〕 같은 해에 나는 달의 궤도까지 뻗어 있는 중력에 관해 생각하기 시작했으며 한 구 내에서 공전하는 한 천체가 그 구의 표면을 누르는 힘을 계산하는 방법을 알아냈다. 행성의 공전 주기의 제곱 값이 공전 궤도 중심에서 행성까지의 거리의 세제곱에 비례한다는 케플러의 규칙〔케플러의 행성 운동 제3법칙〕으로부터 나는 행성을 공전 궤도를 따라 회전시키는 힘은 틀림없이 공전 궤도 중심으로부터 행성까지의 거리의 제곱에 반비례함을 추론해냈다. 그리고 이에 따라 달을 공전 궤도를 따라 회전시키는 데 필요한 힘을 지구 표면의 중력과 비교하여 두 힘이 아주 흡사함을 알아냈다. 이 모든 일이 흑사병이 기승을 부리던 1665년과 1666년에 일어났다. 이때는 내 생애에서 가장 창조적인 시기였고, 그 어느 때보다 수학과 철학에 마음을 쏟았다.

이는 뉴턴이 나이가 한참 든 후에 회상한 것이다. 학자들이 그가 공책을 끼고 다니던 이후의 시기부터 언제 무엇을 했는지를 재구성해보니, 위의 내용이 대체로 진실인 것으로 드러났다. 그야말로 뉴턴에게는 기적의 해였다.

하지만 이때 중력에 관한 보편적 원리를 내놓았다는 말("나는 행성을 공전 궤도를 따라 회전시키는 힘은 틀림없이 공전 궤도 중심에서 행성까지의 거리의 제곱에 반비례함을 추론해냈다.")은 그다지 옳지 않다.

분명 이때 그는 지구상의 물체(가령 사과)를 땅에 떨어지게 하는 힘과 달이 지구 주위를 돌게 만드는 힘이 같은 것임을 알아차렸다. 하지만 이것은 뉴턴의 독창적인 사상이 아니었다. 데카르트주의자라면 누구나 중력에 의한 물체의 낙하와 행성의 궤도는 동일한 관점으로 설명된다는 사상에 익숙해 있었다. (간편하게도) 데카르트의 업적을 잊고서 뉴턴의 '보편적 중력(만유인력)'의 발견을 유레카의 순간이라고 소개한 사람들은 윌리엄 스터클리(William Stukeley, 1687~1765)와 헨리 펨버튼(Henry Pemberton, 1694~1771) 같은 1세대 뉴턴 전기 작가들이었다.

하지만 분명 뉴턴이 기적의 해 동안 고향 링컨셔에서 한 일은 자신의 수학 기법들을 이용하여 데카르트의 가정이 옳은지 여부를 검증하는 것이었다. "달이 공전 궤도를 따라 회전하는 데 필요한 힘과 지구 표면의 중력을 비교하여 두 힘이 아주 흡사함을 알아냈다"고 한 것은 바로 그 뜻이다.

뉴턴의 논문들에서 드러나듯이, 그는 이때 전적으로 데카르트주의 관점에서 사고하고 있었다. 말하자면 그는 행성들이 두 힘―중심에서 바깥으로 향하는 힘(원심력)과 안쪽으로 중심을 향하는 힘(구심력)—의 균형 덕분에 안정된 궤도를 유지한다는 데카르트의 가설을 받아들였다. 달이 지구 주위를 도는 현상은 원심력을 생기게 했지만(붕대에 돌을 매달아 돌리면 돌이 회전 중심에서 바깥 방향으로 벗어나려는 경향이 생기듯이), 이 힘은 달을 지구 방향으로 미는 (데카르트의 소용돌이 물리학에 따라 생성되어) 지속적으로 하강하는 입자들의 흐름에 의해 상쇄되었다. 하지만 사과(또는 지구상의 다른 어떤 물체)는 하강하는 입자들의 힘을 상쇄시킬 원심력의 영향을 충분히 받지 않기 때문에 구심력에 의해 떨어지게 된다. 데카르트는 이 가설이 옳다고 굳게 믿었지만 결코 이를 뒷받침할 수학을 내놓으려고 시도하지 않았다.

뉴턴은 의심할 바 없이 뛰어난 수학자이자 주의 깊은 실험가이며 스스로 밝혔듯이 "줄기차게 생각에 생각을 거듭함으로써" 문제를 해결하고야 마는 강박적인 성격을 지녔다. 그렇기는 해도 뉴턴의 사례는 천재라는 이유만으로 대단한 업적을 이룬 한 명의 특출한 천재의 이야기로만 볼 수 없다. 여느 다른 '천재'가 그렇듯이, 뉴턴의 경우에도 그가 발견에 이르게 된 과정을 설명하는 일이 가능하다. 앞에서 살펴보았듯이, 왕립협회가 개발한 실험철학이라는 독특한 방법 덕분에 뉴턴은 자신의 사상을 펼쳐갈 수 있었다. 또한 기적의 해 동안 뉴턴은 더할 나위 없이 무르익은 자신의 수학 기법들을 사용하여 데카르트의 가설을 검증하여 이를 확인했을 것이다.

따라서 뉴턴의 성공을 설명하는 데 필요한 기본 자료들은 확보된 셈이다. 기억하다시피 데카르트의 기계론적 철학은 기계적인 접촉 작용만이 인과성의 유일한 원인이라고 보았다. 모든 것은 운동의 관점에서 설명되며, 물질은 오직 운동하는 다른 물질과의 충돌이나 접촉에 의해서만 움직일 수 있다. 따라서 중력이나 자력 같은 비의적 힘을 설명하는 경우, 데카르트주의자들은 나사산을 가진 입자 등등의 정교한 공상을 꾸며내야 했다.

하지만 왕립협회는 상상을 통한 추측에 기대는 그런 가정적 설명을 거부했다. 자신들은 부정할 수 없는 사실들만 다룬다는 점을 사람들에게 확신시키고 싶었기 때문이다. 따라서 이들은 단지 중력에 의한 인력과 자력에 의한 인력을 언급하면서 이 현상들이 사실의 문제임을 선언할 수 있었다. 실험을 통한 조사 또는 뉴턴의 경우처럼 수학적 분석으로 쉽고 자세히 체계화할 수 있는 일이었다.

왕립협회의 방법은 자연마법의 전통으로 돌아갔다고 볼 수 있다. 자연마법사들은 어떻게 특정 현상이 작동하는지는 모르지만(따라서 비의적 또는 숨겨진 현상이라고 불렀다) 실험적 증명을 통해 그러한 방식으로 작동함을 종종 보여줄 수밖에 없었다. 자연마법적 방법으로 회귀한 것은 그리 놀라운 일이 아니다. 왕립협회가 베이컨에게서 영감을 받았고, 베이컨은 자연마법 전통에서 영감을 받았으니 말이다(7장 참고).

따라서 뉴턴의 연구는 기계적 사고와 마법적 사고의 완벽한 혼합이었다.

뉴턴을 과학 연구에 몰두하게 만든 추진력은 물질의 비밀스러운 힘의 작동을 이해하고자 하는 갈망이었다(그의 연금술 연구에서 이 점이 가장 드러나는데, 그는 수학이나 물리학보다 연금술을 연구하는 데 더 많은 시간을 보냈다). 이 분야를 연구한 결과, 그는 물질 입자들 사이에 인력과 척력이라는 힘이 작동함이 틀림없다고 결론 내렸다.

데카르트가 《철학 원리》에서 그랬던 것처럼 뉴턴은 세 가지 운동 법칙을 바탕으로 《프린키피아》를 저술할 때, 이들 운동 법칙에 힘의 개념을 도입했다. 이와 달리 데카르트는 힘이라는 비의적 개념을 법칙에서 조심스레 제외시켰다(상자글 13.1 참고). 오늘날 데카르트의 법칙은 완전히 틀렸다고 여겨지지만 뉴턴의 법칙은 대부분의 물리학 분야에서 근본 토대를 이루고 있다(상대성 이론과 양자 이론으로만 이해할 수 있는 현상들은 예외다).

뉴턴은 어떻게 중력이 작동하는지 설명할 수 없음을 기꺼이 인정했지만 여러 상이한 조건에서 중력이 어떻게 작동하는지는 상세하게 보여줄 수 있었다. 심지어 행성 운동의 정밀한 수학적 예측도 할 수 있었다.

따라서 뉴턴의 업적은 기계론적 철학과 비의적 힘의 실재에 대한 믿음을 결합시켜 이루어진 것이다. 비의적 힘이 실재한다는 믿음은 물론 그의 연금술 연구와 더불어 든든하게 자리 잡은 영국의 자연철학 전통에서 비롯되었다. 이 전통은 윌리엄 길버트에게서 시작되어 프랜시스 베이컨에 의해 철학적으로 기품 있는 지위에 올랐으며, 왕립협회가 소중히 이어가고 있었다. 이 전통에 따르면 물체는 숨겨진 능력을 지니고 있는데, 비록 기계론적 관점에서 설명할 수 없다 하더라도 이 능력은 실험에 근거한 연구를 통해 증명될 수 있었다.

따라서 뉴턴의 업적은 그가 상상 초월의 천재였기 때문이 아니라 스스로도 밝혔듯이 "거인들의 어깨 위에" 서 있었기에 가능한 것이었다. 왕립협회의 선구적인 실험철학자였던 로버트 훅은 케플러의 《새로운 천문학》을 읽고서 다음과 같이 결론을 내렸다. 행성의 궤도는 데카르트의 제안처럼 원심력과 구심력의 균형으로 설명할 수 없고 단지 태양과 행성 간의 거리 제곱에 반비례하며, 작동하는 단일한 구심력에 의해 접선 방향의 관성 운동이 닫힌 궤도를 그리는 현상으로 설명할 수 있다는 것이다. 그는 1679년에 뉴턴에게 보낸 편지에서 이 이론에 관해 어

13.1_ 데카르트의 법칙과 뉴턴의 법칙 비교

데카르트의 자연법칙(1644) 〔보다시피 힘(force)은 언급하지 않는다〕

[1] 각각의 사물은 자신의 능력(power)에 관한 한 언제나 동일한 상태로 유지된다. 따라서 일단 움직이고 나면 언제나 계속해서 움직인다.

[2] 모든 운동은 저절로 직선을 따라 이루어진다. 따라서 원형으로 움직이는 물체는 언제나 이 물체가 그리는 원의 중심에서 벗어나려는 경향이 있다.

[3] 한 물체는 더 강한 물체와 접촉할 때 자신의 운동을 전혀 잃지 않지만, 더 약한 물체와 접촉하면 약한 물체에 전해주는 양만큼 자신의 운동을 잃는다.

뉴턴의 '공리, 즉 운동 법칙'(1687)

[1] 모든 물체는 힘이 가해져 자신의 상태를 바꾸어야 할 때를 제외하고는 정지한 상태 또는 '등속 직선 운동'을 유지한다.

[2] 운동의 변화는 가해진 힘에 비례하며, 힘이 가해진 직선 방향으로 일어난다.

[3] 모든 작용에는 방향이 반대인 동일한 반작용이 존재한다. 달리 말해 두 물체의 상호작용은 언제나 크기가 동일하고 방향이 반대다.

떤 의견을 갖고 있는지를 물었다. 뉴턴은 1685년까지는 훅의 사상이 지닌 중요성을 알아차리지 못했는데, 바로 이해에 에드먼드 핼리(Edmond Halley, 1656~1742)가 훅의 가설에 대한 의견을 듣기 위해 뉴턴을 찾아와 이 문제를 논했다. 바로 이 시점에서 뉴턴은 훅의 가설에 대한 수학적 증명을 내놓았다. (나의 개인적인 판단이 아니라) 역사의 판단으로 볼 때, 뉴턴이 수학적으로 증명해내자 이 가설은 곧바로 훅의 사상에서 뉴턴의 사상으로 바뀌어버렸다.

그전에는 선구적인 뉴턴 해설가 R. S. 웨스트폴이 지적했듯이, 뉴턴은 연금술적 맥락에서 인력과 척력이란 보이지 않는 작은 물질 입자들 사이에 작용하는 미세한 힘이라고만 여겼지만, 바로 이때부터는 그 힘들이 우주론을 포함한 물리학의 전 분야에 적용된다고 보았다.

수학적 증명을 통해 태양과 행성 사이에 둘 사이의 거리의 제곱에 반비례하는 단일한 인력이 작용함을 밝혀낸 뉴턴은 이 힘으로 케플러의 운동 법칙을 핼리에게 설명해줄 수 있었다. 그러자 뉴턴은 《프린키피아》를 써달라는 부탁을 받았는데, 이 책에 위의 사안 및 물리 현상에 수학을 활용하는 다른 예들을 담았다.

뉴턴 그리고 물질의 비밀스러운 능력

앞에서 나는 뉴턴을 평생 과학 연구로 이끈 동기가 물질의 비밀스러운 능력이 어떻게 작동하는지 이해하려는 갈망이었다고 말했다. 이제부터 내 말이 참인지를 증명하고자 한다. 그렇게 함으로써 뉴턴이 연금술 및 기타 자연마법 전통에서 영향을 받았다는 점뿐 아니라 신앙이 그의 사상을 형성하는 데 심오한 영향을 끼쳤으며, 이 두 가지는 떼려야 뗄 수 없이 연결되어 있었음을 우리는 알게 될 것이다.

물질의 비밀스러운 힘에 관한 그의 사상을 살펴보기 전에 우선 서문에 소개된《프린키피아》의 요지를 읽어보자.

> 철학이 지는 부담은 아마도 전적으로 다음과 같다. 운동 현상으로부터 자연의 힘들을 조사한 다음에 이 힘들로부터 다른 현상을 증명하고 …….
>
> 여기서 나는 행성, 혜성, 달 그리고 바다의 운동을 추론한다. 나머지 자연현상들도 이와 동일한 종류의 기계적 원리에서 비롯된 추론으로 도출할 수 있기를 바란다. 왜냐하면 여러 이유에서 나는 그런 현상들도 물질의 입자들이 지금껏 알려지지 않은 어떤 이유로 인해 서로 잡아당기거나 …… 또는 밀쳐내어 서로 멀어지게 하는 두 힘 중 하나에 의존한다고 여기기 때문이다. 이 힘들은 아직 미지의 것이므로, 지금까지 철학자들이 행한 연구는 헛된 셈이다. 하지만 여기 내가 제시한 원리들이 자연 연구나 철학의 더 참된 방법에 어떤 빛을 던져줄 수 있기를 바란다.

여기서 눈여겨볼 대목으로, 뉴턴은 "기계적 원리에서 비롯된 추론"을 한다고 하면서도 "알려지지 않은 힘"에 의한 설명을 이야기한다. 대륙의 데카르트주의자라면 아무도 이런 식으로 쓸 수 없었을 것이다. 그렇게 하면 모순이 되므로.

하지만 뉴턴이 "어떤 힘들"을 생각하게 된 "여러 이유"라는 말은 무슨 의미로 했을까? 무엇을 염두에 둔 말일까?

이 의문을 풀어줄 중요한 해답은 뉴턴의 수학으로 볼 때 중력이란 해당 물체의 전체 질량에 의존한다는 사실에서 얻을 수 있다. 만약 입자들의 흐름이 한 물체를 지구로 하강시킨다는 데카르트식 설명이 옳다면 힘을 받는 요소는 물체의 표면적이라고 예상할 수 있다. 하지만 중력은 분명 물체의 가장 안쪽까지 작용했다. 뉴턴은《프린키피아》제2판에 덧붙인 일반 주해에서 중력에 관해 이렇게 썼다.

> 확실히 중력은 전혀 힘의 감소를 겪지 않고 태양과 행성들의 가장 중심부를 관통하는 한 요인에서 비롯됨이 틀림없다. 그리고 (기계적 요인들처럼) 작용하는 입자의 표면의 양에 따라서가 아니라 그 내부에 담긴 단단한 물질의 양에 따라 작동하며, 힘을 모든 방향으로 무한히 멀리까지 전달한다.

하지만 뉴턴이 물질의 비의적 힘을 믿게 된 다른 "여러 이유"를 알아보려면 광학에 관한 그의 연구를 살펴볼 필요가 있다.《광학》의 말미에 뉴턴은 자칭 '의문'이라는 많은 짐작들을 포함시켰다. 이 의문들로 볼 때 뉴턴은 빛이 우주의 활동 원리, 즉 모든 운동의 배후에 작용하는 일종의 기동력이라는 연금술 사상을 받아들였음을 알 수 있다.

> 물체와 빛은 상호 간에 서로 변하지 않겠는가? 그리고 물체는 자신의 구성 요소들 속으로 들어오는 빛 입자로부터 대부분의 활동 능력을 받지 않겠는가? …… 빛은 우리에게 알려진 현상 가운데 가장 활발한 것이므로 활동성의 주된 원리가 왜 아니겠는가?

뉴턴은 연금술을 연구하는 데 많은 시간을 바쳤다. 하지만 납을 황금으로 변환시키려 하지는 않았으며, 다만 물질의 운동과 활동성의 비밀스러운 근원을 찾으려고 했다. 연금술에 관한 뉴턴의 초기 저술인 아래 내용을 살펴보자. 뉴턴 학자들이 대체로 '금속의 생장'이라고 일컫는 글인데, 1669년 아니면 1670년에 쓰였다.

> 그리하여 아마도 물질 전체는 아니더라도 상당 부분은 에테르가 응고되고 뒤섞여 다양한 조직을 이룬 것에 지나지 않는다. …… 필경 에테르는 어떤 더욱 활동적인 정기의 운반체에 지나지 않으며, 물체는 이 둘이 합쳐진 것일지 모른다. 물체는 생성될 때 공기와 더불어 에테르를 흡수할지도 모르는데, 에테르 속에는 정기가 혼합되어 있다. 아마도 이 정기는 빛의 입자인데, 그 까닭은 첫째, 둘 다 굉장한 활동 원리이자 영원한 활동자이기 때문이며, 둘째, 모든 것은 열을 가하면 빛을 방출하기 때문이다.

뉴턴은 1675년에 아래의 '빛의 성질을 설명하는 가설들'을 왕립협회에 보낼 때도 여전히 이런 생각에 몰두해 있었다(이 글은 발간되지 않았다. 이때만 해도 뉴턴은 왕립협회가 사실에 집중할 뿐 '가설'을 거부하는 줄은 몰랐다).

> 아마도 자연의 전체적인 틀은 어떤 에테르성 정기나 증기의 다양한 조직들이 이를테면 침전에 의해 응결되는 것에 지나지 않을지 모른다. 증기가 물로 응결되거나 그리 쉽게 응결되진 않지만 내쉬는 숨이 뿌옇게 변하는 현상과 매우 흡사하다. 그리고 응결된 후에 다양한 형태를 지니게 되었는데, 그런 일이 처음에는 창조주의 손으로 직접 일어났고, 이후에는 줄곧 자연의 힘으로 일어났다. 자연은 통솔, 증가 및 번식을 통해

원형질의 복제품들을 완벽하게 모방해냈다. 그러므로 모든 것은 에테르에서 비롯되었을지 모르며 …… 빛과 에테르는 상호작용한다.

하지만 빛은 뉴턴이 염두에 둔 연금술뿐만 아니라 자연마법 전통의 다른 측면들과도 관련이 있었다. 가령 색깔 스펙트럼에 대한 그의 설명을 살펴보자.

아리스토텔레스에서 데카르트까지 일반적인 가정에 따르면, 색깔이 있는 빛들은 순수한 빛의 오염된 형태이며 순수한 빛은 당연히 흰색의 햇빛이었다. 하지만 뉴턴은 프리즘으로 행한 실험을 통해 흰빛이 빛의 순수한 형태가 아니라고 여기게 되었다. 오히려 순수한 형태는 흰빛을 프리즘을 통과시킬 때 나타나는 다양한 색깔의 빛이었다. 색깔 있는 빛 스펙트럼을 함께 섞자 흰빛이 얻어졌다. 이 주장은 큰 논쟁을 불러일으켰다. 터무니없는 소리로 들렸던 것이다. 신은 빛의 순수한 원래 형태인 흰 햇빛을 만들었다고 생각하던 시대였으므로.

그렇다 보니 뉴턴은 케플러를 그대로 빼닮은 수를 썼다. 신은 왜 원형의 천체 궤도보다 타원형 궤도를 좋아했는지 케플러가 자문했듯이 뉴턴도 신이 왜 색깔 있는 빛들을 섞어서 흰빛을 만들었는지 자문했다. 답을 얻고자 그는 (케플러가 그랬듯이) 구의 음악이라는 고대 피타고라스 전통에 눈길을 돌렸다.

뉴턴은 《광학》 제1권의 2부에서 스펙트럼의 색깔들은 마치 한 옥타브 내의 일곱 음정과 마찬가지로 동일한 비율을 가진다고 주장했다.

나는 스펙트럼이 종이 위에 비치도록 〔종이를〕 들고 있었고 …… 나보다 색깔을 구별하는 데 더 탁월한 눈을 지닌 조수는 직선 자로 …… 스펙트럼을 재어보았더니 색깔들이 특정 범위에 갇혀 있음을 알아냈다. 그것이 바로 빨간색 ……, 주황색 ……, 노란색 ……, 초록색 ……, 파란색 ……, 남색 ……, 그리고 보라색이다. 그리고 이 현상은 같은 종이 위에서 그리고 다른 여러 종이 위에서도 반복적으로 나타났기에, 관찰 결과들이 일치함을 알게 되었다. 그리고 그 〔스펙트럼이〕…… 상기한 직선에 의해 화음과 같은 방식으로 나누어지며 …… 해당 조의 화음, 2도, 단3도, 4도, 5도, 장6도, 7도, 8도(옥타브)가 표현된다. 이 간격들은 …… 일곱 가지 색(빨강, 주황, 노랑, 초록, 파랑, 남색, 보라)이 차지하는 공간이 될 터이다.

그의 주장에 따르면, 스펙트럼을 따라 나타난 일곱 가지 색은 옥타브를 이루는 일곱 음정을 내기 위해 일현금의 해당 음정 길이에 줄받침대를 두는 위치와 일치했다. 뉴턴은 심지어 도표까지 제시했다. 따라서 흰빛은 함께 '소리 나는' 다른 색깔들이 전부 모인 하나의 영광스러운 화음인 것이다. 1670년에서 1672년까지 케임브리지의 학생들에게 행한 광학 강의에서 뉴턴은 스펙트럼은 다섯 가지 색깔만 구별할 수 있지만, "스펙트럼 영상을 더 아름다운 비율을 지닌 부분들로 나누기 위해" 의도적으로 남색과 주황색을 보탰다고 털어놓았다. 베이컨이라면 절대 허용하지 않았을 일이다.

흥미롭게도 오늘날 우리는 무지개가 일곱 가지 색이라고 믿는다. 뉴턴이 피타고라스식의 자연마법 전통인 구의 음악을 맹목적으로 믿었던 영향이 지금까지 이어지는 셈이다. 무지개가 뜰 때 우리는 아무리 살펴도 결코 일곱 가지 색깔을 볼 수 없을 것이다. 뉴턴도 일곱 색깔을 볼 수 없었지만 피타고라스식 집착에 들어맞게끔 일곱 가지 색깔이 필요했다. 이후에는 뉴턴의 권위 때문에 줄곧 그렇게 여겨졌다. 위대한 과학자가 한 말이니 우리 눈에는 다섯 색깔, 기껏해야 여섯 색깔밖에 보이지 않지만 분명 일곱 가지 색깔이려니 하고 받아들인 것이다. 사실 우리가 무지개의 일곱 가지 색을 믿게 된 까닭은 뉴턴이 생애 후반에 피타고라스식의 자연마법사가 되었기 때문이다. 영국의 경제학자인 존 메이너드 케인스는 이렇게 적었다. "뉴턴은 이성의 시대의 첫 인물이 아니다. 그는 마지막 마법사이자 …… 마법사들로부터 진심 어린 존경 을 받아 합당한 마지막 신동이었다."

피타고라스식 전통은 뉴턴 과학의 다른 부분에서도 드러난다. 미발 표 원고(《프린키피아》 제2판에 실어 소개할 의도로 쓰이긴 했지만)에서 그는 피 타고라스주의자들이 구의 화음 이론을 이용하여 여섯 개의 행성이 태 양을 중심으로 배열된 우주를 설명했다고 주장했다. 그들은 이런 식의 설명을 함으로써 배우지 못한 이들에게는 진리를 드러내지 않으면서 도 현명한 자들에게는 진리를 알게 해주었다는 것이다. 뉴턴은 또한 아 래와 같이 피타고라스주의자들은 역제곱 법칙과 중력의 보편 원리를 알고 있었다고 주장했다.

행성으로부터 멀어지면 중력이 어떤 비율로 줄어드는지 고대인들은 충 분히 설명하지 않았다. 하지만 태양과 나머지 여섯 행성을 …… 일곱 현 악기인 리라를 든 아폴론을 통해 나타냄으로써 …… 천체 구의 화음 으로 그것을 대략적으로 드러냈던 것 같다. …… 하지만 이런 상징에 따라 그들은 장력이 거리의 제곱에 반비례하여 상이한 거리의 현에 작 용할 때 나타나는 거리의 조화로운 비율로 태양이 자신의 힘을 행성들 에 가함을 보여주었다. …… 일반적으로 말해 두께가 동일한 두 현에 추를 매달아 늘어뜨릴 때 현의 길이의 제곱에 반비례하는 무게의 추를 달면 두 현은 동일한 음을 낸다. 지금도 미묘한 이 주장을 고대인들은 알고 있었다.〔피타고라스는〕행성들의 무게가 태양으로부터의 거리의 제곱에 반비례함을 천체의 화음을 통해 알아냈다.

이 주장의 종교적 차원은 명백해 보인다. 케플러와 마찬가지로 뉴턴의 음악적 우주는 지적인 창조주의 설계를 반영하고 있다. 하지만 뉴턴은 이를 단지 자신의 연구에 함축적으로 제시하는 데서 그치지 않았다. 그는 고대 피타고라스 철학 연구를 자신이 몰두하고 있던 다른 연구들—즉 하느님에게서 인간으로 직접 전해졌던 최초의 종교에 관한 연구들—과 결합시켰다.

뉴턴은 1672년에 성경을 연구하기 시작했는데, 다른 연구에서 그랬듯이 이번에도 강박적으로 몰두했다. 그는 곧 연금술보다 이 연구에 더 많은 시간을 쏟게 되었다.

그리하여 아담에게 전해졌고 참된 유일한 하느님을 숭배했던 최초의 종교가 노아의 죽음 후 타락하여 우상 숭배(뉴턴은 이를 가장 나쁜 죄라고 보았다)에 빠졌다고 결론 내렸다. 참된 종교는 모세 덕분에 회복되었지만 다시 타락하여 우상 숭배에 빠졌다. 그러자 하느님은 예수를 보내 최초의 종교를 복구하려 했지만 또다시 타락이 일어났다. 예수의 가르침대로 참된 유일한 하느님을 숭배하는 대신에 기독교인들 또한 우상 숭배자가 되어 예수를 하느님으로 숭배하기 시작했다. 뉴턴은 말하기를, 이전 종교들과 비교하여 기독교는 "더 참되지도 덜 타락하지도 않았다." 뉴턴의 결론에 따르면 "세상은 속임을 당하기를 좋아한다."

필시 뉴턴은 최초의 종교를 다시 한 번 회복하는 일이 자신의 의무이며, 특히 자신의 과학이 고대의 (이 경우에는 피타고라스의) 지혜와도 일치하므로 올바른 길을 가고 있으며, 따라서 성경을 연구하면 고대의 지혜를 얻게 되리라고 믿었던 듯하다.

물론 뉴턴은 이런 내용을 일절 비밀에 부쳤다. 만약 공개적으로 삼위일체를 부정하고 당시의 기독교가 기독교 이전의 종교들보다 "더 참되지도 덜 타락하지도 않았다"고 말했다면 심각한 곤경에 처했을 것이다.

그렇긴 하지만 뉴턴은 자신과 동일한 결론에 이른 사람이 어딘가에 있는지 간절하게 알고 싶었다. 같은 생각을 가진 사람이 있지 않을까? 이런 바람에서 뉴턴은 참된 종교가 노아 이후 세대에서 처음으로 타락했다는 내용을 포함한 자신의 종교적 사상들을 《광학》의 마지막 문단에 슬며시 내비쳤다. 이 문단의 의미는 뉴턴의 종교 논문들을 조사한 결과 지난 몇십 년 전에야 겨우 뜻이 분명해졌다. 그전에는 매우 이해하기가 어려워 독자들은 단지 뉴턴이 평소와 다름없는 경건한 말을 하고 있겠거니 짐작했을 뿐이다. 사실 그는 종교, 자연철학, 연금술, 기타 자연마법적 믿음이 서로 연결되어 있음을 《광학》의 마지막 문단에서 드러내려 했던 것이다.

만약 자연철학의 모든 분야가 이 방법을 추구하여 마침내 완벽해진다면 도덕철학의 경계 또한 확장될 것이다. 왜냐하면 자연철학에 의해 무엇이 제1원인(신을 뜻한다—옮긴이)이며 그분이 어떤 권능을 우리에게 행사하는지 그리고 우리가 그분에게서 어떤 혜택을 받을지 알 수 있는 한, 이제까지 그분을 향한 우리의 의무와 더불어 서로를 향한 우리의 의무도 자연의 빛에 의해 드러날 것이기 때문이다. 그리고 의심할 바 없이 그릇된 신들에 대한 경배가 이교도들을 눈멀게 하지 않았다면 그들의

도덕철학은 네 가지 기본 덕목보다 더 멀리 나아갔을 것이며, 영혼의 환
생과 더불어 태양과 달 그리고 죽은 영웅들을 숭배하라고 가르치는 대
신에, 타락하기 전에 그들의 조상들이 노아와 그의 아들들의 통솔하에
서 했던 대로 우리의 참된 창조자이자 후원자를 숭배하라고 가르쳤을
것이다.

14

뉴턴이 지핀 계몽의 불길

과학혁명은 아이작 뉴턴과 함께 정점에 다다랐다고 할 수 있다. 뉴턴이 내놓은 연구 결과들이 옳다는 인식이 널리 퍼지자 많은 사람들은 참된 자연철학이 본질적으로 완성되었으며, 이제 남은 일은 실제의 세부 사항을 채우는 것뿐이라고 믿기에 이르렀다. 앞서 (11장에서) 우리는 어떻게 데카르트가 자신의 《철학 원리》에서 "이 논문은 어떤 자연현상도 배제하지 않았다"라고 주장했는지 살펴보았지만, 18세기 초반의 사상가들이 보기에 실제로 모든 현상을 설명한 책은 뉴턴의 《프린키피아》와 《광학》이었다.

뉴턴의 업적은 특출했고 전례가 없던 것이기에 뒤이은 세대의 자연철학자들에게 모범으로 자리 잡았다. 그 업적은 이후의 시대를 특정한 방향으로 열어젖히는 데 큰 영향을 끼쳤다. 18세기를 가리켜 역사가들은 이성의 시대이자 계몽의 시대라고 이름 붙였다. 과학 발전에 별로 주목하지 않는 대다수의 역사가들이 보기에 계몽시대의 주요 특징은 전통적인 종교적 및 정치적 체계와 더불어 미신으로 치부되는 것들을 거부하고 세속주의, 공화주의 및 자유주의 그리고 남성(그리고 여성)의 자연권, 개인주의 및 개인적 자유 같은 새로운 개념을 선호한 경향을 들 수 있다.

하지만 계몽시대의 이 모든 측면들은 널리 퍼진 새로운 믿음, 즉 과학 지식과 과학적 방법의 적용이 생활의 모든 방면에 대한 우리의 이해를 향상시키고 심지어 완벽하게 만들 것이라는 믿음에서 비롯되었고 여기에 근거하고 있다는 말도 일리가 있다. 계몽시대에 미친 뉴턴의 역할을 드러내는 사례로 영국의 계몽시대 시인인 알렉산더 포프(Alexander Pope, 1688~1744)가 뉴턴의 묘비명으로 적은 유명한 경구를 들 수 있다.

자연 및 자연법칙은 어둠에 잠겨 있었건만
하느님께서 '뉴턴이 있으라!'고 하시자 온 세상이 환해졌도다

프랑스의 지성인 볼테르(Voltaire, 1694~1778)는 1734년에 《철학 서간 *Letteres Philosophi ques*》을 쓰면서 뉴턴을 단지 위대한 과학자가 아니라 가장 위대한 인간으로 치켜올렸다.

얼마 전에 매우 품위 있고 학식 있는 사람들이 누가 가장 위대한 인간인가, 카이사르냐 알렉산드로스냐 티무르냐 크롬웰이냐 아니면 다른 누군가인가라는 시시하고 하찮은 토론을 벌였다. 어떤 이는 아이작 뉴턴 경이 그들 전부를 능가한다고 대답했다. 그 신사의 주장은 매우 타당했다.

왜냐하면 참된 위대성이란 하늘이 내려준 천재를 통해 우리의 정신과 다른 이들의 정신을 밝히는 것이라면, 1000년에 한 번 나올까 말까 하는 아이작 뉴턴 경이야말로 진정으로 위대한 인간이기 때문이다. 그리고 정치인과 정복자들(어느 시대에나 이런 사람들이 배출된다)은 대체로 아주 걸출하게 사악한 사람들이다. 동료 피조물들을 노예로 만드는 사람이 아니라 진리의 힘으로 세상 사람들의 마음을 사로잡은 사람, 우주를 더럽히는 사람이 아니라 우주를 훤히 아는 사람이야말로 우리의 존경을 받을 만하다.

뉴턴의 영향은 과학의 영역을 넘어 지성계 일반에 영향을 끼칠 정도로 대단했다. 그가 미친 영향은 이전의 다른 어느 자연철학자들보다 훨씬 더 컸을 뿐 아니라 새로운 것이었다. 이전에 코페르니쿠스의 업적이 마침내 전문적인 천문학자들의 영역을 벗어나 알려지기 시작했을 때는 두려움으로 다가왔다. 옛 체계의 질서를 산산조각 내고 종교를 위험에 빠뜨린다고 여긴 것이다. 형이상학적 시인인 존 던에 따르면, 코페르니쿠스 덕분에 "태양은 사라지고, 지구든 어떤 이의 지혜든 어디에서 그것을 찾아야 할지 알 수 없게" 되었다. 이는 단지 천문학적 문제만이 아니라 우리의 가치관을 이루는 바탕이 "모두 조각 나고 일관성이 사라졌음"을 의미했다. 이런 태도는 르네상스 이후의 회의주의를 부채질했다(11장).

이와 달리 뉴턴의 업적은 낙관주의를 고취했다. 당시에는 뉴턴의 방법을 과학뿐만 아니라 도덕철학, 정치 그리고 경제에도 적용하여 사회가 과학적 노선에 따라 운영될 수도 있다는 믿음이 퍼져 있었다. 사람들은 뉴턴이 《광학》 말미에 쓴 다음 구절을 곧이곧대로 받아들였다.

"만약 자연철학의 모든 분야가 이 방법을 추구하여 마침내 완벽해진다면 도덕철학의 경계 또한 확장될 것이다."

하지만 여기서 중요하게 언급할 점은, 뉴턴은 하나의 총체적인 운동을 열어젖힐 중요한 열쇠였으며 새로운 자연철학의 구현자였으며 자연 지식의 추구가 어디로 이어질 수 있는지를 제시한 궁극의 모범이었다. 쉽게 알 수 있듯이, 계몽시대를 고취한 이는 인간 뉴턴이 아니라 이성의 시대의 구현자 뉴턴이었다.

만약 계몽사상가들이 실제 뉴턴, 즉 앞에서 우리가 살펴본 뉴턴에 의해 영감을 받았다면, 계몽시대는 오늘날 연금술의 시대, 자연마법의 시대 그리고 비밀스러운 종교의 시대로 기억되었을 것이다. 18세기 지성인들이 영웅으로 여긴 뉴턴은 대체로 그들이 창조해낸 뉴턴이었다. 《프린키피아》와 《광학》이 이룬 성취는 프랜시스 베이컨, 르네 데카르트, 런던 왕립협회 및 이 협회에 버금가는 파리 왕립과학아카데미 그리고 새로운 과학 운동의 다른 기관들이 발전시켜온 자연계에 대한 새로운 접근법의 정점이자 솟아오르는 가능성의 증거로 간주되었다. 따라서 그들은 뉴턴을 뛰어난 수리물리학자이자 기계론적 철학의 올바른 버전을 마침내 발견한 사상가로 여겼던 것이다.

이들이 본 뉴턴은 우리가 앞서 살펴본 실제 뉴턴과는 매우 달랐다. 계몽시대의 뉴턴 이미지는 새로운 철학의 특색으로 자리 잡으면서 구체화되고 고착화되었다. 이전 장에서 본 뉴턴은 과학사가들이 각고의 노력 끝에 밝혀낸 모습으로, 이들은 뉴턴에 관한 계몽시대의 관점에 휩쓸리기를 거부하고 자신들만의 관점에서 그를 재조명했다. 그럼에도 불구하고 지금도 다른 과학사가들 및 과학철학자들은 뉴턴이 비의적 개념을 받아들였다는 주장에 심한 저항감을 나타낸다. 가령 철학자 뉴턴의 면모에 대한 최근의 한 연구는 그가 비의적인 원거리 작용이라는 수긍할 수 없는 개념을 받아들였을 리 없다고 주장했다. 뉴턴 스스로 이 개념을 사용했다고 밝혔는데도 말이다.

계몽시대의 선구적인 '선언서(지금 판단하건대 계몽시대의 기풍이 무엇인지 배경 지식을 알려주고 이를 요약한 책들)' 가운데 두 가지를 들자면, 볼테르의 《철학 서간》과 더불어 《백과사전》의 편집자 중 한 명인 수학자 장 르 롱 달랑베르(Jean le Rond d'Alembert, 1717~1783)의 《백과사전에 대한 예비 논의》(1751)를 꼽을 수 있다. 두 책은 당대의 영광스러운 지성사를 펼치고 있는데, 베이컨에서 시작하여 위대한 실패의 예로서 데카르트에게 정당한 경의를 표한 다음 뉴턴에 대한 견해에서 정점에 다다랐다. 달랑베르에 따르면, 뉴턴이 "마침내 등장했을 때", 그는 "철학에 그것이 마땅히 지녀야 할 형태를 부여했다." 뉴턴은 진정한 철학과 더불어 이를 위한 방법을 찾아냈기에, 이제 모든 문제가 풀리는 것은 시간문제였다(상자글 14.1 참고).

지금 우리는 만들어진 뉴턴을 다루고 있기에 그가 유럽의 다양한 지역에서 다양한 모습으로 비치는 것은 놀랄 일이 아니다. 가령 영국인과 프랑스인은 계몽주의란 무엇인가에 대한 자신들의 관점에 맞게 뉴턴의 이미지를 꾸며냈다. 영국에서 뉴턴의 사상은 정통파가 채택하여 종교를 장려하는 데 이용했다. 반교권주의가 유행하던 가톨릭 국가 프랑스에서는 세속화된 또는 심지어 무신론적 성향을 지닌 기계론적 철학자들이 뉴턴의 사상을 받아들였다.

영국이 프랑스와 다른 태도를 취한 까닭은 최근의 영국 내란과 공위 기간이라는 혼란의 시기로 설명할 수 있다. 영국의 엘리트들은 대부분 보수적이고 정통적인 사상가들이다 보니, 공위 기간에 급진적인 분파

처음에 (대부분 데카르트에 경도되어 있던) 대륙의 자연철학자들은 자연철학에 비의적 속성들(주로 중력)을 재도입하는 것을 웃음거리로 여기더니, 프랑스와 독일 물리학자들은 마침내 뉴턴의《프린키피아》가 데카르트의《철학 원리》보다 우월함을 인정했다. 이처럼 태도가 변한 주요인은 다음과 같다.

만약 데카르트가 옳다면 지구는 뾰족한 한 끝점 위에서 자전하는 타원형일 것이고(달걀을 세로로 세워 돌리는 경우를 생각해보라), 뉴턴이 옳다면 지구는 긴 측면의 한 끝점 위에서 자전하는 타원형일 것이다(달걀을 가로로 눕혀서 돌리는 경우를 생각해보라). 데카르트에 따르면, 소용돌이의 중심에서 자전하는 구에서 안쪽으로 가장 큰 압력을 받는 쪽은 적도 둘레이기에 구가 변형되어 세로로 선 달걀 형태가 된다. 뉴턴에 따르면, 자전하는 구의 적도는 가장 큰 바깥쪽 힘(원심력)을 받아 호박 모양이 된다.

프랑스 연구자들은 이를 검증하기 위해 가급적 북극에서 가까운 쪽의 위도의 1도(특정 위도는 지구 회전축을 중심으로 하는 원이므로 총 180도다—옮긴이)의 길이와 가급적 적도에 가까운 위도의 1도의 길이를 측정하기로 했다. 한 팀은 유럽 최북단에 있는 라플란드로 떠났고, 다른 한 팀은 남아메리카의 에콰도르 지역으로 떠났다.

북쪽으로 간 팀은 약 1년 동안(1736~1737) 떠나 있다가 핀란드의 몇 가지 아름다운 자연물을 가지고 돌아왔는데, 이것들은 잠시 파리의 자랑거리가 되었다. 한편 아마존 정글로 떠난 팀은 고생 끝에 거의 10년이 다 되어서야 돌아왔다(1735~1744). 드디어 각각의 측정 결과를 비교했더니 명백히 뉴턴이 옳았다.

1749년에는 삼체 문제(세 물체 사이의 중력에 관한 문제—옮긴이)의 해법이 나오면서 뉴턴이 옳다는 사실이 다시금 확인되었다. 다음과 같은 내용이다. 뉴턴조차 달의 운동을 충분히 설명할 수 없었는데, 왜냐하면 달은 지구와 태양으로부터 동시에 중력을 받기 때문이다. 스위스의 수학자 레온하르트적 집단들이 만연하자 그 무렵은 신이 없는 시대이자 사람들에게 종교가 부족한 시대임이 너무나 분명했다. 프랑스의 지성인 엘리트는 영국을 바깥에서 바라보는 입장이기에 영국의 공위 기간의 상황은 분명 (다양한 분파들에 의해 다양한 방식으로 표출되는) 종교적 광신의 결과로서, 독립적인 종교사상이 얼마나 위험한지를 보여주는 산 증거였다.

자연철학이 늘 종교를 뒷받침하는 데 이용되었고, 게다가 성공적인 뉴턴의 자연철학이 나왔으니, 필연적으로 영국의 정통 신학자들은 뉴턴의 자연철학을 이용하여 신의 존재를 증명하려고 시도했다(데카르트가 세속적 위기에 대응한 방식과 마찬가지다). 영국에서 이른바 자연신학—자연계의 정교한 경이로움을 이용하여 자연의 명백한 지적 창조자인 신의 존재를 증명하려는 신학—이 번성한 시대가 바로 18세기다. 이런 종류의 자연 연구는 상세할수록 더 그럴듯했다. 당시에 상세함은 악마 편이 아니라 신의 편이었다.

이와 달리 프랑스에서는 자유사상가들을 비롯한 교회의 적대 세력들이 뉴턴 과학의 새로운 권위를 합리성에 바탕을 둔 도덕철학 체계—달리 말해, 선한 행동을 (교회의 도덕적 가르침에서 강조된) 지옥불의 형벌을 피하기 위한 수단으로서가 아니라 합리적이라는 이유에서 권장하는 윤리 체계—를 지지하는 데 이용했다. 이런 프랑스 사상가들은 《광학》의 맺음말에 적힌 뉴턴의 주장, 즉 도덕철학의 경계 또한 자연철학에 관한 뉴턴의 방법을 추구함으로써 확장될 수 있다는 내용에서 격려를 받았다(전체 인용문은 13장 끝에 나와 있다). 이 사상가들에 따르면, 당시의 종교는 부패한 정치적·사회적 질서를 유지할 목적으로 개발되었고 위반자를 지옥불로 처벌한다는 공포감에 바탕을 두고 있으며 과학에 어긋났다.

그들은 계몽된 인간은 공포와 지옥불의 협박에 근거한 도덕을 거부하며, 사회 속에 사는 인간의 종교가 지닌 미덕을 찬양한다고 여겼다. 이런 종교란 모든 교리가 이성에 근거하고 우리가 다른 사람에게서 받고 싶은 대로 다른 사람을 대하는 것(역설적이게도 이는 기독교의 '황금률'이다)이 도덕의 바탕이며 최대한 개인의 자유와 권리를 지켜주는 시민적 종교다. 그들이 믿기에, 뉴턴이 자연철학의 방법에 의해 도덕철학이 확립될 수 있다고 한 말은 바로 그런 뜻이었다. 프랑스의 계몽주의 철학자인 콩도르세는 1795년에 이렇게 썼다.

자연과학을 신뢰할 수 있는 유일한 근거는 우주의 현상을 이끄는 일반적인 법칙들은 이미 알려진 것이든 미지의 것이든 필요하며 일정하다는 사상이다. 어째서 이 원리가 자연현상의 설명보다 인간의 지적, 도덕적 능력의 발전에 덜 적용되어야 한단 말인가?

18세기의 뉴턴주의 — 힘과 활동 유체

과학에 국한하지 않고서도 뉴턴이 얼마나 중요한 인물인지에 대해서는 나중(16장)에 다시 살펴보기로 하고, 지금은 과학의 역사적 발전으로 되돌아가 18세기 자연철학자들이 뉴턴의《프린키피아》서문에서 내비친 도전과제를 어떻게 받아들였는지 살펴보자. 그 과제란 바로 "물질의 입자들이 지금껏 알려지지 않은 어떤 이유로 인해 서로 잡아당기거나 …… 아니면 밀쳐내어 서로 멀어지게 하는 힘들"로 모든 자연현상을 설명하는 일이었다.

또한 이 기본 발상에는 변형태가 있다. 뉴턴이 개발한 이 개념에서는 미묘한 유체(그는 이전에 천체의 물질을 가리키기 위해 쓰였던 '에테르'란 이름을 빌려와 여기에 붙였다)가 모든 물리 현상을 설명하는 데 이용되었다. 기본 요지는 중력과 자력 같은 비의적 힘들 그리고 빛과 같이 세상에 가득한 실체들은 에테르 속의 진동 또는 파동의 형태로 우주를 가로질러 전달될 수 있다는 것이다.

이를 두고 요즘 일부 역사가들은 뉴턴이 결국에는 기계론적 철학자라는, 즉 원거리 작용 같은 마법적이고 비의적인 헛소리에 관심이 없었다는 증거로 여긴다. 하지만 어림없는 소리다. 왜냐하면 뉴턴이 설명한 에테르는 분명 그것의 입자들 사이의 척력에 의존하기 때문이다(요컨대 에테르는 인력과 척력 둘 다가 아니라 척력만을 허용한다). 파동이나 펄스는 데카르트의 논의에서처럼 충돌에 의해서가 아니라 멀리 떨어진 입자들 간의 척력에 의해 전파된다. 한 입자가 다른 입자에 가까이 다가가면 튕겨서 멀어지듯이 충격파도 그렇게 전파된다고 뉴턴은 제안했다.

뉴턴은 에테르가 매우 가늘고 미세하므로 행성들이 항력에 의해 느려지지 않고서 에테르를 통과할 수 있지만, 또한 빛을 환상적인 속도로 전달할 수 있어야 하므로 느슨한 데가 없는 매우 견고한 것이어야 한다고 여겼다. 이 두 가지 요구 조건은 상반되는 듯하지만, 극도로 작은 (다른 원자들보다 더 작은) 입자들로 이루어진 에테르는 서로 아주 멀리 떨어져 있기에 (그 사이는 진공이다) 행성이 아무 저항 없이 관통하기에 알맞은 정도로 성기다고 그는 여겼다. 하지만 입자들이 그 사이에 작동하는 강력한 척력 때문에 아주 멀리 떨어져 있다고 가정함으로써 '견고함'이라는 조건도 충족되었다. 즉 한 입자를 조금만 움직여도 주위 입자들에 즉각 영향을 미친다는 의미에서 적절하게 견고하다고 볼 수 있다는 뜻이다.

따라서 뉴턴이 《광학》의 말미에 덧보탠 '의문들'에서 그는 향후 연구를 위해 두 가지를 제안했다.

① 모든 물리 현상은 구성 입자들 사이의 인력과 척력으로 설명할 수 있다.
② 모든 현상은 온 우주에 스며 있는 활동적인 미세 유체, 즉 에테르로 설명할 수 있다.

오늘날 일부 역사가들은 이 두 제안에서 내려온 별도의 두 전통을 구분할 수 있지만, 당시 18세기 사상가들은 힘과 에테르가 혼재되어 있는 두 사상을 따로 떼어 파악하기가 꽤나 혼란스러웠던 듯하다.

다른 철학자들이 에테르 이론을 전개시킬 때 끌어들인 주요 인물 중 한 명은 네덜란드 레이덴 대학의 화학 및 약물학 교수인 헤르만 부르하베(Hermann Boerhaave, 1668~1738)였다. 부르하베에 따르면, 불은 온 우주에 스며 있는―고체의 가장 깊숙한 곳까지도 관통하는―활동적인 실체로서 물질에 여러 가지 활동을 부여한다. 따라서 불은 우주의 기동력이라고 볼 수 있다. 불은 팽창하고 스스로 퍼져나가며, 다른 것들을 팽창시킬 수도 있다. 뉴턴의 에테르에 쉽사리 오를 수 있는 후보이자 우주의 척력과 팽창의 원천이라고 볼 수 있다. 하지만 부르하베는 중력이 인력과 수축의 원천으로 작용한다는 점도 인정했다.

많은 이들은 부르하베의 불을 빛으로 파악했지만(뉴턴도 빛을 물질 내부의 활동 원리라고 언급했다) 빛이 되기에 더 적합해 보이는 후보는 그즈음 새로 발견된 현상인 전기였다. 에드먼드 핼리는 1731년에 이렇게 썼다.

전기는 아이작 뉴턴 경이 때로는 에테르라고 부르고 어떨 때는 전기적 정기라고 부르기도 하며, 그가 이해하기로는, 중력, 빛, 열 및 전기 현상의 원인인 보편적 매개체가 존재한다는 확실한 증거다.

그렇다면 전기는 신비스러운 유형의 불이 모든 것 속에 존재하며 어떤 경우에는 위력적인 효과를 통해 자신을 드러내는 분명한 사례인 셈이다.

정전기의 발생은 공기 펌프로 어떤 실험을 하던 중 우연히 발견되었다. 로버트 보일과 로버트 훅은 이 공기 펌프를 개발하여, 서로 경쟁하는 이론들 (데카르트는 진공이 불가능하다고 여긴 반면에 어떤 이들은 원자나 미소체 같은 세계의 구성 입자들이 진공 속을 움직인다고 주장했다) 중에 무엇이 옳은지 검증하려고 했다. 공기 펌프의 내부에 생긴 부분적 진공이 섬광을 일으켰는데(오늘날 관상管狀 형광등 조명에 이용되는 현상) 이를 연구하여 정전기로 인해 발생하는 효과들을 알아낸 것이다. 이 실험은 곧 전기 자체에 관한 실험으로, 그리고 전기 실험을 위한 새로운 특수 장치의 개발로 이어졌다.

이런 전기 실험들은 굉장한 효과를 나타냈기에 새로운 직업을 양산했다. 그러니까 떠돌이 실험철학자들이 곳곳을 돌아다니며 군중들 앞에서 전기 효과들을 시연하고서 돈을 받았다.

존 웨슬리(John Wesley, 1703~1791)는 감리교 운동—18세기 영국에서 인기 있던 새로운 종교 운동—의 창시자로서 그런 쇼를 보고 나서《필요한 것: 즉 쉽고 유용한 전기*Desideratum: Or, Electricity Made Plain and Useful*》(1760)라는 책을 냈다. 하지만 전기가 유용하다는 그의 생각은 지금 우리의 생각과는 달랐다. 그는 인공조명이나 전기로 움직이는 기계를 상상하지 않았다. 자연에 깃든 신의 권능을 보여주기에 유용하다고 여겼을 뿐이다. 가령 놀랍게도 전기 스파크를 일으킬 수 있었다(정전기가 많이 대전된 칼끝을 수면 쪽으로 접근시키는 방법이 흔히 쓰였다). 모두들 불과 물은 상극이라고 여기지만 (웨슬리 생각에) 이렇게 해서 생긴 불(스파크)은 물에서 나왔다. 확실히 이는 신이 어떤 일이라도 할 수 있음을 보여주지 않는가? 마찬가지로 선구적인 화학자이자 유니테리언 교회의 목사였던 조지프 프리스틀리(Joseph Priestley, 1733~1804)도 전기를 자연에 깃든 신의 권능을 보여주는 한 방법이라고 여겼다.

전기 현상은 또한 다수의 사변철학 체계를 내놓았는데, 하지만 이들 체계는 모든 물리 현상을 설명하기 위한 뉴턴의 두 제안 중 하나를 증명하기 위한 것이었다(상자글 14.2 참고). 뉴턴의 두 제안은 또한 전기 자체의 이론을 개발하는 과정에서도 이용되었다. 전기 과학의 역사적 전개는 매우 복잡하며 무수한 인물들이 등장하는데, 이런 일반적인 측면을 잠시 설명하고자 한다.

가장 초기의 전기 이론 중 하나(수지樹脂와의 마찰이나 유리와의 마찰로 생기는 여러 현상들과 부합하면서, 또한 뉴턴의 사상도 고스란히 반영하는 이론)는 전기적 유체에는 두 가지 상이한 종류—하나는 인력을 담당하고, 다른 하나는 척력을 담당—가 존재한다는 것이었다. 하지만 나중에 미국 정치인으로 유명해지는 벤저민 프랭클린(Benjamin Franklin, 1706~1790)은 이 이론을 단순화시켰다. 그의 가정에 따르면, 모든 물체에는 (단 한 종류의) 전기적 유체가 들어 있는데, 어떤 경우 이 유체가 물체 밖으로 빠져나올 때는 전기적 유체의 (즉 유체가 물체에 가하는) 압력이 '음'이 되고, 또 다른 물체 속으로 들어갈 때는 '양'의 압력을 그 물체에 가한다.

전기적 유체는 일반적인 물질과 다르다고 여겨졌다. 왜냐하면 그 입자들은 (뉴턴의 에테르 입자들과 마찬가지로) 자기들끼리는 서로 밀쳐내지만 일반적인 물질은 강하게 끌어당기기 때문이다. 이로써 많은 전기 현상들이 설명되었지만 문제점은 음의 두 물체가 서로 밀쳐낸다는 사실이다. 두 물체 모두 자기들끼리 밀쳐내는 전기적 유체가 들어 있지 않다면 이런 현상이 일어나지 않아야 한다.

그런데 러시아 상트페테르부르크에서 연구하던 프란츠 울리히 에피누스(Franz Ulrich Aepinus, 1724~1802)라는 독일 자연철학자가 이 문제의 해결책을 제안했는데, 일반적인 물질의 입자들 또한 서로 밀쳐낸다는 것이다. 일반적인 물질(matter) 입자들은 물체(body) 속에 담긴 전기적 유체 때문에 (반발력으로 흩어져버리기보다는) 서로 끌어당기는 것으로 보였다. 물체가 전기적 유체로 포화되는 일반적인 경우에는 인력과 척력의 균형이 약간 인력 쪽으로 기울기에 물체는 서로 '끌어당긴다'. 하지만 물체가 음이나 양으로 대전될 때는 전기적 효과가 중력보다 우선하는데, 그렇더라도 이제 중력 자체도, 에피누스에 따르면, 전기적인 자연현상으로 볼 수 있게 되었다.

이런 식의 추론—뉴턴이 중력을 별도의 힘이라고 본 것이 잘못임을

헤르만 부르하베,《구성과 화학실험*Institutiones et experimenta Chemicae*》(1724)

불이 자연에서 팽창 활동을 담당하며, 모든 물질에 깃들어 있다고 주장했다. 따라서 물질은 뉴턴의 보편적 원리에 따라 서로 끌어당기긴 하지만 내부의 불로 인한 반발력도 지니고 있다.

스티븐 헤일스(Stephen Hales, 1677~1761),《식물 정역학*Vegetable Staticks*》(1727)

기체 입자들은 서로 반발한다는 뉴턴의 견해를 받아들여, 서로 밀쳐내는 기체 입자들과 서로 끌어당기는 다른 물체들과의 상호작용의 관점에서 화학적 과정을 설명하려고 했다.

존 로우닝(John Rowning, 1701년경~1771),《자연철학의 개괄적 체계*Compendious System of Natural Philosophy*》(1735)

입자들이 상이한 여러 거리에 따라 번갈아 가며 서로 끌어당기기도 하고 밀쳐내기도 한다고 주장했다. 이를 이용하여 단단함과 부드러움, 응집과 액화, 탄성 등을 설명했다.

고윈 나이트(Gowin Knight, 1713~1772),《자연의 모든 현상은 두 가지 단순한 활동 원리인 인력과 척력으로 설명될 수 있음을 증명하려는 시도*An Attempt to Demonstrate that All the Phenomena in Nature may be Explained by Two Simple Active Principles, Attraction and Repulsion*》(1748)

책 제목에 나와 있는 그대로 했다.

로저 조지프 보스코비치(Roger Joseph Boscovich, 1711~1787),《자연철학의 한 이론*A Theory of Natural Philosophy*》(1758)

물체는 물질로 이루어져 있지 않고 관성을 지닌 기하학적 점들로 이루어졌을 뿐인데, (이 기하학적 점에 가까운) 어떤 경계에서는 인력이 작용하고 그 경계를 넘어서면 인력이 척력으로 바뀐다(이로 인해 물체에 딱딱한 느낌이 생긴다).

조지프 프리스틀리,《물질과 정신에 관한 논문들*Disquisitions on Matter and Spirit*》
(1777)
보스코비치의 이론을 영국에 소개했으며, 이 이론을 이용하여 세계는 수
동적인 물질과 능동적인 정신으로 나누어져 있지 않으며, 물질이 인력과
척력을 지닌 능동적인 존재라고 주장했다.

브라이언 히긴스(Bryan Higgins, 1737~1820),《불과 빛의 질료 (…) 그리고 화학 철
학의 다른 주제들 (…) 에 관한 실험과 관찰*Experiments and observations
relating to... the matter of fire and right... and other subjects of chemical philosophy*》
(1786)
물질 입자들은 단단한 구형으로, 불의 기운에 둘러싸여 있기에 인력과 척
력을 함께 나타낼 수 있다고 주장했다.

제임스 허튼(James Hutton, 1726~1797),《자연철학의 여러 주제에 관한 논문
Dissertation on Different Subjects in Natural Philosophy》(1792)
물질에는 끌어당기는 중력성 물질과 밀쳐내는 태양성(solar) 물질, 두 종류
가 있다고 주장했다(후자는 빛, 불, 전기에서 가장 분명하게 드러난다). 심지어 관
성이 물질 내의 인력과 척력의 균형에서 비롯된다고 제안했다.

지적하는 듯한 추론—이 나오자 두 전하의 거리와 힘 사이의 관계를 기
술할 법칙을 발견하려는 시도가 이루어졌다. 에피누스는 답을 내놓지
못했지만, 프리스틀리를 비롯한 몇몇은 중력과 마찬가지로 역제곱 법
칙이 해답이라고 추측했다. 이 추측은 마침내 에든버러 대학의 자연철

학 교수인 존 로비슨(John Robison, 1739~1805)에 의해 확인되었고, 1771
년에는 영국의 귀족으로 괴짜 중의 괴짜인 헨리 캐번디시(Henry Caven-
dish, 1731~1810)에 의해 수학적으로 증명되었다.

그렇긴 하지만 (언급하지 않은 다른 사상가들을 포함하여) 이들 사상가들
이 전기를 모든 물체의 입자들 사이에서 작용하거나 아니면 미묘한 활
동 유체의 입자들 사이에서 작용하는 인력과 척력의 관점에서 설명하
려고 했다는 점에서는 매한가지다. 이런 전통의 정점은 이른바 전자기
장이라는 개념을 생각해낸 마이클 패러데이(Michael Faraday, 1791~1867)
의 연구에서 볼 수 있다. 1844년에 그는 〈전기 전도와 물질의 속성에 관
한 추측〉이란 논문을 발표했다. 뉴턴에게서 영감을 받은 크로아티아 예
수회 사제였던 로저 조지프 보스코비치가 처음 제시했고, 프리스틀리가
영국에 소개한 사상을 바탕으로, 패러데이는 뉴턴이 암시를 주고 보스
코비치와 프리스틀리가 발전시킨 한 사상(상자글 14.2 참고)을 받아들이
는 쪽으로 가까이 다가섰다. 뉴턴의 '의문들'에서 암시된 이 사상은 물질
이란 개념은 순전히 힘(force)의 개념으로 대체될 수 있다는 것이다. 손
가락이 나뭇조각에 닿을 때 고체라는 느낌이 드는데, 이는 단지 손가락
을 밀어내는 힘의 결과일 수 있다. 이렇게 볼 때 물체들 사이의 (중력에
의한) 인력은 거리가 아주 가까워지면서 갑자기 척력으로 바뀌게 된다.

〔뉴턴이 썼듯이,〕 대수학에서 양의 수가 끝나면서 음의 수가 시작되듯이,
인력이 끝나면서 척력이 뒤를 이어야 한다.

보스코비치는 물질 입자들이란 관성을 지닌 기하학적 점들일 뿐이라
고 제안했다. 이 점들은 가까운 거리에서는 강한 척력을 내다가 어느

특정한 거리에 이르면 (뉴턴의 보편적인 중력 원리에 따라 달라지는 힘인) 인력으로 바뀐다.

패러데이는 힘의 장(場)이라는 개념을 물리학에 도입한 것으로 유명하지만, 그것은 분명 뉴턴주의 전통에서 비롯된 개념이다. 패러데이는 쓰기를, '물질의 입자들'은 '힘의 중심'에 지나지 않는 것으로 보아야 하며, 힘은 각 '중심'에서 무한히 뻗어가는 (비록 지수함수적으로 감소하지만) 것으로 보아야 한다. 그 결과는 아래와 같다.

> 물질의 구성에 관해 지금 설명한 견해는 물질이 모든 공간, 아니면 적어도 (태양계를 포함하여) 중력이 미치는 모든 공간을 채운다는 결론을 반드시 수반한다. 왜냐하면 중력은 어떤 특정한 힘에 의존하는 물질의 한 속성인데, 물질을 구성하는 것은 바로 그 힘이기 때문이다. 이런 관점에서 볼 때, 물질은 단지 서로 관통할 수 있을 뿐만 아니라, 말하자면 각 원자는 태양계 전체에 걸쳐 퍼져나가면서도 자신의 힘의 중심을 언제나 유지한다. …… 따라서 물질은 온 공간에 걸쳐 연속적이다.

패러데이는 바로 이런 관점, 즉 온 우주로 퍼져나가는 힘의 장이라는 관점에서 전자기장을 구상했다. 일부 과학사가들은 여기서 패러데이가 '뉴턴주의적 원자론'을 거부했기에, 따라서 18세기의 반(反) 뉴턴주의 전통을 따랐음이 틀림없다고 가정했다. 이런 견해는 《광학》의 의문들에 제시된 뉴턴의 입장을 이해하지 못했거나 몰랐기 때문으로 볼 수밖에 없다. 제대로 이해하면, 18세기 그리고 19세기로 이어지며 발전해나가던 전기에 관한 과학은 철저하게 뉴턴주의적 과학임이 분명해진다.

15

화학 혁명

프리스틀리와 라부아지에 그리고 존 돌턴을 넘어서

오늘날 우리는 화학 이론과 실천이라고 여기지만 당시에는 연금술로 여겨지던 것이 과학혁명에 결정적으로 중요한 역할을 했다. 데카르트는 화학적 현상에 관심이 없었고 지식도 별로 없었지만, 새로운 철학의 발전에 뛰어든 다른 선구적인 자연철학자들은 달랐다. 그야말로 연금술 지식은 데카르트주의와는 다른 대안적인 기계론적 철학 연구의 주된 자극제였다. 연금술에 어느 정도 조예가 있던 사람들은 데카르트의 이론, 즉 물질이란 완전히 수동적이고 비활동적이어서 다른 물질 입자와의 충돌에 의해 움직이고, 이 다른 입자는 또 다른 입자와의 충돌에 의해 움직인다는(이런 식으로 무한정 계속된다는) 이론을 받아들이기 어려웠다. 연금술사가 보기에 물질은 그런 기계적 원리의 영역을 넘어서는 방식으로 상호작용했다.

연금술에서 가장 큰 영감을 받아 물질 입자는 자기만의 고유한 활동성을 가진다고 보는 물질에 관한 대안적 견해를 낸 사람은 물론 아이작 뉴턴이었다. 《광학》의 말미에 덧붙여 널리 관심을 받은 '의문들'에서 뉴턴은 수많은 화학적 사례를 이용하여 입자들 사이의 인력과 척력으로 모든 현상을 설명한다는 자신의 견해가 어떤 의미인지를 자세히 밝혔고, 아울러 그런 설명이 참임을 강하게 내비쳤다.

뉴턴은 물질에 관한 입자 이론을 표방했던 연금술의 중세적 전통을 활용해보고 나서 이를 기계론적 이론과 결합하기가 쉽다는 사실을 알게 되었다. 하지만 이것이 유일한 연금술 전통인 것은 아니었다. 연금술은 16세기의 연금술 및 의학의 혁신자인 파라셀수스에서 비롯된 사상들을 뉴턴 당시에 다시 연구하여 새로운 이론이 나오면서 역사적으로 복잡하게 발전하였는데, 이 이론은 다른 연금술사도 널리 받아들였다.

이 이론을 개발한 사람은 두 명의 독일 의사로, 요한 요아힘 베허(Johann Joachim Becher, 1635~1682)와 게오르크 에른스트 슈탈(Georg Ernst Stahl, 1659~1734)이다. 이들은 연금술사들이 구분해서 파악했던, 가령 토성(土性), 산성, 부식성, 연소성, 금속성 등 물질의 다양한 특징을 강조하고 이런 성질을 화학적 '원리'라고 선언했다.

우리의 목적상 그 이론의 가장 중요한 측면은 슈탈이 내놓은 플로지스톤(Phlogiston) 개념, 즉 인화성과 연소성의 원리다. 이 개념은 불의 속성에 관한 아리스토텔레스의 이론 및 연소의 원리인 황에 관한 연금술 이론에서 도출된다. 두 이론에 따르면, 어떤 것이 점화되어 불길이 타오르는데, 이는 연소 과정의 일부로 불 또는 황이 반드시 개입됨을 보여주는 것이다. 나뭇조각에 열을 가하면 마침내 불길이 타오른다. 따라서 나무에는 불 또는 황이 들어 있음이 분명하다. 쇳조각에 열을 가하면 불길이 타오르지 않고 녹는다. 따라서 쇠에는 불이 들어 있지 않지만 (아리스토텔레스주의에 따르면) 물 또는 (파라셀수스주의에 따르면) 수은의 유체 원리가 들어 있다.

따라서 어떤 물질이 탈 때는 불이나 황, 또는 슈탈의 체계에서는 플로지스톤을 대기로 방출한다. 여기서 언급할 중요한 점으로, 물론 오늘날 우리는 어떤 것이 탈 때 그 속에 든 무언가를 내보내지 않고 오히려 대기에서 무언가—즉 우리가 산소라고 부르는 것—를 받아들인다고 여긴다.

닫힌 공간, 가령 화학 실험실의 밀폐 용기 내에서 무언가를 태우면 결국 그 물질은 용기 내의 산소가 소진되면서 더 이상 타지 않는다. 하지만 슈탈은 이 경우 더 이상 타지 않는 까닭은 아주 많은 플로지스톤을 용기로 방출했으므로 용기 안의 공기가 플로지스톤으로 포화되어 플로지스톤을 흡수할 수 없기 때문이라고 여겼다. 따라서 우리에게는 대기의 산소가 소진되었다고 가정하는 이론과, 또 한편으로는 주위 공기가 플로지스톤으로 포화되었다고 가정하는 이론이 있다.

플로지스톤 이론을 이해하는 열쇠는 그 이론이 종종 바로 현대의 산소 이론의 거울 영상(mirror image)이라는 것이다. 슈탈이 우리와 정반대 입장을 채택한 것이 우리에겐 이상하게 들릴지 모르지만, 그 까닭은 아리스토텔레스 이론—불은 연소성 물질의 한 구성 요소로서 물질이 탈 때 밖으로 빠져나온다고 보는 이론—으로부터 자연스럽게 흘러나온 (그리고 다시 연금술적 황 이론의 원천이 된) 발상이기 때문이다. 게다가 슈탈 당시에는 우리가 지금 알고 있는 대안적 이론은 존재하지 않았다. 이번 장에서 살펴보겠지만 한참 후에 가서야 앙투안 라부아지에 (Antoine Lavoisier, 1743~1794)가 처음으로 내놓았으니 말이다.

더 깊이 들어가기 전에 이른바 금속회(오늘날에는 종종 금속산화물이라고 부르는 것)를 가열할 때 생기는 일에 관한 거울 영상 설명에 주목해보자. 오늘날 우리는 금속회가 산소를 주위 공기에 내놓고 금속이 남는다고 말한다.

금속산화물 → 금속 + 산소

슈탈의 거울 영상 이론에 따르면, 금속회를 가열하면 플로지스톤이 금속회와 결합하여 금속이 된다(플로지스톤은 석탄 같은 연료에서 공급되거나 아니면 얼마간 플로지스톤이 늘 들어 있는 공기에서 공급된다).

플로지스톤 + 금속산화물 → 금속

대다수 금속의 경우 이것은 가역반응이기에, 금속회를 가열하여 생긴 금속을 다시 가열하면 공기 중의 산소와 결합하여 다시 금속회로 되돌아간다. 적어도 우리는 그렇게 알고 있다. 하지만 슈탈에 따르면, 가열된 금속은 플로지스톤을 공기 중에 내놓고 금속회라는 원소 형태로 되돌아간다.

여기서 슈탈이 금속회(산화금속, 즉 녹슨 금속)를 원소 형태로 여겼다는 데 주목하자. 우리에게는 금속이 원소이며, 이것이 금속회의 형태로 있을 때는 다른 원소인 산소와 결합되어 있는 상태다. 우리로서는 금속산화물을 원소로 여기는 것은 완전히 틀린 생각이다. 하지만 '원소'를 '자연적인'으로 대체하면 슈탈의 설명이 이해가 된다. 즉 슈탈에게는 금속회가 자연적인 형태였다. 금과 은 같은 몇몇 예외가 있긴 하지만, 금속은 이른바 금속 광석이라는 광물염의 형태로 땅에서 종종 채굴된다. 이 광석을 가공해야 순수한 금속이 생긴다. 슈탈은 흙을 아리스토텔레스의 4원소 중 하나로 여겼기에, 흙에서 캐낸 것은 무엇이든 자연적인 형태(즉 원소 형태)였다. 금속은 자연적인 흙 형태에 화학적 변화를 가하여 생기는 것이다. 따라서 슈탈의 플로지스톤 이론은 위에 설명한 아리스토텔레스 이론과는 다르다. 금속에 연소 원리인 플로지스톤이 들어 있다고 가정했으니 말이다(아리스토텔레스는 금속에는 불이 들어 있지 않거나 그리 많이 들어 있지 않다고 가정했다). 슈탈은 금속을 가열하더라도 불길이 타오르지 않는다는 점은 분명 알고 있었지만 금속 광석과 금속의 차이를 설명하기 위해 플로지스톤을 끌어들일 필요가 있었고, 아울러 그것 때문에 광석은 돌의 모습인 데 비해 금속은 광택이 나는 모습이라고 설명했다.

뉴턴식 발상과 슈탈식 발상 사이의 긴장이 불씨가 되어, 이른바 '화학 혁명'이 18세기 후반부에 일어났다. 이 긴장은 가령 영국의 뉴턴주의 자연철학자 조지프 프리스틀리와 프랑스의 화학자 앙투안 라부아지에의 유명한 대립에서 고스란히 나타났다.

프리스틀리는 플로지스톤 이론을 지지한 반면 라부아지에는 슈탈의 견해를 물리칠 대안적인 이론을 개발했는데, 이를 두고서 단지 플로지스톤에 관한 논쟁으로만 보는 것은 옳지 않다. 두 사상가 모두 뉴턴 사상에 빚을 지고 있었으며, 두 사람이 내놓은 최종 입장은 뉴턴주의와 슈탈주의 사이의 긴장을 풀기 위한 서로 다른 해법이었다.

여기서는 프리스틀리와 라부아지에에게 집중할 테지만, 화학 혁명은 두 사람 사이에서만 벌어지지 않았다. 라부아지에는 '프랑스 화학자들'이라는 말을 들을 때마다 분통을 터뜨렸다. 자신만이 그 혁명의 유일한 영웅이라고 여겼기 때문이다. 하지만 사실 새로운 프랑스 방식의 화학을 발전시킨 중요한 화학자들이 있었다. 라부아지에는 그중에서 가장 두드러졌을 뿐 유일한 존재는 아니었다.

마찬가지로 프리스틀리를 새로운 프랑스 화학을 거부하고 플로지스톤을 고집한 유일한 사상가로 여기는 것도 정당하지 않다. 우선 그와 같은 입장인 사람들도 많았지만 그처럼 오래 고수한 사람은 거의 없었다. 독일에서는 슈탈의 유산이 득세했기에 라부아지에의 《화학 원론 *Traité élémentaire de chimie*》으로 전향한 이는 매우 드물었다. 라부아지에의 화학이 당대를 평정했고 근대 화학 이론의 바탕을 마련했다는 사실에 눈이 먼 나머지, 처음에는 그 이론에도 받아들이기 어려운 문제점이 많이 있었고 잘 알려진 실험 결과들과 일치하지 않는 측면이 있었다는 점을 간과해서는 안 된다.

그렇긴 하지만 아래에서 우리는 프리스틀리와 라부아지에의 연구를 통해 그들이 무엇을 했고, 서로 달랐으면서도 본질적으로 뉴턴의 과제를 추구했다고 볼 수 있는지 살펴본다.

프리스틀리의 공기 화학

프리스틀리는 오늘날에는 화학자로 종종 언급되지만 그는 뉴턴에게 큰 영향을 받았으면서도 스스로를 베이컨주의 자연철학자라고 여겼다. 그의 주요 관심사 중 하나는 호흡의 생리학이었는데, 자연스럽게 공기의 속성에도 관심을 가지게 되었다. 특히 좋은 공기가 더 이상 생명이나 연소를 유지하지 못할 정도로 어떻게 탁해지거나 나빠질 수 있는지 알고 싶어했다. 더 나아가 생명과 불을 다시 유지시킬 수 있도록 탁해진 공기를 되살릴 수 있는지도 궁금해했다. 이 과제는 《광학》 말미의 '의문들'에서 생명을 유지하는 능력은 물질 속에 신이 넣어둔 또 하나의 활동 원리일지 모른다고 추측한 뉴턴에게서 영감을 받은 것이다.

독실한 신자였던 프리스틀리는 좋은 공기는 신이 내려준 은총의 일부라고 여겼을 뿐 아니라, 우리 모두 계속 숨을 쉴 수 있다는 사실로 미루어 좋은 공기가 끊임없이 회복되는 데는 틀림없이 어떤 자연적인 과정이 존재한다고 믿었다. 이런 생각 끝에 마침내 그는 식물이 좋은 공기를 회복한다는 사실을 알아냈다(오늘날 우리는 식물이 이산화탄소를 흡수하고 산소를 방출한다고 말한다). 하지만 이 사실을 알아내기 전에 그는 새로운 전기 현상을 자신의 연구에 포함시켰다. 14장에서 보았듯이 프리스틀리가 전기에 관심을 가진 이유 중 하나는 전기가 탁한 공기를 좋은 공기로 회복시킬 수 있는지 궁금해했기 때문이다. 따라서 그는 나쁜 공기에 전기 스파크가 생기는 실험을 수행하여 공기에 변화가 있는지 알아보기도 했다.

당시 공기에 관심이 쏠린 이유가 또 있었다. 뉴턴은 '의문들'에서 고체에서 액체로, 특히 그가 증기 또는 연기라고 불렀던 것('기체'라는 단어는 나중에 프랑스 화학자들에 의해 일상용어로 쓰이게 되었다)으로 바뀌는 상태 변화에 관해서도 추측했다. 이에 뉴턴이 관심을 갖게 된 연유는 고체에서 액체로, 이어 증기로 되는 상태 변화가 입자들 간의 인력이 우세한 상황에서 척력이 우세한 상황으로 전환하는 것을 의미하기 때문이었다. 뉴턴이 잠정적으로 제시한 바에 따르면, 공기가 고체나 액체와 결합하여 입자들 간 척력의 내적 원천을 제공하기 때문에 고체가 증기를 방출한다(고체의 '증기'는 실제로는 빠져나가는 공기에 의해 운반된다).

이런 추측들에 관해 실험을 해본 사람이 스티븐 헤일스다. 그는 여러 상이한 고체와 액체를 가열하여, 자칭 '고정된 공기'—물질들 내에 '고정된' 공기라는 뜻—를 종종 많이 모을 수 있었다. 분명 헤일스는 이런 실험을 통해 상이한 여러 기체들을 만들어냈지만 대기 중의 공기에만 관심을 가진 탓에 그 기체들을 화학적 조사 대상으로 삼지 않았다. 다만 양(量)을 측정하는 데 만족했다.

하지만 1756년에 스코틀랜드의 자연철학자 조지프 블랙(Joseph Black, 1728~1799)은 탄산마그네슘을 가열해서 얻은 '고정된 공기'가 보통의 공기와 다르다는 것을 깨달았다(오늘날 우리는 그 기체를 이산화탄소라고 부른다). 곧 공기에는 많은 종류가 있음이 분명해졌다. 가령 1766년에 헨리 캐번디시는 황산이 금속을 부식시킬 때 생기는 기체를 모아 '타지 않는 공기'가 존재함을 알아냈다(오늘날 이 기체는 수소라고 불린다). 1772년 초에는 프리스틀리도 이런 새로운 종류의 공기를 발생시키고 분류하는 실험 과제에 동참하였고, 이후 2년에 걸쳐 '초석 공기(산화질소)', '해산 공기(marine acid air, 염화수소산 기체)', '알칼리 공기(암모니아)', '황산 공기(이산화황)', '탈(脫)플로지스톤 초석 공기(아산화질소)'를 발견했다.

또한 프리스틀리는 오늘날 산소라고 부르는 것을 발견했는데, 이는 그 후 프랑스에서 이루어진 화학의 발전에 가장 중요한 영향을 끼쳤다. 하지만 프리스틀리는 여전히 그것들이 상이한 기체가 아니라 다만 '공기'의 상이한 변형체라고 여겼다. 그런데 정기적으로 실험을 해본 결과 이 특별한 유형의 공기가 보통의 공기보다 생명과 연소에 더 큰 역할을 한다는 사실을 알아차렸다. 그 속에서 불꽃이 더 오래, 더 밝게 그리고 더 활발하게 타올랐으며 생쥐나 새 같은 작은 동물들도 이 기체로 가득 찬 공간 속에 둘 때 보통의 공기 속에 둘 때보다 더 오래 살았다.

그런데 프리스틀리는 독실한 신자답게 자신의 과학이 종교와 함께

가야 한다고 믿었다. 그러다 보니 이런 우수한 유형의 공기는 문젯거리를 안겨주었다. 신이라면 우리에게 최상의 공기로 숨 쉬게 해주어야 하지 않겠는가? 신이 선하다면 왜 우리에게 조악한 제품을 속여 판단 말인가? 신의 좋은 공기가 최상의 공기임이 틀림없다. 따라서 프리스틀리가 발견한 것은 자연의 물질이 아니라 인공적인 것—신의 좋은 공기보다 더 나아 보이지만 실제로는 자연적인 것이 아닌 인공의 물질—일 뿐이었다. 프리스틀리가 이런 공기를 인공적이라고 여긴 흔적은 그가 붙인 이름에서도 드러난다. 탈플로지스톤 공기—(인공적으로) 플로지스톤이 제거된 공기—라는 이름을 붙였으니 말이다.

플로지스톤 이론에 따르면 이치에 맞는 생각이다. 그 이론에서는 어떤 것이 탈 때 주위 공기에 플로지스톤을 내놓기에 연소가 끝난 후 주위 공기는 플로지스톤으로 가득 차 있다고 보았기 때문이다. 따라서 어떤 것이 탈플로지스톤 공기 속에서 타면, 어느 정도 플로지스톤이 들어 있는 보통의 공기에서 탈 때보다 공간 속에 플로지스톤을 채우는 데 시간이 더 걸린다. 따라서 탈플로지스톤 공기에서 물질은 더 오랫동안 타며 마찬가지로 작은 동물들도 그 속에서 (플로지스톤을 방출하면서) 더 오래 숨 쉴 수 있다. 이는 이치에 딱 들어맞는다.

하지만 프리스틀리가 "공기는 불변의 것이 아니며 원소가 아니라 하나의 구성 요소(구체적으로 말하면, 통상적으로 플로지스톤이 포함되어 있는 구성 요소)"임을 밝혀낸 것은 중요한 성과였다. 그럼에도 불구하고 그는 여전히 보통의 공기를 공기의 자연적 형태로 간주했다. 신이 우리에게 숨 쉴 공기로 탈플로지스톤 공기를 주었을 리 없는 이유를 궁리하면서, 그는 양초가 이런 공기 속에서 더 빨리 더 활발히 타듯이 우리도 더 빠르게 성장해 일찍 죽게 되리라고 추측했다. 그에 따르면, "자연이 우리에게 준 공기야말로 마땅히 우리에게 좋다."

라부아지에의 공기 화학

한편 프랑스에서는 앙투안 라부아지에가 헤일스의 연구에 관한 기욤 프랑수아 루엘(Guillaume François Rouelle, 1703~1770)의 강의를 듣고 나서 물질 속에 '고정'되어 있다는 공기가 화학적으로 결합되어 있는지, 아니면 단지 시료 속의 구멍이나 주머니에 갇혀 있을 뿐인지를 고찰했다. 하지만 또 하나의 가능성으로, 고정된 공기란 '꾸며낸' 개념인지라, 말하자면 물체를 분해하기 위해 열을 가하는 동안 새로 생성되는 것일지도 몰랐다. 이 견해는 스스로 발산하는 입자들로 이루어진 원소는 오직 불뿐이라는 예전의 이론(가령 부르하베의 견해와 맥락을 같이하는 이론)에서 도출되었는데, 그런 원소에는 공기와 불 두 가지가 있다고 보는 견해와 상반되는 입장이다.

여기에서 출발하여 1766년 즈음에 라부아지에는 불이 난 후 비팽창성 공기(즉 상호 반발하는 입자들이 아닌지라 쉽사리 고체나 액체 속으로 들어갈 수 있는 공기)를 내놓는 가열이란 개념을 처음 떠올린 듯하다. 분명 라부아지에는 이 개념의 중요성을 알아차리지 못했지만, 가열 또는 연소를 불의 질료, 즉 플로지스톤의 방출이 아니라 공기의 흡수라는 관점으로 파악할 수 있음을 내다보았다.

1772년에 라부아지에는 파리 왕립과학아카데미 소유의 큰 볼록렌즈에 접근할 권한을 얻고 이를 이용하여 헤일스의 연구를 되풀이해보았다. 또한 이 렌즈를 이용하여 연소의 결과물이 적어도 일부 경우에는 타기 전의 원래 시료보다 더 무거워진다는 곤혹스러운 주장이 옳은지 실험해보았다. 플로지스톤 이론에 따르면 연소는 플로지스톤의 방출을 초래하므로, 가령 산화납은 (산화납과 플로지스톤이 결합된 것이라고 보았던) 납 자체보다 더 가벼워야 했다. 볼록렌즈로 태우기 전과 후의 시료의 무게를 정밀하게 재어보고서 라부아지에는 연소는 언제나 무게를 증가시킨다는 사실을 밝혀냈다. 이제 라부아지에는 그전에는 어렴풋이 짐작했던 내용—연소하는 동안에 플로지스톤이 물체 밖으로 방출되지만 공기 또는 공기 속의 무언가가 플로지스톤을 대체하여 물체의 무게를 증가시킨다는 추측—을 확신하게 되었다.

1773년에 라부아지에는 아카데미 회의에서 그것이 화학 분야에 "거의 완성된 혁명"을 몰고 올 것이라고 선언했다. 바로 이때부터 그의 비판자들도 주목하기 시작했다.

프리스틀리는 가령 닫힌 공간에서 연소가 일어나는 동안 주위 공기의 부피가 감소하는 현상이 연소되는 해당 시료 속으로 일부 공기가 흡수됨을 의미한다고 보지 않았다. 대신 그는 플로지스톤이 공기의 탄성을 감소시키는 효과가 있기에 시료의 부피가 줄어든다고 주장했다. 여기서 프리스틀리는 훌륭한 뉴턴주의자처럼 생각하고 있었다. 공기 입자들은 상호작용하는 반발력 때문에 서로에게서 멀어지는 성향을 지닌다. 하지만 공기는 탁해지면 입자들의 반발력이 감소해 서로 끌어당기므로 부피가 줄어든다고 프리스틀리는 생각했다.

1774년에 프리스틀리는 자신이 발견한 탈플로지스톤 공기에 관해 라부아지에에게 이야기했고, 이듬해에는 라부아지에도 직접 실험해보았다. 그 실험은 붉은 산화수은을 가열하면 금속 수은이 생기면서 아울러 새로 발견된 그 '공기(탈플로지스톤 공기)'가 방출된다는 특이한 사실을 십분 활용한 것이다. (산화금속을 금속으로 변환시키는 일반적인 실험 과정대로) 붉은 산화수은을 숯으로 가열했더니, 다른 산화금속과 마찬가지로 고정된 공기(오늘날 이산화탄소라고 부르는 기체)가 생겼다. 라부아지에는 산화금속을 가열하면 탈플로지스톤 공기가 방출되지만 이것은 언제나 숯과 결합하여 고정된 공기를 생성한다고 짐작했다. 이어서 그는 프리스틀리가 발견한 새로운 '공기'는 단지 보통의 공기에서 플로지스톤이 빠진 것이 아니라 스스로 활발한 화학 작용을 담당하는 존재로서 금속 및 숯과 결합하여 다른 물질들을 생성한다고 확신했다.

또한 라부아지에의 실험 결과, 금속 수은을 갇힌 공기 속에 넣어 세차게 가열했더니 (붉은 산화수은이 생기면서) 공기의 5분의 1이 소진됨과 더불어 타지 않는, 따라서 생명을 유지시켜주지 않는 기체가 남았다. 그는 이 기체를 '아조트(azote)'라고 불렀다(나중에는 질소라고 불렀다). 라부아지에는 이제 대기의 공기가 프리스틀리가 발견한 탈플로지스톤 공기와 아조트의 혼합물로 이루어져 있다고 확신했다.

이 발견은 새로운 연소 이론뿐 아니라 새로운 화학 이론의 개발로 이어졌다. 인을 이 새로운 종류의 공기와 결합하여 인산이 생기자, 후속 연구를 통해 라부아지에는 이 새로운 공기가 산성의 원리라고 믿게 되었고, 1779년에는 그 기체를 산소(산성의 생성자)로 부르기 시작했다. 2, 3년 후(1781~1782)에 그는 자신의 새로운 체계를 소개하는 간략한 발표를 통해, 산소는 알려진 금속들, 황, 인, 물 그리고 여러 다양한 물질을 포함하여 많은 '원소들' 가운데 하나일 뿐이라고 밝혔다. 여기서 라부아지에는 원소에 대한 이전의 정의를 완전히 거부하고 자신의 새 원소들을 조작적으로 정의하였다. (조작적 정의란 개념적 정의에 대비되는 것으로서, 사물 또는 현상을 그것을 측정 내지 수행하는 절차로 정의하는 것을 의미한다. 가령 무게를 조작적으로 정의하면, '어떤 물체를 저울에 올렸을 때 나타나는 수치가 무게다'라고 할 수 있다—옮긴이) 즉 화학 분석을 통해 더 이상 분해할 수 없는 물질을 원소라고 여겼던 것이다. 이는 오늘날과 같은 관점이다.

하지만 라부아지에의 체계는 완전한 것이 아니었다. 화학 반응에서 무슨 일이 벌어지는지에 대한 그의 해석에는 많은 문제점이 있었던 데다 플로지스톤 이론을 적용하면 쉽게 이해할 수 있는 반응들도 있었다.

1766년에 캐번디시가 발견한 '가연성 공기'가 플로지스톤 또는 거의 플로지스톤에 가까운 것으로 여겨지게 된 사실을 살펴보자. 프리스틀리가 알아낸 바에 따르면, 산화납을 이 가연성 공기 속에서 가열하면 가연성 공기가 모조리 흡수되면서 산화납은 전부 납으로 바뀐다. 이는 슈탈의 이론과 정확히 일치한다.

플로지스톤(가연성 공기) + 산화납 → 납

당연히 프리스틀리는 플로지스톤 이론의 실험적 증거를 발견했다고 여겼다. 더군다나 라부아지에가 처음에 이를 설명할 수 없었던 터라 프리스틀리의 주장은 더 설득력이 있었다.

마찬가지로 라부아지에는 산이 금속에 작용할 때 어떻게 가연성 공기가 발생하는지도 설명할 수 없었다. 라부아지에에 따르면, 철에 황산을 가하면 아래와 같이 작용해야 마땅했다.

$SO_3 + Fe → FeSO_3$

산 + 철 → 산화철 (가연성 공기는 발생하지 않음)

헨리 캐번디시가 가연성 공기(수소)를 탈플로지스톤 공기(산소) 속에서 태우면 물이 생기는 현상을 발견하긴 했지만, 1783년에 라부아지에가 그 소식을 듣고 나서야 라부아지에의 체계가 옳음이 증명되었다. 이제 가연성 공기의 연소는 라부아지에의 체계대로 산소와의 결합으로 볼 수 있게 되었다. 게다가 반응 과정에서 물이 생기는 현상을 통해 라부아지에는 물이 원소가 아니라 그가 가연성 공기라고 불렀던 수소(물 생성자)와 산소의 결합임을 알게 되었다. 또한 가연성 공기 속의 납의 환원과 금속에 대한 산의 작용도 이해할 수 있게 되었다.

이런 반응들은 다음과 같이 적을 수 있다.

$$4H_2 + Pb_3O_4 \rightarrow 3Pb + 4H_2O$$

가연성 공기(수소) + 산화납 → 납 + 물

$$SO_3 + Fe + H_2O \rightarrow FeSO_4 + H_2$$

산 + 철 + 물 → 산화철 + 가연성 공기(수소)

프리스틀리는 가연성 공기(플로지스톤) 속에서 산화납을 가열하는 실험을 처음에는 물 위에서 실시했다. 그랬더니 가연성 공기가 산화납과 결합하여 금속 납이 생성되면서 단지 속에 물이 가득 차올랐다. 슈탈의 이론에 따라 가연성 공기가 모조리 흡수된 결과(따라서 단지에는 공기가 사라지고 물이 가득 차게 된다)라고 보았기에 프리스틀리는 슈탈이 옳다고 여겼다. 분명 프리스틀리는 (가연성 공기/수소가 산화납 속의 산소와 결합하여 이루어진) 물의 생성을 간파하지 못했다. 하지만 그 후 산화수은이 든 용기로 실험을 수행하여, 가연성 공기가 산화수은과 결합하면서 빈 공간을 수은이 메우며 올라가는 현상을 관찰하였다. 이 경우에는 장치에 약간의 물방울이 맺히는 것을 보았다. 하지만 그는 이것은 단지 산화수은에 갇혀 있던 물이 새어나온 결과일 뿐이라고 여겼다. 게다가 그는 관련된 다른 실험들에서도 이런 입장을 고수했다. 라부아지에는 캐번디시가 물은 수소와 산소로 이루어져 있음을 밝혀냈다고 주장한 반면에, 가령 프리스틀리는 캐번디시가 보여준 것은 단지 물이 가연성 공기 또는 탈플로지스톤 공기의 구성 요소이며, 가연성 공기가 탈플로지스톤 공기 안에서 타고 남은 것일 뿐이라고 주장했다. 지금 우리는 프리스틀리가 틀렸음을 알지만 당시에는 그가 터무니없이 틀린 것은 아니었다. 어쩌면 실험 결과를 옳게 해석한 사람이었을지도 모른다.

마찬가지로 프리스틀리는 산소가 모든 산의 결정적인 구성 요소라는 라부아지에의 핵심 주장을 거부했다. 이 점에서는 프리스틀리가 옳았다. 가령 이른바 해산(marine acid)은 결코 산소를 내놓을 수 없는데, 오늘날 우리가 알기로 그것은 수소(산성의 진정한 원리)와 염소의 화합물이기 때문이다.

그럼에도 불구하고 1785년에 라부아지에는 플로지스톤 이론을 단호하게 공개적으로 거부할 수 있다고 여겼고, 급기야 프랑스 화학자들도 이쪽 아니면 저쪽(라부아지에 아니면 프리스틀리) 편을 들면서 진정한 화학 혁명이 시작되었다. 젊은 화학자들, 특히 클로드 루이 베르톨레(Claude Louis Berthollet, 1748~1822)와 앙투안 프랑수아 드 푸르크루아(Antoine François de Fourcroy, 1755~1809)를 포함한 다수의 수학자와 물리학자들이 라부아지에 편을 들었다.

왜 수학자와 물리학자도 가담했을까? 이를 통해 라부아지에가 뉴턴주의자임을 확인할 수 있다. 라부아지에는 상이한 물질들의 이른바 '선택적 친화력'을 밝혀내려는 지속적인 시도에 동참한 적이 있었다.

물론 오래전부터 알려져 있듯이, 많은 화학 반응들은 위치 이동, 즉 구성 요소의 교환의 형태를 띤다. 따라서 만약 한 화합물이 다른 물질과 섞이면 다음과 같은 위치 이동이 일어날 수 있다.

$$AB + C \rightarrow AC + B$$

마찬가지로 두 화합물이 섞이면 이런 교환이 일어날 수 있다.

$$AB + CD \rightarrow AC + BD$$

이를 두고 화학자들은 A가 B보다는 C에 대해 더 큰 친화력을 갖고 있다는 식으로 말했다. 물론 뉴턴은 친화력이 입자들 사이에 작용하는 인력을 드러낼 수 있고 이 인력으로 설명될 수 있다고 보았다. 위의 경우를 예로 들자면 A와 C 사이의 인력이 A와 B 사이의 인력보다 더 크다고 설명할 수 있다는 말이다.

이 사안의 뉴턴주의적 속성은 프랑스의 수학자 피에르 루이 모로 드 모페르튀(Pierre Louis Moreau de Maupertuis, 1698~1759)가 1752년에 한 발언에서도 엿볼 수 있다.

천문학자들이 처음 인력을 도입하긴 했지만 지금은 화학이 그 개념의 필요성을 인식하고 있으며, 오늘날의 유명한 화학자들 대다수는 인력을 인정하고 이를 천문학자들 못지않게 활용하고 있다.

라부아지에는 이전에는 단지 분류 작업에 불과했던 학문(친화력의 도표를 작성하고, 어떤 물질이 다른 물질과 반응하는지 등을 나열하는 학문)을 반응 과정을 예측할 수 있는 좀 더 이론적인 학문으로 확장시키려는 바람에서 뉴턴을 추종하는 물리학자 피에르 시몽 라플라스(Pierre Simon de Laplace, 1749~1827)와 손을 잡았다. 라부아지에는 1785년에 〈친화력에 관한 기억*Memoir on Affinity*〉에서 이렇게 썼다.

> 언젠가는 데이터의 정확도가 매우 완벽해져서 수학자가 마치 천체의 운동을 계산하듯이 어떠한 화학 결합의 현상이라도 계산할 수 있을지 모른다.

라부아지에는 이 과제를 성공시키지 못했지만 그의 새로운 화학 체계는 그런 시도를 북돋았으며, 아마 그런 이유로 수학자들을 자기편으로 끌어들일 수 있었다.

게다가 친화력에 관한 연구 덕분에 라부아지에는 탈플로지스톤 공기가 단지 실험 결과를 해석하느라 '꾸며낸' 물질이 아니라 자연의 어엿한 화학 물질임을 알아차렸다. 화학적 친화력을 밝혀내려는 시도의 주요한 과제로서 그는 '친화력 도표'를 마련했다. 각각의 화학 반응물을 행(行)의 맨 위에 놓고서 그 아래에는 짐작되는 친화력의 순서에 따라 그 반응물과 결합한다고 알려진 다른 반응물의 이름을 세로로 채워 넣었다. 처음에는 물론 반응 물질은 고체나 액체였다. 하지만 새로운 '공기들'이 한바탕 발견된 후에 조지프 블랙은 그 공기들도 도표에 포함시켜야 한다고 지적했다.

친화력에 관한 광범위한 연구 덕분에 라부아지에는 도표의 행들 맨 위쪽에 있는 각 물질(그리고 각 행에 세로로 나열된 물질들—어쨌든 이들 각각도 자신이 거느리는 행에서는 맨 위에 있으므로)이 어엿한 자연의 물질이라고 여기는 데 친숙해졌음이 분명하다. 따라서 상이한 '공기들'을 도표에 포함시키려 했을 때도 그것들을 별도의 독립적인 물질로 여기는 데 어려움을 겪지 않았다. 이를 프리스틀리의 입장과 비교해보라. 기억하다시피, 프리스틀리의 주된 관심사는 신의 좋은 공기의 속성을 이해하는 것이었다. 그러다 보니 공기를 어떤 식으로든 원소라고 여기는 경향이 강했고, 변형체들은 말 그대로 진정한 공기의 변형체일 뿐 독립적인 별도의 공기 종류라고 여기지 않았다.

그러므로 프리스틀리와 라부아지에는 각자 나름의 방식으로 뉴턴주의적 연구 프로그램을 추구한 셈이다. 프리스틀리는 입자들 사이의 반발력의 관점에서 대기의 속성을 이해하려고 했으며, 그 힘이 생명 및 연소의 원리와 어떻게든 연관되어 있다고 보았다. 이와 달리 라부아지에는 입자들 사이의 인력과 척력으로 인해 생기는 반응 친화력의 관점에서 모든 화학 반응을 이해하려고 했다. 이들의 연구 행보 및 연구 내용은 매우 달랐기에 결론도 아주 달랐지만, 둘 다 계몽시기 과학의 뉴턴주의적 공간 속을 함께 걸어갔음은 분명하다.

라부아지에가 거둔 성공에 관해 꼭 언급해야 할 측면이 있다. 필경 라부아지에의 궁극적 승리는 화학 명명법을 혁신하기 위해 루이 베르나르 기통 드 모르보(Louis Bernard Guyton de Morveau, 1737~1816)와 1787년에 함께 한 공동 연구에서 얻어졌다. 기통은 오랫동안 그런 혁신을 요구해오던 중에, 라부아지에의 새로운 체계를 바탕으로 그 체계의 속성을 알려줌과 동시에 그 속성을 보장해주는 새로운 명명법을 고안할 수 있음을 간파했다. 핵심적 내용으로 보자면 이것은 오늘날에도 사용되고 있는 명명법이다. 조작적으로 정의된 원소에는 단순한 이름을 부여하고 화합물에는 구성 요소를 알려주는 방식으로 이름이 붙었다. 가령 녹슨 납은 산화납으로 명명했다. 산이나 염 속에 들어 있는 산소의 양을 가리키기 위한 용어도 사용되었다. 가령 아황산에는 황산보다 산소가 적게 들어 있고, 이들의 염은 각각 아황산염과 황산염이다.

이전에는 화학물질의 이름이 비체계적인 방식으로 정해졌던 것에 비해 (종종 겉모습을 바탕으로 이름을 정했는데, 안티몬 버터, 스타 레굴루스 안티몬, 황의 꽃 등이 그런 예다) 이는 엄청난 발전이었기에 당연히 신예 화학자들은 새로운 명명법을 받아들였다. 그 결과 라부아지에의 승리가 확인되었다. 조지프 블랙이 지적했듯이 라부아지에의 명명법을 이용한다는 것은 라부아지에의 체계를 인정한다는 뜻이었다.

원자론으로 돌아가기 : 존 돌턴

라부아지에의 《화학 원론》이 그를 포함하여 협력자들이 이룬 성과를 집대성해냈지만, 프랑스 혁명 후의 '공포정치' 기간에 라부아지에의 목이 떨어졌을 때에도(세금 청부인으로 일한 전력 때문이었다. 프랑스 왕정은 특정 지역의 세금 징수의 수고를 덜고자 세금 징수권을 지역 사업가에게 팔았다. 라부아지에는 기회주의자였던 셈이다) 화학 혁명은 아직 완성되지 않았다.

특히 물질 입자들이 어떻게 서로 결합하고 다른 물질에 의해 변화되는지 등등을 알아내려던 뉴턴의 꿈을 이루기 위해 상당한 지적인 노력이 투입되었다. 화학자들은 이제 정량화할 수 있는 것, 즉 무게에 주목하기 시작했다.

이는 조지프 블랙이 화학 반응의 전후에 구성 요소들의 무게를 재기 위해 화학 저울을 사용하기 시작하면서 하나의 전통으로 자리 잡고 있었다. 이 기법은 라부아지에 덕분에 유명해졌는데, 이 기법을 이용하여 산소나 탈플로지스톤 공기(이 둘은 동일한 것이지만 보는 관점에 따라 달리 부를 수 있다)가 발견된 실험에 관한 자신의 해석을 옹호했다. 하지만 곤혹스럽게도 반응 물질의 무게가 꼭 이 물질들의 상호작용 방식을 명확히 설명해주지는 못했다. 가령 조제프 루이 프루스트(Joseph Louis Proust, 1754~1826)와 클로드 루이 베르톨레 사이에 불붙었던 논쟁을 살펴보자.

프루스트는 화학물질이 언제나 고정된 비율로 상호작용한다고 주장했다(가령 소금은 항상 나트륨과 염소가 1:1 비율로 구성된다: NaCl). 한편 베르톨레는 정해지지 않은 범위의 비율로 결합할 수 있으며, 심지어 화합물의 화학적 성질이 달라질 정도로 결합할 때도 있다고 믿었다.

여기서 문제는 프루스트는 건조한 화합물에 대한 실험적 분석을 바탕으로 자신의 결론을 이끌어낸 반면에, 베르톨레는 용액 상태의 물질을 측정했다는 점이다. 물론 가령 소금과 물의 다양한 비율로 소금물 용액을 만들 수 있다는 베르톨레의 말은 지극히 옳다.

그렇다면 프루스트가 이름 붙인 '일정 성분비의 법칙'이 틀렸음을 베르톨레가 결정적으로 증명해냈을까? 아니면 용액은 일정 성분비의 법칙을 따르지 않기에 적절한 화합물이 아니라는 프루스트의 결론이 옳았을까? 프루스트의 법칙은 원자적 입자들이 특정한 친화력 또는 인력을 가진다는 뉴턴주의적 견해에 더 부합했기에 승리를 거두었고, 베르톨레는 역사의 패자가 되었다.

상호작용하는 물질들의 무게에 초점을 맞춘 연구 경향은 화학 발전의 다음 단계에서도 중요한 역할을 하여 뉴턴의 원자를 다시 무대 중심으로 불러세웠다.

프랑스 화학자들은 원소들을 조작적으로 정의한 탓에 원자론에서 멀어졌다. 그 대신 화학반응에서 더 이상 분해될 수 없는 것이 원소라고 간주함으로써 라부아지에는 수소, 산소, 질소, 금속, 기타 여러 원소에 대한 긴 목록을 작성했다.

그 결과 전통적인 원자론 관점과 들어맞지 않게 되었다. 원자론의 기본 가정은 모든 원자가 동일한 물질로 이루어져 있다는 것이다. 석탄, 소금, 딸기, 철, 황은 이들을 구성하는 원자들이 형태와 크기가 다르고 나름의 특정한 방식으로 배열된다는 점에서만 다를 뿐이다. 개별 원자를 이루는 물질은 언제나 같다고 여겨졌다(플라톤주의 전통은 예외였다. 플라톤은 땅, 물, 공기, 흙의 원자들이 다르다고 여겼지만 이 견해는 실제로 인기가 없었다. 2장 참고).

만약 라부아지에의 상이한 원소들이 모두 같은 종류의 원자로 구성되어 있다면, 분명 원자들을 분리해 재결합시키면 가령 산소를 탄소로 바꿀 수 있다. 하지만 어떤 화학적 조작으로도 그렇게 할 수 없었다(바로 이 까닭에 라부아지에는 자신의 원소들은 원자가 아니라 원소라고 주장했다). 따라서 라부아지에는 산소는 범주상 탄소나 수소 등 어떤 것과도 다르다는 견해를 고수했다. 이들 원소는 원자들의 상이한 배열에 따른 변형체일 리가 없었다. 만약 그렇다면 서로 변환이 가능해야 한다. 라부아지에의 결론에 따르면, 원소는 원자들을 공유하지 않으며 서로 완전히 다른 것이다.

라부아지에는 원자의 존재를 명시적으로 부정하지는 않았지만―그러기엔 너무나 열렬한 뉴턴주의자였다―화학의 발전 단계상 원자에 관한 논의는 시기상조이며 오류에 빠질 수 있다고 가정했다. 라부아지에가 보기에 당시의 지식 수준으로는 원자에 관한 논의는 제쳐두고 실험으로 알아낼 수 있는 것에 집중해야 마땅했다. 화학 실험을 통해, 더 이상 분해될 수 없는 많은 중요한 물질들이 존재한다는 것을 알게 된 이상 이들을 원소라고 가정해야 한다는 것이다.

바로 이 무렵 맨체스터에서 활동하던 퀘이커 교도인 존 돌턴(John Dalton, 1766~1844)이 등장했다. 간단히 말하자면, 돌턴은 라부아지에의 체계에서 나열된 원소들의 수만큼 상이한 원자들이 존재한다고 제안함으로써 라부아지에의 다원소 이론과 원자론을 결합시켰다. 따라서 오직 한 종류의 원자만 존재하고 이것이 상이한 방식으로 결합하여 산소, 질소 등이 만들어지는 것이 아니라, 산소 원자, 수소 원자 등이 따로 존재하며 이들은 각각 다르다는 주장이었다.

비록 우리에게는 (학교의 화학 수업에서 그렇게 배웠기에) 너무나 명백한 내용이지만, 당시에는 실로 급진적이었다. 고대 그리스 이래로 원자들은 전부 동일한 물질로 이루어져 있다고 여겼는데, 가령 어떤 것은 산소 원자이고 또 어떤 것은 인 원자라는 주장이었으니 말이다. 그렇다면 돌턴은 어떻게 자기 외에는 아무도 이해할 수 없는 이런 급진적인 주장을 펼 수 있었을까? 사실 그것은 공기의 속성을 이해하려는 돌턴의 뉴턴주의적 시도에서 자연스레 도출된 발상이었다.

라부아지에의 산소 이론이 플로지스톤 이론을 대체하면서, 공기 중 일부만이 산소이므로 공기는 전부 소진되기 한참 전에도 이미 사람이 숨 쉴 수 없는, 그리고 연소를 지속시킬 수 없는 상태가 됨이 명백해졌다. 라부아지에는 실험을 통해 공기가 산소와 질소로 구성되어 있다고 결론 내렸다. 후속 연구에서 드러난 바로는 공기에는 이산화탄소와 수증기도 포함되어 있었다.

그렇다면 떠오르는 의문은 이것이다. 이 개별 성분들이 서로 엉켜서 함께 섞여 있는가, 아니면 화합물로 결합되어 있는가. 적절한 절차에 따라 성분들의 무게를 재어 프루스트의 법칙을 따르는지를 알아보았다. 그랬더니 기체 성분들과 수증기는 모두 무게가 다르고, 층을 이루며 분리되지 않았다. 따라서 그것들이 하나의 화합물을 이루어 결합되어 있다고 여겼다.

하지만 돌턴은 이슬의 생성에 관해 연구하고서 수증기는 공기 속에 화학적으로 결합되어 있지 않고 단지 다른 성분들과 섞여 있을 뿐이라고 확신했다. 따라서 돌턴은 화합물 이론을 의심했으며, 왜 공기 중의 상이한 기체들이 각자의 무게에 따라 여러 층으로 분리되지 않는가라는 문제에 맞닥뜨렸다.

돌턴이 이 문제에 관해 내놓은 해법은 언뜻 보아도 철저히 뉴턴주의적인 가정을 품고 있었다. 돌턴은 한 기체의 입자들 또는 원자들은 뉴턴이 주장한 대로 서로 밀쳐내므로 기체는 퍼져나가 어떤 공간이라도 채운다고 말했다. 하지만 한 기체의 입자들은 다른 기체의 입자들과 전혀 상호작용을 하지 않는다(물론 두 기체의 입자들 사이에 화학 반응이 일어날 때는 예외다). 돌턴은 이렇게 썼다.

A와 B라는 두 가지 탄성 유체가 함께 섞이면 그것의 입자들 사이에는 상호 반발력이 없다. A의 입자들은 자기들끼리는 밀쳐내지만 B의 입자들을 밀쳐내지는 않는다. 따라서 임의의 한 입자에 가해지는 압력 또는 전체 무게는 오로지 같은 종류의 입자들에 의해 생긴다.

그러면 이 가정으로부터 한 기체의 입자들은 다른 기체의 입자들과

정성(定性)적으로 다르다는 결론이 도출되는 듯하다. 만약 A와 B가 동일한 물질의 원자들로 이루어져 있다면 서로 밀쳐내야 마땅하다. 따라서 돌턴은 원자의 종류가 서로 다르다고 가정할 수밖에 없었다. A의 원자들은 B의 원자들과 정성적으로 반드시 달라야 했다. 이렇게 생각하자 상이한 원소의 원자들은 서로 다르다는 가정에 이르렀다.

라부아지에의 원소들에 대해 이처럼 원자론적인 새로운 해석에 도달하자 돌턴은 어떻게 이 원소들이 화학 반응 시에 서로 결합하는지를 추측해보았다. 이번에도 그는 입자들 사이의 인력과 척력에 관한 뉴턴의 가정에 매달렸다. 한 원소의 단 한 개의 원자가 다른 원소의 단 한 개의 원자와 상호작용할 때 두 원자는 끌어당긴다. 하지만 한 원소의 단 한 개의 원자가 다른 원소의 두 원자와 결합할 때는 어떤 일이 벌어질까? 여기서 문제는 다른 원소의 두 원자는 서로 밀어낸다는 데 있다.

이제 돌턴은 물리적 공간 속에서 원자들의 결합을 떠올려보게 된다. 분명 우리가 A_2B라고 부르는 화합물은 A의 원자 두 개가 서로 가급적 멀리 떨어져 각각 B의 정반대편에 있는 방식으로 물리적으로 배열되어 있을 것이다. 마찬가지로 우리가 DE_3라고 부르는 화합물은 서로 밀쳐내는 E라는 세 입자들 사이의 거리를 최대한 벌리는 방식으로 배열될 것이다. 만약 D가 구라면 E 입자들은 그 주위로 120도씩 떨어져 배열될 것이다.

동일한 종류의 입자들 간에 존재한다고 여겨지는 척력을 감안하여, 돌턴은 동일한 원소의 입자 서너 개가 다른 원소의 입자 한두 개와 결합하는 화합물은 더 단순한 화합물(오직 두세 개의 입자가 결합하는 화합물)보다 훨씬 더 생기기 어렵다고 결론 내렸다. 서로 반발하는 입자가 많을수록 인력이 그 입자들을 결합시키기가 더 어렵기 때문이다.

이런 고찰을 통해 돌턴은 결합에 관한 일련의 규칙을 내놓았다. 하지만 안타깝게도 어떤 경우에는 그릇된 결론에 이르기도 했다. 가령 그는 수소와 산소에 대한 오직 한 가지 결합만을 알았기에 가장 단순한 결합 형태, 즉 수소 원자 한 개와 산소 원자 한 개의 결합(H_2O가 아니라 HO)만 존재한다고 결론 내렸다. 마찬가지로 이러한 추론을 통해 암모니아는 질소 하나와 수소 하나의 결합(NH_3 대신에 NH)임이 틀림없다고 가정했다. 그러다 보니 이들 화합물 속 각 원자의 상대적 무게를 실험적으로 알아내어 이른바 원자량(각 원소의 단일 원자의 비교 질량)을 얻기 위한 과정에서 수많은 모순과 혼란이 뒤따랐다. 이 문제는 후대의 화학자들이 오랜 시간에 걸쳐 연구한 끝에 해결되었다.

한편 영국의 선구적인 화학자 중 한 명인 험프리 데이비(Humphy Davy, 1778~1829)는 라부아지에의 다양한 원소 나열 및 이에 따른 돌턴의 설명에 반대했다. 새로운 분석 기법(이전에 알려져 있던 정전기 대신 새로 발견된 전류를 주로 이용하여) 덕분에 데이비는 라부아지에가 원소라고 가정한 많은 물질들이 사실은 전혀 원소가 아님을 발견했다(라부아지에는 다른 물질로 분해되지 않는 물질을 원소로 정의했기에, 언젠가 새로운 분석 기법이 나오면 필연적으로 원소들의 목록이 달라질 수밖에 없었다).

이에 고무되어 데이비는 신이 30개(라부아지에의 원소 개수)의 상이한 구성 단위를 이용하여 세상을 만들었다는 생각에 반대했다. 전통적인 원자론에서는 단 하나의 구성 단위로 가능한 일이었으니 말이다. 데이비는 아래의 숭고한 사상을 되찾기를 원했다.

뉴턴의 인정에 의해 승인된 고대 철학자들의 숭고한 사상 …… 즉 세상에는 오직 한 종류의 물질만이 존재하고, 상이한 화학물질과 더불어 그것의 기계적인 형태들도 그 한 물질의 상이한 배열에 따른 것이라는 사상.

돌턴이 자신을 철저한 뉴턴주의자로 여겼음에도 뉴턴식 원자론에서 이탈한 사람으로 비난받았음은 분명 역설적이다. 물론 한 측면에서 보자면 데이비가 옳았다. 뉴턴은 결코 돌턴의 정량적으로 상이한 원자들을 꿈꾼 적이 없지만, 돌턴은 입자들 간의 인력과 척력에 관한 뉴턴의 개념을 강조했다는 점에서 데이비만큼이나 뉴턴주의자였다. 물론 프리스틀리와 라부아지에도 서로 다르긴 했지만 둘 다 나름의 방식으로 뉴턴주의자였다. 뉴턴주의는 기독교와 마찬가지로 서로 다른 사상가들에게 서로 다른 의미를 지닐 수 있었고, 실제로도 그랬다. 그것은 모두 연금술사인 뉴턴, 이성의 시대의 구현자이자 계몽의 상징인 뉴턴의 사상으로부터 무언가를 창조해내는 과정의 일부였다.

데이비의 뉴턴주의는 또한 볼타 전지의 작동 원리에 관한 그의 이론에서도 부수적이긴 하지만 명백히 드러난다. 볼타 전지는 전류를 발생시키는 최초의 수단—아연과 은을 교대로 쌓은 (그 사이에 바닷물에 적신 마분지를 끼워 넣은) 원반으로 이루어진 장치—에 붙여진 이름인데, 알레산드로 볼타(Alessandro Volta, 1745~1827)는 이것을 최초의 전류 배터리로 사용했다. 데이비에 따르면,

화학적 친화력이라 불리는 것은 단지 자연적으로 반대 상태인 입자들의 결합 또는 합체일 뿐이지 않을까? 그리고 입자들의 화학적 인력과 물질의 전기적 인력은 한 가지 속성에 기인하고, 하나의 단순한 법칙에 의해 지배받는 것이 아닐까?

나중에 드러났듯이, 원소의 속성과 개수에 관한 돌턴과 데이비의 매우 다르게 보이는 견해는 윌리엄 프라우트(William Prout, 1785~1850)의 가설 안에서 쉽게 화해를 이루었다.

상대적인 원자량을 결정하려는 노력의 일환으로 돌턴은 수소의 무게를 1로 정했는데, 그 결과 다른 모든 상대적인 무게들은 다른 정수에 가깝게 정해졌다. 윌리엄 프라우트는 에든버러 대학에서 의학 교육을 받은 영국인으로, 돌턴의 상이해 보이는 원자들은 수소 원자의 상이한 결합으로 전부 구성될 수 있다고 1815년에 제안했다. 그렇다면 결국 하나의 구성 단위, 즉 수소 원자만 존재하며 이 원자들이 서로 다른 개수로 결합하여 각각의 돌턴 (또는 라부아지에) 원자를 만들어내는 셈이다. 이 가설은 추가적인 연구를 촉진시키는 데 크게 이바지했다. (이 가설을 검증하기 위해) 원자량을 정하는 기법이 향상되었을 뿐 아니라, 원소의 분류 체계 연구에 자극제가 되어 마침내 원소의 주기율 발견 및 주기율표의 탄생으로 이어진 것이다. 또한 원자의 구조를 결정하는 시도로 이어지기도 했다.

이후 화학의 발전은 굳이 말할 것도 없이 매우 복잡하므로 제대로 평가하려면 심오한 전문적 세부 사항에 대한 적절한 논의가 필요하다. 따라서 우리는 이쯤에서 그만두기로 한다. 하지만 화학이 18세기의 새로운 과학—이전의 연금술과는 상당히 다른 과학—으로 강력하게 대두했을 때, 그 새로운 과학이란 분명 뉴턴주의 과학이었다.

뉴턴주의적 낙관론

자연신학과 자연의 질서

다음 몇 장에 걸쳐 우리는 다윈의 진화론이 등장하게 된 배경을 살펴볼 것이다. 아마 여러분은 앞의 몇 장에서 살펴본 뉴턴주의 전통에서 이제 드디어 벗어난다고 생각할지 모르겠다. 그렇게 여겼다면 잘못된 생각이다. 18세기의 뉴턴주의는 다윈주의의 한 배경을 이루는 요소였으니 말이다. 더군다나 뉴턴주의는 그 배경의 가장 중요한 요소라고 할 수 있다.

14장에서 언급했듯이, 18세기 영국에서 선구적인 사상가들은 뉴턴의 자연철학을 이용하여 신의 존재를 증명하고 올바른 종교를 지지하고자 했다. 기본 발상은, 뉴턴의 연구에서 드러난 우주의 복잡한 설계를 이용하여 지극히 지적인 설계자의 존재를 증명할 수 있다는 것이었다. 이때는 이른바 자연신학 전통의 전성기였다.

이런 활동은 영국 국교회 내에서 영국의 합리적 신학과 뉴턴주의는 서로에 '신성한 동맹'을 맺고 있다는 인식이 커져가던 경향과도 맞아떨어졌다. 뉴턴의 권위는 적어도 일부 지도적인 성직자들이 보기에 거의 성경의 권위를 대신할 정도였다. 따라서 17세기 말에 캔터베리 대주교인 존 틸럿슨(John Tillotson, 1630~1694)은 이런 설교를 하기에 이르렀다.

> 어떤 것도 자연적 종교의 원리와 분명히 모순되는 것은 하느님의 계시로 인정되지 않아야 하며 …… 어떤 것도 충분한 증명 없이 신성한 교리나 계시로 인정되어서는 안 된다.

비슷한 성향의 영국 국교회 신도들은 뉴턴의 자연철학을 이용하여 합리적이고 자연적인 종교를 옹호하기 위해 그런 주장을 지지할 수 있음을 금세 알아차렸다. 가령 새뮤얼 클라크(Samuel Clarke, 1675~1729)는 뉴턴의 가까운 친구이자 추종자였을 뿐 아니라 앤 여왕의 전속 목사로서, 유클리드 기하학과 동일한 수준의 확실성으로 도덕을 규명할 수 있다고 주장했다.

> 어떤 물체나 규모의 균일한 기질 및 상응하는 등급에서의 일치성과 비율도, 그리고 비슷하거나 동일한 기하학적 도형을 서로에게 적용하는 데 있어서의 적합성과 일치성도 신이 자신의 피조물에게서 받는 영예로움의 적합성만큼 명백하지 않다. 내가 받고 싶은 대로 다른 사람을 대해야 함을 말이나 행동으로 부정하는 것은 마치 '2 + 3'은 5인데도 5가 '2 + 3'이 아니라고 주장하는 것과 같다.

종교 사상가들이 이 점을 강조할 정도였으니, 일반 사상가들은 더욱 관심이 클 수밖에 없었다. 특히 존 로크(John Locke, 1632~1704), 데이비드 하틀리(David Hartley, 1705~1757), 데이비드 흄(David Hume, 1711~1776) 같은 철학자들은 뉴턴이 역학의 원리를 규명한 것만큼 확실하게 도덕의 원리를 규명하기를 바랐다. 18세기 영국 사상의 이 두드러진 운동 사조를 가리켜 역사가들은 '도덕적 뉴턴주의'라고 일컬었다.

경험주의 철학자 존 로크는 여론 형성에 일조했던 자신의 책 《인간오성론 *Essay Concerning Human Understanding*》(1690)에서 이렇게 썼다.

이런 이유로 나는 감히 도덕도 수학과 마찬가지로 증명될 수 있다고 생각한다. 왜냐하면 도덕적 언어들이 의미하는 것의 진정한 본질은 완벽히 알려질 수 있으며, 따라서 그런 것들 자체의 적합성 및 부적합성이 완벽한 지식으로 구성된 것 속에서 확실히 발견될 것이기 때문이다.

마찬가지로 도덕철학자인 데이비드 하틀리는 자신의 책 《인간에 관한 관찰 *Observations on man*》(1749)에서 뉴턴의 사상을 이렇게 풀이했다.

철학 연구의 적절한 방법은 어떤 선별된 잘 정의되고 잘 검증된 현상들을 고찰 대상으로 삼아 이것에 가해지는 작용의 일반적 법칙들을 발견하고 규명한 다음, 이 법칙들로 다른 현상들을 설명하고 예측하는 것인 듯하다. 이것이 바로 아이작 뉴턴 경이 권고하고 실행한 분석과 종합의 방법이다. …… 이 방법은 도덕과 종교에도 매우 중요하므로 애정과 열정(느낌과 감정)은 이를 형성하기 위해 결합된 연상의 단계들을 되돌림으로써 단순한 구성 부분들로 분석되어야 마땅하다. 이렇게 함으로써 우리는 좋은 것은 소중히 간직하여 향상시키고, 해롭고 비도덕적인 것은 조사하여 제거할 방법을 배우게 될지 모른다.

데이비드 흄은 자신의 책《인간 본성에 관한 논고*Treatise of Human Nature*》(1739)를 가리켜 "추론의 실험적 방법을 도덕적 주제에 도입하려는 시도"라고 규정했다. 그는 '연상'이라는 심리학적 개념(한 생각이 다른 생각으로 이어질 수 있다는, 또는 실제로 반드시 이어진다는 개념)을 처음으로 발전시킨 사람 중 한 명으로, 연상을 "자연계만큼이나 정신계에서 특별한 영향을 끼치며 다양한 형태로 표출되는 일종의 인력"이라고 보았다.

다른 도덕철학자들도 뉴턴의 인력과 척력을 끌어들여 모든 인간 행동은 '즐거움의 추구(인력)'와 '고통 피하기(척력)'의 관점에서 분석될 수 있다는 개념을 발전시켰다. 이런 관점에서 보면, 지나친 이기심으로 치닫는 모든 성향은 '상식적인' 또는 '이성적인', 때로는 심지어 '실험적인' 깨달음을 통해, 즉 동료와의 협력이 자신의 기쁨 추구와 고통 피하기의 가능성을 최적화하는 데 필요하다는 점을 인식함으로써 누그러뜨릴 수 있다.

이런 생각은 가령 알렉산더 포프의《인간론*An Essay on Man*》(1732)의 다음 구절에서 엿보인다.

인간 본성은 두 가지 원리가 지배하네.
욕구를 향한 자기애 그리고 억제하는 이성.
자기애는 활동의 샘으로서 영혼에 작용하네.
이성의 저울질은 전체를 다스리네.
모든 면에서 자기애는 자신을 억제하는 것, 즉 정부와 법률의
원인이 되리니.

왜냐하면 어떤 이가 좋아하는 것을 다른 이들도 좋아하며

어떤 이에게 이로움을 베푸는 것이 다른 많은 이들의 뜻에 반하지 않는

가?

자나 깨나 약자는 달라고 떼쓰지만 강자만 얻게 되는

현실을 유지한다면 어떻게 되겠는가?

안전은 반드시 자유를 억제하나니

모두가 함께 모여 각자 얻기 바라는 것을 지킨다네.

스스로 지킴을 통해 미덕을 얻게 되나니

왕들조차 정의와 자선을 배운다네.

자기애는 처음에 좇던 길을 버리고서

공공의 선 속에서 자신만의 자리를 찾았네.

그리하여 한결같은 두 가지 운동이 영혼에 작용하는데,

하나는 자신을, 다른 하나는 전체를 살피네.

그리하여 하느님과 자연은 전체 틀을 이어주고

자기애와 친목을 하나가 되도록 명하시네.

달리 말해 자기애와 이성은 사회의 원만한 운영을 위해 협력한다. 무
신론자인 데이비드 흄은 이기주의와 사회적 책임은 우리 모두가 사회
의 구성원이므로 서로 상반될 수 없다고 말했다. 브리스틀의 주교 조지
프 버틀러도 이에 공감하며 이렇게 말했다. "적정한 수준의 자기애는
다른 어떤 애착과 마찬가지로 정당하고 도덕적으로 옳다."

버나드 맨더빌(Bernard de Mandeville, 1670~1733)은 자신의 책 《꿀벌의
우화 *Fable of the Bees*》(1714)에서 이런 도덕철학을 풍자하면서, 모든 미덕

이란 매우 극단적으로 이기적인 원인들이 일으킨 겉보기 결과일 뿐이라고 주장했다. 《꿀벌의 우화》의 요점은 기본 원인이 무엇이든 간에 개인의 악덕이 공적인 이득을 가져올 수 있다는 것이다. 따라서 이번에도 사회의 원만한 운영 그리고 이 원만한 운영의 바탕이 되는 사회 구성원들의 협력은 그들이 각자 즐거움을 극대화하면서 동시에 고통을 피하려는 노력에 달려 있다는 말이다.

뉴턴이 《광학》의 말미에 제시한 내용, 즉 "만약 자연철학의 모든 분야가 이 방법을 추구하여 마침내 완벽해진다면 도덕철학의 경계 또한 확장될 것이다"라는 말은 심지어 이른바 도덕적 미적분학으로까지 이어졌다. 그것의 기본 가정은 도덕이 합리적이고 실험적인 근거에서 규명될 수 있을 뿐 아니라 수학적으로도 분석될 수 있다는 것이다. 가령 데이비드 흄이 보기에,

어떤 특정 행위의 악 또는 악덕은 비참함의 정도 및 피해자들의 수만큼 나쁘다. 따라서 최상의 행위는 최대 다수의 최대 행복을 가져다주는 것이다.

이 관점은 18세기의 정치 이론을 뒷받침하는 데도 이용되었다. 1768년에 조지프 프리스틀리가 쓴 글을 살펴보자.

모든 정치적 의문을 해결하기 위한 '원대한 기준'은 '구성원, 즉 한 국가의 구성원 다수의 선과 행복'이다. 적절하게 도출된 이 하나의 일반적 개념이야말로 정치, 도덕 그리고 신학의 전체 체계에 가장 위대한 빛을 비추어주기 때문이다.

윌리엄 페일리(William Paley, 1743~1805)도 이런 생각을 옹호했는데, 그의 철학 저술들은 19세기에 들어와서도 옥스퍼드와 케임브리지의 강의 내용에 포함되었다.

이제 이런 종류의 새로운 도덕철학은 개혁을 위해 이용되었을지도 모르고(확실히 프리스틀리는 그런 식으로 이용되길 원했다), 그리고 필경 합리주의를 바탕으로 한 이런 종류의 도덕은 혁명 전 프랑스에서 개혁을 촉진시킨 중요한 원동력이었다. 프랑스의 경우, 자연적 도덕에 관한 사상은 개인의 자유, 인간의 천부적인 권리, 민주주의 그리고 인간이 이성을 이용하여 과학 지식을 발전시킬 수 있는 만큼이나 도덕적 선함을 발전시킬 수 있다는 개념을 강조했다.

하지만 영국에서는 매우 보수적인 나라답게 이러한 자연적 도덕의 사상들은 현재 상태를 유지하기 위해, 즉 과거의 것을 지금이나 앞으로도 유지하는 데 이용되었다.

특히 18세기 영국에서 이른바 '악의 문제'를 다루는 과정에서 그런 점이 명백히 드러났다. 세상에는 왜 고통이 존재하는가라는 문제였다. 만약 신이 선하고 신이 세상을 창조했다면 어째서 신은 이토록 큰 고통을 허용했는가? 왜 신은 고통이 없는 완전한 세상을 창조하지 않았는가?

초대 교부 시절부터 이 문제를 풀 흔한 해법은 단지 우리는 신의 마음을 헤아릴 수 없다고 말하는 것뿐이었다. 즉 "신은 불가사의한 방식으로 경이로운 일들을 행하신다."

하지만 이런 식의 설명은 18세기 사상가들처럼 신이 이성적 계획에 따라 세상을 만들었고 신의 계획을 뉴턴이 이성을 사용하여 발견해냈다고 가정하는 한 허용될 수 없다. 신의 마음을 이해할 수 없다는 말은 이런 가정과 양립할 수 없을 터이다. 뉴턴의 발견 그리고 이 발견 위에 세워진 자연신학의 전반적인 요점은 뉴턴이 실제로 신의 마음을 헤아렸으며, 그것을 수학적 증명을 통해 다른 사람들에게도 보여주었다는 것이다.

그러므로 18세기 사상가들은 악의 문제에 답하는 새로운 방법을 개발했다. 이들의 추론은 다음과 같았다.

- 신은 지극히 그리고 완전히 선하다. 정의상 신은 악을 행할 수 없다.
- 신은 뉴턴이 밝힌 대로 이성, 논리, 수학 등의 법칙에 따라 우주를 창조했다.
- 이 두 가정은 서로 상반될 수 없다. 만약 상반된다면 신은 (전능하기에) 이를 미리 알았을 것이며, 신의 선함으로 인해 이성에 따라 세계를 창조하기를 선택하지 않았을 것이다.
- 게다가 만약 이성의 법칙으로 인해 신이 하나보다 더 많은 종류의 세계를 만들 수 있었다면, 신은 선한 존재이기 때문에 모든 가능한 세계 가운데 가장 최상의 세계를 만들려고 했을 것이다.
- 따라서 이 세계는 모든 가능한 세계 중에서 최상이다.

악의 문제에 대한 해답은 명백하다. 우리는 세상에 불필요한 고통이 많다고 여길지 모르지만, 사실 이 정도의 고통은 반드시 필요하다. 신은 가능한 최상의 세계를 창조했기에 다른 세계라면 더 많은 고통이 있을 것이다.

볼테르는 짧은 소설 《캉디드 *Candide*》(1759)에서 이 사상을 무자비하고도 훌륭하게 비꼬면서 그 사상을 독일 철학자이자 뉴턴의 위대한 경쟁자였던 G. W. 라이프니츠와 연관시켰다. 여기서 꼭 언급해야 할 점으로, 뉴턴 자신이 이런 종류의 사상을 따랐음을 보여주는 증거는 어디에도 없다. 하지만 여기서 우리가 다루는 뉴턴은 실제 모습 그대로가 아니라 계몽 사상가들이 재구성한 뉴턴임을 유념해야 한다.

보수적인 영국 사상가 대다수에게 정치적으로 중요한 점은 만약 이 세계가 가능한 모든 세계 가운데서 최상이라면 이 세계를 변화시킬 필요가 전혀 없다는 것이다. 이 세계의 모든 악과 고통은 신의 계획의 일부이기에 전체 체계에 어떻게든 이득임이 틀림없다. 도덕 미적분학을 기억하기 바란다(상자글 16.1 참고).

폴 해저드(Paul Hazard)는 유명한 지성사 연구가로서, 알렉산더 포프의 《인간론》을 가리켜 "이런 새로운 종류의 기독교"에 대한 "신앙을 선언"한 가장 유명한 작품이라고 일컬었다. 포프는 악처럼 보이는 것이 사실은 보편적 선이며, "존재하는 것은 무엇이든 옳다"라는 말로 이 사상의 핵심을 짚어냈다.

> 내가 보기에, 활력은 1000개의 샘에서 솟구치네.
>
> 바다는 밀려와 나를 띄우고 내게 햇빛을 비추는 태양이 떠오르는도다.
>
> 발밑에는 대지가, 머리 위에는 하늘이 있네.
>
> 하지만 자연은 이 자비로운 목적에서 아무런 잘못이 없지 않은가?
>
> 불타는 태양에서 격노한 죽음들이 내려오더라도
>
> 지진이 삼키고 폭풍이 휩쓸어
>
> 마을을 무덤으로, 모든 나라들을 심연에 빠뜨리더라도.
>
> 그렇다(이렇게 응답받았느니), 전능한 제1원인은 부분적이 아니라
>
> 일반적인 법칙으로 활동하신다.
>
> 예외는 없노라. 모든 것이 시작된 이래 약간의 변화가 있었을 뿐

팡글로스는 형이상학적-신학적-우주론적-심리학적 가르침을 폈다. 경탄스럽게도 팡글로스는 원인이 없으면 결과가 있을 수 없고, 모든 가능한 세계 중에서 최상인 이 세계에서 남작의 성(城)이 최고이며 그의 아내가 있을 수 있는 모든 남작 부인 중에서 최고임을 증명했다.

그의 말에 따르면, 분명 세상은 다른 식으로 존재할 수 없다. 왜냐하면 모든 것은 어떤 목적에 이바지하도록 되어 있는데 모든 것은 반드시 최상의 목적에 이바지하기 때문이다. 가령 우리가 안경을 쓰기 때문에 코는 안경을 받치도록 되어 있다. 다리는 누구나 쉽게 알 수 있듯이 골반과 연결되도록 되어 있기에, 우리에게는 골반이 있다. 돌은 성을 지을 수 있도록 되어 있기에 그의 주인은 멋진 성을 갖고 있다. 왜냐하면 그 지역에서 가장 위대한 남작은 가장 멋진 성을 가져야 하기 때문이다. 그리고 돼지는 먹히기 위해 존재하기에 우리는 1년 내내 돼지고기를 먹는다. 따라서 모든 것이 좋다고 말하는 사람은 어리석은 소리를 하고 있는 셈이다. 모든 것이 최상이라고 말해야 마땅하다. (볼테르,《캉디드》)

'진지한' 작가들이 내놓은 팡글로스와 비슷한 견해들

말똥은 좋은 냄새가 난다. 왜냐하면 인간이 종종 말똥 근처에 있게 될 것임을 하느님이 아셨기 때문이다. (조지 체인, 1705)

말파리는 인간이 재치와 산업을 활용하여 이를 물리칠 수 있도록 하기 위해 창조되었다. (윌리엄 버드, 1728)

이(蝨)는 청결함을 촉진하고자 창조되었다. (윌리엄 커크비 목사, 1732)

유인원과 앵무새는 인간의 즐거움을 위해 창조되었으며, 지저귀는 새는

인류에게 재미와 기쁨을 줄 목적으로 창조되었다. (윌리엄 버드, 1728)

닭이 인류에게 이로움을 주기 위해 창조되었음은 닭장 속에 갇혀 있어도 완전히 만족스러워 보인다는 사실에서 명백히 알 수 있다. (윌리엄 스웨인슨, 1754)

소와 양은 우리가 먹게 될 때까지 고기를 신선하게 유지하기 위해 생명을 부여받았다. (윌리엄 스웨인슨, 1754)

……

전체가 시작된 이래 일반적인 질서는

자연 속에서 유지되고, 아울러 인간 속에서 유지되네.

그만두어라, 질서에 불완전이라는 이름을 달지 마라.

우리의 합당한 지복은 우리가 무엇을 탓하느냐에 달려 있나니.

……

모든 자연은 단지 그대에게 알려지지 않은 예술이며

모든 기회, 방향은 그대가 알 수 없는 것이며

모든 불화와 조화는 이해할 수 없나니

모든 악은 부분적이나 선은 보편적이로다.

그런데 자만심, 오류를 범하는 이성에도 불구하고

한 가지 진리는 명백하니, 존재하는 것은 무엇이든 옳다.

따라서 신이 운동 법칙으로 물리적 세계를 창조하여 우리가 살고 있는 우주가 스스로 작동하듯이, 이와 마찬가지로 신은 인간 세계를 (인력과 척력이라는 자연법칙과 유사한) 사회적 상호작용 법칙으로 창조하였고 이 법칙에 따라 가장 조화로운 사회 질서가 마련되었다.

이 모든 사상의 최종적인 결과는 자유방임(laissez-faire)이라는 근본 원리에 바탕을 둔 사회정치 철학이었다. 이는 비간섭의 원리로서, 세상의 체제는 자율적이기에 더 낫게 하려고 시도해보았자 더 나빠질, 어쩌면 심각하게 나빠질 뿐이므로 좋지 않은 상태대로(또는 그다지 좋지 않은 상태라도) 그대로 놔두라는 권고다.

당시 자유방임적 '정치경제학'의 중요한 텍스트는 스코틀랜드 계몽주의의 핵심 인물이었던 애덤 스미스(Adam Smith, 1723~1790)가 쓴《국부론*An Inquiry into the Nature and Causes of the Wealth of Nations*》(1776)이었다. 이 책에 따르면, 가장 번영한 사회는 (자기애를 추구하고 이성에 의해 조절되는) 개인들의 자유로운 활동에서 비롯되며, 국가의 개입은 부자연스럽기에 사회에 불화를 초래할 가능성이 크다. 스미스가 보기에 중요한 것은 세상을 그대로 놔두는 것이다. 왜냐하면 인간 사회가 (신이 창조한) 뉴턴의 우주처럼 원만히 작동되도록 신은 인간의 본성까지 창조했기 때문이다.

이런 정치경제학 전통의 가장 중요한 사상가 중 한 명은 과학사의 관점에서 보건대 영국 국교회 성직자 토머스 맬서스(Thomas Malthus, 1766~1834)다. 맬서스는 1798년에《인구론*An Essay on the Principle of Population*》을 출간했다. 이 책은 당시 엘리자베스 구빈법을 개혁하려던 윌리엄 피트 총리에게 그 계획을 중단하라고 쓴 일종의 경고장이었다. 그 무렵 아일랜드에 닥친 기근으로 아일랜드인들이 일자리를 찾아 영국으로 건너왔는데 말 그대로 거리에서 죽어가는 상황이었다. 영국의 빈민 구제는 엘리자베스 여왕이 권좌에 있던 시기(1558~1603)에 도입된 법률에 따라 교구 신도들에게만 제한적으로 적용되었기에 교구 신도로 인정받지 못한 이주민은 도움을 받을 수 없었다. 피트는 구빈법을 개혁하여 이런 상황을 바꾸고자 했다.

하지만 맬서스는 인구는 기하급수적으로 증가하지만(2, 4, 8, 16, 32……) 식량은 고작해야 산술급수적으로 증가한다(2, 4, 6, 8, 10……)고 주장했다. 맬서스는 식량 확보의 어려움 때문에 인구를 적당한 선에서 유지하는 것이 신의 뜻이라고 결론 내렸다. 새로운 구빈법은 더 많은 사람이 생존하고 번식하게 함으로써 자연의 균형을 어지럽힐 터였다. 따라서 가난한 사람의 수가 더 증가하게 되어 새로운 구빈법으로 조달될 자원으로도 대처할 수 없게 되면 현재보다 더 많은 고통과 죽음이 뒤따를 것이다. 맬서스는 이렇게 썼다. "자연의 보편적 법칙으로서 …… 인간은 어떤 이성적 노력을 기울이더라도 식량 부족에서 벗어날 수 없다."

하지만 지금 우리가 보기에는 포프에서부터 페일리, 애덤 스미스와 토머스 맬서스에 이르기까지 이런 모든 견해들은 특정 사회 계급에 이바지하는 착취적인 자본가와 자유방임적 정치경제학을 정당화하는 냉소적인 입장인 듯하다. 확실히 런던에 살던 카를 마르크스(Karl Marx, 1818~1883)도 그렇게 보았다. 그가 보기에 이런 사고방식은 노동 계급에 반하는 부르주아의 음모였기에 그는 하층 계급의 사람들에게 부르주아에 맞서 봉기하라고 촉구했다. 마르크스와 프리드리히 엥겔스가 《공산당 선언》(1848)에서 썼듯이, 프롤레타리아는 속박 외에는 잃을 것이 없다.

하지만 물론 포프, 스미스, 맬서스 등은 자신을 프롤레타리아에 맞서는 음모 세력으로 보지 않았다. 자유방임적 정치경제학이 뉴턴의 물리학 체계에 대응하는 사회정치적 체계라고 진심으로 믿었을 뿐이다. 뉴턴이 물리계의 객관적 진리를 발견한 바로 그 방식으로, 그들은 사회를 원만하게 작동시키는 자연법칙을 발견했다고 여겼다. 자신이 주관적 도덕 및 정치 체계를 부과한 것이 아니라 신에 의해 확립되고 객관적 도덕과 정치적 법률로 유지되는 정치 체계를 밝혀냈다고 믿은 것이다.

마지막으로 찰스 다윈을 살펴보자. 1836년 비글호 항해를 마치고 돌아오는 길에 다윈은 세상의 다양한 동식물의 기원을 밝히는 연구에 착수했다. 화석 기록에서 얻은 증거로 볼 때 생물종들은 한순간에 전부 창조되지 않고 지구에 순차적으로 출현했다. 문제는 새로 등장한 종들이 어디서 왔느냐는 것이다. 그래서 다윈은 이 문제를 밝히는 연구에 착수하면서 우선 사실들을 살펴보기 시작했다.

나는 진정으로 베이컨주의 원리에 따라 연구했다. 아무런 이론 없이 문헌 조사, 능숙한 사육자들과 원예사들과 나눈 대화 그리고 광범위한 독서를 통해 대규모로 사실들을 수집했고, 특히 인간이 기른 동식물에 더 치중했다.

그는 1년 동안 계속 베이컨식의 사실 수집 방식으로 연구했다. 그러고 나서,

1838년 10월, 체계적인 조사를 시작한 지 15개월 만에 나는 재미 삼아 우연히 맬서스의 《인구론》을 읽은 데다 장기간에 걸친 동식물 관찰을 통해 어디에서나 벌어지는 생존 경쟁을 이해할 바탕이 마련되어 있던 터라, 이런 상황에 유리한 종은 살아남고 불리한 종은 사라지는 경향이

있다는 생각이 불현듯 들었다. 그런 과정의 결과 새로운 종이 생길 터이다. 드디어 내 연구의 바탕이 될 이론을 얻었다.

따라서 다윈의 자연선택과 적자생존의 원리에 직접적인 영감을 준 것은, 삼라만상은 모든 가능한 세계 중에서 최상의 상태로 존재하며 "인정사정 봐주지 않는 자연"이 신의 뜻의 일부라고 보는 자연신학 전통이었다. 이 사상이 뉴턴에게서 직접 나왔다고 할 수는 없지만, 분명 이 사상을 발전시킨 사람들은 자신을 뉴턴주의자라고, 즉 뉴턴주의 사상을 정치경제학 분야에서 발전시켰다고 여겼다.

또 한 가지 언급할 점으로, 자연적인 경제에 관한 이런 사고방식은 무신론자의 전유물이 아니라 오히려 정반대로 독실한 사람들, 심지어는 성직자들이 발전시켰다. 맬서스와 페일리는 둘 다 영국 국교회의 성직자로서 이런 사상들이 중력에 관한 보편적인 원리만큼이나 창조주의 절대적 지성을 설득력 있게 증명한다고 보았다.

지질학의 탄생

제임스 허튼에서 찰스 라이엘까지

이번 장은 새로운 과학을 살펴본다. 17세기 전에는 알려지지 않았던 이 과학 분야는 기계론적 철학, 특히 뉴턴주의 기계론적 철학에 기원을 두고 있다. 지구 자체를 자연의 한 대상으로 다루는 과학, 즉 지질학이 바로 그것이다.

17세기 전까지 지구 자체는 당연한 것으로 여겨져 자연철학의 논의 주제로 거의 고려되지 않았다. 아리스토텔레스가 보기에 지구는 예전부터 현재의(아리스토텔레스 당시의) 모습과 거의 흡사하게 늘 존재해왔다. 기독교 전통에서는 지구가 신에 의해 창조되긴 했지만, 이때도 현재의 모습대로 창조되었고 그 후로는 중요한 변화를 겪지 않았다고 여겨졌다.

지구에 대해 이론적으로 또는 추측으로 고찰할 때 대체로 지구는 생명 활동과 유사한 지하 활동을 하는 거대한 유기체로 간주되었다. 어머니 지구는 어떤 식으로든 지구상 생명의 생식력과 다산성에 관여한다고 여겨졌다. 이런 사상과 관련하여 가장 흔히 논의된 측면 중 하나는 지구의 광물이 자라고 스스로 보충된다는 믿음이었다. 더 이상 작업하기 어려워진 광산은 마치 농부들이 밭을 한두 해 '놀리는' 것과 마찬가지로 몇 년 동안 문을 닫았다. 광물은 지구의 '광맥'에서 종종 발견되는데, 회복 기간을 거치고 나면 다시 그 광산에서 광물이 다량으로 나온다고 생각했기 때문이다.

이런 상황에서 기계론적 철학이 등장하면서 변화가 일어났다. 특히 지형학이 도입되면서 지구가 어떻게 존재하게 되었는지, 그리고 어떻게 현재의 지형을 갖추게 되었는지를 탐구하기 시작했다. 데카르트는 태양계를 '소용돌이' 이론으로 설명했다. 천지창조 때 신은 물질을 한 중심 주위로 회전 운동시켜 물질 입자들의 거대한 소용돌이를 만들었다. 이어서 데카르트는 소용돌이 중심에서 찌그러지는 물질 입자들이 마찰에 의해 가열되어 열과 빛을 방출하면서 태양이 생겼고, 소용돌이 중심에서 멀리 떨어져 성기게 뭉친 물질 입자들로 인해 여러 행성이 생겼다는 사실을 세 가지 자연법칙으로 설명할 수 있다고 주장했다.

데카르트는 자신의 기계론적 철학이 모든 현상을 설명할 수 있다고 자부하며 지구의 생성에 관해서도 설명했다. 자세한 내용은 중요하지 않지만(그리고 결코 전체적으로 일관되지 않는다) 가운데 핵을 가진 구형 물체가 있고, 상이한 크기의 물질 입자들이 원심력과 구심력의 영향을 서로 다르게 받으면서 핵 주위를 상이한 밀도의 구들이 감싸고 있는 구조다.

하지만 지구는 완벽한 구가 아니다. 육지와 해양은 상이한 밀도에도 불구하고 서로 섞여 있으며 육지 표면도 완벽한 구형이 아니다. 따라서 데카르트의 제안에 따르면, 마른 땅의 구가 물의 구 위에 형성되어 있

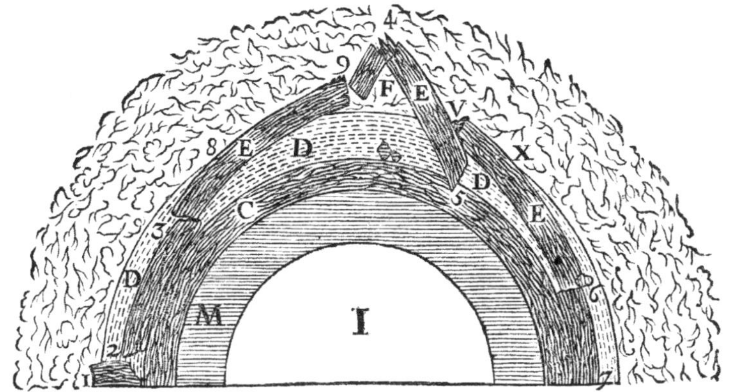

그림 17.1_ 지구 지형의 생성을 묘사한 그림. 출처는 데카르트의《철학 원리》(암스테르담, 1644). 에든버러 대학 도서관 특별소장품부(JA 398/1)의 허락하에 게재.

바깥쪽 지각 E는 원래 그 아래 물의 구 D를 감싸고 있었는데 쪼개어져 D 속으로 무너져 내렸다. 어떤 곳(7, 6, 2, 3으로 표시된 지점)에서는 지각이 물속에 잠겨 있는 반면에 다른 곳에서는 물 위에 땅 덩어리가 형성되어 있다. 또 어떤 곳에서는 지각의 부서진 조각들이 산을 형성하고 있다.

는데, 이 바깥에 있는 구형의 마른 땅 껍질이 결국 쪼개어져 아래에 있는 물의 구 속으로 무너져 내리면서 땅 덩어리 조각들이 생겼는데 일부는 물 위로 솟구쳐 나와 뾰족한 산이 되었다고 한다(그림 17.1 참고).

지구의 형성에 관한 데카르트의 접근법은 토머스 버닛(Thomas Burnet, 1635년경~1715)이 받아들였다. 버닛은 케임브리지 대학에서 데카르트 철학을 가르치다가 나중에 차터하우스 스쿨의 교장이 된 사람이다. 그는 데카르트 철학을 이용하여 성경을 지지하려는 목적에서《지구에 관한 신성한 이론*Sacred Theory of the Earth*》(1681)을 썼다. 종교에 대해 회의적 태도를 취하는 사람들은 아무리 비가 쏟아져도 밤낮으로 40일 동안 비가 내렸다고 해서 산꼭대기를 포함해 온 세상이 홍수에 잠길 수는 없다고 의기양양하게 주장했다. 버닛은 데카르트의 접근법을 이용하여 산이 없던 처음의 매끄러웠던 지구에서는 매끄러운 지표면이 그 아래 물속으로 무너져 내리면서 일시적으로 물에 잠길 수 있다고 제시했다. 성경에서 벗어나지 않고서도 데카르트의 모형을 이용한 버닛의 시나리오는 다음에 나오는 알쏭달쏭한 성경 대목을 풀이해냈다.

> 노아가 600세 되던 해 둘째 달, 곧 그달 열이렛날이라. 그날에 큰 깊음의 샘들이 터지며 하늘의 창문들이 열렸다. (《창세기》 7장 11절)

(비와 함께) 하늘이 열린 데다 지구 표면이 갈라져 그 아래의 샘들이 위로 솟구치면서 홍수가 닥쳤다.

버닛은 오늘날의 지구는 신이 처음에 빚어낸 모습이 아니라고 주장할 수 있었다. 이제 지구는 "조악하고 낡아빠진 유물"인 셈인데, 결코 신이 의도한 모습이 아니다.

> 만약 바다가 규칙적인 형태와 경계로 육지 주위에 형성되었더라면 우리 지구는 대단히 아름다웠을 터이므로 우리는 그런 지구가 첫 번째 창조 또는 자연의 첫 작품이라고 결론 내려 마땅하다. 하지만 그와 반대로 지구의 온갖 무질서와 불균형을 보고서 우리는 이 지구가 사물의 첫 번째 질서에 속하지 않는다고 타당하게 결론 내릴 수 있다. …… 신은 첫 번째 세계를 파괴하셨다.

데카르트가 묘사한 완벽하고 매끄러운 구야말로 신이 설계했을 지구와 더 잘 맞아떨어진다.

분명 버닛은 당대의 미학적 감수성을 반영했다. 그의 짐작에 따르면, 아담과 이브가 추방당하기 전에 머물렀던 낙원은 유럽의 궁전이나 대저택의 정원사들이 선호했던 기하학적 형식미를 갖춘 정원에 가까웠다. '추방' 이전의 자연은 뒤섞이지도 헝클어지지도 야생적이지도 않았고 대신에 매끄럽고 기하학적으로 규칙적이며 잘 정리된 정원과 비슷했다.

지구가 원래는 한 형태로 존재했다가 이후 변화를 겪었으며, 이 변화를 자연철학 이론으로 설명할 수 있다고 보는 사고 덕분에 화석이 처음으로 진지하게 고려되었다. 그전까지 화석은 자연의 '술수' 또는 '놀이'로 여겨졌다. 즉 암석 속에서 동물이나 식물의 모습을 하고 있지만 우연히 그런 형태를 띤 것일 뿐이라고 보았다. 누구도 화석을 진지하게 생각하지 않았다. 하지만 17세기에 로버트 훅이 화석은 한때 살아 있었던 생명체의 잔해라고 주장했으며, 존 우드워드(John Woodward, 1665~1728)는 화석이 들어 있는 암석의 특징을 이용하여 노아의 홍수(〈창세기〉 6~9장)가 실제 일어났던 사건이라는 나름의 증거를 제시했다.

우드워드는 암석 구조가 종종 층을 이루며 겹쳐 있는 형태임을 알아냈다(특히 화석이 들어 있을 때 더욱 그랬다). 또한 바다 생물의 것으로 보이는 화석이 종종 바다에서 멀리 떨어진 곳에서도 발견된다는 (지금으로서는 낯익은) 사실도 알고 있었다. 따라서 그는 대홍수 때의 물이 이전의 큰 땅 덩어리를 용해시켰거나 조각조각 내서 물에 뒤섞이게 만들었는데, 이 물이 빠지면서 광물과 암석들이 중력이 큰 순서대로 가라앉았다고 가정했다. 따라서 밀도가 가장 크고 무거운 암석이 제일 먼저 가라앉고 가장 가벼운 암석이 맨 마지막에 가라앉았다. 마찬가지로 암석의 각 층에 자리 잡은 동물 시체들도 가장 무거운 것이 가장 아래 층을 차지하고 가장 작고 가벼운 동물이 가장 위쪽을 차지했다. 당시 화석에 관한 지식이 부족했고, 특히 나중에 공룡으로 알려지게 된 거대 생물체의 잔해는 거의 알려져 있지 않았다는 점을 감안할 때 우드워드의 이론은 타당한 듯 보였다. 하지만 우드워드의 이론에 따르면 모든 화석과 모든 암석층은 대략 같은 나이라는 결론이 나온다.

이런 초기의 시도들은 지구의 생성에 관한 자연철학적 가정을 통해 초기 역사에 관한 성경 내용이 옳음을 보여주려는 전통을 마련했다. 주로 영국에서 유행했는데, 앞서 보았듯이, 영국에서는 자연신학이 자연계를 이용하여 창조주의 존재와 권능을 증명하려는 시도가 많았다.

프랑스의 상황은 달랐다. 여기서는 많은 선구적인 지성인들이 비록 비종교적이진 않더라도 반교권적이었기 때문이다. 위대한 프랑스 계몽주의 사상가로서 지구의 생성에 관심을 기울인 사람으로 조르주 루이 르클레르 드 뷔퐁(Georges Louis Leclerc de Buffon, 1707~1788) 백작을 들 수 있다. 뷔퐁은 태양계가 생긴 까닭은 태양과 어떤 혜성의 충돌 때문이라고 가정했다. 이 혜성이 태양과 충돌하자 용해된 물질 조각들이 떨어져 나와 태양 주위를 돌다가 냉각되어 행성들이 생겼다는 것이다. 따라서 분명 지구는 초기에는 훨씬 더 뜨거웠을 것이다.

지구의 나이를 추정하는 방법을 찾기 위해 뷔퐁은 상이한 물질과 상이한 크기의 구들이 높은 온도에서 낮은 온도로 식어가는 비율을 알아보는 일련의 실험을 실시했다. 그는 이를 바탕으로 지구가 뜨거운 상태에서 생명이 발생하기 적합한 온도로 식는 데 필요한 시간을 계산했다. 그는 연구 결과를 《광물의 역사에 관한 소개*Introduction to the History of Menerals*》(1774)에 실어 발표했다. 뷔퐁에 따르면 지구 크기의 쇠공은 녹은 시점으로부터 중심부가 단단해지는 데 4026년이 소요되고, 안전하게 만질 수 있기까지 4만 6991년이 걸리며 현재 온도에 이르는 데 10만 696년이 걸린다. 그런데 지구는 쇠보다 빨리 식으므로 지구의 나이는 최소 7만 4832년이라고 결론지었다. 하지만 개인적으로 뷔퐁은 이 수치도 너무 작다고 여겼다.

물론 지금 우리가 믿는 수치에 비하면 우스울 정도로 작은 값이다. 하지만 뷔퐁 이전에는 성경 연구 및 해석을 통해 지구의 나이를 추산한 데 반해(따라서 지구의 나이는 대략 6000년이었다), 뷔퐁은 오직 자연주의적 증거와 논증만을 사용하여 지구의 나이를 추정했다는 데 의의가 있다.

1778년 뷔퐁은 이 연구를 확장시켜 자칭 '자연의 시대들'에 관해 설명했다. 여기서 뷔퐁은 창조의 여섯 날은 실제로 시간의 여섯 기간, 즉 단계를 가리킨다는 기존의 전통을 정교하게 다듬었다(가령 뉴턴의 지적에 따르면, 태양과 달이 셋째 날에 창조되었기에 그전에는 실제 '날'에 관해 언급한다는 것이 무의미하며, 지구가 처음에는 자전하지 않는 상태였다가 차츰 자전하는 속도가 빨라졌다면 얼마만큼 날짜가 흘렀는지는 우리 마음대로 정해도 무방하다).

뷔퐁이 보기에 첫 시기는 용융 상태의 지구로 존재하던 기간이고, 두 번째 시기는 암석이 식으면서 표면이 굳어지던 때다. 세 번째 시기는 지구가 충분히 식어서 대기 중의 수증기가 응결하면서 바다와 대양이 출현하던 때다. 네 번째 시기는 화산 활동으로 인해 더 많은 땅덩이들이 쌓여가던 때다. (더운 환경에 적응한) 열대 동물들은 다섯 번째 시기에 온 지구에 퍼졌다. 대륙들은 여섯 번째 시기에 분리되었고, 인류는 일곱 번째 시기에 땅 위에 등장했다.

여기서 눈여겨볼 점은 이 무렵에는 심지어 뷔퐁 같은 프랑스 사상가 조차도 자신의 이론을 어느 정도 성경 내용과 일치하도록 신경을 썼다는 것이다. 어쨌거나 프랑스에서도 교회는 여전히 막강했다. 이런 시도덕분에 종교계의 비난은 미연에 방지했지만 뷔퐁의 연구는 분명 동료 철학자들로부터 비난을 피할 길이 없었다. 지구의 냉각 속도를 추산하기 위한 실험을 훌륭하게 수행하고도 뷔퐁은 지구가 태양에서 떨어져 나왔음을 제대로 밝혀낼 수 없었다.

이런 전통에서 한 걸음 더 내디딘 사람은 피에르 시몽 라플라스였다. 라부아지에와 한 차례 협동 연구를 진행한 사람으로 앞서 소개했던 인물이다. 라플라스는 뉴턴의 계보를 잇는 뛰어난 수학자로서 뉴턴의 우주론을 통달하고서 이를 바탕으로 이른바 '성운 가설'을 내놓았다. 이 가설에 따르면, 태양계는 밝게 빛나는 뜨거운 기체로 된 방대한 구름 속에서 출현했는데, 이 구름은 저절로 회전하다가 식으면서 중력에 의해 태양이 생기고 나머지 행성들도 이 태양에서 생겼다. 이 가설은 모든 행성들이 같은 방향으로 태양 주위를 회전하고, 모두 대체로 동일한 평면에서 태양 주위를 회전하며 각 행성의 자전도 같은 방향이라는(당시에는 그렇게 알려져 있었다) 사실을 설명해준다.

라플라스의 수학은 위력적이었기에 배척하기가 어려웠고, 게다가 간접적인 관찰 증거까지 이끌어냈다. 독일에서 망명해 영국에 정착해 살던 천문학자 윌리엄 허셜(William Herschel, 1738~1822)이 보푸라기 같은 천체를 관찰하고서 이를 성운이라고 여겼다(지금은 은하라고 알려져 있다). 또한 그는 삼중성과 이중성을 관찰하고서 이를 새로운 태양계들이 각자 상이한 발전 단계별로 생성되는 중이라고 여겼다. 따라서 지구는 중력의 원리 및 기타 뉴턴의 유체역학의 성질에 따라 소용돌이치는 뜨거운 가스 구름이 차츰 식으면서 생겼다고 볼 수 있다.

시작도 없고 끝도 없다 : 제임스 허튼 그리고 끝없는 지구의 역사

한편 영국에서는 '지질학 성경 연구 학파'가 여전히 유행하고 있었다. 즉 지질학을 이용하여 창세기, 특히 노아의 홍수 이야기와 일치하도록 이 이야기를 증명하려는 연구가 인기를 끌었다. 하지만 지구의 속성을 좀 더 세속적인 관점에서 설명하려고 시도한 이가 있었으니, 바로 제임스 허튼(James Hutton, 1726~1797)이다. 그는 은퇴한 후 에든버러에서 가정을 꾸린 성공한 농부이자 신사였다. 미리 이론을 세우는 것에 반대했던 베이컨의 방법론에 따라 허튼은 태양계의 형성이나 심지어 지구가 어떻게 형성되었는지에 관해 어떤 추측도 하지 않은 채 지구의 자세한 지형에서 드러나는 증거를 해석하는 데 집중했다.

허튼은 헌신적인 뉴턴주의자이다 보니 자연신학의 뉴턴주의적 전통에 동참했다고 볼 수도 있다. 하지만 그는 독실한 기독교도가 아니었다. 그는 이른바 이신론자였다. 달리 말해 그는 자연계에 드러난 지적 설계의 흔적을 근거로 신의 존재를 믿었지만 계시의 가르침은 보통 인간이 상상을 통해 미신적으로 꾸며낸 것이라고 여겨 부정했다. 또한 지난 장에서도 논의했지만, 허튼은 이 세계는 가능한 모든 세계 가운데서 최상임이 분명하며 조화롭지 못하고 파괴적이며 퇴폐적으로 보이는 것도 사실은 신의 자비로운 계획의 일부라고 믿었다.

허튼은 그레이트 야머스 근처의 이스트 앵글리아에서 새롭고 실험적인 다양한 농사 기법을 연구한 적이 있었다. 그는 이 기법들을 던스 근처의 보더스에 있는 작은 농장에 적용했다. 이 농장이 큰 성공을 거두자 세를 내주고 은퇴하여 에든버러에 머물면서 한가로운 신사 생활을 즐겼다.

농업에 대한 배경 지식 덕분에 그는 토양의 비옥도를 보충하는 데 침식 또는 삭박(외부 작용에 의해 지표의 상부를 덮고 있는 물질을 제거하여 지표 하의 암석을 노출시키는 것—옮긴이)이 중요함을 간파했다. 생명을 키울 수 없는 암석도 일단 침식에 의해 부서져 새로운 토양을 형성하게 되면 식물이 잘 자랄 수 있었다. 따라서 침식은 이로운 자연의 한 과정이었다. 하지만 알다시피 침식은 생명의 파괴를 의미할 수 있다. 조지프 블랙은 1787년에 이렇게 지적했다. "대응책을 강구하지 않으면 울퉁불퉁한 지표면은 세월이 흐르면서 완전히 평평해져 대부분 바닷물이나 고인 물로 덮일 것이다."

하지만 허튼은 이신론자인 데다 이 세상이 모든 가능한 세상 중에 최상이라고 믿었기에 이 세상에 파괴의 싹이 깃들어 있다고는 결코 여기지 않았다. 따라서 침식이라는 파괴적 힘은 지구의 영구적인 비옥함 그리고 동식물의 영구적인 풍부함을 보장하기 위한 과정의 일부라고 믿었다. 허튼은 이렇게 썼다.

언제나 그렇듯이 땅은 실제로 어디에서나 깎여 바다로 떠내려갔다. 그렇다면 이런 일의 궁극적인 원인은 무엇인가?

허튼이 궁극적인 원인을 언급한 데서 아직도 아리스토텔레스 사상이 영향을 끼치고 있음이 드러난다. 아리스토텔레스의 4원인 중 하나로서 궁극적인 원인은 어떤 사물의 목적을 가리켰다. 땅이 이처럼 깎이는 현상의 궁극적인 목적은 무엇인가? 이 질문 그리고 이와 밀접하게 관련된 질문들에 대한 해답을 찾으려는 노력에서 그는 《지구에 관한 이론 *Theory of the Earth*》(1795)이라는 위대한 저서를 썼다.

자연의 작용이 지표면에 그처럼 일어남은 생명계를 파괴하려는 목적인가? 아니면 다른 관점에서 볼 때 교묘한 지혜로 생명계의 발전을 영속화시키기 위함인가? 이 의문들을 지구에 관한 이론은 반드시 해결해야 한다.

허튼은 계속해서 이렇게 말한다.

내 이론의 목적은 단단한 땅이 침식되는 성질이 생명계를 구성하는 데 절대적으로 필요함을 보여주는 것이다. …… 그리하여 우리는 이 생명계를 지속시키고 아울러 좀 더 정치적인 관점에서 볼 때 생명이 사는 지구의 아름다운 구조가 필연적으로 파괴를 향해 나아가도록 하는 방법을 채택한 자연의 지혜에 감탄하게 된다.

그리고 지구는 스스로 고쳐나가고 스스로 바로잡아나가는 메커니즘이다. 허튼은 이렇게 주장한다.

만약 적절한 조사를 해보아도 그러한 재생력이나 수정 작용이 이 세계의 구조에서 발견되지 않는다면, 우리는 이 지구라는 체계가 의도적으로 불완전하게 만들어졌거나 무한한 힘과 지혜가 빚어낸 작품이 아니라고 결론 내릴 마땅한 이유를 갖게 된다.

말할 필요도 없이 허튼은 위의 두 가지 대안을 받아들일 수 없었다. 그가 보기에 지구는 무한한 힘과 지혜가 빚어낸 작품이기에 불완전하게 만들어진 것이 아니라 틀림없이 완벽했다.

허튼에 따르면 이 세계는 인력과 척력의 조화에 의해 작동한다. 뉴턴이 내놓은 위대한 두 원리가 여기서 다시 등장한다. 침식은 중력의 부단한 작용을 드러내준다. 이로써 빗물과 강물이 암석에 떨어져 작은 입자들을 침식시키면서 이 입자들은 차츰 가라앉아 결국에는 바다의 밑바닥에 자리 잡는다.

하지만 팽창하는 힘도 존재하는데, 열의 작용에서 이 힘을 볼 수 있다. 지구 내부에는 뉴턴이 제시한 것과 같은 미묘한 열의 유동체가 존재하는데, 이것은 두 가지 기능을 수행한다. 첫째, 침식된 육지의 잔해들을 녹여 한 덩어리로 만드는데 이것들이 바다 밑바닥으로 쓸려가서 새로운 암석을 생성한다. 둘째, 팽창하는 힘을 가하여 대양 바닥을 위로 밀어올려 새로운 육지를 만든다.

하지만 안타깝게도 허튼은 이 순환의 팽창 부분에 관한 증거를 충분히 제시하지 못했다. 다만 지구의 내부열의 증거로서 화산을 분명하게 지목할 수는 있었다.

> 화산은 지하 용광로의 숨구멍으로 보아야 마땅한데, 이로써 불필요한 육지의 상승과 지진의 치명적 효과를 막아준다.

하지만 느슨한 물질이 열에 의해 응축되어 암석이 될 수 있음을 당시 사람들에게 설득하기는 무척 어려웠다. 허튼이 죽고 난 후에야 그의 추종자 제임스 홀 경(Sir James Hall, 1761~1832)이 그런 일이 가능하다는 실험적 증거를 내놓았다. 압력을 가한 상태에서 탄산칼슘을 가열하자 인공적인 석회가 생겼던 것이다.

하지만 허튼의 순환 주기 가운데 침식 부분조차도 시간 요소 때문에 사람들이 받아들이기 어려웠다. 땅이 바다로 침식되어 해양 바닥에서 새로운 육지가 솟아오르는 데는 상상할 수도 없는 막대한 시간이 소요되었다. 하지만 허튼은 틀림없이 그랬으리라는 주장을 굽히지 않았다.

> 비옥한 대지는 산의 잔해로부터 생기고 이리저리 옮겨다니는 물질들은 여전히 물의 이동에 의해 그리고 지구의 기울어진 표면을 따라 퍼져 나간다. …… 육지가 이처럼 총체적으로 무너져내리는 데 꼭 필요한 어마어마한 시간은 앞으로 일어날 사건에도 그대로 적용될 것이다. 이는 가장 확실한 사실들 그리고 가장 정평 있는 원리들이 가리키는 바다. 그 시간은 우리의 발상에서 모든 것의 척도이며, 우리가 보기에 때로는 부족해 보이기도 하지만, 자연으로서는 무한하다.

무한한 시간이라는 이 개념은 독실한 기독교도들의 분노를 초래할 수밖에 없었다. 지구의 역사를 성경의 관점에서 생각하는 데 익숙했기 때문이다. 그런데도 허튼은 상황을 더 악화시키는 주장을 굽히지 않았다. 그의 이론은 지구의 순환을 말하고 있기에 세계의 기원에 관한 증거를 얻기란 불가능했다. 허튼의 이론에서 변하지 않는 태초의 암석이란 존재하지 않는다. 암석 속으로 깊이 들어갈수록 그것이 침식에 의해 부서지고 다시 굳어지는 데 소요된 막대한 시간을 증명할 뿐이었다.

> 〔암석의〕 약한 부분은 광물로의 변화 및 위치 이동이라는 두 가지 과정을 겪었음이 틀림없다. 따라서 땅속에서의 가열 또는 용융의 결과는 이 부분에서 더욱 명백하게 드러나며 암석이 최초로 생성된 흔적은 더욱더 희미해진다.

이 밖에도 다른 고찰을 통해 허튼은 다음과 같은 유명한 결론에 이르렀다.

> 지구의 자연사를 고찰한 결과 세계의 연속적인 순환을 보았기에 이로써 자연에는 하나의 체계가 존재한다고 결론 내릴 수 있다. 행성들의 회전을 보고서 천체들이 그런 회전을 계속하도록 만드는 어떤 체계가 있다고 결론 내릴 수 있음과 마찬가지다. 하지만 만약 세계의 순환이 자연의 체계 내에 확립되어 있다면 지구의 기원에 관해 그 이상의 어떤 것을 찾는 일은 부질없다. 따라서 지금의 연구에서 얻은 결과는 지구의 시작에 관해 아무런 흔적도 발견할 수 없으며 그 끝도 전혀 내다볼 수 없다는 것이다.

허튼은 암석 증거를 통해 추론할 수 있는 방법론적인 결론을 말한 것이지만 당시 독실한 기독교도들은 "지구의 기원에 관해 그 이상의 어떤 것을 찾는 일은 부질없다"라는 말을 무신론적 주장으로 여겼다. 그들에게는 허튼이 세상은 창조되지 않았고 영원히 지속되리라고 말하는 것처럼 들렸다. 이 두 가지는 기독교의 가르침과 어긋난다(상자글 17.1).

그렇다 보니 처음에는 허튼의 사상을 받아들인 사상가들이 거의 없었다. 에든버러에만 열렬한 추종자들이 있었을 뿐, 영국의 다른 지역에서는 지질학이 성경과 긴밀히 손잡고 연구되었던지라 허튼의 사상은 하찮게 여겨졌다. 그의 연구가 지닌 가치는 나중에 한 지질학 이론가가 그러한 이론을 간절히 필요로 하면서 인식되었다. 즉 그 이론가는 매우 느리게 진행되기에 사실상 무한히 길다고 할 정도의 방대한 시간 간격을 필요로 하는 이론이 절실했던 것이다. 그 이야기를 잠시 해보자.

지질학의 격변설

지구의 지형을 설명하는 데 방대한 시간 척도가 필요하다는 허튼의 사상이 부정되긴 했지만, 이제 모든 지질학자들은 지구가 성경 연대기의 6000년보다 훨씬 더 오래되었음을 인정했다. 종교적으로 독실한 지질학자조차도 창조의 여섯 '날'이란 뷔퐁이 설명한 자연의 시대들과 같은 기간을 비유적 방식으로 가리키는 것이라고 여겼다.

지구의 나이가 오래되었다는 증거는 어디에서나 드러났다. 가장 인상적인 사례는 1751년에 장-에티엔 게타르(Jean-Étienne Guettard, 1715~1786)가 프랑스의 마시프 상트랄 지역에 있는 퓌드돔이 사화산들로 이루어진 띠의 일부임을 알아낸 것이다. 화산 활동이 한때 매우 활발했던 곳에서 용암이 흘러내린 흔적을 발견함으로써 그 사실이 명백해졌지만, 그 지역의 고대 전설이나 신화에는 전혀 그런 기미가 없었고 역사 기록에는 더더욱 그런 내용이 없었다. 따라서 이 모든 화산 활동은 그곳에 살았다고 알려진 고대인들의 출현보다 앞서 일어난 게 틀림없다. 일부 용암류(熔岩流)들은 예전에 존재했던 하곡(하천의 침식 작용으로 생긴 계곡—옮긴이)에 의해 흐름의 방향이 바뀌었다고 볼 수 있고, 그 후 강이 다시 생기면서 침식을 겪었다. 그곳의 모습은 방대한 세월과 느린 지형 형성을 고스란히 보여주었다.

지질학자들은 전통적인 시간 척도를 확장해야 한다는 데는 동의했지만, 지구 표면이 어떻게 지금의 모습이 되었는지에 관해서는 의견 일치가 거의 이루어지지 않았다. 하지만 그 세기가 끝날 무렵, 지질학자들의 노력을 한데 모아야 한다고 주장한 저명한 교수가 등장했다. 바로 아브라함 고틀로프 베르너(Abraham Gottlob Werner, 1749~1817)다.

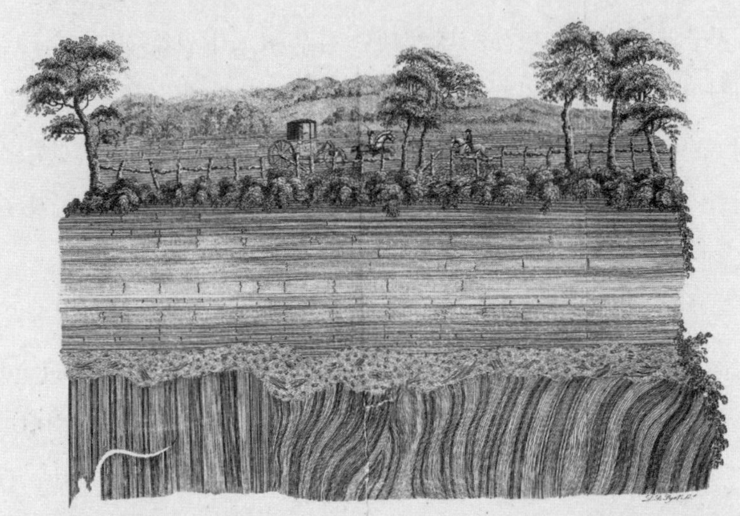

그림 17.2_ 제임스 허튼의 《지구에 관한 이론》(에든버러, 1795)에 묘사된 허튼의 부정합. 에든버러 대학 도서관 특별소장품부(SC 6306)의 허락하에 게재.

이 유명한 그림은 이른바 허튼의 부정합을 묘사하고 있다. 그림의 맨 아래에 있는 세로 층 위에 나중에 생긴 일련의 수평 층들이 얹혀 있다. 그림에서 이 층들이 서로 부정합임이 명백히 드러난다. 달리 말해 이 층들은 동일한 생성 과정의 일부가 아니라 두 개의 개별적인 과정의 증거다. 올바르게 해석하자면 여기에는 네 개의 연속적인 풍경의 증거가 존재한다.

풍경 1은 바람, 비 그리고 흐르는 물에 의해 침식이 차츰 진행되어 바다 밑바닥으로 쓸려가서 그곳에 수평 층이 생겼다.

풍경 2는 이 층들이 차츰 위로 힘을 받아 바다 위로 솟아올랐다. 이 과정에서 수평 층은 위쪽으로 심하게 휘어지는데, 따라서 이 층들은 매우 좁은 활꼴을 이룬다. 맨 위에는 휘어져 있지만 측면에서는 수직 또는 거의 수직 상태다. 풍경 2는 이제 침식 작용에 의해 마침내 '활꼴'의 맨 윗부분이 쓸려

나가면서 두 수직 층이 남는다. 풍경 2가 침식되는 동안 두 수직 층은 다시 한 번 바다 속에 잠긴다.

풍경 3은 침식되어 새로운 바다의 바닥으로 가라앉는다. 침식 물질이 한때 풍경 2였던 수직 층의 노출된 끝 부분을 덮는다.

풍경 4는 이 그림에 보이듯이 풍경 3의 침식에서 생긴 수평 층과 더불어 그 아래에 놓인 수직 층이 지하의 열에 의해 위로 솟아오르면서 생긴다.

침식과 융기 과정은 인간의 시간으로는 도저히 알아차릴 수 없을 정도로 느리게 일어남을 감안할 때, 분명 이 그림은 상상할 수 없을 만큼 장구한 시간을 넌지시 나타내고 있다. 게다가 풍경 1 이전에 다른 풍경이 없었다고 결론 내리기도 어렵다. 그것 역시 이전의 풍경에서 침식된 이전의 층으로부터 솟아올라 이전 바다의 밑바닥에 쌓였을지 모른다. 허튼이 적었듯이, "우리는 시작에 관해 아무런 흔적도 찾을 수 없다."

베르너는 프라이부르크에 있는 광산 학교의 교수였는데, 그가 한 일은 결국 지질학자들에게 '베이컨주의적' 사실 모으기 활동의 중요성을 일깨우는 것이었다. 암석의 연구는 지질학계의 뉴턴이 등장하기에는 너무 이른 단계이므로 여러 지질학자들이 일정 기간 협력하여 신뢰할 만한 사실들을 확보해나가는 일이 필요하다고 베르너는 제안했다.

베르너는 《암석에 관한 짧은 분류와 설명*Classification and Description of the Rocks*》(1787)을 발간하면서 방법을 제시했다. 이 책은 18세기에 유행했던 분류하기의 지질학적 측면이라고 할 수 있다(앞서 보았듯이, 화학의 친화력 도표에 관한 연구가 화학물질 및 그 작용을 분류하는 데이터를 내놓는 데 이바지했다. 다음 장에서 우리는 식물학과 동물학의 발전에서도 그런 측면을 살펴볼 것이다).

암석을 분류하는 이전의 시도는 광물학적 또는 화학적 특징에 초점을 맞추었다(라부아지에가 연구 경력 초기에 이 활동에 관여했다). 하지만 베르너는 나이에 따라 그리고 퇴적 순서대로 분류하는 것이 더 중요하다고 주장했다. 이 간단한 발상이 매우 유용하다고 여겨지면서 지질학자들은 새로 등장한 이 학문 분야의 중요성을 알아차렸다. 1790년대부터 1830년대 사이는 지질학적 이론화 작업의 든든한 데이터베이스를 마련하고자 상이한 여러 지역을 조사하고 지도화하고 비교하는 데 집중한 시기였다.

이제 암석의 나이는 퇴적물의 순서와 관련되어야 마땅했다. 가장 깊은 암석이 제일 먼저 쌓였기에 나이가 가장 많아야 했다. 하지만 상황은 그리 단순하지 않았다. 어떤 곳에서는 분명 암석들이 접히고 뒤틀리고 구겨지고 방향이 틀어져 있었고, 또 어떤 곳에서는 순서가 다른 곳과 반대였으며, 또 어떤 층들은 이 두 가지가 뒤섞여 있었다. 이런 현상은 특히 산악 지역에서 극적으로 나타났다. 이를 설명할 필요가 있었기에(그런 이상한 결과와 마주쳤을 때는 베이컨주의적 사실 모으기만을 고수하기 어렵다), 산지 형성 및 다른 극적인 지형들을 설명할 다양한 가설이 제시되었다. 가설들은 종종 화산과 지진의 극적인 힘에 의존했다. 하지만 직관적으로도 명백히 알 수 있듯이, 관찰된 여러 특징들을 설명하려면 현재의 지진과 화산 분출에서 보이는 것보다 훨씬 더 강한 어떤 힘이 개입되어야 했다.

이 문제는 지질학자들의 발목을 오래 붙잡지 않았다. 어쨌거나 일반적으로 동의하듯이 뷔퐁, 라플라스 및 그 외의 다른 사람들이 촉진시킨 뉴턴주의 전통에 따르면 지구는 처음에는 태양처럼 뜨거운 온도였다가 식어가면서 생겨났다. 따라서 과거에 지구는 매우 뜨거웠기에 지구 표면은 더 유연하고 말랑말랑했을 것이며, 그 내부는 나중에 지구가 식었을 때보다 더 격렬하고 강력한 힘을 받았을 것이다.

이런 유형의 가정들이 지질학의 지배적인 전통인 격변론으로 이어졌다. 이 전통의 일반적인 지침 원리에 따르면, 지형적 특징들은 격변적 사건들로 설명될 수 있으며, 그런 격변적 사건들은 지구 생성의 초기 단계에서는 비교적 흔했을 가능성이 크다. 격변적인 홍수도 이런 시나리오에 포함되었다. 이 시나리오에서는 해저에서 일어난 갑작스러운 융기 또는 바다에 근접한 곳에서 땅의 갑작스러운 퇴적으로 인해 급격한 물의 흐름이 건조한 육지로 유입되었다고 가정한다. 이처럼 위력적인 홍수를 지지하는 강한 증거가 존재하는 듯 보였다. (지금은 '표석漂石'이라고 불리는) 거대한 바위들이 암석 생성지에서 한참 떨어진 계곡 바닥에서 발견되는데, 이 바위들은 빠르게 흐르는 강물에 의해 이동했을 리가 없고 대재앙과도 같은 홍수를 따라 휩쓸렸을지 모른다. 사실 지금 우리는 그 바위들이 빙하에 의해 운반될 수 있음을 알지만, 빙하 활동이 지금보다 훨씬 더 활발했던 빙하기라는 개념은 1837년에야 (스위스의 동식물학자 장 루이 아가시에 의해) 제시되었다. 일련의 증거들 덕분에 격변론은 1790년대부터 1830년대까지 지질학자들로부터 사실상 만장일치로 인정되었다.

화석 그리고 종의 기원

격변론을 뒷받침할 또 하나의 증거는 화석 기록에서 나왔다. 어떤 화석들은 그것들이 발견된 암석의 특징을 고스란히 간직하고 있기에 베르너의 분류 방법에 따라 암석의 상대 연령을 알아내는 데 이용될 수 있다. 이 새로운 고생물학 전통에서 진정으로 성공적인 최초의 성취는 파리 분지의 화석에 관한 합동 조사였다. 지질학자인 알렉상드르 브롱니아르(Alexandre Brongniart, 1770~1847)와 동물학자 조르주 퀴비에(Georges Cuvier, 1769~1832)가 1811년에 이 연구 결과를 발표했다. 마찬가지로 영국의 첫 지질 지도(웨일스와 심지어 스코틀랜드의 일부도 포함된 지도)를 발표했던 윌리엄 스미스(William Smith, 1769~1839)도 화석을 이용하여 암석의 상대 연령을 내놓았다.

이 연구를 포함하여 화석에 관한 여러 연구를 통해 오래된 화석일수록 오늘날의 형태와 덜 비슷하다는 사실이 명백해졌다. 하지만 지질학 이론 수립의 측면에서는 더 중요하게도, 상이한 암석층에서 발견되는 동식물들 사이에는 분명한 괴리가 있는 듯 보였다. 가령 때때로 육상동물들이 바다 생명체들과 함께 연속적인 암석들에 교대로 등장했다.

이 괴리를 이해하는 확실한 방법은 어떤 대재앙이 동물들에게 덮쳐 이들의 잔해가 암석의 어느 한 층에 쌓였는데, 완전히 새로운 일련의 생명체들이 나타나 활동하다가 다시 그 위에 쌓였다고 가정하는 것이다. 따라서 전체 개체군들이 멸종한 다음에 완전히 새로운 동식물들로 이루어진 다른 개체군으로 대체된 것이다. 이는 격변론을 확인해주는 듯했다. 그런데 어떻게 한 개체군이 통째로 전멸할 수 있단 말인가? 그 결과 격변론 지질학과 고생물학은 지질학에서 가장 강력한 연구 전통으로 자리 잡았다.

이 연구의 가장 중요한 성과 중 하나는 화석 기록에 드러난 생물 형태들의 진보(progression, 여기서 진보는 정치적 의미가 아니라 인간을 정점으로 한 생명체들의 점진적 진행을 뜻한다―옮긴이)가 있었다는 데 지질학자들이 거의 만장일치로 동의했다는 것이다. 따라서 가장 오래된 암석에는 화석이 없다가 차츰 아주 단순하고 원시적인 생명체들이 등장하고 이어서 어류가 등장하기 시작하고, 뒤이어 파충류 그리고 나중에 공룡으로 불리게 되는 동물, 그리고 포유류가 나타나더니 급기야 최종적으로 인간이 나타났다. 18세기 후기 그리고 19세기 초반의 지질학자들이 보기에 이는 원시적인 생명 형태에서 더 복잡한 형태로 진행하다가 마침내 비교적 최근에 인간의 등장으로 정점에 이르는 과정처럼 보였다.

이것은 즉시 새로운 문제를 야기했다. 만약 화석 기록에서 엿보이듯이 상이한 종류의 생명 형태들이 상이한 시기에 지구에 등장했다면, 이 새로운 형태들은 어디서 왔는가? 간단히 말해, 무엇이 종의 기원인가?

지금으로서는 이 문제에 대한 명백한 답이 있다고 볼 수 있다. 즉 나중의 생명 형태는 이전의 생명 형태에서 진화했다고 답할 수 있다. 하지만 꼭 언급해야 할 점은 당시 사상가들 대다수는 어떤 진화적 과정에 의해 나중에 더욱 발전된 형태가 이전의 형태에서 자라났다고 믿지 않았다는 것이다.

이와 대조적으로 격변론은 한 개체군이 대재앙에 의해 전멸하고 이어서 새로운 생명체 집합으로 대체되었음을 의미하는 듯했다. 따라서 화석 증거는 한 개체군이 새로운 생명체의 상이한 개체군으로 변환될 수 있다는 어떠한 사상과도 충돌하는 것 같았다. 한 생명체 집합에서 다른 생명체 집합으로 진화하는 데는 개체군의 점진적 전환을 파괴할 대재앙 없이 긴 시간 척도를 필요로 할 터이다. 따라서 생명 형태의 진보를 믿는다면 진화의 개념을 받아들일 수 없었다. 생명 형태의 진보는 갑작스러운 계단형으로 일어나는 듯 보였다. 처음에는 지구상에 두족류만 존재하다가 갑자기 어류가 등장하는 식이었다. 이와 달리 진화에는 점진적으로 일어나는 변화가 필요하다(가령 어떤 두족류가 물고기로 변하도록). 화석 기록으로 보자면 계단형 진행을 거부할 수 없기에, 거의 누구도 (어떤 지질학자도) 진화를 믿지 않았다.

대다수의 지질학자들이 상상한 시나리오는 이런 식이었다. 처음 지구가 생길 때는 생명이 살기에는 너무 뜨거웠다. 지구가 식어가면서 점차 가장 낮은 생명 형태들이 출현했다. 초기의 암석에 붙어서 살던 지의류나 이끼 등이다. 지구 환경이 차츰 바뀌면서 당시 지배적인 환경에서 생존할 수 있는 동물들이 등장한다. 잇따라 등장한 개체군들 각각은 주변 환경에 맞게 자신들을 변화시켜나간 것으로 짐작된다. 가령 이른바 석탄기에는 전 지구적으로 열대우림이 번성했으므로 대기 중에 이산화탄소 농도가 감소했기에 죽은 식물들은 처음에는 토탄이 되었다가 곧 석탄으로 바뀌고, 이산화탄소는 이 석탄 속에 '고정'된다. 그 후에야 고등 동물이 출현할 수 있었는데, 왜냐하면 이제 대기에 산소가 풍부해졌기 때문이다.

또한 일부 경우에는 새로운 동물의 출현이 이전 동물의 멸종에서 비롯되었다고 짐작되었다. 공룡은 어떤 진화적 목적에 틀림없이 이바지하여 석탄기의 열대우림처럼 새로운 환경을 조성했다. 하지만 공룡의 멸종으로 인해 포유류가 세상을 지배할 길이 마련되었다. 포유류가 출현하여 지배적인 육지 동물로 성장해가던 중 마침내 인간이 출현했다. 인간은 처음에 사냥에 의해 다른 포유류를 먹이로 이용하다가 나중에는 가축을 사육하는 법을 터득했다.

물론 요점은 한 종의 전부, 심지어 전체 종들을 멸종시키는 격변이 있음에도 불구하고 모든 것은 어떤 목적에 부합하며 "모든 것이 최상이며 가능한 모든 세계 가운데서 최상의 세계 속에 있다"는 것이다. 왜 공룡이 창조되었다가 이후 멸종했는지는 분명하지 않지만 틀림없이 어떤 이유가 있을 것이며, 어떤 식으로든 인류의 궁극적인 출현에 중요한 작용을 했을 것이다.

분명 이런 일반적인 견해는 종교적 가정들과 긴밀히 연관되어 있다. 하지만 그 종교적 가정들이 정통적인 신자들뿐 아니라 계시를 통해 드러나는 교리를 거부하는 이신론자들 사이에서도 한 보편적인 믿음에 바탕을 두었다는 점이 중요하다. 그 믿음이란 바로 신이 세계를 창조하긴 했지만 이 세계의 지속 및 발전에 관한 한 전적으로 신이 마련해둔 법칙에 따라 이루어진다는 것이다. 이 시나리오는 생명이 살기에는 너무 뜨거웠던 초기의 지구에서부터 마침내 인류가 등장하기까지를 전적으로 자연적인 과정(또는 상호 관련된 자연적 과정들의 거대한 복합체)으로 여겼다. (비록 실제로는 모든 관련 법칙들을 다 알지는 못하더라도) 원리적으로 자연법칙의 작용으로 설명 및 이해가 가능하다고 보았던 것이다.

안타깝게도 이전의 과학사가들이 대체로 가정한 바에 따르면, 격변론 지질학자 및 다른 사상가들은 역사상 적절한 시기별로 지구에 새로운 생물종이 출현한 것은 신이 직접 그 종들을 창조했기 때문이라고 믿었다고 한다. 하지만 나는 19세기 사상가들의 문헌을 아무리 뒤져보아도 그런 주장이 분명하게 표현된 구절을 보지 못했다. 자연철학자들은 중세 그리고 자연철학이 신학과 분리되어 별도의 대학 과목으로 자리 잡은 시기 이후로 줄곧 자신이 고찰한 현상에 대해 자연주의적 설명을 내놓았다. 19세기의 자연철학자들이 수 세기에 걸친 전통을 버리고서 신에 의해 새로운 종이 창조되었음을 거부한 것은 놀라운 변화가 아닐 수 없다. 자연계가 작동하는 방법의 복잡함을 지적하고 이 방법을 이용하여 창조자인 신의 존재를 증명하는 일은 자연계란 신의 뜻대로 어떤 특정한 방법으로 작동한다고 말하는 것과는 전혀 별개다. 그렇게 말한다면 자연철학의 정신을 저버리는 셈이다. 모든 자연적 변화 뒤에는 어떤 신성한 목적이 있다고 말하는 것은 받아들일 수 있다. 하지만 신이 직접 개입하여 어떤 특정한 변화를 일으켰다는 말은 결코 받아들일 수 없었다.

새로운 생명 형태의 연속적인 출현을 자연주의적 방법으로, 하지만 진화의 개념 없이 설명하는 일은 지극히 어려웠다. 가령 스위스의 자연철학자 샤를 보네(Charles Bonnet, 1720~1793)와 프랑스의 동식물학자 장-밥티스트 로비네(Jean Baptiste Robinet, 1735~1820)는 동물 발생(즉 번식)에 관한 당대의 이론을 개별적으로 내놓았는데, 이 이론에서는 암컷이 다음 세대를 발생시키는 '싹'을 운반한다고 가정한다. 두 사상가는 비록 실패하기는 했지만, 모든 잠재적인 종의 싹들이 저마다 독립적으로 존재하여 지질학적 대재앙이 일어난 후에도 적절한 종들로 이루어진 새로운 개체군을 어떻게든 생기게 한다는 이론을 마련하려고 했다. 기본 발상은 모든 종의 싹들은 언제나 존재하지만 시기가 무르익어야만 실제로 생명으로 태어난다는 것이다. 또한 자연주의적 설명에 어울리게끔, 싹들이 생명으로 태어나는 계기는 적절한 환경 조건이 마련해 주었다고 가정했다.

그런 추측들은 설득력이 없어 보였기에, 대다수의 19세기 자연주의자들은 종의 기원에 관한 이론 구성은 시기상조라고 선언하면서 다시 베이컨주의로 되돌아갔다. 따라서 지질학자들은 종의 기원의 신비를 과학의 한계를 넘는 일로 치부했다. 윌리엄 휴얼(William Whewell, 1794~1866)은 뚜렷한 개성을 지닌 선구적인 과학자이자 올바른 과학적 방법의 세부 사항에 대해 진지하게 고찰한 사상가였는데, 종의 기원에 관한 질문에 대해 이렇게 말했다. "이 질문에 대해서는 실제 과학에 몸 담고 있는 누구라도 감히 답을 내놓지 못한다."

주로 식물학과 동물학 전통에서 연구하는 사상가들 중에는 이에 만 족하지 않고서 변형주의(transformism) 사상, 즉 변화라는 자연적 과정에 의해 한 생명체에서 다른 생명체로 진화한다는 사상을 발전시키기 시 작했다. 하지만 당대의 대다수 동식물학자를 포함하여 휴얼과 같은 노 선의 사상가들이 보기에 변형주의 이론은 사이비 과학으로, 엄연히 반 대 증거가 있는데도 그 중요성을 이해하지 못하고서 제시된 잘못된 결 론이었다.

찰스 라이엘과 동일 과정설

그러므로 지질학에서는 격변론이 19세기 초반을 지배했는데, 토머스 쿤을 따르는 과학철학자들은 이를 가리켜 지배 패러다임이라고 불렀 다. 하지만 1830년에 스코틀랜드의 지질학자 찰스 라이엘(Charles Lyell, 1797~ 1875)이 그의 역작인 《지질학 원리*The Principles of Geology*》(총 3권) 중 제1권을 내놓았다. 여기서 라이엘은 이전에 누구 못지않게 격변론 을 지지했던 태도와는 딴판으로 격변론을 단호히 거부하고서 맞수가 될 만한 또 하나의 이론을 펼치기 시작했다. 일반적으로 이 이론을 가 리켜 동일 과정설(uniformitarianism, 또는 현실론)이라고 한다.

명민하게도 라이엘은 방법론적인—그야말로 베이컨주의적인—근거 에서 이 견해를 옹호했다. 그의 말에 따르면, 격변론은 추측 또는 섣부 른 이론, 즉 과거에 지구가 재앙과 같은 충격과 사건들에 시달렸다고

(실증적으로 확인할 수 없는데도) 가정한다. 반면에 그가 내놓은 대안적인 방법은 현재 실제로 작용하고 있다고 여겨지는 힘과 과정만을 근거로 삼는다. 동일 과정설은 다음 세 가지 가정에 바탕을 두고 있다.

① 자연법칙은 시간에 따라 변하지 않았다.
② 현재 지구에 작용하는 유형의 원인들은 변하지 않았으며 언제나 동일한 방식으로 작용해왔다.
③ 지구에 작용하는 원인들의 강도는 시간에 따라 변하지 않았다.

이 가정들은 극도로 추정적인 격변론에 비해 동일 과정설이 방법론적으로 우월하다는 주장의 근거로 오늘날에도 종종 이용된다. 하지만 만약 당시 사람들이 지구가 처음에는 뜨거웠다가 식어가면서 지금처럼 되었다고 가정했음을 기억한다면, 지구에 작용하는 원인들의 강도가 과거에는 더 셌다고 가정해야 이치에 들어맞는다. 정말이지 격변론자라면 누구라도 라이엘에게 이 점을 당당하게 따져 물을 수 있을 터이다.

그런데도 라이엘은 지구가 뜨거운 기체의 성운이 차츰 식은 상태가 되었다는 뉴턴주의적 시나리오를 거부함으로써 지하에서 작용하는 힘들이 과거에는 더 활발했다는 사상을 기어이 거부했다. 따라서 라이엘은 제임스 허튼의 이론으로 되돌아가, 오늘날 일어나는 침식과, 지하의 열로 인한 매우 느린 융기가 과거에도 동일한 수준으로 일어났다는 관점에서 지구 표면의 특징을 모두 설명할 수 있다고 주장했다. 따라서 라이엘은 훨씬 더 방대한, 거의 무한에 가까운 시간 척도가 필요함을 역설한 셈이다. 결과적으로 라이엘의 주장에 따르면, 지구는 일정한 상태에 있다. 격변적인 사건에 영향을 받기는커녕 지구의 모든 과정은 매우 느리고 스스로 균형을 맞춘다. 가령 지구의 어느 한 부분에서 산이 바다로 쓸려 나가면, 점진적인 융기로 인해 산이나 적어도 건조한 육지가 다른 부분에서 생겨난다(사실 산이 생기는 과정은 라이엘의 지질학에서 미해결 문제 중 하나였다).

라이엘의 새로운 견해가 마주치는 큰 문제점은 화석 기록이었다. 만약 격변이 없었다면 화석 기록에서 보이는 주기적인 대량 멸종은 왜 일어났는가? 라이엘은 공룡 시대에 살았던 포유류 또는 포유류와 비슷한 동물이라고 인정되는 한 쌍의 화석에 필사적으로 매달렸다. 그는 이 화석을 이용하여 격변론자의 진보 개념을 공격했다. 그의 주장에 따르면, 생명 형태들의 진보처럼 보이는 것은 화석 잔해의 매우 부적절한 데이터베이스에서 빚어진 결론에 근거한 환상이다. 그러다 보니 필연적으로 라이엘은 어느 특정한 시기에 지배적인, 따라서 가장 수가 많은 종이 더 많은 화석을 남긴다고 보았다. 그렇다고 해서 그 시기에 다른 생명체가 살지 않았다는 뜻이 아니라 단지 그들은 화석 잔해를 남기지 못했거나 남겼더라도 너무 미미해서 아직 발견되지 않았다는 말이다. 따라서 공룡 시대에 포유류가 살고 있었으니 오늘날에도 비록 소수이긴 하지만 공룡이 살아 있을지 모른다고 라이엘은 말했다. 라이엘의 발상은 쥘 베른의 《지구 속 여행》(1864)과 아서 코넌 도일의 《잃어버린 세계》(1912) 같은 공상과학 소설의 싹이 되었는데, 이런 작품에서는 공룡이 외진 곳에서 여전히 살아 있다. 하지만 라이엘에게는 이런 주장을 통해 지구가 본질적으로 일정한 상태임을 역설하는 일이 중요했다. 그에게 중요한 일은 생명 형태들이 단순하고 원시적인 상태에서 시작하여 점차 더욱 복잡한 중간 과정을 거쳐 인간에 이르는 생명 역사상의 진보가 있었다는 표준적인 믿음을 거부하는 것이었다.

그가 남긴 공책을 통해 알려진 바에 따르면, 라이엘도 1827년까지는 격변론자였으나 그해에 어떤 계기로 심경의 변화를 일으킨 탓에 허튼의 연구를 부활시키면서 지구, 지구의 환경 및 생명체들이 진보의 연속적인 상태에 있지 않고 일정한 상태에 있다는 이론을 발전시켰다. 그렇다면 어떤 계기로 그의 생각이 바뀌었을까? 왜 라이엘은 격변론과 더불어 갑자기 화석 기록으로 명백해 보이는 진보 개념을 거부하고 대신에 동일 과정설을 개발할 필요를 느꼈을까?

이 질문에 대한 답은 종의 기원이라는 문제에 들어 있다. 라이엘은 다른 훌륭한 자연철학자들처럼 신을 믿었지만 신이 자연에 번번이 개입하여 필요할 때마다 새로운 종을 창조한다는 것을 믿을 수 없었다. 따라서 그는 새로운 종의 기원을 자연주의적 관점에서 설명할 이론을 발견할 수 있는지 살펴보기 시작했다. 1827년에 라이엘은 프랑스의 생물학자 장-밥티스트 라마르크(Jean-Baptiste Lamarck, 1744~1829)가 쓴 《동물 철학*Philosophie zoologique*》이라는 책을 읽게 되었다. 이 책을 읽은 후 라이엘의 지질학 관점은 격변론에서 동일 과정설로 급진적으로 바뀌었다.

분명히 라이엘은 라마르크의 책을 읽자마자 그런 식의 진화 이론이 더 이상 발붙일 수 없게 해야겠다고 결심했다. 라이엘은 라마르크식의 진화 이론과 지구 역사상 생명 형태들의 진보에 관한 지질학 사상 사이에 분명한 연관성이 있음을 알았다. 그래서 라이엘은 진보 이론의 사기를 꺾을 지질학 이론 개발에 나섰다. 필시 라이엘은 자신의 동일 과정설 이론이 생명 형태들이 시간의 흐름에 따라 진보해왔다는 환상을 깨뜨림으로써 라마르크의 진화 이론이 바탕을 삼고 있는 원리적 기반을 무너뜨리길 바랐다. 만약 모든 생명체들이 어느 시기에나 동일했고 생물학적 형태보다는 다만 개체군의 밀도에만 변화가 있었다면 진화 이론을 들고 나올 필요가 아예 없어진다.

그렇다면 왜 라이엘은 라마르크의 연구에 그토록 강경하게 반대했을까? 라이엘의 종교적 신념이 너무 투철했기 때문이다. 그는 인간이 원숭이의 후손이라는 발상을 참을 수가 없었다. 1858년에 라이엘이 어느 학술지에 쓴 다음 글을 살펴보자.

> 만약 지질학자가 이전에 인간에게 부여된 높은 지위를 손상시키는 결론에 이를 수 있는 어느 한 부류의 사실에만 매달린다면, 또한 자신을 열등한 동물들과 긴밀하게 관련지음으로써 자신을 오직 지구에 속한 존재이자 열등한 동물들처럼 멸종하여 생명계와 아무런 관계도 없어져버릴 운명에 처한 존재라고 여긴다면, 그는 자신의 노력에 불만을 느낀 나머지 애초에 그런 수고를 하지 않았더라면 더 행복했을 거라고 후회하고 아울러 자신의 연구 결과를 과연 다른 사람들에게 알려야 할지 고심하게 될지 모른다.

이 모든 내용과 관련해 역설적인 사실은 지질학 역사가들은 격변론이 성경의 관점에서 지질학을 보려는 의도가 깔린 나쁜 과학이라고 여겨 배척했다는 것이다. 세상에 닥친 가장 최근의 재앙은 노아의 홍수 시기에 해당한다고 초기 격변론자들이 주장했기 때문이다. 이와 달리 라이엘의 동일 과정설은 종교적 고려에 물들지 않고 타당한 방법론적인 원리에 근거를 둔 좋은 과학으로 지지를 받는다. 이런 역설이야말로 역사의 왜곡이 아닐 수 없다.

사실 격변론이야말로 충분히 과학적인 이유를 토대로 그러한 결론에 이르렀다. 격변론자들이 증거로 삼은 가장 최근의 대재앙은 마지막 빙하기에 있었다. 하지만 당시에는 그 시기가 빙하기인 줄 모르고서(빙하기라는 개념은 1830년대에 루이 아가시 등이 처음 도입했고, 1870년대까지 인정되지 않았다), 그들은 마지막 빙하기의 많은 현상들을 해석했다. 지금 우리로서는 격변적인 홍수의 결과 빙하에 의해 생겼다고 알고 있는 것들이다. 마지막 빙하기가 1만 년 전에 끝났음을 기억한다면, 19세기 사상가들이 약 6000년 전에 세상에 영향을 미쳤다고 성경에 기록된 대홍수를 그 시기의 일로 본 것은 아주 터무니없지 않다. 그렇기는 해도 19세기의 첫 이삼십 년 무렵이 되면 심지어 종교적인 지질학자들도 노아의 홍수를 실제로 있었던 지질학적 재앙과 동일시하기를 거부했다. 윌리엄 버클랜드(William Buckland, 1784~1856)는 1823년에 《홍수의 잔재*Reliquiae Diluvianae*》라는 책을 쓴 독실한 성직자였는데도 1830년에는 성경의 대홍수가 사실임을 확인하려는 마음을 접었다. 마찬가지로 애덤 세지윅(Adam Sedgwick, 1785~1873)도 독실한 기독교 성직자이자 선구적인 지질학자였음에도 1833년에 성경적 지질학을 명시적으로 거부했다. 따라서 격변론자들이 당시에 알려진 과학적 증거와 동떨어져 있었다는 주장은 공정하지 않다. 하지만 라이엘은 화석 증거에서 드러나는데도 생명 형태들의 진보를 거부했기에 분명 과학적 증거와 동떨어져 있었다고 하겠다. 게다가 앞서 보았듯이 그의 동기 또한 전혀 과학적이지 않았다. 라이엘이 동일 과정설을 개발한 까닭은 지질학의 진보 이론이 불쾌한 종교적 함의를 담고 있다고 보고, 이에 대응하기 위해서였다.

하지만 라이엘이 고의적으로 음모론에 관여했다는 결론은 틀렸음을 꼭 언급해야겠다. 자신이 보기에도 옳을 리가 없는 과학 이론을 꾸며낸 것이 아니라 그로서는 자신의 이론이 비종교적인 라마르크의 견해를 물리칠 최상의 방법이라고 여겼을 뿐이다. 대체로 음모 이론들은 피해야 하지만, 분명 라이엘의 경우에는 불성실한 의도로 새로운 과학 이론을 확신에 차서 내놓았다고 볼 만한 증거는 없다. 하지만 과학적 증거는 스스로 말하지 않는다. 그것은 언제나 해석되어야 하며, 어떤 해석자도 편견과 선입견, 미리 품고 있던 견해를 완전히 배제하기란 불가능하다. 이 책 내내 명백히 드러났듯이, 과학자도 인간인지라 자신이 품고 있는 생각에 따라 해석한다. 따라서 라이엘은 라마르크의 책을 읽고서 라마르크가 생명 형태들의 역사적 진행이라는 추측을 바탕으로 그의 이론을 경솔하게 펼친다고 확신했을 것이다. 따라서 그는 지질학 증거를 살필수록 역사적 진행이라는 믿음에는 아무런 근거도 없다고 진심으로 확신하게 되었다.

동식물의 역사

연속적인 출현인가 아니면 진화인가

지금껏 우리는 어떻게 지질학자들이 생명 형태들의 '진보'를 주장하면서도 동물들이 한 형태에서 다른 형태로 진화할 수 있다는 제안을 모조리 거부했는지 살펴보았다. 아울러 왜 격변론자들이 이런 노선을 취했는지도 알아보았다. 그렇다면 이제부터는 화석 기록에 드러난 대로 동식물 형태의 진보 및 새로운 종의 갑작스러운 출현이라는 문제를 놓고서 동식물을 연구하는 사람들이 무엇을 했는지 살펴본다.

그들의 태도를 이해하기 위한 출발점은 우리에게 낯익은 것이다. 즉 다른 모든 자연철학자들처럼 동식물을 연구하는 사람들은 생명계에 어떤 합리적인 질서가 있다고 믿었다. 신은 어떤 규칙적이고 조화로운 계획에 따라 만물을 창조했기에, 따라서 아주 복잡해 보이는 동식물들에게도 어떤 분간할 수 있는 패턴이 있게 마련이다.

직선적이고 위계적인 기본 패턴이 있다는 가정이 제시되었는데, 대체로 이를 가리켜 존재의 위대한 사슬이라고 불렀다. 신플라톤주의 철학자 마크로비우스(Ambrosius Theodosius Macrobius, 430년경에 활동)는 5세기에 이렇게 썼다.

> 신의 단일한 광휘가 만물을 비추고 연속적으로 놓인 많은 거울에 반사되기에, 그리고 만물은 연속적으로 이어지면서 순차적으로 감소하여 진행 과정의 제일 아래에 이르기에, 주의 깊은 관찰자라면 지고의 신으로부터 하찮은 물건에 이르기까지 부분들이 하나로 이어져 있고 끊어짐 없이 서로 연결되어 있음을 알게 된다. 이는 호메로스의 황금 사슬과 같은 것인데, 그의 말에 따르면 신은 천상에서 지상까지 이 사슬이 이어지라고 명령하셨다.

이 개념은 과도기적으로 보이는 생명체들 때문에 지지를 받을 수 있었다(지금 우리가 보기에는 종종 순진한 방식이다). 가령 어떤 균류는 (특히 섬유 구조를 지닌) 암석과 식물 사이의 과도기적 생물로, 말뚝망둥어나 일부 양서류들은 물고기와 육상 생활을 하는 파충류 사이의 과도기적 생물로, 날치는 어류와 조류의 과도기적 생물로 여기는 식이다. 요점은 신은 창조의 체계 속에 아무런 빈틈도 남기지 않았다는 것이다. 이 세계는 가능한 모든 세계 가운데 최상이므로 존재의 가능성은 달성되었다는 생각이다.

그렇다 보니 모든 상이한 종의 배열을 이해하려는 시도는 창조 그 자체만이 아니라 창조주인 신을 이해하려는 시도였다. 분류학, 즉 신의 창조물을 분류하려는 시도는 편의상 하는 일이 아니라 피조물들 사이의 진정한 관계를 밝히기 위함이자, 케플러가 천체들의 관계에 대해 한 말처럼 "신의 뜻을 읽기" 위함이었다.

　초기 분류학자들은 (아마도 그들이 속한 정치 체계의 영향을 받은 탓에) 자연의 체계가 단일한 위계적 순서로 이루어져 있다고 보았다. 하지만 생명체들을 일직선상에 늘어놓기의 문제점은 정확한 질서가 무엇인지에 관한 일치된 견해를 얻기가 무척 어렵다는 것이다. 동식물학자들 사이에 줄곧 벌어진 논쟁은 아메리카와 같이 새로운 땅에서 발견된 낯선 생명체 때문에 더욱 치열해졌다. 추정하건대, 존 레이(John Ray, 1628~1707)는 선구적인 분류학자였음에도 고작 1500종을 알고 있었을 뿐이지만 스웨덴의 자연주의자 카를 폰 린네(Carl von Linné, 1707~1778)는 다른 생명체들은 말할 것도 없이 네발짐승만 약 5600종을 알고 있었다.

　카를 폰 린네(라틴어 이름은 리나이우스)는 신이 내려준 소명에 따라 피조물의 자연적 질서를 발견하는 데 평생을 바치고자 단일한 직선적인 순서를 버리고 대신 신이 생명체들을 무리별로 구성했다고 가정했다. 세상에는 동물, 식물, 광물이라는 세 가지 구별되는 '계(界, kingdom)'가 있다는 오랫동안 내려온 전통—존재의 위대한 사슬과 뚜렷이 다른 전통—에서 시작하여 린네는 별도의 강(綱, class. 포유류, 조류, 어류 등), 목(目, order. 육식류, 식충목, 설치류, 영장류), 속(屬, genus. 개, 큰곰, 고양이, 표범), 종(種, species) 및 품종으로 분류하는 개념을 발전시켰다. 가령 고양이(*Felis*) 속에는 펠리스 칵투스(*Felis cactus*, 일반적인 집고양이)와 펠리스 링크스(*Felis lynx*, 스라소니)가 포함되며, 큰 고양이격인 표범(*Panthera*) 속에는 판테라 레오(*Panthera leo*, 사자)와 판테라 티그리스(*Panthera tigris*, 호랑이)가 포함된다. 불곰은 우르수스 아르크토스(*Ursus arctos*)이고, 북극곰은 우르수스 마리티무스(*Ursus maritimus*)다. 품종이란 동일한 종의 여러 가지 상이한 유형이다. 가령 그레이트데인과 치와와는 개(*Canis lupus familiaris*)의 품종이다.

린네는 자신의 새로운 분류 체계가 신이 세상에 생물 다양성을 창조했을 때 이용한 원래의 패턴을 잘 드러낸다고 믿었다. 하지만 그는 번번이 스스로 보기에도 인위적이고 주관적인 구별을 해야 했다. 자연스러움과는 거리가 먼 그런 인위적인 구별은 신이 부여한 참된 구별을 좀 더 쉽게 파악하기 위한 잠정적인 조치였다. 프랜시스 베이컨이 제안했듯이 진리는 혼란보다는 오류로부터 더 쉽게 도출될 수 있는데, 린네는 분명 그렇게 되기를 간절히 바랐다.

린네는 1735년에 《자연의 체계*Systema naturae*》를 처음 출간한 이래 거듭 내용을 수정했지만 1774년 이후에는 뇌졸중 때문에 더 이상 그럴 수 없었다. 그의 분류 체계는 매우 유용했기에 새로운 종의 기원에 관한 그의 사상은 주목받지 않을 수 없었다. 평생에 걸쳐 상이한 여러 동식물 형태들을 연구한 덕분에 린네는 차츰 "종은 시간의 자손"임을 믿게 되었다. 그는 종 생성의 과정은 어느 정도 환경의 변화 때문이라고 가정했다. 또한 종은 완벽하게 환경에 적응하게끔 신에 의해 창조되었다고 가정했다. 따라서 만약 (지질학이라는 새로운 과학이 보여주듯이) 시간의 흐름에 따라 환경이 변한다면 분명 종은 새로운 조건에 적응할지 모른다. 린네가 믿기에, 처음에 신은 한 속을 대표할 단 하나의 종을 창조했지만 그 후 한 품종 내에서 다양한 품종들이 생겨나듯이 다양한 종들이 차츰 출현했다. 따라서 린네가 염두에 둔 것은 한 형태에서 다른 형태 또는 여러 가지 다른 형태로 이루어지는 점진적인 변환이었다.

린네와 그의 추종자들은 무엇이 이런 변화를 일으켰는지 고찰하면서, 교배에 초점을 맞추었다. 속들 간의 상호 교배가 새로운 종을 생기게 했다고 여긴 것이다. 불행하게도 잡종은 거의 언제나 불임이어서 더 이상 번식할 수 없는데도, 린네와 그의 추종자들은 가능할지 모른다고, 즉 시간을 충분히 주고서 교배를 거듭하다 보면 번식이 가능한 잡종이 나올 수 있다고 가정해버렸다.

린네의 맞수라 할 만한 동식물학자는 앞서 살펴본 뷔퐁 백작이었다(17장 참고). 자연사에 관한 기념비적인 44권짜리 저작《박물지*Histoire naturelle*》의 저자인 뷔퐁은 진화 사상의 거의 모든 측면을 상세히 논했다. 안타깝게도 그의 논의는 간헐적이고 단편적인지라 여러 권에 걸쳐 흩어져 있을 뿐 한 곳에서 체계적으로 그 문제를 다루지 않았다. 게다가 진화론적 접근법을 충분히 수긍하면서도 결국 이를 거부했다.

뷔퐁이 진화의 가능성을 거부한 주된 요인은 잡종의 불임성 때문이다. 린네처럼 그도 새로운 종을 만들 확실한 방법은 품종이 생기는 방식과 비슷하다고 가정했다. 즉 선택적 교배에 의해서 새로운 종이 생긴다고 보았다. 하지만 린네와 달리 뷔퐁은 품종은 언제나 동일 종에 속하는 반면에(즉 다른 종으로 바뀌지 않는다. 치와와, 비글 및 도베르만도 개이긴 마찬가지다) 이종 간의 잡종은 언제나 불임이라는 사실은 결코 간과할 수 없었다(따라서 생존 가능한 새로운 종이 생기게 할 수 없다).

《박물지》를 통해 전반적으로 판단하건대, 분명 뷔퐁은 종이 실재하는 뚜렷이 구별되는 형태라는 믿음을 십분 인정하면서도 바로 첫 번째 권에서 이 견해를 부정하고 동시에 린네의 체계도 거부했다. 가령 아래의 유명한 구절을 보자.

그러므로 우주를 이루는 모든 다양한 대상들을 차례차례 순서에 따라 조사하고 자신을 모든 피조물의 꼭대기에 두고서 보면, 인간은 만물이 지극히 서서히 가장 완벽한 생명체에서부터 가장 조잡한 물질까지, 그

리고 가장 잘 구성된 동물에서부터 거칠기 짝이 없는 광물질까지 이어
져 내려갈 수 있음을 알고서 놀라게 될 것이며, 이 알 길 없는 단계적 변
화가 자연이 벌인 일임도 알아차리게 될 것이다. 그리고 인간은 이런 단
계적 변화가 크기와 형태뿐 아니라 운동과 번식의 방식에서 그리고 모
든 종의 연속적 발생에서도 드러남을 알게 될 것이다. 만약 이런 사상의
의미를 충분히 이해한다면, 분명 자연사에 대한 일반적인 체계, 즉 하나
의 완전한 방법을 도출하기는 불가능하다. …… 자연은 미지의 단계적
변화에 의해 진행하면서도 이런 나누어짐에 전적으로 가담하지는 않는
다. 알 길 없는 미묘한 차이에 의해 한 종에서 다른 종으로 그리고 종종
한 속에서 다른 속으로 지나갈 뿐이다. …… 이런 종류의 사물들에는
어떤 지위를 부여할 수 없고 하나의 보편적 체계를 구성하려는 시도도
필연적으로 헛될 수밖에 없다. …… 실제로는 개체들만이 자연에 존재
하며 속, 목, 강들은 우리의 상상 속에서만 존재한다.

여기서 뷔퐁은 단일한 직선적인 존재의 사슬로 되돌아가 종의 실재
성을 부정하길 요청하는 듯하다. 하지만 이전에 뷔퐁은 종을 실재하는
것으로 취급한 적이 있다. 뷔퐁 이후에 진화론에 관한 체계적 시도가
나타난 까닭은 아마도 뷔퐁의 이전 견해와 위 구절의 단호한 입장을 조
화시키려는 노력 때문인 듯하다. 이 진화론을 펼친 사람은 뷔퐁의 가장
헌신적인 추종자 가운데 한 명인 장-밥티스트 라마르크인데, 이로 인
해 자연의 직선적인 사다리는 영구히 움직이는 에스컬레이터로 바뀌
었다.

오늘날 라마르크는 본질적으로 새로운 한 과학—생명체의 기원과
발생에 관한 학문—을 가리키기 위해 '생물학'이라는 신조어를 만든 초

기의 사상가 중 한 명으로 꼽힌다. 이전에는 식물학과 동물학이라는 '자연사'의 두 분과 학문이 있었는데, 이들 학문은 본질적으로 사실을 수집하고 기술하는 일을 했을 뿐 이론적 내용은 결여되어 있었다. 라마르크가 구상한 생물학은 생명체를 이해하기 위한 더욱 이론적인 방법에 관한 것이었기에, 아래에서처럼 라마르크는 생물학을 자연철학 또는 물리학의 새로운 분과 학문으로 여겼다.

> 견실한 지구과학에는 지구의 대기, 지구의 외부 지각의 특징과 지속적인 변화, 그리고 마지막으로 생명체의 기원과 발생에 관한 모든 중요한 고려들이 포함되어야 한다. 이러한 고려에서 지구과학은 세 가지 핵심 부분, 기상학, 지질학, 그리고 생물학으로 나뉜다.

지구의 생명에 관한 연구에 환경에 관한 연구—기상학과 지질학을 통해—도 포함되어야 한다고 믿었기에 라마르크는 뷔퐁의 추종자로 확고히 자리 잡았다. 라마르크가 뉴턴주의 사상을 소개받은 것도 바로 뷔퐁을 통해서였다.

> 동식물학자는 자연법칙, 특히 물질 입자들을 결합시켜 물체를 이루게 하고 분자들이 흩어지지 않도록 지속적으로 작용하는 보편적 인력에 관심을 가져야 한다. 아울러 팽창 상태의 미묘한 유체의 반발 작용, 즉 …… 물체의 견고한 상태를 여러 가지 방식으로 변화시키는 작용에 관심을 가져야 한다.

따라서 라마르크는 모든 현상, 심지어 생명 자체와 생명의 모든 다양성도 자연주의적 또는 물리적 관점에서 설명될 수 있다고 확신했던 사상가라고 할 수 있다.

기억하다시피 지질학자들은 지구 표면 및 그 위의 연속적인 서식지들의 점진적인 변화를 자연주의적 관점에서 설명하려고 노력했지만 화석 기록에 드러난 동식물 종의 연속적인 기원과 다양성에 관한 논의는 짐짓 미루고 있었다. '종의 기원'이라는 문제는 설명할 길 없는 '불가사의 중의 불가사의'로 인식되었고, 지질학자 및 다수의 자연사가들은 대체로 그것을 설명하려는 어떠한 시도도 피하려고 했다. 윌리엄 휴얼이 적었듯이, "이 질문에 대해서는 실제 과학에 몸담고 있는 누구라도 감히 답을 내놓지 못한다."

라마르크는 결코 이런 관행을 받아들일 수 없었다. 그는 지질학자들의 자연주의 체계 속에 동물과 식물을 포함시키고 싶어했다. 그는 불가사의 중의 불가사의에 대한 답은 진화 또는 '변형론(transformism)', 즉 한 종에서 다른 종으로의 변화라고 믿었다. 사실 진화론적 사상을 내놓은 사람은 그가 처음이 아니었다. 종의 기원이라는 문제에 대한 확실한 해답은 진화라고 본 사람들로는 베누아 드 마이예(1656~1738), 드니 디드로(1713~1784), 에라스무스 다윈(1731~1802, 찰스 다윈의 삼촌) 등이 있었다. 그리고 앞서 보았듯이 린네와 뷔퐁 모두 진화를 논했다. 하지만 이들 사상가들 중에서 진화생물학의 체계를 발전시킨 이는 라마르크가 유일했는데, 그는 이 체계를 자신의 책《동물 철학》(1809)을 통해 발표했다.

라마르크의 진화론

라마르크는 생명의 자발적 출현을 이론의 출발점으로 삼았다. 당시 생명의 자연발생 개념은 자연철학자와 신학자들에게 늘 논쟁거리였으며 이를 부정하는 사람도 여럿 있었다. 하지만 대다수는 인정하는 분위기였는데, 왜냐하면 그 개념을 지지하는 실증적 증거가 압도적이었기 때문이다. 지금 우리에게는 낯선 경험일 테지만 냉장고가 없던 당시에, 그리고 루이 파스퇴르(Louis Pasteur, 1822~1895)가 세균의 존재를 경고하기 전까지는 썩고 있는 음식물에서 구더기가 저절로 생겨나는 현상을 흔히 볼 수 있었다. 우리는 파리가 음식물에 낳은 알이 부화한 것이 구더기임을 알지만 당시에는 그렇지 않았기에, 부정할 수 없는 경험적 증거로 볼 때 생명은 저절로 생기는 듯했다.

라마르크는 은사인 뷔퐁이 언급한 상이한 종류의 생명체들의 미묘한 단계적 변화를 확장시켜 무생물과 가장 기초적인 생명 형태 사이에 매우 미묘한 연관성이 있다고 믿었다. 생명체의 가장 낮은 형태들(아메바 및 다른 단세포 생물)을 관찰하고 나서 그 생명들이 젤리 같은 물질에서 저절로 생길 수 있다고 믿게 된 것이다(라마르크에 따르면 젤리 같은 물질이 생명체가 되는 데는 물과 열이 필요하다). 주목할 점으로, 라마르크는 구더기는 매우 정교한 생명체라 저절로 생길 수 없으며 아주 원시적인 생명 형태들만 저절로 생길 수 있다고 여겼다. 자발적 생명 출현에 관한 더 오래된 전통에 따르면 쥐는 집 안의 쓰레기 더미에서 저절로 생기며, 악어는 비옥한 나일 강 진흙 속에서 저절로 생긴다고 했지만, 라마르크는 이런 속설을 단호히 거부했다.

라마르크는 가정하기를, 따뜻하고 축축한 젤리 같은 물질에서 생명이 저절로 생겨났는데, 젤리 같은 물질을 생명으로 변환시킨 이 '생명의 힘'이 계속 작용하여 새로운 생명체를 더 복잡하고 더 발전된 형태로 연속적으로 발전시켜나가게 한다고 보았다. 따라서 라마르크는 알려진 모든 생명체들이 생기는 실제 시간의 순서를 밝혀내고자 했다. 달리 말해 라마르크는 당대의 지질학자들이 암석을 대상으로 하던 일, 즉 암석 생성의 정확한 연대기적 순서를 규명하는 일을 생명체를 대상으로 삼아 시도하고 싶었다. 만약 라마르크가 이 과제에 성공할 수 있다면 그는 생명체의 올바른 순서를 최종적으로 밝혀냄으로써 존재의 사슬이 이어지는 정확한 시간 순서에 관한 논쟁에 종지부를 찍을 수 있을 터였다.

하지만 라마르크가 제시한 지속적으로 작용하는 '생명의 힘' 이론에 따르면, 존재의 사슬은 정적이지 않고 모든 생명체를 더 높은 복잡성의 수준으로 이끄는 쉼 없이 움직이는 사다리였다. 라마르크가 보기에, 이 에스컬레이터를 계속 움직이게 하는 추동력, 즉 생명의 힘은 주변 환경 또는 동식물 자체 내에 있는 열 및 전기와 같은 '미묘한 유동체'의 활동이었다.

라마르크는 이 미묘한 유동체가 지질학의 침식과 유사한 과정에 의해 결과적으로 생명체의 내적 특징을 형성한다고 보았다. 이 미묘한 유동체가 생명체의 부드러운 부분에서 끊임없이 움직인다고 그는 믿었다.

> 나름대로 자신들의 통로와 배출구를 마련하기 위해 생명체들은 관 및 다양한 조직을 만든다. 생명체들은 상이한 움직임 또는 상이한 유동체에 의해 관과 조직을 바꾼다. …… 또한 움직이는 유동체를 형성시키고 이 유동체로부터 지속적으로 분리되는 물질에 의해 이들 관과 조직을 확대시키고 연장시키고 나누고 키워나간다.

이런 노선을 따라 생각한 결과 라마르크는 마침내 발생의 네 가지 법칙을 내놓을 수 있었다.

제1법칙: 생명 자체의 힘 덕분에 모든 생명체들의 부피가 커지고 체내 각 부분의 크기가 생명 자체에 의해 정해진 한계까지 확장되는 지속적인 경향이 존재한다.

제2법칙: 동물의 새로운 기관의 생성은 새로 경험된 지속적인 필요에서 비롯되며, 아울러 그 필요가 일으키고 유지시키는 새로운 운동에서 비롯된다.

제3법칙: 조직 및 그 기능의 발생은 해당 조직의 사용과 지속적인 관계를 맺는다.

제4법칙: 일생 동안 한 개체의 조직화 과정에서 획득되거나 변하는 모든 것은 번식 과정에 보존되며, 이 변화를 경험한 개체들에 의해 다음 세대로 전해진다.

종의 기원 문제—흔히 있는 과학적 난제가 아니라 불가사의 중의 불가사의로 자리 잡은 문제—로 골머리를 앓던 무렵이다 보니, 라마르크의 이론은 당시 사람들에게 기꺼이 받아들여졌거나 아니면 적어도 그 불가사의의 한 해결책을 제시해주는 방법으로 진지하게 고려되었으려니 하는 독자들도 있으리라. 하지만 사실은 전혀 그렇지 않았다. 라마르크의 이론에 귀 기울이는 사람은 좀체 없었을 뿐 아니라 발표되자마자 거부당했다.

거의 필연적으로 라마르크의 자연발생설은 많은 반대에 부딪혔다. 하지만 몇십 년 후인 1870년대에 와서 루이 파스퇴르에 의해 공식적으로 부정되기 전까지는 여전히 주목을 받았다. 동식물 체내에서 더 복잡한 내부 조직들을 만들어가는 뉴턴식 유동체와 지질학적 침식 과정을 유사하게 파악한 라마르크의 관점에 매혹된 이들도 여럿 있었다. 하지만 한 종이 다른 종으로 바뀔 수 있다는 개념, 즉 진화 또는 변형 개념을 반대하는 벽이 너무나 높았다. 변형주의에 관한 반대가 너무 견고하게 자리 잡다 보니 라마르크의 주장은 더 이상 선전하기 어려웠던 듯하다.

라마르크의 주요 비판자는 선구적인 동물학자이자 고생물학자인 조르주 퀴비에였다. 동물 형태에 관해 독보적인 지식으로 명성이 높았던 비교 해부학자 퀴비에는 동물의 각 부분들은 기능 면에서 다른 부분들에 의존하므로 전체 기관은 완벽하게 상호작용하는 부분들이 미묘한 균형을 이루며 작동한다는 견해를 오래전에 내놓았다. 따라서 퀴비에에 따르면 한 생명체의 어느 부분을 변화시키면 그 생명체 전체의 균형이 깨지게 되어 결국 필연적으로 파멸로 이르게 된다. 따라서 변형주의는 결코 불가능했다.

퀴비에의 견해는 린네와 그 추종자들이 강력하게 옹호했던, 자연을 하나의 전체로 보는 관점과 잘 들어맞았다. 린네는 개별 생명체들의 복잡한 설계에 관한 자연신학의 전통적인 개념들을 확장시켜 자연계의 모든 상호작용하는 부분들의 복잡한 균형에 관해 이야기했다. 린네가 보기에, 자연계란 모든 종이 전체에 봉사하기 위해 자신이 부여받은 임무를 달성하는 생과 사의 순환 과정이다. 곤충은 식물이 온 세상을 뒤덮지 않도록 막아주고, 새들은 곤충이 너무 지배적으로 번성하지 않도록 막아준다. 신은 견제와 균형을 통해 자연계가 매끄럽게 지속되도록 했다. 미묘한 '자연의 균형'은 언제나 유지된다.

하지만 퀴비에는 라마르크의 사상을 잘못 전달한 탓에 그 영향력을 약화시켰다. 라마르크의 믿음에 따르면, 환경은 생명체에 직접 영향을 미치므로 생명체는 환경 변화에 자동적으로 반응한다(굶주림이나 목마름에 반응할 때와 같은 방식으로 반응한다). 하지만 여기서 라마르크가 개체의 관점에서 그렇게 생각했는지는 분명하지 않다. "동물의 새로운 기관의 생성은 새로 경험된 지속적인 필요에서 비롯되며, 아울러 그 필요가 일으키고 유지시키는 새로운 운동에서 비롯된다"는 그의 두 번째 법칙은 어떤 점진적인 과정이 시간에 따라 많은 개체들에 영향을 준다는 의미인 듯하다. 종의 기원 문제를 심사숙고한 지질학자들조차 환경에 대한 종의 적응은 어떤 식으로든 환경 그 자체에 의해 일어났다고 가정했음을 감안할 때 당시 라마르크의 두 번째 법칙을 반대하기는 어려웠을 것으로 보인다.

하지만 퀴비에는 라마르크가 동물들이 자신의 '필요'나 '소망'에 의해 변한다는 터무니없이 순진한 주장을 펼쳤다고 여겼다(실제로 라마르크가 그런 주장을 했다면 터무니없다고 볼 수 있을 터이다). 라마르크는 동물들의 '필요'에 관해 이야기하긴 했지만 꼭 이 단어의 일반적인 의미로 한 말은 아니었다. 필요에 의해 형태와 기능이 변하는 현상은 자연주의적 방식으로 해석될 수 있다(가령 물이 부족한 서식지에서 살게 된 동물은 물을 마시지 않고서도 장기간 생존하는 능력을 여러 세대에 걸쳐 개발한다). 하지만 바로 그 특정 동물이 원하기 때문에 변화가 일어난다는 주장은 근본적으로 비과학적이다. 여기서 내가 꼭 언급하고 싶은 말은 라마르크의 사상이 옳다고 주장하는 것이 아니라 단지 당시 해설자들이 공정하게 그의 사상을 전달해주었다면 독자들은 어렵지 않게 그의 주장이 과학적이라고 받아들였을지 모른다는 것이다. 가령 낙타 같은 생명체는 한 종이 거친 환경에 점진적으로 적응하고 변화해나간 결과라고 보아도 무방하다.

라마르크에 대한 비판은 부당하지만, 진화론을 반대하는 사람들에게는 활용 가치가 높았다. 찰스 라이엘도 라마르크를 그런 방식으로 비판했다. 마찬가지로 1840년대에 찰스 다윈이 어떻게 본능적 행동이 부모에게서 자식에게로 전해질 수 있는지에 관한 이론을 개발할 때에도, 라마르크는 그런 과정이 의지의 의도적인 작용에 의해서만 생길 수 있다고 제시한(그렇다고 다윈이 믿었던) 데 반해, 다윈은 그것을 무의식적 과정으로 여기고 자신의 그런 생각이 새로운 사상이라고 주장했다. 이번에도 라마르크는 비판자들로부터 부당한 취급을 받은 셈이다. 사실 라마르크 자신은 환경에 의해 작용하는 필요의 무의식적 속성이 동물 형태학에 영향을 미친다는 점을 강조하려고 애썼다(분명 헛된 일이었지만 말이다).

한편 퀴비에는 라마르크를 비판하는 근거로 화석 기록을 들고 나왔다. 격변론의 행동 강령에 따라 퀴비에는 화석 기록이 보여주듯이 전체 개체군들이 멸종한 후 완전히 다른 동식물 개체군이 새로 등장했다고 주장했다. 한 생명체가 차츰 다른 생명체로 변해간다는 증거는 없다. 게다가 만약 라마르크가 옳다면 종의 멸종이란 있을 리 없다고 퀴비에는 지적했다. 라마르크에 따르면 자연의 '에스컬레이터'는 늘 작동하며, '생명의 힘'은 영향력을 생명체들에게 계속 행사한다. 따라서 만약 과거에 생명의 힘이 자연의 에스컬레이터 위에 있는 열등한 생명체를 공룡으로 변화시켜 공룡이 생겨났다면 오늘날 우리는 왜 공룡을 보지 못하는가? 분명 공룡은 에스컬레이터 위에서 지속적인 과정에 의해 언제나 이어져 내려오기에 결코 멸종해서는 안 된다.

이에 대한 첫 번째 반박으로 라마르크는 화석 기록의 부적합성을 지적했다. 발견된 화석층을 보면, 한 무리의 동식물이 완전히 다른 동식물 무리로 대체되는 대멸종이 있었던 것 같지만, 사실 이는 불완전한 화석 기록에서 비롯된 잘못된 인상일 수 있다. 역설적이게도 찰스 라이엘 역시 자신이 보기에 라마르크 이론을 고생물학적으로 뒷받침해줄지 모를 증거를 바로 위와 같은 관점에서 배제시켰다.

퀴비에의 두 번째 지적에 대한 라마르크의 대답 또한 완벽하게 사리에 맞다. 공룡은 말하자면 광범위한 환경 변화로 인해 자연의 에스컬레이터에 더 이상 나타나지 않는다고 할 수 있다. 공룡 시대 이후 줄곧 진행된 환경 변화로 인해, 한때는 공룡으로 변화해나간 하급 생명체들이 이제는 다른 것으로 변화했을지 모른다. 아마도 이 '다른 것'은 공룡보다 새로운 환경에 더 잘 적응하기에 자연의 연속적인 척도에서 결과적으로 공룡을 대체한 것이다. 대충 말하자면, 한때 공룡으로 진화해나갔던 원시적인 동물들이 환경의 어떤 중요한 변화로 인해 새로 변했다(오늘날에는 새가 특정 종류의 공룡에서 진화했다는 이론이 실제로 존재한다). 따라서 공룡은 자연의 에스컬레이터에서 더 이상 등장하지 못하고 사멸했지만, 이전에는 에스컬레이터에 결코 등장한 적이 없던 새들이 지금은 당당히 자리를 차지하고 있다.

마지막으로, 라마르크 이론에 대한 종교적인 반대도 있었다. 인간이 원숭이의 후손이라는 발상에 결연히 반대하는 입장이다. 17장에서 보았듯이 독실한 기독교인뿐 아니라 찰스 라이엘 같은 이신론자도 이런 발상에 반발했다.

진화론이 인정받으려면 새로운 방법을 마련해야 했는데, 안타깝게도 라마르크는 그러지 못했다.

19

영국 빅토리아 시대의 종교와 진보

휴 밀러 vs 로버트 체임버스

라마르크의 진화론은 자연철학자 계층에서 전향자를 많이 얻는 데
실패했다. 그의 사상은 영국에서 제한된 정도로만 받아들여졌는데, 그
주역은 식물학자와 동물학자가 아니라 다양한 급진적인 정치 사상가
들이었다. 라마르크주의가 이들의 목적에 들어맞았던 까닭은 그들의
개혁적 정치관에 과학적 기반을 마련해준다고 보았기 때문이다.

이 급진적 정치 개혁자들의 기본적인 출발점은 반교권주의, 즉 교회
에 대한 결연한 반대 입장이었다. 그들에게 교회는 낡은 권위적 질서를
유지하기 위한 선전기구에 지나지 않았다. 따라서 이 정치적 급진주의
자들은 맹렬하게 무신론적인 입장을 펼쳐나갔다. 가령 1840년대에 브
리스틀에서 발간된 주간지 《이성의 신탁*Oracle of Reason*》을 살펴보자. 1면
의 표제 문구는 이랬다. "'신앙'의 제국이 이 세계이고, 군주는 신이며,
그 장관들은 사제이며, 노예들은 국민이다." 또한 창간호에서 그들은

"교회가 아닌 제단, 숭배의 형태가 아닌 숭배 자체, 신성의 속성이 아닌 신성의 존재 여부와 전쟁을 벌이겠노라"고 선언했다. '철저히 무신론적인 발간물'이란 사실이 그들에게는 큰 자랑거리였다.

이와 비슷한 신문이 많았는데,《국민에게 드리는 자유사상가들의 정보*Free Thinker's Information for the People*》,《조사관*The Investigator*》,《운동*The Movement*》등을 꼽을 수 있다. 이런 종류의 책자 및 그 배후의 운동이 표방한 주목적 중 하나는 노동 계급 독자층에게서 카를 마르크스가 '민중의 아편'이라고 불렀던 것, 즉 종교를 빼앗는 일이었다. 오늘날 역사학자들의 일치된 견해에 따르면, 19세기 초반 몇십 년 동안 영국 사회는 언제 노동 계급의 반란이 일어날지 모르는 상황이었다. 하지만 역사학자들이 동의하듯이 실제로 그런 일이 일어나지 않은 까닭은 교회의 사회정치적 힘 때문이었다. 특히 노동 계급에게 인기 있었던 존 웨슬리의 감리교 운동이 노동자들의 평생의 노고에 대해 내세에서 보상을 받으리라고—머지않아 모든 것이 좋아지리라고—역설했기 때문이다. 급진적 정치 운동은 이를 간파하고서 종교 및 내세에 관한 이야기를 공격하기 위해 온 힘을 쏟았다.

따라서 급진 개혁자들은 영혼의 불멸성을 부정하고 생명에 관한 유물론적 관점에서 이렇게 주장했다. "생명 또는 생명의 기능은 물질이 나타내는 일련의 어떤 현상들에 지나지 않는다."(《이성의 신탁》, 1840) 마찬가지로 세상의 모든 것이 신의 계획의 일부라는(따라서 결코 바뀌지 않아야 한다는) 주장, 즉 알렉산더 포프가 말했듯이 "존재하는 것은 무엇이든 옳다"는 주장을 단호히 거부했다. 1841년 판《이성의 신탁》에서 편집자는 이렇게 선언했다.

보기 위해 눈이 만들어졌다는 말은 누군가의 머리를 부수려고 돌이 만들어졌다거나 양말을 신으려고 다리가 만들어졌다거나 또는 목이 잘리려고 양이 만들어졌다는 말만큼이나 터무니없다.

볼테르가 자신의 소설 《캉디드》에서 "모든 가능한 세계 가운데 최상의 세계에서 모든 것은 최상이다"라는 개념을 풍자했던 것을 기억하는가? 이제는 급진 개혁자들이 나서서 바로 그런 개념을 더욱 절박하게 비판하고 있었다(1841년의 《국민을 위한 자유사상가들의 정보》에 실린 다음 구절이 대표적이다).

무신론자가 보기에 양초 불꽃 속의 나방이나 거미줄 속의 가엾은 파리는 세상이 무한히 현명하고 무한히 선하며 무한히 강력한 하나의 존재에 의해 설계되었을 리 없다는 증거다.

《조사관》의 편집자는 1842년에 이렇게 썼다.

모든 자연은 자애로운 신성이란 개념에 소리 높여 반대한다. 이 개념은 터무니없음보다 더 나쁘다. 이런 극도로 해로운 가르침을 무신론자는 경멸과 혐오감을 담아 거부한다.

비슷한 어조로 《운동》(1844)의 편집자는 이렇게 썼다.

야만적인 인간들이 범죄를 쏟아내는 세상에서 모든 것이 최상이라는 가정은 경솔하기 그지없다. 왜 신사양반들의 신은 고통은 적고 기쁨은 더 많으며 위선은 적고 진실함은 더 많도록 설계하는 것이 합당하다고 여기지 않았는가?

정치적 현상 유지를 위한 이런 식의 방어를 무너뜨리기 위해 정치적 급진주의자들은 자연에서 신의 역할을 인정하는 어떤 사상도 배격했고, 대신에 물질 자체는 우리가 보는 이 세계를 만들어내는 내재적 능력을 갖고 있다는 라마르크의 관점으로 눈을 돌렸다. 《이성의 신탁》의 편집자 윌리엄 칠턴(William Chilton, 1815~1855)은 1843년에 발표한 아래 사설에서 물질에 관한 무신론적 이론을 펼쳤다.

물질의 정수(精髓) 속에는 특정 형태들과 결합할 때 구체적인 결과를 만들 수 있는 어떤 능력이 틀림없이 들어 있다. 생명의 원리는 전체 체계 및 그 속의 모든 입자에 본질적으로 내재되어 있음이 분명하다.

이듬해 그는 라마르크의 점진적 변형주의 이론을 '규칙적인 단계적 변화' 이론이라고 일컬으며 아래와 같이 주장했다.

규칙적인 단계적 변화 이론, 즉 초자연적인 개입 없이 자연현상의 한 형태가 다른 형태로 변화한다는 이론은 모든 나라와 시대에 걸쳐 거의 보편적으로 인정되는 견해와 정면으로 충돌한다. …… 하지만 종교적 편견을 벗어던지고 나면 철학은 '무미건조한 물질'의 내재적 속성이 …… 모든 다양하고 복잡하며 아름다운 우주의 현상들을 만들어내기에 적절하고 충분함을 인정해야 한다.

나아가 급진적 언론은 라마르크 이론을 이용하여 보편선거로 민주주의를 확립한다는 자신들의 생각을 뒷받침했다. 노동 계급은 자연의 힘 또는 에너지에 의해 더 높은 사회적 단계로 올라가야 할 존재로 여겨졌다. 마치 라마르크의 사상에서 동물들이 자연의 더 높은 단계로 올라가듯이 말이다.

말할 필요도 없이 이런 사상은 중류 계급 이상의 부류에게만 이로운 정치적 현상 유지를 바라는 세력에게는 매우 불온한 것이었다. 이런 경향의 과학사적 의미는 영국에서 장차 생물학자가 될 사람들이 라마르크주의를 기피하도록 일조했다는 점이다. 라마르크주의는 체제 전복적인 집단에 의해 그들의 사회정치적 견해를 자연주의적으로 지지하는 도구로 이용되었기에 빅토리아 시대의 생물학자들은 모든 지질학자들이 그랬듯이 라마르크의 사상과 거리를 두게 되었다. 유일한 예외라면 정치적 급진주의에 동조했던 이들뿐이었다. 그중 가장 두드러진 사람은 로버트 그랜트(Robert Grant, 1793~1874)다. 1827년에 유니버시티 칼리지 런던의 동물학 교수가 된 그는 얼마 전에 에든버러 대학에서 학생으로 있던 찰스 다윈에게 라마르크 사상을 비공식적으로 가르친 적도 있었다.

하지만 이 모든 것은 빅토리아 시대 영국의 진화론 사상에 관한 이야기의 일부에 지나지 않는다. 진보를 보편적인 자연법칙의 한 유형으로 보는 사상은 빅토리아 시대 부르주아지에게 매우 인기가 있었다. 어쨌거나 종교적으로 독실한 많은 사람들까지 포함하여 빅토리아 시대의 중류 계급에게 '양초 불꽃 속의 나방이나 거미줄 속의 가엾은 파리'는 신의 계획의 일부라는 믿음을 영속화시킨 장본인이었다. 토머스 맬서스의 정치경제학에서 한껏 찬양된 '적자생존(16장 참고)'은 빅토리아 시대의 중류 계급이 보기에는 진보를 보장하는 하나의 자연법칙이었다. 약하고 부적합한 사람들은 궁지에 몰리고 반면에 적합하고 강한 사람들은 노력을 통해 발전해나간다는 법칙이었다.

이런 진보 사상들은 멸종된 생물체들이 후대의 생명 형태들이 살기 적합한 세계를 만드는 데 어떤 역할을 하는지에 관한 지질학자들의 논의에서도 드러났다. 신의 창조 계획에 따르면, 이 세계는 점점 더 고등한 생명체가 살기에 적합하게끔 조금씩 변화해오다가 마침내 인간이 살기에 적합한 곳이 되었다. 진보는 이 모든 계획의 일부이지만 어쩔 수 없이 그 계획에는 많은 고통이 뒤따랐다(완벽한 세계에서도 그런 고통은 불가피한데, 어떤 이들에게는 훨씬 더 불가피하다). 빅토리아 시대 진보에 관한 이런 일반적인 분위기를 감안하면, 단계적 진보를 자연계의 진정한 특징으로 인정한 지질학 서적들이 정기적으로 베스트셀러 목록에 올랐던 이유를 쉽게 이해할 수 있다.

진보에 관한 빅토리아 시대의 집착은 1844년에 익명으로 출간된 책 《창조의 자연사의 흔적들_Vestiges of the natural history of creation_》에서 명시적으로 드러났다. 이 책의 저자는 로버트 체임버스(Robert Chambers, 1802~1871)인데, 그는 에든버러에서 체임버스 출판사를 설립한 두 형제 중 하나였다. 하지만 죽기 전까지 그 책의 저자라는 사실을 알리지 않았다. 《창조의 자연사의 흔적들》은 여러 상이한 분야의 자연적 진보에 관한 사상들을 한데 모아서 진화에 관한 이론을 지지하도록 구성해냈다.

체임버스는 발전에 관한 어떤 보편적 법칙, 즉 뉴턴의 보편적 중력 원리와 유사한 어떤 보편적 원리가 존재한다고 믿었다. 그래서 《창조의 자연사의 흔적들》에서 이를 단지 생물학뿐만 아니라 우주론, 지형학 등의 분야에 걸쳐 증명하고자 했다. 빅토리아 시대 중류 계급을 대상으로 한 이 책은 베스트셀러가 되었고, 결과적으로 급진주의자들의 전유물이었던 진화론적 사상이 부르주아지에게도 유용할 수 있음을 보여주었다. 거듭 수정을 거치며 논지를 강화하고 부정적 비판에 맞서가면서 《창조의 자연사의 흔적들》은 7개월 만에 네 번째 수정판을 냈으며, 1860년에는 2만 4000부가 팔렸다.

《창조의 자연사의 흔적들》에 담긴 주장

이 책은 라플라스의 성운 가설을 논하면서 시작한다(17장 참고). 행성인 지구는 뜨거운 기체의 구름에서 진화한 천체로 제시된다. 혼돈 상태의 기체에서 시작하여 수많은 상이한 물질들로 이루어진 행성으로 점점 더 조직화되어가는 과정을 보여주는데, 상이한 암석들, 물 등에는 이 과정이 다양한 방식으로 드러난다. 이런 과정을 통해서 내재적인 발전 경향이 체계 내에 깃들어 있으며, 발전은 지속적으로 진화하는 변화들의 결과임을 보여준다.

체임버스는 나아가 차츰 식어가는 과정에서 일어나는 지구의 진화를 논한다. 여기서 그는 지질학과 고생물학의 최신 개념들에 기대어, 화석 기록에 나타나는 연속적인 생명 형태들을 통해 진보가 명백히 일어남을 역설했다. 가령 그는 케임브리지의 지질학 교수인 애덤 세지윅의 말을 인용했다. "한때는 두족류가 가장 고등한 동물로서 세상의 으뜸이다가 …… 다음에 어류가 세상을 지배하다가 이어서 파충류가 나왔다. …… 그다음에 포유류가 추가되고, 이후 인간이 더해져 자연은 현재의 모습이 되었다." 체임버스가 보기에 이 사실은 "우리 시대의 인간들에게 드러난 경이로운 계시"였다.

> 이로써 드러난 위대한 사실은, 지금 우리가 보는 생명체들은 지구에 한
> 꺼번에 생겨난 것이 아니라 진보했다는 것이다.

하지만 체임버스는 세지윅을 비롯한 다른 지질학자들과 달랐다. 왜
냐하면 그는 생명 형태들의 진보란 시간에 따른 복잡성의 증가를 보여
주지만 어떻게 연속적으로 더 복잡한 형태들이 출현하는지는 전혀 알
려주지 않는 단계적 현상일 뿐이라고 여기지는 않았기 때문이다. 체임
버스는 아마도 아마추어의 이점을 살려 많은 책을 탐독해 온갖 지식을
쌓은 사람이었다. 어쨌든 그는 아무 거리낌 없이 독자들에게 진화론적
개념들을 마구 쏟아냈다. 현업 지질학자들과 동식물학자들이 '방 안의
코끼리'를 보기를 외면한 채 불가사의 중 불가사의를 논하고 있었던 반
면에 체임버스는 명백한 것, 즉 종의 기원을 진화로 설명할 수 있음을
흔쾌히 인정했다.

따라서 그는 진화론에 반대하는 주장들을 반박하려고 했다. 역설적
이게도 그는 모든 생명 형태들을 쓸어내어 점진적인 진화를 불가능하
게 만든 연속적인 대재앙이 화석 기록에 드러났다는 지질학의 주장을
반박하면서 찰스 라이엘이 제시한 논증과 증거를 이용했다. 이는 당연
히 역설적인데, 왜냐하면 라이엘이 그런 논증을 개발한 목적은 진화론
을 뒷받침하기 위해서가 아니라 당시 그가 (라마르크의 책을 읽고서) 변형
주의로 이어진다고 여겼던 진보의 개념을 공격하기 위해서였기 때문
이다. 라이엘은 세상의 안정된 상태를 지지하면서 화석 기록에서 보이
는 듯한 생명 형태들의 진보는 환상이라고 주장했다. 하지만 이제 오히

려 라이엘의 사상은 거듭된 대재앙으로 인해 점진적인 진화가 불가능했다는 주장을 거부하는 데 역이용되었고, 덩달아 라이엘이 설명한 무한히 긴 시간은 진화적 변화가 일어나려면 꼭 필요하다는 주장을 펼치는 데 역이용되었다.

체임버스는 또한 리처드 오언(Richard Owen, 1804~1892)의 동물 형태들에 관한 연구에도 의존했다. 오언은 영국의 선구적인 비교 해부학자로서 종종 영국의 퀴비에라고 불렀다. 오언은 이른바 상동관계—상이한 생명체들에게서 상이한 방식으로 이용되는 동일한 기본 '청사진'—를 알아냈다. 고래와 바다표범의 '물갈퀴'와 새의 날개는 인간의 팔뼈와 일치하고, 박쥐의 날개는 사람의 손뼈와 일치한다. 체임버스는 이렇게 썼다. "목이 긴 기린은 그 부위에 코끼리나 돼지의 목에 든 것보다 뼈가 더 많지 않다." 오언은 이를 두고 신이 제한된 개수의 기본적 패턴만으로 창조 작업을 수행한 흔적이라고(아마도 신은 자기부정의 절제를 통해 독창성을 보였으리라고) 여겼다. 하지만 체임버스가 보기에 상동관계는 생명체들이 하나의 공통 조상에게서 상이한 방식으로 진화했다는 명백한 증거였다.

체임버스는 신이 천지창조 때 뜨거운 기체 구름과 자연법칙을 창조한 이후로는 더 개입할 필요가 없었다고 주장하고 싶었다. 따라서 라마르크와 마찬가지로 생명의 자연발생을 역설했다. 이를 위해 그는 전기화학적 실험(다양한 용액에 전류를 흘려보내는 실험)을 하는 동안에 살아 있는 잎진드기가 저절로 생기는 것처럼 보였던 최근의 실험을 내세웠다. 논란거리이긴 했지만 당시 영국의 선구적인 생물학자 T. H. 헉슬리(T. H. Huxley, 1825~ 1895) 같은 인물도 이 실험 및 결과를 인정했다.

마지막으로 체임버스는 비교발생학에 관한 연구를 들고 나왔다. 프리드리히 티데만(Friedrich Tiedemann, 1781~1861)이 처음 실시했고, 이어서 1824년에 에티엔 세레(Etienne Serres, 1786~1868)가 확인한 이 연구는 발생 중인 태아 상태의 포유류 뇌가 어류, 이어서 조류 그리고 파충류의 뇌를 닮은 단계를 거치다가 마침내 포유류 뇌의 특징을 갖게 됨을 밝혀냈다. 이 연구는 이전의 진화론 문헌에 등장하여 라이엘의 《지질학 원리》에서 논의된 적이 있었다. 라이엘은 이 연구가 모든 척추동물의 '통일적 계획'을 보여준다는 점을 인정하면서도 "한 종에서 다른 종으로의 점진적 변화라는 개념을 결코 뒷받침하지는 않는다"라고 주장했다. 동일한 사실을 두고서 체임버스는 전혀 다르게 해석했다(그림 19.1).

〈그림 19.1〉의 도표는 체임버스 책의 전문적인 부분에 해당하지만 한 가지 중요한 요소를 담고 있다. 즉 '우주적 왕당주의(Cosmic Toryism, 16장 참고)'—가능한 모든 세계 가운데서 최상인 이 세계에서 모든 것은 최상의 상태라는 믿음으로, 앞서 보았듯이 정치적 급진주의자들이 비판해온 관점—를 표방하고 있다. 체임버스는 적자생존의 개념을 실제로 내놓지는 않았지만 다음 구절에서 볼 수 있듯이 매우 근접해 있었다.

우리 자신의 잘못이 아닌데도 어찌할 수 없이 많은 악이 닥쳐옴을 알고 있기에 우리는 신성한 질서를 음울한 시선으로 바라보기 쉽다. …… 하지만 설령 그렇더라도 자연계의 엄연한 작용 원리를 기꺼이 받아들이고 무자비해 보이는 현상을 인정하고 자연계의 각 법칙이 내놓는 모든 갈등의 결과들을 견뎌내고 나면, 자연의 장막 뒤에 존재하는 자비와 은총의 체계가 나타난다. …… 현재의 체계는 전체, 즉 위대한 진보의 한 단계일 뿐임을 알아야 한다.

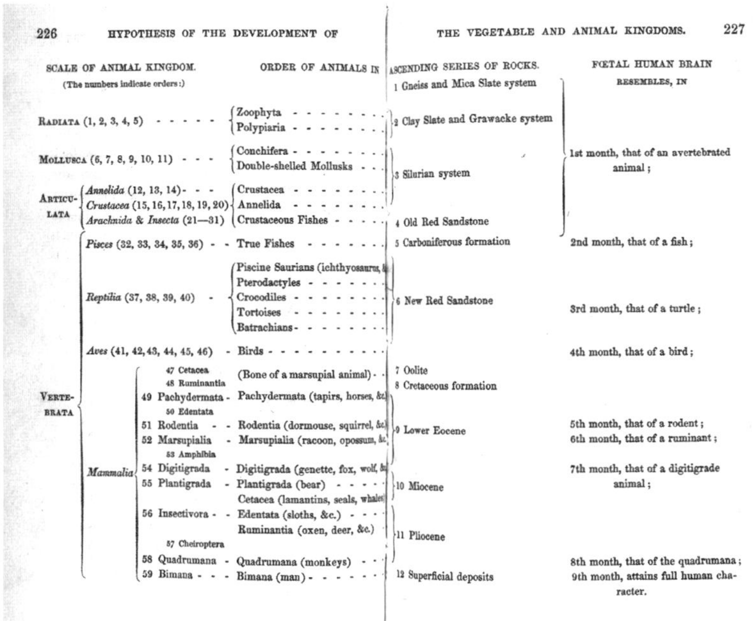

SCALE OF ANIMAL KINGDOM. (The numbers indicate orders:)	ORDER OF ANIMALS IN	ASCENDING SERIES OF ROCKS.	FOETAL HUMAN BRAIN RESEMBLES, IN
		1 Gneiss and Mica Slate system	
RADIATA (1, 2, 3, 4, 5)	Zoophyta / Polypiaria	2 Clay Slate and Grawacke system	
MOLLUSCA (6, 7, 8, 9, 10, 11)	Conchifera / Double-shelled Mollusks		1st month, that of an avertebrated animal;
ARTICULATA — Annelida (12, 13, 14) / Crustacea (15, 16, 17, 18, 19, 20) / Arachnida & Insecta (21—31)	Crustacea / Annelida / Crustaceous Fishes	3 Silurian system	
		4 Old Red Sandstone	
Pisces (32, 33, 34, 35, 36)	True Fishes	5 Carboniferous formation	2nd month, that of a fish;
Reptilia (37, 38, 39, 40)	Piscine Saurians (ichthyosaurus, &c.) / Pterodactyles / Crocodiles / Tortoises / Batrachians	6 New Red Sandstone	3rd month, that of a turtle;
Aves (41, 42, 43, 44, 45, 46)	Birds		4th month, that of a bird;
VERTEBRATA — Mammalia — 47 Cetacea / 48 Ruminantia	(Bone of a marsupial animal)	7 Oolite / 8 Cretaceous formation	
49 Pachydermata / 50 Edentata	Pachydermata (tapirs, horses, &c.)		
51 Rodentia	Rodentia (dormouse, squirrel, &c.)	9 Lower Eocene	5th month, that of a rodent;
52 Marsupialia / 53 Amphibia	Marsupialia (racoon, opossum, &c.)		6th month, that of a ruminant;
54 Digitigrada	Digitigrada (genette, fox, wolf, &c.)		7th month, that of a digitigrade animal;
55 Plantigrada	Plantigrada (bear) / Cetacea (lamantins, seals, whales)	10 Miocene	
56 Insectivora	Edentata (sloths, &c.) / Ruminantia (oxen, deer, &c.)	11 Pliocene	
57 Cheiroptera			
58 Quadrumana	Quadrumana (monkeys)		8th month, that of the quadrumana;
59 Bimana	Bimana (man)	12 Superficial deposits	9th month, attains full human character.

그림 19.1_ 자연계의 상이한 측면들에서 진보의 역사를 보여주는 도표. 출처는 로버트 체임버스의 《창조의 자연사의 흔적들》(런던, 1844). 에든버러 대학 도서관 특별소장품부(SD 159)의 허락하에 게재.

'동물계의 등급'은 퀴비에가 정한 것이며, 다른 행들은 각 등급과 일련의 화석들 그리고 뇌의 '발생상 진보' 사이의 '경이로운 대칭성'을 보여준다.

체임버스는 다른 곳에서는 이렇게 썼다.

어디에서나 종들을 위한 준비는 완벽하다. 개체는 영향을 미치는 온갖 다양한 법칙에 자신의 운명을 걸게 된다. 비록 능력이 열등하거나 질병에 걸리더라도 적어도 그 개체에 불리한 편파성은 존재하지 않는다. 이 세계는 복권처럼 공정하므로, 어느 누구나 상금을 탈 동등한 가능성이 있다.

《창조의 자연사의 흔적들》(한편 이 제목은 사물의 기원을 알려줄 증거가 존재하지 않는다는 제임스 허튼의 유명한 발언, 즉 "우리는 태초의 흔적을 찾지 못했다"를 암시하면서 또한 거부한다)은 영국 빅토리아 시대의 폭발적인 베스트셀러가 되었다. 책을 구매한 중류 계급은 덥석 그 책의 내용을 받아들였다. 1845년에 앨버트 공은 빅토리아 여왕에게 큰 소리로 읽어주기까지 했다. 따라서 그 책은 알렉산더 포프의 《인간론》에서 시작하여 애덤 스미스의 《국부론》과 자유방임주의 정치경제학을 거쳐 토머스 맬서스의 《인구론》으로 이어진 이신론적 자연철학 전통의 대미를 장식한 저서라고 볼 수 있다.

발전의 법칙이 어떻게 태양계의 형성, 지구 지형의 형성, 생명의 기원 및 그 이후에 인간으로까지 이어지는 동식물의 발생에 작용하는지 보여줌으로써 체임버스는 진보가 자연계에 실제로 내재되어 있음을 규명해낸 듯 보였다. 따라서 빅토리아 시대의 자유방임주의 정치경제학 그리고 이와 관련된 도덕적 가치들, 특히 사회의 하층 계급에 가난과 고통이 필연적으로 뒤따르는 현실은 다시 한 번 신의 계획의 일부라고 여겨졌으며 자연스러운 사회정치적 체계로 확인되었다. 따라서 이를 부정하는 것은 무익하거나 심지어 위험했다.

대중 역사에 관한 오늘날의 일반적인 인상에 따르면, 다윈의 《자연선택에 의한 종의 기원에 대하여*On the Origin of Species by Means of Natural Selection*》(약칭 《종의 기원》, 1859)가 빅토리아 시대의 대중들에게 엄청난 충격을 주었고 모든 부류에게서 비난을 받았을 듯하다. 하지만 전혀 그렇지 않았다. 다윈의 책은 서점에 진열되자마자 몇 시간 만에 동이 났다. 이전의 베스트셀러 《창조의 자연사의 흔적들》보다 더 낫다는 소문이 이미 퍼져 있었을 정도다. 이번에도 대중은 그 책을 덥석 받아들이고자 했다.

　게다가 영국 국교회도 반대하지 않았다. 다윈에게 자연선택과 적자생존의 아이디어를 제공한 토머스 맬서스는 영국 국교회 성직자였으며, 이 세계가 모든 가능한 세계 가운데서 최선이라는 전통은 이른바 '악의 문제'—왜 신의 피조물에게 고통이 존재하는가?—를 풀기 위해 신학자들이 가장 먼저 발전시킨 것이었다. 따라서 이런 의문이 뒤따른다. 왜 우리는 교회가 다윈의 진화론에 반대했다는 인상을 갖게 되었는가?

　그 까닭은, 세속적인 세계의 역사가 및 해설자들이 모든 종교를 한 묶음으로 보고서 그 신도들을 미신이나 맹목적으로 믿으면서 과학적 진리를 외면하는 이들로 치부해왔기 때문이다. 체임버스(그리고 이후에 다윈)가 내놓은 진화론적 사상들은 실제로 종교적 반대에 부딪히긴 했다. 하지만 이런 반대는 특정한 종교 집단들에서 나왔을 뿐 다른 집단들은 기꺼이 진화론을 받아들였다. 상이한 종교 집단들 간의 차이에 무신경했던 세속 해설가들은 진화론에 반대하는 특정 세력을 진화론에 대한 일반적 반대 세력으로 보는 경향이 있었다. 무엇보다도 '종교' 자체가 진화에 반대했다(그리고 지금도 반대한다)고 내비침으로써 그들은 이 점을 이용해 한술 더 떠서 '종교'가 '과학에 반대한다'고, 급기야 종교의 신자들은 비합리적이며 못 배운 얼간이라는 견해를 공고히 할 수 있다.

　요즘의 역사가들은 빅토리아 시대가 '대중' 무신론의 첫 단계라는 데 대체로 동의한다는 점을 지적할 필요가 있다. 빅토리아 시대에 무신론자들이 대다수는 아니라 하더라도 꽤 많이 있었음은 분명하다. 따라서 《창조의 자연사의 흔적들》이나 다윈의 《종의 기원》을 구입한 독자 중 많은 이들은 진화론의 종교적 함의에 개의치 않았을 것이다. 게다가 두 책 모두 일부나마 자연신학의 영국 국교회 전통(맬서스의 《국부론》도 이 전통의 일부였다)에서 등장했기에, 신자들도 반대할 이유가 거의 없거나 아예 없었다. 사실 진화론에 반대한 신자들은 빅토리아 사회의 전체 구성원에 비교해도 그렇고 다른 신자들과 비교해도 소수에 지나지 않았다.

일례로 체임버스의 극렬한 비판자로서 종교적 이유로 진화 사상을 반대했던 인물 한 명을 살펴보자. 석공(石工)에서 유명한 과학 저술가로 변신한 휴 밀러(Hugh Miller, 1802~1856)가 바로 그런 사람이다. 밀러는 1843년에 스코틀랜드 교회에서 떨어져나온 자유장로교회의 지도층에 속한 인물이었다. 그해에 스코틀랜드 교회는 처음으로 국교가 되었기에 영국 국교회처럼 정부의 소속 기관이 되었다(적어도 국교화에 반대하던 이들에게는 그렇게 보였다).

독립한 스코틀랜드 자유교회의 신도들은 자신들이 영국 정부와 연관된 것으로 비치지 않기를 바랐으며, 자유롭게 정부를 비판하고 반대하는 세력으로 남기를 원했다. 밀러가 정부에 반대한 것은 그가 자유방임주의 경제학 및 이와 관련된 모든 것에 반대했기 때문이다. 당시 스코틀랜드의 주요 신문인 《목격자Witness》의 편집인이었던 밀러는 사회적 불평등을 해소하고자 줄기차게 노력하던 운동가답게 정부가 가난한 사람들을 구제해주기를 끊임없이 요구했다.

게다가 밀러는 신이 최상의 세상을 창조했기에—비록 많은 이들이 어쩔 수 없이 고통에 시달리는 세상이라 할지라도—세상을 바꿀 필요가 없다는 견해를 표방하는 신학 전통을 단연코 받아들이지 않았다. 악의 문제에 대한 그의 답변은 우리는 신의 뜻을 헤아릴 수 없기에 세상에 고통이 존재하는 이유를 알 수 없다고 말하는 것뿐이었다. 밀러는 자신의 글에서 시인 윌리엄 쿠퍼의 시 중 가장 좋아하는 구절인 "하느님은 불가사의한 방식으로 움직이시나니……"를 거듭 인용했다. 하지만 고통이 존재하는 이유를 이해할 수 없다면 우리가 할 수 있는 일은 동료 인간들의 고통을 줄이는 것이라고 그는 믿었다.

밀러가 악의 문제에 관해 합리적 해법을 거부한 것은 자신의 책《창조주의 발자국*Footprints of the Creator*》(1849)—프랜시스 베이컨의《위대한 부흥》의 한 구절을 암시하는 책 제목—에서《창조의 자연사의 흔적들》을 비판한 데서 명백히 드러난다. 밀러는 (자신의 전문 분야인) 체임버스의 고생물학 주장들을 공격할 뿐 아니라 우리는 "전지전능한 분이 만드신 우주에 왜 악이 존재하는지" 알 수 없음을 명시적으로 언급한다. 밀러의 표현에 따르면 체임버스의 '발전 가설'을 받아들일 수 없는 까닭은 그의 주장이 세상은 원래 그런 것이라며 많은 이들을 "버림받고 타락한 피조물"로 격하시키기 때문이다. 밀러는 체임버스가 세상일에 수수방관하면서 내세우는 다음의 평계(사실은 토머스 맬서스가 한 말에 더 가깝다)를 인용하면서 그를 비판한다. "고통 받는 이들에게는 힘겹겠지만 누가 자연의 길을 거스를 수 있겠는가?" 밀러는 "도덕적 노력"과 "불굴의 신앙"으로 고통을 줄일 수 있다고 주장하면서 정치적 개혁을 옹호했다.

하지만 사실 밀러는 빅토리아 사상가들을 대변하는 인물이 아니었다. 그가 내세운 종교적 신념은 이미 소수 견해가 되어 있었다. 그것은 무신론이 더 많은 대중들에게 받아들여졌기 때문이 아니라 대다수의 신자들이 도덕적 노력의 힘에 관한 밀러의 견해를 지지하기보다는 신은 가난한 사람들의 피할 길 없는 고통을 포함하여 어쨌거나 모든 가능한 세상 가운데 가장 좋은 세상을 만들었다고 믿는 쪽을 더 좋아했기 때문이다. 개혁가이자 가난한 사람들의 옹호자이며 진화론의 반대자였던 밀러는 사악한 빅토리아 시대의 지배적 가치들과 보조를 맞추지 못하고 1856년 12월 23일 스스로 생을 마감했다.

20

모든 것을 종합하다?

다윈의 진화론

찰스 다윈은 1825년에 에든버러 의과대학에서 고등교육을 받기 시작했다. 이듬해 다윈이 자연사에 관심이 많은 것을 알고 학문의 길을 안내해준 사람이 있었는데, 그가 바로 로버트 그랜트다. 그랜트는 의과대학에서 학생들에게 과외 교습을 하면서 생계를 이어가는 에든버러의 초빙 강사였다. 그는 확신에 찬 라마르크주의자였으며, 라마르크처럼 해양 무척추동물 전문가였다. 다윈에게 이 소박한 생물체들을 연구해보라고 권유하면서 이들을 분류하는 방법도 알려주었다. 그랜트의 도움 덕분에 다윈은 개체 및 종의 발생의 관점에서 사고하게 되었고, 아울러 발생해부학이 생명의 법칙을 밝히는 데 적합한지에 관한 대륙 사상가들의 견해도 접하게 되었다. 다윈은 그랜트가 라마르크를 존경했음을 늘 기억했으며, 변형에 관한 주제에 대해 쓴 1836년에서 1837년의 공책에는 그랜트의 사상들을 실제로 조사한 내용이 들어 있다. 나중에 다윈은 그랜트와 함께 처음으로 연구했던 해양 무척추동물인 따개비에 관한 뛰어난 전문가로 명성을 얻었다.

다윈은 에든버러에서 의사가 되는 교육을 받았지만 피를 보는 것을 견딜 수 없어 중도에 그만두었다. 그 뒤 영국 국교회의 성직자가 되기 위해 케임브리지 대학에 들어갔다. 바로 여기서 그는 자유방임주의적 자연신학 전통에 깊이 빠지게 되었다. 이때 다윈에게 큰 영향을 끼친 사람이 윌리엄 페일리였는데, 그가 쓴 교재들은 케임브리지 대학의 정규 교과목에 포함되어 있었다. 다윈은 《자서전*Autobiography*》(그가 죽은 후 1892년에 출간)에 이렇게 썼다.

> 학사 학위 시험에 합격하려면 페일리의 《기독교의 증거》와 《도덕철학》도 공부해야 했다. 철저하게 공부한 터라, 확신하건대 《기독교의 증거》의 전체 내용을 정확하게 서술할 수 있었다. 물론 페일리가 쓴 글 그대로 옮겨 적을 수는 없었지만 말이다. 이 책, 그리고 덧붙이자면 그의 《자연신학》은 유클리드의 책만큼이나 내게 큰 기쁨을 주었다. 굳이 암기하지 않고서도 이 책들을 자세히 공부한 것은 내가 지금까지 통틀어 교육과정에서 특별한 목적 없이 마냥 즐겁게 공부한 유일한 경험이었다. 당시 나는 페일리가 내세운 전제들을 굳이 따져 묻지 않고 그대로 믿었다. 특히 긴 논증에 매혹되어 옳다고 확신했다. 페일리의 책에 관한 시험 문제도 잘 풀고 유클리드도 잘 했으며 고전과목에서 탈락하지도 않았기에 나는 우등반을 지원하지 않은 어중이떠중이 중에 좋은 성적을 받았다.

페일리는 《자연신학*Natural Theology*》26장에서 토머스 맬서스의 연구 및 생존 투쟁의 개념에 명시적으로 관심을 쏟는다.

인간은 어느 나라에서나 고통의 특정한 지점에 다다른다. 그 지점은 국가나 시대에 따라서 다를 수 있다. …… 하지만 그런 지점은 언제나 반드시 존재하며, 좋은 늘 그 상태에 이른다. 출생률은 기하급수적으로 늘어난다. 반면 식량은 가장 유리한 환경에서조차 산술급수적으로 증가할 뿐이다. 따라서 인구는 언제나 식량을 앞서며 풍족한 수준을 넘어서서 증가하다가 겨우 연명하는 어려운 상황에 의해 견제된다. …… 따라서 그러한 어려움은 수반되는 상황과 더불어 어느 나라에서나 반드시 나타난다.

페일리는 이 책의 주석에서 맬서스를 거론한 다음에 이러한 사상을 악의 문제에 관한 전통적인 반응, 즉 이 세상은 모든 가능한 세상 가운데서 최상이며 그 속의 모든 것 또한 최상이라는 견해와 연결시키고 있다.

다윈은 케임브리지 대학에서 성적이 꽤 좋았기에 그 대학의 식물학 교수인 J. S. 헨슬로(J. S. Henslow, 1796~1861) 교수의 추천으로 오랜 지연 끝에 탐험에 나서는 영국 해군 선박에 민간인 자격으로 탑승하게 되었다. 헨슬로가 쓴 대로 다윈에게 "자연사에 언급할 가치가 있는 것이면 무엇이든 수집하고 관찰하고 기록할" 기회를 주기 위한 배려였다. 다윈은 선장의 승인을 받아 HMS 비글호를 타고 5년간의 세계 항해(1831~1836)에 나섰다.

다윈은 갓 출간된 라이엘의 《지질학 원리》 제1권을 피츠로이 선장한테서 받았다. 2권부터는 항해 도중에 우편으로 받았다. 앞서 보았듯이 라이엘은 진화에 반대했는데 다윈도 비글호 항해 도중에는 라이엘과 같은 생각이었다. 비록 나중에 마음을 바꾸게 될 증거를 자신도 모르게 수집하고 있긴 했지만 말이다. 한편 라이엘의 《지질학 원리》는 다윈의 사상 형성에 보탬이 되는 많은 아이디어를 제공했다. 《지질학 원리》를 읽은 덕분에 다윈은 아래 원칙들을 받아들이게 되었다.

① 모든 현상은 엄격한 과학적 자연주의로 설명되어야 한다.

② 지구의 나이는 사실상 무한정이다(라이엘이 부활시킨 허튼의 시간 개념).

③ 환경은 지속적이며, 서서히 변한다(라이엘의 동일 과정설로, 지구의 역사적 발전에 격변적인 방해가 있었다는 주장에 반대한다).

④ '종의 문제(즉 화석 기록에서 새로운 종의 기원이 무엇인가라는 문제)'는 반드시 다음 두 가지로 해결되어야 한다.

  • 천우신조에 의한 적응(생명체는 자신이 사는 환경에 적합해진다, 또는 적응한다).

  • 환경 결정론(환경이 어떤 식으로든 적응하게 만든다).

다윈은 갈라파고스 제도의 섬에서 각각 흉내지빠귀 표본 네 개를 수집했는데, 영국으로 돌아오기 전해인 1837년 초에 조류 전문가인 존 굴드(John Gould, 1804~1881)는 이 새들이 서로 별개의 종이라고 선언했다. 굴드는 또 다윈이 상이한 종류로 여겼던 열두 가지 새 표본이 사실은 모두 되새류(finch)라는 것도 지적했다. 이로써 다윈은 그 새들이 갈라파고스 내의 상이한 섬들에 특화된 별도의 종임을 (꽤 어렵사리) 밝혀낼 수 있었다. 따라서 그곳의 많은 되새 종들은 서로 가까운 친척 관계였고 남아메리카 본토의 되새들과도 가깝긴 했지만, 엄연히 달랐다. 이 새들이 사는 각각의 섬들은 서식지, 기후 등이 모두 비슷했기에 환경 결정론으로 그 차이를 완전히 설명할 수 없었다. 신에 의한 직접적인 창조 또한 배제되었다. 동일한 종이 어느 섬에서나 번성할 수 있는데 굳이 왜 이웃 섬들에 서로 다른 종들을 창조한단 말인가? 이제 다윈은 이런 유형의 분화를 설명해줄 유일한 방법은 진화 또는 그가 이름 붙인 '변형의 대물림(descent with modification)'뿐이라고 확신하게 되었다. 그는 《종의 기원》에서 이렇게 썼다.

서로 긴밀히 관련된 새들의 한 작은 무리에 점진적 변화와 구조가 있음을 볼 때, 원래 이 제도 내에서는 새들이 매우 적게 존재하다가 어느 한 종이 서로 다른 목적을 가진 여러 종으로 변형되었음이 분명하다.

모든 생명체는 "자신의 내재적 활동에 의해 계속 향상되며 그런 향상을 번식을 통해 후손에게 끊임없이 전달하는 능력"을 갖고 있다고 1794년에 《주노미아Zoonomia》에서 밝힌 삼촌 에라스무스 다윈의 견해를 아마도 마음에 새겨둔 데다 그랜트와 함께 오랜 시간 연구한 덕분에 다윈은 이제 진화에 대한 라이엘의 부정적인 비판을 넘어서서 진화를 '종의 기원' 문제를 풀어줄 가장 강력한 해답으로 받아들일 수 있게 되었다.

따라서 1837년 초부터 다윈은 확신에 찬 진화론자가 되어 진화가 실제로 존재하는 현상임을 밝히는 일에 착수했다. 《자서전》에서 썼듯이 (16장 참고), 다윈은 베이컨주의적인 방법—미리 어떤 이론을 정해놓지 않고 사실들을 수집하기—으로 연구하기 시작했다. 하지만 곧이어 자신이 필요로 하는 메커니즘, 즉 그가 자연선택이라고 명명한 메커니즘을 우연히 알아냈다. 이것은 육종가가 새로운 품종의 비둘기, 개, 장미 등을 만들기 위해 이용하는 인공 선택과 비슷한 개념이다. 맬서스의 《인구론》을 읽고 그런 발상이 떠올랐다는 아래 구절은 다윈이 자연신학 전통, 즉 이 세상의 고통조차도 전체 체계의 선을 위해 존재한다는 사고에 젖어 있었음을 여실히 드러내준다.

> 나는 진정한 베이컨주의적 원리에 따라 어떠한 이론도 세우지 않고 대규모로 사실들을 수집했다. 특히 인쇄된 질의서, 숙련된 육종가들 및 원예사들과의 대화 그리고 광범위한 독서를 통해 사람이 기르는 동식물들에 관한 사실들에 집중했다. …… 1838년 10월, 즉 체계적 조사를 시작한 지 15개월 만에 나는 재미 삼아 맬서스의 《인구론》을 읽었다. 동식물의 습성을 오랫동안 관찰했던 터라 어디에서나 벌어지는 생존 투쟁을 잘 알고 있었기에, 이런 환경에서라면 유리한 변종은 살아남고 불리한 변종은 멸종할 것이라는 생각이 갑자기 떠올랐다. 그 결과 새로운 종이 생기게 될 터이다. 마침내 나는 연구의 바탕이 될 이론을 얻었다.

하지만 다윈은 곧바로 이를 발표하지 않았다. 지질학에 관한 자신의 과거 연구 및 라이엘의 견해, 특히 라마르크에 대한 학계의 부정적 반응을 통해 진화론을 펴기에는 아직 이르다고 판단했기 때문이다. 그는 설득력 있는 주장을 내놓을 수 있을 때까지 자신의 이론을 갈고닦기로 결심했다. 그러다가 《창조의 자연사의 흔적들》이 서점을 강타하던 1844년에 이르러서야 자신의 이론을 발표할 때가 가까웠다고 생각했다.

그 무렵 익명으로 발표된 《창조의 자연사의 흔적들》은 '센세이션'을 일으켜 일반 대중들에게 매우 인기가 높았음에도 과학자들은 너나할 것 없이 야유를 보냈다. 문제는 그 책의 저자가 명백히 현직 과학자가 아니라는 데 있었다. 책 속에는 독창적인 연구라고는 눈을 씻고 봐도 없었고 대신에 여러 다양한 과학자들로부터 원칙과 아이디어를 끌어다 한데 모아놓았는데, 과학계의 비평가들이 보기에는 근거가 없거나 부적절한 내용 일색이었다. 즉 전문가들은 자신들의 연구를 진화론을 지지하는 데 이용할 수 없으며, 고작 이 분야의 이론을 피상적으로 이해하는 아마추어 수준의 저자가 자신들의 연구를 그런 식으로 도용했다고 여긴 것이다. 하지만 사실 체임버스가 의존했던 과학적 연구는 분명 진화를 가리키고 있었음에도, 교육 받은 과학자들은 진화란 철저히 비과학적 원리라는 생각에 사로잡혀 있던 터라 그 점을 간파하지 못했다.

학계 바깥에서 바라보던 다윈에게는 《창조의 자연사의 흔적들》에 대한 반응은 놀라운 일이었다. 다윈은 자신도 그 책의 저자가 비난받는 이유와 똑같은 짓을 하고 있다고 여겼다. 즉 그는 단지 다른 사람들로부터 여러 자료를 취합하여 진화론을 지지하게끔 구성하고 있었다. 다윈의 친구인 식물학자 조지프 돌턴 후커(Jeseph Dalton Hooker, 1817~1911)가 다윈에게 보낸 편지 내용처럼, 많은 종들을 연구한 사람이라야만 종의 기원 문제를 논의할 자격을 갖춘 셈이었다. 따라서 다윈은 자연선택에 관한 책의 집필을 더 진행하기 전에 자연사의 어떤 분야에서 확고한 전문가가 되기로 결심했다. 바로 이때부터 다윈은 따개비 연구에 착수하여 8년 동안 알려진 모든 종들을 해부하고 기술하면서 연구 경력을 쌓았다.

마침내 다윈은 1858년에 겪었던 자칭 '청천벽력'의 결과로 《종의 기원》을 쓰게 되었다. 다윈은 말레이 제도에서 연구하던 앨프리드 러셀 월리스(Alfred Russel Wallace, 1823~1913)라는 동식물 연구자로부터 편지 한 통을 받았다. 이 편지에서 월리스는 '종의 기원' 문제에 관한 자신의 해답을 소개하고서 다윈의 의견을 물었다. 월리스의 해답은 자연선택의 원리였다. 다윈의 사상인 이 원리를 월리스도 스스로 알아냈던 것이다. 흥미롭게도 월리스는 말라리아에 걸렸다 회복하면서 이 원리에 도 달했다. 침대에 누워 이전에 읽었던 어떤 책의 의미를 생각하고 있을 때였다. 그 책이 바로 토머스 맬서스의 《인구론》이었다.

굉장한 우연의 일치 같지만 사실 그렇게 놀랄 만한 일은 아니었다. 다윈과 월리스가 자연선택의 원리를 내놓은 유일한 사람은 아니었기 때문이다. 이 원리는 1813년의 《왕립협회회보》에 찰스 웰스(Charles Wells, 1757~1817)라는 의사가 쓴 기고문에서 제시되었고, 1831년에는 패트릭 매슈(Patrick Matthew, 1790~1874)라는 과일 재배자가 《해군용 목재와 수목 재배에 관하여 On Naval Timber and Arboriculture》라는 책(해군에 선박을 계속 공급하기 위한 나무 재배에 관한 책)에서 언급했다.

《종의 기원》에 관한 매슈의 발언에는 흥미로운 점이 있다. 즉 그 책의 기본 전제가 빅토리아 시대의 전형적인 사고이며 맬서스주의의 정서가 빅토리아 시대의 가치관에 깊이 스며 있음을 보여준 것이다. 매슈는 1860년에 《원예사의 연대기 Gardener's Chronicle》에 보낸 편지에서 자연선택의 원리에 관해 이렇게 썼다.

내가 보기에 이 자연법칙의 개념은 골똘히 생각할 것도 없이 직관적으로 자명한 사실로 다가왔다. 다윈 씨는 나보다 훨씬 더 발견에 소질이 있는 듯하다. 나에게는 그런 일이 발견으로 여겨지지 않았다. 그는 귀납적 추론으로 그 원리를 알아낸 듯한데 …… 나는 자연의 방법을 대략적으로 살펴봄으로써 종의 이 선별적 생성을 인식 가능한 선험적 사실— 즉 편견 없는 이해력만 있으면 받아들일 수 있는 하나의 공리—이라고 판단했다.

놀랄 것도 없이, 이전에는 진화론을 극구 부인했던 T. H. 헉슬리(그는 《창조의 자연사의 흔적들》을 어느 논평에서 거칠게 비판했다)도《종의 기원》을 읽고서는 이렇게 말했다. "진작 이런 생각을 못했다니 정말 어리석었군."

어쨌든 '청천벽력'이 다윈을 다그쳤다. 여러 친구들 및 월리스와 논의한 후에 다윈과 월리스의 '공동' 논문 한 편이 대충 작성되어 런던의 린네 협회에서 낭독되었다. 그러고서 월리스는 다윈이 책을 출간할 때까지 기다린 다음에 그 주제에 관해 언급하기로 합의했다. 그러자 다윈은 그때까지 쓰고 있던《자연선택》이란 제목의 방대한 책을 중단하고서 서둘러《종의 기원》을 준비해서 출간했다.

다윈의《종의 기원》에 대한 과학계의 반응

다윈의 이론이 나오자 동료 과학자들은 어떤 반응을 보였을까? 앞서 보았듯이 진화에 관한 이론들은 지질학자 및 대다수의 동식물학자들에게서 거의 또는 전혀 인정을 받지 못하고 있었다. 라마르크의 이론은 잘못 전달된 탓에 쉽사리 배척되고 말았고, 체임버스의《창조의 자연사의 흔적들》은 과학자들로부터 신랄한 비판을 받았다. 다윈도 같은 취급을 당했을까?

아니다. 다윈이 주의 깊은 연구자이자 헌신적인 과학자(체임버스처럼 학계 바깥의 아마추어로 쉽사리 무시당하지 않는)로 명성을 얻었다는 사실―다윈은 당시 따개비에 관해 세계 최정상급 권위자로 인정받았다―은 진화가 이제는 생물학 분야의 연구자들로부터 처음으로 진지하게 취급되었다는 뜻이다. 다른 사람들도 진화를 연구 주제로 삼아 그 이론을 검증하거나 확장시키기 위해 자연계의 여러 상이한 측면들을 연구하기 시작했다. 그 결과 진화론은 점점 더 설득력을 얻고 있었다. 하지만 모든 게 다윈 뜻대로 되지는 않았다. 진화론이 이전과 달리 번성하긴 했지만, 진화론에 관한 다윈의 고유한 업적—자연선택의 원리—은 그다지 빛을 보지 못했다.

역설적이게도 진화는 오랫동안 거부되다가 다윈의 《종의 기원》이 나오자 금세 인정을 받았지만 진화가 어떻게 일어났는지를 설명하는 다윈의 메커니즘은 진화를 규명하기에는 본질적으로 부적절한 것으로 여겨졌다. 문제는 자연선택이 오직 부정적인 요소로만 비쳤다는 데 있다. 변하는 환경에 적응하지 못한 동식물들의 사멸인 멸종은 설명해주겠지만, 한 생명체를 이전보다 더 번성하게 만들며 그 생명체를 이전에 보지 못한 새로운 유형으로 변형시키는 적응 과정을 설명하지 못한다고 여겼던 것이다(상자글 20.1 참고).

진화의 매우 중요한 그 측면을 설명하려면 자연선택보다 더욱 능동적이면서 생명의 진보를 견인하는 힘이 개입되어야 할 것 같았다. 이를 인정하지 않은 채 다윈 이후의 진화론자들은 진화에 대한 라마르크주의적 또는 《창조의 자연사의 흔적들》과 비슷한 관점을 채택하는 듯했다. 능동적인 힘, 일종의 '생명력' 또는 '발전의 법칙'이 생명체들을 자연의 에스컬레이터 위로 밀어올리는 관점을 받아들였던 것이다. 다시금 이는 영국 빅토리아 시대의 진보주의 견해가 승리를 거둔 것으로 여겨졌다. 다윈의 자연선택을 제쳐두고서 진보주의를 뒷받침할 증거를 설명하고, 그럼으로써 이 주의에 내포된 도덕적·정치적—맬서스주의적—함의를 정당화시킬 이론이 요청되었다.

1. 다윈의 이론에서는 변이들이 단지 생겨난다고만 말한다. 우연적 요소가 이론에 담겨 있는 것이다. 존 허셜 경은 이런 '뒤죽박죽 법칙'에 반대했다. 다윈은 (이로운 것이든 이롭지 않은 것이든) 변이가 생기는 이유를 설명할 수 없었고, 그렇다 보니 막연히 매우 긴 시간 척도가 필요하다고 보았다. 하지만 이것은 그리 치명적인 비판은 아니었다. 왜냐하면 뉴턴이 중력에 대해 그랬듯이 다윈도 비록 설명할 수는 없지만 변이가 (중력처럼) 하나의 사실임을 분명히 밝혀냈기 때문이다. 누구도 부모 중 어느 한쪽을 똑같이 빼닮지 않고 언제나 어느 정도의 변이가 뒤따르게 마련이다.

2. 화석 기록을 살펴볼 때 무엇보다도 격변적 세계관이 거듭 드러나지, 아무런 방해도 없이 긴 시간에 걸쳐 진화론적 발전이 일어났던 것이 아님을 알 수 있다. 하지만 나중에 시조새—파충류와 조류의 연결고리—의 화석이 발견되고 작은 개를 닮은 에오히푸스(*Eohippus*)에서 현대의 에쿠스(*Equus*)로 말이 진화했음을 재구성해내면서, 진화에는 어떤 방향성이 존재한다는 주장이 제기되었다. 하지만 이는 단지 자연선택만이 아니라 어떤 능동적인 동인이 작용했음을 시사한다고 여겼다. T. H. 헉슬리는 말 계보의 일련의 화석들을 '진화의 증거'라고 여겼지만 발전적 진화라는 의미이지 자연선택에 바탕을 둔 진화를 뜻한 것은 아니었다. 다윈으로서는 우선 화석 기록이 불완전하므로 오류의 소지가 있음을 역설했다. 두 번째로 그는 자연선택은 그 자체로 발전적 요소라고 주장할 수 있었을 뿐이다.

3. 윌리엄 톰슨 켈빈 경(Lord William Thomson Kelvin, 1824~1907)은 선구적인 물리학자이자 열역학의 개척자인데, 지구의 나이를 계산하면서 지구가 태양에서 떨어져나온 뜨거운 구체 상태에서 식어가면서 형성되었다고 가정했다. 그의 결론에 따르면 지구는 딱딱한 지각을 갖게 되는 데 고작 1억 년 남짓 걸렸다. 이보다 훨씬 더 긴 시간 척도를 필요로 하는 다윈의 이론에

는 치명적인 결과였다. 다윈은 영국 동남부의 백악(백색 연토질 석회암) 구릉 지대에서 최근에 발견된 암석은 나이가 3억 년이라고 주장했다. 당시의 물리학 법칙은 거의 틀릴 리 없다고 여겨졌기에 대다수는 다윈의 이론이 틀렸다고 믿고서, 다윈의 자연선택에 따른 시간보다 훨씬 더 빠르게 진화를 촉진시킨 더욱 능동적이고 의도적인 힘이 작용한다고 주장했다.

1906년이 되어서야 다윈이 옳았음이 증명되었다. 존 윌리엄 스트럿 레일리 경(Lord John William Strutt Rayleigh, 1842~1919)이 방사능을 발견하고, 아울러 지구 중심부에도 방사능이 있어서 스스로 열을 낸다는 사실이 밝혀졌기 때문이다. 이 발견으로 인해 지구가 단지 수동적으로 식어가는 물체라는 가정에 바탕을 둔 계산들은 전부 폐기되었다. 일부 사람들은 이를 근거로 다윈이 위대한 천재라고 주장하지만, 다윈은 자신의 이론이 이런 식으로 증명될 줄은 전혀 몰랐으며 당시 사람들은 다윈의 비타협적인 태도를 천재성의 신호가 아니라 애처로울 정도로 꽉 막힌 어리석은 고집이라고 여겼다.

4. 다윈 스스로도 유리한 변이가 어떻게 자손들에게 대물림되느냐가 당면한 가장 큰 문제임을 인정했다. 당시에 유전은 양 부모의 특징이 자식에게 혼합되어 나타난다는 가정에 바탕을 두고 있었다. 플리밍 젱킨(Fleeming Jenkin, 1833~1885)은 에든버러 대학의 공학 교수가 되기 직전인 1867년에 《종의 기원》에 대하여 쓴 한 비평에서 말하기를, 흰 물감이 가득 찬 커다란 양동이에 검은 물감 한 방울을 떨어뜨리는 격이므로 유리한 변이라도 자식 세대에는 곧 사라져버린다고 했다. 이에 대해 다윈은 라마르크주의로 되돌아가서 변이는 많은 개체들에게 나타나고 이들 또한 번식을 통해 그 변이를 자식에게 전달한다고 주장했다. 진화를 이끄는 어떤 힘이 분명히 작용한다는 말이다.

5. 또 하나의 반대 주장은 특정 기관의 느린 진화는 생존이 늘 투쟁에 달려

있는 자연에서는 가능하지 않을 법하다는 것이다. 대표적인 사례가 박쥐의 날개인데, 그것은 매우 긴 손가락에 걸쳐 넓게 퍼져 있는 막으로 이루어져 있다. 이 날개가 제 구실을 하기 이전에 최초의 박쥐는 긴 손가락 때문에 치명적인 손상을 입지 않았을까? 눈꺼풀이나 눈물샘 등이 없어도 눈이 쓸모 있을까? 눈과 박쥐의 날개를 볼 때, 진화는 거의 즉각적인 용도와 이점을 위해 무언가를 발전시키는 긍정적인 방향으로 작동한다고 말할 수 있을까? 이번에도 다윈은 어떤 라마르크주의적 힘이 작용하여 상황을 진척시킬지 모른다고 인정했다.

이 모든 반대에도 불구하고 비판자들은 이미 확고하게 뿌리 내린 진화 개념 자체를 거부하지 않았다. 대신에 자연선택이라는 매우 느린 과정에 기반을 둔 진화에 관한 다윈의 견해는 거부하는 편이었다.

게다가 중요하게 언급할 내용으로서, 다윈조차도 이와 마찬가지로 생각할 수밖에 없었다. 즉 그 또한 진보의 경향이 자연계에 내재되어 있다는 견해를 따랐다. 공교롭게도 현대 다윈주의 이론에서는 다윈 이론에 진보주의가 결여되어 있다고 여기고, 그런 점에서 라마르크나 체임버스 같은 경쟁 이론들보다 더 우월하다고 본다. 가령 근래의 다윈주의 이론가 가운데 가장 저명한 사람 중 한 명인 스티븐 제이 굴드(Stephen Jay Gould)가 1995년에 쓴 인용문을 살펴보자.

진화에 관한 모든 오해 가운데서 가장 심각하고 만연해 있는 것은 바로 그 개념을 진보의 개념, 즉 대체로 내재적이고 예측 가능하며 정점인 인간을 향해 이어지는 과정과 동일시하는 것이다. 하지만 진화론도, 생명체의 화석 기록도 그런 의제를 지지하지 않는다. 다윈의 자연선택은 변하는 환경에 대한 적응 방식일 뿐 전 지구적 규모의 발전 계획이 아니다.

따라서 많은 해설자들은 다윈이 진보주의자가 아님을 논증하려고 줄곧 시도해왔다. 홀로 우뚝 선 한 명의 위대한 천재가 당시의 분위기를 초월해 있었고 주변의 다른 어리석은 빅토리아 시대의 사상가들은 진보의 개념에 사로잡혀 있었다고 본 것이다. 하지만 다윈은 생활과 연구를 함께했던 다른 이들과 마찬가지로 빅토리아 시대 사람이었다. 당시의 대다수 사람들과 달랐던 점은 진보에 관해 다른 태도가 아니라—그 역시 어느 누구 못지않게 진보의 사상에 사로잡혀 있었다—자연선택의 능동적 힘이 진보를 가능하게 한다는 믿음이었다. 이는《종의 기원》에서도 분명히 드러난다.

내 이론에 따르면 더 최근의 생명 형태는 더 이전의 형태보다 더 고등함이 틀림없다. 왜냐하면 각각의 새로운 종은 이전의 다른 형태들보다 생존 투쟁에 더 유리해진 까닭에 생겨나기 때문이다.

여기서 '고등'하다는 말은 분명 더 발전하고 더 완벽하다는 뜻이다. 확실히 생명 형태들은 자연선택이 진행되면서 더 나아지고 있다. 또한 《종의 기원》의 경이로운 맺음말도 살펴보자. 여러분이 놓칠까 봐 중요한 구절을 굵게 표시했다. 또한 첫 문단의 끝에서 다윈은 자연선택이 "각 존재의 선을 위해" 작동한다고 말한다. 솔직히 말해서 자연선택이 멸종되는 종의 선을 위해 작동한다고 볼 수는 없다. 다윈은 이제껏 진행된 과정의 수혜자, 즉 무엇보다도 인간을 염두에 두고 있었을 뿐이다. 여기서 그는 이 세상은 가능한 모든 세상 가운데서 최상이며, 만약 자연선택이 어떤 특정 종의 선을 위해 작동하지 않았다면 그 종은 단지 중요하지 않은 종일 뿐이라고(다만 번성하는 다른 종에게 혜택을 주기 위해 창조되었을 뿐이라고) 여겼음을 엿볼 수 있다. 따라서 다윈에게 자연선택이란 진보를 보장하는 힘이다.

모든 생명 형태들이 실루리아기보다 훨씬 이전에 살았던 생명 형태들의 후손이므로 우리는 번식에 의한 통상적인 연쇄가 한 차례도 끊긴 적이 없으며 어떤 격변도 온 세상을 황폐하게 만들지 않았다고 여길 수 있다. 따라서 우리는 과거와 마찬가지로 가늠할 수 없을 만큼 길고 안정된 미래도 어느 정도의 확신으로 내다볼 수 있다. 그리고 자연선택은 오로지 각 존재의 선(善)에 의해 그리고 선을 위해 작동하므로 모든 신체적, 정신적 자질도 완전해지는 쪽으로 진보하는 경향이 있다.

어느 무성한 강둑, 여러 종류의 많은 식물들로 덮여 있고 덤불에는 새들이 앉아 있고 다양한 곤충들이 이리저리 돌아다니고 축축한 땅 속을 벌레들이 기어다니는 강둑을 찬찬이 살펴보고, 서로 매우 다르고 아주 복잡한 방식으로 상호 의존하고 있는 이 정교하게 구성된 생명 형태들이 우리 주변에 작동하는 법칙에 의해 전부 생겨났음을 곰곰이 생각해보는 일은 흥미롭다. 이 법칙들은 크게 보자면 **번식을 동반한 성장**, 번식에 뒤따르는 유전, 생명의 외적 조건의 직간접적 작용에서 비롯되는, 그리고 이용과 불용에서 비롯되는 **가변성**, **생존 투쟁** 및 이의 결과로서 **특성의 분화** 및 덜 향상된 생명 형태의 멸종을 수반하는 **자연선택**으로까지 이어지는 높은 증가율이다. 그러므로 자연의 전쟁으로부터, 기근과 죽음으로부터 우리가 상상할 수 있는 가장 격상된 대상, 즉 **고등한 동물**의 생성이 곧바로 뒤따른다. 생명에 관한 이 웅장한 견해에 따르면, 처음에는 여러 가지 힘들이 몇몇 또는 한 생명 형태에 불어넣어졌다가, 이 행성이 중력의 확고한 법칙에 따라 돌고 도는 동안에 아주 단순한 시작에서부터 가장 아름답고 가장 경이로운 무한한 형태들이 지금껏 진화해왔고 지금도 진화하고 있다.

따라서 분명 다윈도 빅토리아 시대의 여느 신사들처럼 진보를 믿었고 자기 발전의 능력이 자연에 내재되어 있다고 믿었던 것이다. 하지만 자연선택이 그런 발전을 일으키는 요소로 믿었다는 점에서는 소수자에 속했던 듯하다. 당시 사람들은 자연선택은 긍정적 효과를 갖기엔 너무나 부정적인 원리이기에 진보 또는 발전의 다른 긍정적 힘에 의해 보완되어야 한다고 여겼기 때문이다.

다윈의 진화론이 몰고 온 여파

종교, 사회과학, 생물학

T. H. 헉슬리는 1887년에 이렇게 썼다.

> 뉴턴의 《프린키피아》가 출간된 이후 인간의 손에 들어온 자연 지식 영역의 확장을 위한 가장 강력한 수단은 다윈의 《종의 기원》이다.

이후 생물학의 전개 과정을 볼 때 그의 말을 쉽게 수긍할 수 있다. 심지어 물리학의 최근 발전에 비추어보아도 타당한 말이다. 다윈의 《종의 기원》은 과학사에서 가장 중요한 텍스트 중 하나이며, 상이한 여러 분야의 후대 사상가들에게 엄청난 영향을 미친 중요한 자료가 되었다. 여기서 우리는 그 책이 당시뿐 아니라 후대 문화의 세 가지 주요 영역, 즉 종교, 사회과학, 생물학에서 어떻게 받아들여졌는지 살펴본다.

종교적 반응

다윈주의가 종교적 신념에 해롭다는 인상에도 불구하고, 진화론을 옹호하는 이전의 시도들에 대해서 그랬던 것처럼 다윈의 이론에 대한 일치된 종교적 반응은 없었다. 로마 가톨릭교회는 공식 선언을 하지 않았으며 프로테스탄트 교회의 여러 분파들은 무반응에서부터 격렬한 반대에 이르기까지 여러 상이한 노선을 취했다. 19장 말미에서 보았듯이, 비록 진화에 반대한 분파들이 소수였음에도 현대의 세속 역사가들이 보기에는 그들이 전체적인 반응의 대표자처럼 간주되는 경향이 있었다. 이 역사가들은 기독교 내의 신학적 입장 차이에는 관심이 거의 또는 아예 없거나, 일부 경우에는 종교적 신념 일반을 과학에 해로운 것으로 여기는 성향이 매우 강했기 때문이다.

한 예로 영국 국교회의 공식적인 반응을 살펴보면, 다윈의 《종의 기원》은 후대의 세속 과학자 및 역사가들이 응당 예상하는 바와 달리 결코 골치 아픈 문젯거리로 여겨지지 않았음을 알 수 있다. 이와 대조적으로 기독교계의 역사가들은 다윈주의가 영국 국교회의 지도자들에 관한 문제에 비해 훨씬 부차적인 사안이라고 여겼다. 당시 영국 국교회주의 전통은 훨씬 더 큰 위협에 처해 있었다.

첫 번째로 언급할 점은, 역사가들이 대체로 인정하듯이 빅토리아 시대는 대중적 무신론의 첫 시대였다. 이미 교회는 사회에 중요한 존재로 인정받으려고 고군분투하는 처지였다. 시인 매슈 아놀드가 재치 있게 썼듯이 한때 "신앙의 바다"였던 교회는 그 무렵에 이미 "길게 끌며 음울하게 사라져가는 함성"으로 뒷걸음치고 있었다. 아놀드와 마찬가지로 당시 많은 사람들이 보기에도 세상에는 "정말이지 기쁨도 사랑도 빛도 없으며/ 확신도 평화도 고통에 내미는 손길도 없었다.”

게다가 교회는 내적인 문제에도 시달리고 있었다. 18세기 초부터 성경 자체가 분석 대상이 되어 문헌학자는 성경의 언어를 연구했고 역사가들은 성경 내용의 진실성을 탐구했다. 예를 들어 1753년에 프랑스의 문헌학자 장 아스트뤽(Jean Astruc, 1694~1766)은 모세가 받아쓰셨다고 알려진 〈창세기〉가 사실은 문헌학적으로 구별되는 (학자들에 의해 J 출처와 E 출처로 명명된) 두 개의 개별 출처를 모아서 이루어졌음을 증명했다.

이런 종류의 학문적 연구에 뒤이어 역사적 출처로서 성경의 지위가 면밀히 조사되었다. 1784년 독일 철학자 G. E. 레싱(Gotthold Ephraim Lessing, 1729~1781)은 《역사가로 알려진 복음사가들에 관한 새로운 가설》을 썼다. 아마도 이런 경향의 정점은 독일 학자 D. F. 슈트라우스(David Friedrich Strauss, 1808~1874)가 1836년에 쓴 《비판적으로 조사한 예수의 생애》인데, 이 책은 1846년에 조지 엘리엇이란 필명으로 더 잘 알려진 메리 앤 에번스(Mary Ann Evans, 1819~1880)에 의해 영어로 번역되었다. 슈트라우스는 복음서들이 모두 예수가 죽은 지 한참 지난 후인 2세기 초에 처음 쓰였음을 밝혀냈다.

성경에 대한 진지한 학문 연구가 이루어지면서 영국 국교회의 학식 있고 지적인 신도들은 성경이 물질계에 관한 어떠한 논의에도 적합하지 않다는 견해에 이미 기울고 있었다. 성경 저자들도 보통의 인간인지라 아무리 신의 은총에서 영감을 얻었다고 해도 과학에는 무지했던 것이다.

하지만 영국 국교회 성직자 중에는 아직도 성경 연구에 관한 이런 발전을 모르는 사람이 많았다. 그러다가 1860년에 《논문과 평론*Essays and Reviews*》이라는 짧고 명쾌한 제목의 책이 출간되면서 그동안 갇혀 있던 진실이 세상에 드러났다. 이 책은 (놀란 일부 보수적 사상가들이 셉템 콘트라 크리스툼(septem contra Christum, 그리스도에 반대하는 일곱 명)이라고 부른) 일곱 명의 저자가 쓴 일곱 편의 글로 이루어졌는데, 각각 종교에 대한 새로운 학문 연구의 상이한 측면을 다루었다. 저자들에는 당시 럭비 스쿨의 교장으로 있다가 나중에 캔터베리 대주교가 된 프레더릭 템플(Frederick Temple, 1821~1902), 옥스퍼드 볼리올 칼리지의 학장 벤저민 조웨트(Benjamin Jowett, 1817~1893) 그리고 옥스퍼드 대학의 기하학 교수이자 나중에 보이스카우트 운동을 창설한 로버트 베이든-파월의 아버지인 베이든 파월(Baden Powell, 1796~1860) 등이 포함되어 있었다. 베이든 파월은 자신이 적극적으로 지지하는 다윈 이론을 포함하여 당시 과학과 종교의 관계를 주제로 삼았다.

이 책은 독실한 신자들에게 센세이션을 일으켰는데, 그 이유는 다윈을 지지했기 때문이 아니라 성경에 관한 최신 연구를 받아들여 성경이 하느님의 말을 곧바로 받아 적은 텍스트가 아님을 인정했기 때문이다. 빅토리아 시대 영국에 신앙의 위기가 있었다면, 그것은 《논문과 평론》 때문이지 결코 《종의 기원》 때문이 아니었다.

독실한 신앙을 지닌 사상가들은 다윈과 종교적 신념의 갈등을 피할 두 가지 방법을 알고 있었다. 첫 번째 방법은 분리주의로서, 과학과 종교는 서로 별개이며 세계를 이해하기 위한 완전히 다른 접근법이라는 생각이다. 이 태도는 베이든 파월이 《논문과 평론》에 쓴 다음 글에 깔끔하게 요약되어 있다.

과학적으로 드러난 진리는 본질적으로 (종교와는) 다른 속성이며, 만약 둘을 서로 결합하여 통일시키려고 한다면 이는 서로 합쳐질 수 없는 것을 합치려는 시도일 뿐이어서 필연적으로 둘 다를 해치게 된다. ……
물질 과학에서는 물질적 측면의 귀납과 증명에 엄격히 치중해야 하고,
종교적 탐구에서는 도덕적 증명에 치중해야 한다. 이 둘을 결코 혼동해
서는 안 된다.

마찬가지로 철학자이자 버지니아 울프의 아버지인 레슬리 스티븐 경
(Sir Leslie Stephen, 1832~1904)은 "다윈에게 모든 것을 기꺼이 인정한다.
왜냐하면 별로 중요하지 않으니까. 중요한 사실 하나는 어찌 되었든 간
에 내가 여기 있다는 것이다"라고 선언했다. 달리 말해 스티븐은 인류
가 어떻게 존재하게 되었는지에 관심이 없었다. 왜냐하면 그것은 인간
이 도덕적 존재라는 부정할 수 없는 사실과는 (그가 믿기에) 아무런 관련
이 없기 때문이다.

다윈주의에 대처하는 두 번째 방법은 그것을 자연신학의 전통과 통
합시켜버리는 것이다. 물론 그리 어려운 일이 아니었다. 왜냐하면 다윈
주의 자체가 18세기 이후 영국에서 발전해온 자연신학의 전통에서 자
라났기 때문이다. 기억하다시피 맬서스도 영국 국교회 성직자이자 자
연신학자였다. 성직자들은 다윈의 이론을 단지 뉴턴 시대 이후로 줄곧
그들이 당연하게 여겼던 전통적인 자연신학의 더욱 정교한 버전으로
간주하면 그만이었다. 신은 오늘날 우리가 보는 세상으로 이어지도록
자연법칙들을 통해 시간의 흐름에 따라 모든 현상이 발전하도록 설계
해놓았다고 여겼던 것이다.

그랬기에 가령 찰스 킹즐리(Charles Kingsley, 1819~1875), 옥스퍼드 대
학의 역사학 교수이자 소설가(한때 인기 있던 어린이 책인 《물의 아이들》의
저자)인 이 사람은 《종의 기원》을 읽고 나서 곧바로 다윈에게 이런 편지

를 보냈다.

> 하느님은 모든 것을 만들 수 있을 만큼 현명하심을 옛날부터 우리는 알
> 고 있습니다. 하지만 가만히 보니 그분께서는 그보다 훨씬 더 현명하시
> 어 모든 것이 스스로 생겨나게 할 수 있습니다. …… 나는 이것이 신성
> 의 고상한 개념임을 차츰 알게 되었고, 프로 템포레〔pro tempore, 그 시기
> 에〕 그리고 프로 로코〔pro loco, 그 장소에〕 필요한 모든 형태로 스스로 발전
> 할 수 있는 원시적 생명 형태들을 그분께서 창조했음을 믿게 되었고, 아
> 울러 그분 스스로 만드신 빈틈을 채우기 위해 어떤 새로운 개입 활동을
> 필요로 하셨음도 믿게 되었습니다.

특정한 시기와 장소에 '필요한 형태들'에 관해 킹즐리가 언급한 것을
볼 때, 초기의 생명 형태들이 지구 환경의 발전에 이바지했고, 그 결과
마침내 인간이 살기에 적합한 지구가 되었다는 지질학 전통을 그는 알
고 있었음이 분명하다.

베이든 파월은 《논문과 평론》에서 비슷한 관점으로 이렇게 말했다.

> 가장 권위 있는 한 동식물학자가 쓴 책이 바야흐로 출간되었다. 바로 다
> 원이 쓴 방대한 분량의 《종의 기원》이 그것인데, 자연선택 법칙에 의한
> 진화를 논한 이 책은 초기 동식물학자들에게 오랫동안 배척되어온 바로
> 그 원리—자연적 원인에 의한 새로운 종의 생성—를 부정할 수 없는 근
> 거를 가지고 입증하고 있다. 이 책은 스스로 진화하는 자연의 능력에 관
> 한 위대한 원리를 지지하는 전적으로 혁신적인 견해를 불러일으킬 것이
> 틀림없다.

하지만 이 모든 내용은 단지 베이든 파월이 말한 대로 "창조주의 위대한 관점"을 가리킬 뿐이다.

이와 비슷하게 스코틀랜드의 뛰어난 신학자인 헨리 드러먼드(Henry Drummond, 1851~1897)는 다윈의 이론이 "자연신학이 이룩한 진정으로 아름다운 결과물"이라고 선언했다. 마찬가지로 당대의 뛰어난 침례교 신학자였던 A. H. 스트롱(A. H. Strong, 1839~1921)은 1907년에 나온 《조직신학Systematic Theology》에서 이렇게 썼다. "우리는 진화의 원리를 인정하지만, 다만 그것이 신의 뜻을 실현하는 방법이라고 여길 뿐이다."

이런 관점은 전혀 놀라울 게 없다. 어쨌거나 다윈도 스스로 신앙을 버리기 전에 지녔던 바로 그 견해였으니 말이다. 예를 들어 1842년에 그가 공책에 쓴 구절을 살펴보자.

> 그것은 우리가 알기로 창조주가 물질에 부여한 법칙과 일치한다. 생명 형태들의 생성과 멸종은 개체의 탄생과 죽음처럼 2차적 법칙들의 결과임이 분명하다(다윈은 신의 창조 법칙을 1차적 법칙으로, 그 외의 자연법칙을 2차적 법칙으로 본 듯하다—옮긴이). 무수히 많은 체계들의 창조주가 이 지구의 육지와 물속에서 매일 떼 지어 기어다니는 수많은 기생충들과 끈적거리는 벌레들을 일일이 창조했다고 보는 견해는 경멸스럽다.

신은 끈적거리고 혐오스러운 생명체들을 일일이 직접 창조하지 않았다고 썼지만, 다윈은 이들이 생명의 전체 체계 내에서 유용한 역할을 하리라고 기대했기에, 이들이 진화에 의해 이전 종들로부터 출현할 수 있게끔 생명의 법칙들을 마련했다.

따라서 웨스트민스터 사원의 부주교였던 프레더릭 파라(Frederic

Farrar, 1831~1903)가 1882년 다윈의 장례식 추모 연설에서 이렇게 말한 것은 전혀 위선이 아니었다.

> 고인은 세상의 조롱 섞인 편견과 무지로 인해 오랫동안 유물론자로 불렸습니다. 하지만 저는 고인의 모든 글에서 유물론의 흔적을 단 한 군데도 찾을 수 없었습니다. 제가 읽어보니 고인의 글들은 하나같이 하느님의 업적을 매우 깊이 숭배하는 심오한 존중의 마음에서 우러나온 건전하고 고상하며 균형 잡힌 경외감으로 가득 차 있습니다.

파라는 다윈이 《종의 기원》을 출간하기 얼마 전에 기독교를 버렸다는 사실을 몰랐다. 비록 알았다손 치더라도 파라는 다윈주의자이면서 동시에 하느님을 믿는 것이 가능하다고 여겼을 것이다. 게다가 다윈의 장례는 국장으로 치러졌고 웨스트민스터 사원에 묻혔다는 사실도 이를 뒷받침한다(상자글 21.1).

1860년에 간행된 《논문과 평론》의 저자 중 한 명인 프레더릭 템플은 1896년에 캔터베리의 대주교가 되었다. 그전인 1884년에 종교와 과학에 관한 연례 뱀프턴 강연에서 그는 "다윈의 이론은 설계에서 비롯된 주장을 이전보다 훨씬 더 강하게 만들었다"라고 선언했다. 물론 '설계에서 비롯된 주장'이란, 세상의 복잡한 현상들이야말로 지적인 창조자에 의해 설계되었다는 온갖 증거를 제공하기에 신의 존재를 증명해준다는 뜻이다.

다윈의 책은 1859년 출간된 지 몇 시간 만에 다 팔려버렸다. 일반 대중들이 책을 샀기 때문에 가능한 일이었다. 만약 동식물학자들만 샀다면 책이 품절되지는 않았을 것이다. 이런 의문이 생긴다. 왜 그렇게 인

1860년에 다윈은 "거미줄 속의 가엾은 파리는 세상이 무한히 현명하고 무한히 선하며 무한히 강력한 하나의 존재에 의해 설계되었을 리가 없다는 증거"라고 여겼던 정치적 급진주의자들의 견해에 공감하며 한 동료 동식물학자에게 보낸 편지에서 이렇게 썼다. "고백하건대 나는 다른 사람들처럼 순순히 그리고 내 바람대로 우리 모두에게 이로운 (세상의) 설계와 자비로움의 증거를 찾을 수 없네. 세상에는 너무나 많은 고통이 있는 것 같다네. 자애롭고 전능한 하느님이 분명한 의도를 갖고서 맵시벌이 살아 있는 애벌레의 몸을 먹고 살도록 만들었다거나 고양이가 쥐를 갖고 놀게끔 만들었다고는 결코 생각하지 않네."

맵시벌은 말벌의 일종으로 유충일 때는 살아 있는 살을 파먹고 살아야 하기에, 이 말벌은 애벌레를 침으로 마비시켜 애벌레 몸속에다 알을 놓는다. 알이 부화하여 나온 유충은 살아 있는 애벌레의 몸속에서 살을 파먹으면서 자란다.

결국 다윈은 (열혈 진화론자가 되고 오랜 세월이 흐른 후) 아끼던 열 살짜리 딸 애니가 죽고 나서 1851년에 기독교 신앙을 버렸다. 진화론을 믿으면 무신론자라고 여긴다면 이는 잘못된 생각이다. 다윈은 오랫동안 기독교 신자이면서도 동시에 진화론자였으며, 만약 어린 딸이 중병에 걸려 죽지 않았다면 계속 기독교 신자로 남았을지 모른다. 게다가 어떤 편지의 답장에서 다윈은 누구라도 "열렬한 유신론자이면서 진화론자"일 수 있고 자신은 "이전에는 무신론자가 아니었다"라고 밝히기도 했다.

기가 있었을까?

답은 다음 사실에서 찾을 수 있다. 빅토리아 시대 영국의 학식 있는 대중은 서로 밀접하게 관련된 두 전통인 자유방임적 정치경제학 전통과 자연신학 전통, 즉 모든 것이 신의 계획이며 자연법칙에 의해 작동하고 진보의 원리가 이 세상에 내재되어 있다고 보는 전통을 그 책이 과학적으로 확인해준다고 여겼다. 신자, 비신자를 막론하고 이것이 당시에 지배적인 사상이었다(신자로서는 신이 중요한 역할을 한다니 찬성했고, 무신론자로서도 자연법칙이 사물의 본성에 내재해 있으며 사물이 발전하고 진보하는 경향은 신이 부여한 것이 아니라 자연의 속성일 뿐이라고 보았으니 마음에 드는 사상이었다).

하지만 대안적인 견해도 있었는데, 사실 여러 대안적 견해들이 나와야 마땅하다. 1865년에 한 신학자가 쓰기를, 만약 다윈 이론이 옳다면 성경은 "참을 수 없는 허구"이므로 기독교도들은 전부 "엄청난 거짓"에 이제껏 속아온 것이냐고 반박했다. 하지만 이 신학자는 어떤 의미에서 성경이 허구임을 밝힌 학문적 연구를 전혀 몰랐음이 분명하다. 한편 더욱 근본주의적 접근법도 나타났다. 1871년 《패밀리 헤럴드*Family Herald*》의 사설은 "다윈주의가 옳다면 사회는 반드시 붕괴될 것이다"라고 선언했다.

권위 있는 프린스턴 신학교의 총장 찰스 호지(Charles Hodge, 1797~1878) 교수는 이렇게 썼다.

다윈의 이론은 수억 또는 수십억 년 전에 하느님이 살아 있는 한 세균 또는 세균들로 하여금 존재하라고 명하셨고, 그때 이후로 하느님은 마치 존재하지 않기라도 한 듯이 우주와 아무런 관계를 맺지 않았다는 말이다. 이는 의도와 목적 면에서 명백히 무신론이다.

호지 교수는 칼뱅주의자였기에 신은 모든 가능한 세계 중에서 그나마 최상의 것을 창조했다고 믿었던 자연신학 전통과 매우 동떨어져 있었다. 칼뱅주의자들은 신의 의지는 완전히 자유롭다고 주장하면서 신은 가능한 세계 중에서 그나마 최상의 것이 되게끔 애쓸 필요 없이 자신이 원하는 대로 세상을 창조할 수 있다고 믿었다. 칼뱅주의자들은 신은 선한 존재이므로 최상의 세상을 창조해야 마땅하다는 주장을 신의 자유를 제약하는 요소로 보고 이를 받아들이지 않았다. 대신 칼뱅주의자들은 악의 문제에 대해 전혀 다른 접근법을 택했다. 즉 인간은 신의 뜻을 이해할 수 없으며 그분의 의도와 목적의 깊이를 결코 헤아릴 수 없다고 보았다. 호지의 신학은 앞서 나온 대로《창조의 자연사의 흔적들》을 비판했던 휴 밀러의 사상에 가까웠다(19장).

빅토리아 시대의 진보에 대한 믿음과 더불어 세상에는 발전과 향상의 원리가 내재해 있다는 믿음은 세계 역사상 가장 광범위한 제국의 하나인 빅토리아 제국의 몰락과 함께 사라지기 시작했다. 1차 세계대전(1914~1918)이 그런 믿음에 마지막 조종을 울렸다. 이 시기 동안 다윈주의 과학자들은 신의 뜻에 의해 세상이 설계되었다는 주장을 무너뜨릴 수 있는 어떤 메커니즘을 다윈이 (필경 자신도 알아차리지 못한 채) 내놓았음을 깨달았다. 자연선택은 설계되었음이 마땅해 보이는 결과를 초래했다고 볼 수도 있지만, 사실은 방대한 시간에 걸쳐 무작위적 사건과 변화들에 의해 우연히 그러한 결과로 이어졌을 뿐이다.

과학자들은 갈수록 설계론의 바탕인 신의 존재를 거부했다. 따라서 영국 국교회 및 로마 가톨릭 등의 주류 교회들은 소속 지도자들이 매우 학식 있는 사람들인지라 설계 주장을 멀리하고 점점 더 분리주의 노선을 택했다. 즉 종교는 과학과 다른 영역에서 작동하며 자연의 진리가 아니라 도덕적 가치에 관한 것이라고 주장했다(상자글 21.2).

이보다 더 소수파인 교회들, 특히 오늘날 근본주의 교파라고 종종 일컬어지는 다양한 복음주의 개신교 분파들은 앞의 경우와는 달리 설계 주장을 채택해 다윈주의에 맞서려고 했다. 이 방법은 특히 미국에서 유행했는데, 그렇게 된 데에는 매우 구체적인 이유가 있었다. 미국 헌법은 종교의 자유를 인정했지만 학교에서 종교 교육을 하는 것은 금지했기에 모든 학교 교육은 완전히 세속적으로 이루어져야 했다.

이를 피하기 위해 미국의 많은 복음주의 단체들은 창조론을 과학적 가설로 제시하자는 발상에 공감했다. 과학적 성향을 지닌 이들 교회의 신자들은 창조에 관한 성경의 내용이 문자 그대로 참임을 뒷받침할 증거와 주장들을 모았다. 그들은 자신들의 견해를 신중하게 내놓긴 했지만 어디까지나 가설일 뿐이었다. 창조론은 하나의 과학적 가설로 제시되었다.

그런데 덩달아 다윈주의도 하나의 가설일 뿐 증명된 과학적 사실이 아니라는 주장이 제기되었다. 그들은 이 점을 밝히고자 다윈 이론을 직접 비판하기도 하고 좋은 과학 또는 좋은 과학적 방법이 무엇인지에 대한 과학철학자들 간의 의견 불일치를 교묘히 이용하기도 했다. 이들 종교 집단의 최종적인 주장은 따라서 창조론과 다윈주의는 학교의 과학 수업에서 동등하게 다루어져야 한다는 것이었다.

지금까지 미국의 복음주의자들은 학교에서 창조론 교육을 허용하도록 입법부를 설득하는 데 실패했다. 그러한 시도의 배경은 어쨌든 다윈주의를 부정하기 위해서라기보다는 미국 헌법의 규정에도 불구하고 공립학교에서 신앙 교육을 하기 위함이었다.

다윈주의와 사회 이론

16장에서 보았듯이 뉴턴의 업적은 18세기 사상가들에게 깊은 인상을 주었기에, 많은 이들은 뉴턴의 방법이 자연철학이나 과학의 모든 문제를 해결할 수 있을 뿐 아니라 바로 그 방법을 이용해 심리학과 도덕 이론 그리고 올바른 사회 운영에 관한 이론 등을 포함하여 인간에 관한 새로운 학문을 개발할 수도 있다고 여겼다.

뉴턴주의 방법을 확장시켜 거둔 가장 빛나는 성과는 아마도 애덤 스미스가 《국부론》에서 펼친 정치경제학의 원리일 것이다. 스미스는 주장하기를, 사회의 작동 원리에서는 개인의 이익 추구 원리와 더불어 수요와 공급의 경제법칙이 만유인력과 운동의 법칙에 해당한다고 했다. 그 결과 정치학과 경제학에서 자유방임주의 이론들이 생겨났다. 정치경제학의 법칙들이—자연의 법칙과 똑같이—신에 의해 확립된 이상 그 법칙들로부터 나온 것은 모두 틀림없이 좋은 것이라고 가정했기에(알렉산더 포프의 말, "존재하는 것은 무엇이든 옳다"를 기억하자), 스미스와 후대의 정치경제학자들은 이 법칙들에 간섭하지 않는다는 노선, 따라서 최소한의 정치적 개입을 옹호했다. 자유방임주의는 바로 그런 의미였다.

이는 곧바로 토머스 맬서스의 《인구론》으로 이어졌다. 이를 통해 다윈은 진화론적 변화를 설명하는 데 필요한 메커니즘, 즉 그가 자연선택이라고 명명한 개념을 알아차렸는데, 또 한 명의 자유방임주의 사회 이론가인 허버트 스펜서(Herbert Spencer, 1820~1903)는 이를 적자생존이라고 불렀다.

그 무렵 무슨 일이 있었는지 자세히 살펴보자. 스미스와 맬서스 같은 사회 이론가들은 자신의 이론을 강화하고자 그 이론들이 (뉴턴의 원리와 이 질문에 대한 답으로, 세속적인 세계관에서는 종교를 미신적인 헛소리라고 치부하고서 으레 과학적 세계관에 반대했을 것이라고 지레짐작하는 태도를 먼저 꼽을 수 있다. 여기에는 역사가들의 책임도 있는데 이들은 신학 연구 또는 종교 신자들이 실제로 믿는 바에 대해서는 관심이 없던 터라 과학과 종교는 서로 양립할 수 없는 적대적인 견해라고 가정했다.

하지만 요즘의 인식에 영향을 미친 또 하나의 중요한 요인은 빅토리아 시대 후반에 일군의 세속 과학자들이 전개하기 시작한 고의적인 반종교 운동이다. 넓게 보자면, 이 운동은 과학자의 전문적 지위를 높이고 과학자만이 제대로 다룰 수 있는 지적인 '영역'을 확립하기 위한 전략이었다.

19세기 초반 영국 과학의 특징은 아마추어 정신, 귀족의 후원, 빈약한 정부 지원, 제한된 고용 기회 그리고 교회 주도의 대학들에 주변적인 학문으로 포함되기 등이었다. 과학 분야의 공식적인 자리들은 종종 자연신학에 관심을 가진 덕분에 자연 지식 전문가로 평판을 얻은 성직자들이 맡았다. 19세기 중반에는 장차 과학자가 될 많은 세속인들이 빠르게 성장했지만 이들은 성직자들과의 경쟁에서 밀려 일자리를 찾거나 과학 분야에서 경력을 쌓기가 어려웠다. 따라서 일군의 세속 과학자들은 과학과 종교는 서로 보완적이라는 지배적인 가정에서 벗어나 종교적 고려와 무관하게 과학적 전문지식의 중요성을 강조하였다. 과학과 종교 간의 동맹은 서로에게 유익하다는 뿌리 깊은 가정에 맞서서 그들 중 일부는 투쟁을 해야 한다고 절감했다. 프랜시스 골턴(Francis Galton)은 《과학계의 영국인들: 그들의 본성과 양육》(1674)이라는 책에서 자신에게 불리한 말인데도 "과학 연구는 성직자의 기질과는 맞지 않는다"라고 선언했다. 뉴욕 대학의 화학 및 식물학 교수인 존 드레이퍼(John Draper, 1811~1882)와 코넬 대학의 설립자 앤드류 딕슨 화이트(Andrew Dickson White, 1832~1918)는 그때까지 별로 주목받지 못했던 주제를 드러내기 위해 편파적이고 노골적으로 왜곡된 두 역사서를 내놓았다. 《종교와 과학 간의 갈등의 역사*The History of the Conflict Between Religion and Science*》(드레이퍼, 1874), 《과학과 기독교 신학 간의 전쟁사*The History of the Warfare of Science with Theology*》(화이트, 1896). 다른 사람들, 가령 T. H. 헉슬리, 영국 왕립연구소의 물리학 교수 존 틴들(John Tyndall, 1820~1893), 수학자 W. K. 클리퍼드(W. K. Clifford, 1845~1879), 다윈의 친구인 조지프 후커(Joseph Hooker, 1817~1911) 등은 과학의 전문화를 촉진하고 성직자들의 이익을 배척하는 데 힘을 합쳤다. 유명한 과학 학술지 《네이처*Nature*》가 이런 운동의 일환으로 천문학자이자 분광학자인 노먼 로커(Norman Lockyer, 1836~1920)에 의해 1869년에 창간되었다. 다윈주의가 이 운동에서 큰 주목을 받았다. 왜냐하면 자연선택은 자연계가 겉으로는 설계된 듯 보이지만 사실은 서식지의 선택 압력에 영향을 받는 무작위적인 변이들의 결과임을 설명할 방법으로 여겨졌기 때문이다. 이로써 다윈주의는 노골적으로 지적인 창조자의 필요성을 부인하는 무신론적 이론이 되었다.

이 모든 일이 무신론이 점점 더 팽배해지던 시기에 일어났기에, 종교에 적대적인 새로운 과학관은 다윈주의를 든든한 기반으로 삼아 사람들의 마음을 얻었고, 이후 대중의 의식에 확고히 자리 잡았다.

비슷한) 타당한 과학적 원리에 근거하고 있고, 증명된 과학 전통(뉴턴주의)에서 도출되었다고 주장했다. 하지만 19세기 중반에 사회 이론과 경성과학(hard science)이 긴밀한 관계가 있다는 주장은 매우 빈약해 보였다. 그런 사회 이론들은 뉴턴 물리학에 나오는 이론들과는 한참 거리가 멀었으니 말이다. 하지만 곧이어 다윈이 나타났는데 그는 토머스 맬서스에게서 한두 가지 개념을 빌려와, 적어도 T. H. 헉슬리가 보기에 단일 사례로서는 뉴턴 이래 과학 이론에 가장 큰 기여를 했다. 그 결과 다시 한 번 사회 이론은 최상의 과학 전통에서 비롯되었다고 주장할 수 있게 되었다. 허버트 스펜서는 이렇게 말했다. "적자생존의 진리, 생물학이 사회학에서 빌려온 이 개념이 엄청난 관심을 받으며 돌아왔다." 달리 말해 사회 이론은 다윈이 자신의 사상을 사회 이론에서 빌려왔다는 사실로부터 엄청난 이득을 보았다.

따라서 《종의 기원》이 출간된 이후에 이런 유형의 정치경제학 및 이와 관련된 사회정치적 이론을 가리키는 새로운 이름이 등장했다. 바로 사회적 다윈주의(Social Darwinism)가 그것이다.

사회적 다윈주의의 기본 가정은 인간은 사회적 동물로서 적자생존의 원리에 따라 발전해왔다는 것이다. 하지만 사상가들은 자신이 원하는 특정 노선에 따라 여러 상이한 방식으로 이 기본 사상을 발전시켜나갔다.

가령 어떤 측면에서 보자면 이 사상은 맬서스의 《인구론》에 나오는 유형의 사상들—일례로 결국 이로움보다 해로움이 크다는 이유로 빈민 구제에 반대하는 주장—을 확장시킨 것일 뿐이다. 예를 들어 허버트 스펜서가 1851년에 자신의 책 《사회 정역학Social Statics》에서 언급한 다음 구절을 보자.

우리가 보기에 온 세상 가득 어떤 엄격한 원리가 작용하고 있는데, 이것이 매우 좋은 것일지 모른다는 말은 조금 냉혹한 말이긴 하다. 열등한 생명체들에 만연해 있는 보편적 생존 투쟁의 상태는 많은 훌륭한 사람들에게는 매우 당혹스럽게 보이지만 실제로는 여건이 허락하는 한에서 가장 자비로운 일이다. …… 무능한 자의 가난, 경솔한 자에게 닥치는 고난, 게으른 자의 굶주림 그리고 강자에 의한 약자의 떠밀림은 많은 이들에게 '힘겨움과 고통'을 주긴 하지만 원대한 자비의 칙령이다. 아무리 노력해도 극복할 수 없는 비숙련 기술자에게는 굶주림이 뒤따를 수밖에 없다는 말은 냉혹하게 들린다. 병이 들어 일을 못하는 노동자는 더 능력 있는 동료들과의 경쟁에 뒤져 궁핍할 수밖에 없다는 말은 냉혹하게 들린다. 과부와 고아들이 사느냐 죽느냐의 기로에 처한다는 말은 냉혹하게 들린다. 그럼에도 불구하고 개별적으로 보지 않고 보편적인 인류의 이익과 연결 지어 살펴보면 이런 냉혹한 치사율은 최상의 자비로움으로 가득 차 있다. 병든 부모의 아이들을 일찍 무덤으로 보내거나 정신적으로 열등한 자들, 무절제한 자들 그리고 전염병에 걸려 쇠약해진 자들을 솎아내는 것도 바로 이 자비로움이다.

주목할 점은 이 책의 제목이다. 《사회 정역학》이라는 제목에서 드러나듯이 이 책은 어떻게 사회가 안정된 상태, 즉 일정한 또는 완벽하게 균형 잡힌 상태로 계속 기능하는지를 다루고 있다. 스펜서는 적자생존의 원리를 사회가 평형 상태를 유지하는 데 필수적인 요소라고 보았다. 또 한 가지 주목할 점은 이 책이 《종의 기원》이 나오기 8년 전인 1851년에 출간되었다는 사실이다. 따라서 처음 나왔을 때는 사회적 다윈주의로 불리지 않았을 테지만, 지금 되돌아보면 이후 전개될 운동을 전적으로 대표하는 내용이라고 볼 수 있다. 따라서 (이전에 찰스 웰스, 패트릭 매슈 및 앨프리드 러셀 월리스 같은 저자들이 언급한) 다윈주의와 마찬가지로 사회적 다윈주의도 빅토리아 시대 영국에서는 어떤 의미에서 '미확정적인' 상태였다.

후기 다윈주의의 사례로, 버지니아 울프의 아버지이자 빅토리아 시대의 뛰어난 문필가인 레슬리 스티븐 경이 1893년에 쓴 〈불가지론자의 사과(謝過)〉라는 제목의 글 중 다음 구절을 살펴보자.

자선은 미덕이라고들 한다. 하지만 자선은 거지를 늘리기에 나약한 사람들을 양산하는 경향이 있다. 따라서 이 도덕적 특성은 한 국가의 활력을 줄이는 경향이 있다. 물론 이에 대한 해답은 명백하며, 나는 헉슬리 교수가 이제껏 나와 같은 의견이라고 확신한다. 따라서 뒤처진 계층을 길러내는 모든 자선 행위는 비도덕적이다.

그 결과 사회적 다윈주의는 빅토리아 시대 자본주의의 경쟁적 정서를 뒷받침하는 데 이용되었고, 아울러 유명한 '빅토리아 가치들', 가령 가끔은 잔인해질 필요가 있다거나 자선은 가정에서 시작된다는 믿음을 칭송하는 데 이용되었다.

마찬가지로 미국의 백만장자 J. D. 록펠러(J. D. Rockefeller, 1839~1937)는 다윈주의 관점에서 대기업의 치열한 경쟁 체제를 옹호했다.

대기업의 성장은 적자생존의 결과일 뿐이다. …… 바라보는 이가 환호성을 터뜨릴 정도로 자태와 향기가 뛰어난 '아메리칸 뷰티' 장미를 재배하려면 그 주변에서 자라나는 어린 싹들을 희생시켜야만 한다. 이것은 기업 활동에서 악한 일이 아니다. 자연의 법칙 및 신의 법칙에 따르는 일일 뿐이다.

이것은 사회적 다윈주의의 주요 가정의 완벽한 예다. 다시 말해, 기업이나 산업 체제는 우리의 짐작처럼 그 체제를 설립한 인간들이 만든 법칙과 규칙을 따르는 것이 아니라 거부할 수 없는 자연법칙을 따른다고 사회적 다윈주의는 가정한다. 이런 사고는 알렉산더 포프, 애덤 스미스 그리고 이 모든 내용을 준비한 초기의 뉴턴주의 사상가들 이래로 줄곧 자리 잡아왔다.

윌리엄 G. 섬너(William Graham Sumner)의 사례도 살펴보자. 하버드 대학교의 교수였던 그는 자신보다 더 강의를 잘하는 사람이 있다면 기꺼이 교수 자리를 넘겨주겠다고 호언장담했다. 그는 〈사회주의자에게 답하며〉라는 글에서 이렇게 썼다.

'체제 바꾸기'에 대해 말할 때 우리는 그것이 삶의 모든 행운과 불운을 없앤다는 뜻임을 이해해야 한다. 차라리 폭풍, 지나친 더위와 추위, 토네이도, 전염병, 질병 및 다른 불운을 없애는 편이 낫다. 가난은 생존 투쟁에 속하는 것이고, 우리 모두는 태어난 이상 이 투쟁에 뛰어든다.

이는 사회적 다원주의가 개인주의 및 자본주의에 응용된 사례다. 하지만 바로 이 이론들에는 더 적합한 국가(또는 인종 집단)가 살아남는다는 민족주의적 차원도 존재한다.

월터 배젓(Walter Bagehot, 1826~1877)을 살펴보자. 그는 《물리학과 정치학 또는 '자연선택'과 '유전'의 원리를 정치사회에 적용하는 것에 관한 고찰》이란 제목의 책을 1872년에 출간했다. 배젓의 지적에 따르면, 강한 나라가 언제나 약한 이웃 나라를 지배했으며, 그렇게 함으로써 문명의 진보에 기여했다고 한다. 열등한 나라는 멸망하거나 아니면 자신을 지배한 나라의 우월한 문화를 받아들여야 한다.

따라서 사회적 다원주의는 제국의 식민주의를 '과학적으로' 정당화하는 수단으로 이용되기에 이르렀다. 물론 이때는 대영제국이 인류 역사상 처음으로 가장 큰 위세를 떨치던 시기였다. 또한 바로 이 무렵에 아메리카 원주민 문화는 우월한 앵글로아메리카 문화에 의해 (대체로 종족

학살의 방법으로) 조직적으로 억압받고 있었다. 마찬가지로 보수적인 사회복음 운동의 창시자이자 열정적인 미국 제국주의자인 조사이어 스트롱(Josiah Strong, 1847~1916) 목사는 필리핀의 식민화를 옹호하면서, 그것이 "세계 전체에 그리고 특히 필리핀 사람들에 대한 미국의 의무"라고 주장했다. 찰스 다윈도 1881년에 서신을 주고받던 지인에게 보낸 편지에 이렇게 썼다.

> 자연선택에 따른 생존 투쟁은 당신이 인정하는 것보다 훨씬 더 문명의 진보에 기여했고, 지금도 기여하고 있습니다. …… 더 문명화된 이른바 코카서스 인종(백인)이 생존 투쟁에서 터키인들을 굴복시켰습니다.

독일에서는 20세기 초에 사회적 다윈주의가 심지어 공격적인 전쟁 도발 발상을 옹호하는 데 이용되었다. 전쟁은 인류 발전의 필요한 측면 —최적의 민족이 살아남아 열등한 혈통을 제거한다는 발상—으로 간주되었다. 가령 프리드리히 폰 베른하르디(Friedrick von Bernhardi, 1849~1930) 장군은 《독일과 다음 전쟁*Germany and the Next War*》이라는 불길한 제목의 책을 썼는데(1차 세계대전이 발발하기 3년 전인 1911년에 출간되었다), 그 안에 이런 내용이 나온다.

> 전쟁은 국가의 생존에 필요한 요소일 뿐 아니라 문화의 필수불가결한 요소이기에, 진정으로 문명화된 국가는 전쟁을 통해 최상의 힘과 활력을 찾는다. …… 이는 생물학적으로 정당한 결정인데, 왜냐하면 사물의 본성에 따른 결정이기 때문이다. …… 그것은 생물학적 법칙일 뿐 아니라 도덕적 의무이며, 그렇다 보니 문명의 필수불가결한 요소다.

이 장군이 생물학을 자신의 주장에 끌어들이고 있음에 주목하자. 전쟁은 무기를 가장 많이 비축하거나 가장 많은 상비군을 갖춘 세력에 의한 것이 아니라 승리자의 생물학에 따른 것이며, 결국 "생물학적으로 정당한 결정"에 의한 것이라는 말이다.

여러분은 독일 군대가 자신들의 목적을 위해 당시의 과학사상을 악용했을 뿐이고, '과학' 자체는 하나의 학문으로서 이런 경향과 무관하다고 여길지 모른다. 하지만 이런 유형의 이론화에 앞장선 사람으로 에른스트 헤켈(Ernst Haeckel, 1834~1919)을 들 수 있는데, 독일의 뛰어난 생물학자이자 다윈주의자인 그는 "정치는 생물학의 응용이다"라고 주장했다. 헤켈은 독일이 1차 세계대전에서 패배하자 크게 낙담했지만 그의 사상은 계속 살아남아 나치 이데올로기와 더불어 독일이 우월한 인종이라는 믿음을 형성하는 데 중요한 발판이 되었다.

사회적 다윈주의의 또 다른 측면—상이한 인종은 진화의 사다리에서 이루어진 상이한 진보 또는 발전의 수준을 나타낸다는 주장—을 살펴보자. 이 역시 엄밀한 의미의 다윈주의보다 먼저 나온 사상이며 실제로 다윈의 사상에 스며들었다. 하지만 다윈의 《종의 기원》이 출간된 이후로 이 사상은 더욱 과학적인 것으로 인정받았다. 가령 찰스 라이엘은 "인류의 각 인종은 동물들 간에 우열이 있듯이 저마다 자기 위치가 있다"라고 썼다. 심지어 진화론이 등장하기 이전 진보적인 지질학자들 사이에도 백인이 정점에 있고 그 밑에 아프리카 흑인, 호주 원주민, 고릴라 등으로 내려가는 유인원의 위계가 있다는 것이 상식적인 믿음이었다.

헤켈의 《창조의 역사*History of Creation*》(1868)에 나오는 다음 구절을 살펴보자.

이 중요한 결과를 확신하려면 무엇보다도 야만인들 및 그 아이들의 정
신 수준을 연구하고 비교해볼 필요가 있다. 인류의 정신적 발달의 가장
낮은 단계에 호주 원주민, 폴리네시아의 일부 부족 그리고 부시맨, 호텐
토트 및 일부 흑인 부족 등이 있다. 이들이 쓰는 언어들 중 다수는 숫자
가 오직 하나, 둘 그리고 셋뿐이다. 어떤 호주 원주민도 넷 이상 세지 않
는다. 상당수의 야생 부족들은 10이나 20 이상 셀 수 없지만 아주 영리
한 일부 개들도 40, 심지어 60 이상을 세도록 만들 수 있다.

이런 개념들의 역사는 분명 수치스러운데, 왜냐하면 식민주의뿐 아
니라 노예제도를 정당화하기 위해 이용되었기 때문이다. 애석하게도
이런 사상들은 아직도 죽지 않고서 여전히 현대의 인종주의자들로부
터 지지를 받고 있다.

이런 사고가 표출된 또 한 가지 예는 정신의학 이론이다. 1866년에
존 랭던 헤이든 다운(John Langdon Haydon Down, 1828~1896) 박사는 〈백
치들의 인종 분류에 관한 관찰〉이란 논문을 썼다. 다운 박사는 다수의
선천적인 '백치'들—당시에는 '정신지체'라고 여겨졌지만 오늘날에는
'학습 장애'라고 불리는 결함을 가지고 태어난 사람들—이 부모에게서
는 나타나지 않지만 사실 '열등한' 인종의 속성인 해부학적 특징들을 드
러낸다고 주장했다. 그는 일부 선천적인 백치들이 에티오피아인이나
말레이인을 닮았다고 하면서 이런 유명한 말을 남겼다. "아주 많은 수
의 선천적 백치들은 전형적인 몽골인이다."

'몽고증(蒙古症)'의 한 사례를 설명하면서 그는 이렇게 썼다. "그가 유
럽인의 아이임을 알아보기는 어렵다." 요즘에는 그런 아이들을 '다운증
후군'에 걸렸다고 말한다. 하지만 이 병명은 아주 생소한 것이다. 내가

어렸을 때인 1960년대만 해도 다운 박사에 대해서는 들어본 적이 없고 우리는 별 생각 없이 그런 사람들을 몽골인이라고 불렀다.

그건 그렇고, 심지어 '정신지체'라는 옛 표현도 사회적 다원주의와 잘 들어맞는 것이다. '지체'라는 단어는 어떤 것의 발전을 늦춘다는 뜻이다. 따라서 정신이 지체된 사람은 진화의 사다리를 오르는 발전이 늦추어진 사람이라는 말이다.

심지어 진화의 사다리에서 상이한 인종 또는 상이한 유형의 사람들의 서열을 밝히려는 실험적인 노력도 있었다. 자칭 두개골 측정가라는 프랑스의 한 집단은 뇌의 크기를 계산할 수 있도록 뇌의 무게 또는 두개골의 용량을 측정하는 방법을 개발했다. 이 실험자 집단은 다양한 인간들뿐 아니라 유인원의 뇌 크기를 비교했다.

이런 연구에서 여성은 그리 좋은 평가를 받지 못했다. 가령 귀스타브 르 봉(Gustave Le Bon, 1841~1931)은 1879년에 출간된《남성과 사회: 기원과 역사L'homme et les Sociétés: leurs origines et leur histoire》에서 이렇게 썼다.

> 가장 지적인 인종인 파리 사람들 중에서도 다수의 여성들은 뇌의 크기가 가장 발달한 남성의 뇌보다는 고릴라의 뇌에 더 가깝다. …… 과학자들은 여성이 인류 진화의 가장 열등한 형태라는 데 동의한다.

르 봉은 아주 멍청한 사람은 아니었던 터라, 파리 사람들이 별도의 우수한 인종이라는 뜻을 직접 내비치지는 않고 다만 어떤 인종이 가장 우수한지 여부는 파리 사람들과 비교하여 판단할 수 있다고 말했다.

르 봉을 비롯한 다른 두개골 측정가들은 여성이 남성보다 신체 크기가 (평균적으로) 작다는 점도 고려했다고 주장했지만, 결코 그렇지 못했다. 두개골 측정가들의 지도자 폴 브로카(Paul Broca, 1824~1880)의 발언에서 그 점이 명백히 드러난다.

> 여성의 뇌 크기가 작은 까닭은 단지 신체 크기가 작기 때문이 아니겠냐고 물을지도 모른다. …… 하지만 여성은 평균적으로 남성보다 지능이 조금 낮다는 점을 결코 잊지 않아야 한다. …… 따라서 여성의 뇌가 비교적 작은 이유는 일부는 신체적 열등함 때문이고 일부는 지적인 열등함 때문이라고 볼 수 있다.

이것은 이른바 질문에 '구걸하기'의 사례다. 즉 원하는 답이 옳다고 미리 가정하고서 그 답에 들어맞도록 주장을 펼치는 방식이다. 여기서 브로카는 여성이 남성보다 정신적으로 열등하다는 것을 증명하기 위해 여성의 뇌가 작다는 점을 이용하려고 하는데, 그러자면 여성의 신체 크기가 작다는 점을 고려해야 하는 문제점이 뒤따른다. 평균적으로 작은 신체 크기를 보완할 방법을 알아내려고 시도하는 대신에 그는 여성이 남성보다 정신적으로 열등함을 이미 알고 있다고 섣불리 말해버린다. 따라서 여성의 뇌가 작은 이유는 신체의 크기가 작기 때문만이 아니라 지능이 낮기 때문이라고 단정해버린다. 기하학자들이 증명에 성공했을 쓰는 표현대로 이것으로 'QED'(Quod Erat Demonstrandum의 약자로, '이렇게 되었다'라는 뜻—옮긴이)라는 것이다.

특정한 국민 또는 사람들의 열등성에 관한 이런 식의 가정은 또 하나의 파생 '과학'인 우생학으로 이어졌다.

이 새로운 '과학'의 주요 개척자 중 한 명은 다윈의 사촌인 프랜시스 골턴(Francis Galton, 1822~1911)이다. 우생학의 기본 전제는 인류 또는 그

중 일부는 사육자가 선택 교배를 통해 소의 품종을 향상시킬 수 있듯
선택 교배를 통해 발전될 수 있다는 것이다. 심지어 찰스 다윈도《인간
의 후손Descent of Man》(1871)에서 다음과 같이 말했다.

> 때때로 나는 이 주제를 고찰해왔다. 장자상속제는 선택에 정면으로 위
> 배된다. 사육자가 맨 먼저 태어난 황소에게 반드시 후손을 낳도록 해야
> 한다고 가정하다니!

'적극적 우생학'은 훌륭한 자식을 얻기 위해 능력 있는 남성의 신중한
배우자 선택을 (그리고 부모는 이런 자식을 많이 두어야 함을) 옹호했다. 반면
'소극적 우생학'—필경 이 운동의 가장 두드러진 측면—은 열등한 유형
으로 간주되는 사람들의 출산을 제한하려고 시도했다. 20세기 초반 몇
십 년 동안 미국의 일부 주에서는 일정한 지능 수준 이하의 사람들에 대
한 강제 불임 법률을 통과시켰다(또한 지능을 측정하기 위한 지능 검사가 고안
되었다). 독일의 나치도 1930년대에 대규모 불임 프로그램을 도입했다.

과학사가와 과학철학자 그리고 다윈주의 과학자들은 사회적 다윈주
의가 타당한 과학이 아니며 단지 과학의 탈을 쓴 정치 이데올로기임을
밝히려는 노력을 기울였다. 그렇긴 하지만 19세기 후반과 20세기 초반
에 그러한 사상을 옹호하는 사람들에게는 그런 노력이 통하지 않았다.
그들에게는 그것이야말로 진정으로 과학적이었다. 그 사상들은 다윈주
의 생물학 이론에서 도출되어 인간 사회에 응용되었을 뿐이라고 여겼
기 때문이다.

사회적 다윈주의의 과학적 정당성을 부정하려는 시도는 그것을 옹호
하는 이들이 다윈의 이론을 왜곡하여 일부 인종 또는 일부 유형의 사람

들이 열등하다고 가정할 과학적 근거가 있는 것처럼 사람들을 속인다는 인식에서 비롯되었다. 하지만 안타깝게도 굳이 그런 왜곡이 필요하지도 않았다. 다윈 및 그 전후의 다른 진화론자들도 어떤 인종은 다른 인종보다 더 발전해 있기에 진화의 사다리를 더 높이 올라가 있으며 진화의 나뭇가지에서 더 높은 가지를 차지하고 있다고 믿었기 때문이다. 남성이 여성보다 우월하다고 믿은 브로카와 르 봉처럼 백인 진화론자들은 백인이 흑인보다 우월하다고 믿었다. 앞서 보았듯이 진화론에 따르면 진보주의의 가정들은 불가능했다. 그럼에도 진화론이 결국 인정될 수 있었던 것은 진보주의의 선입견 덕분이었다.

사실 사회적 다윈주의자들은 인종적 우월성에 대한 자신들의 사상이 옳다고 정말로 믿었다. 세상의 작동 방식에 관한 풍부한 과학적 증거들이 그것을 뒷받침한다고 여겼기 때문이다. 우리가 좋아하든 말든 많은 과학사상들은 위험하며 옳지 않은 사상도 과학적이라고 여겨졌으며, 분명 앞으로도 계속 그럴 것이다.

다윈 이후의 생물학

19세기 말로 향해가던 몇십 년 동안 진화론에는 두 가지 중요한 문제점이 있었다. 지구의 나이나 변이의 유전적 전달 수단이 그것이었다. 첫 번째 문제는 뜻밖에도 방사능의 발견 덕분에 해결되었다.

진화론은 윌리엄 톰슨 켈빈 경이 계산한 지구의 최대 나이 때문에 심각한 반대에 부딪혔고, 이는 지질학도 마찬가지였다. 실제로 1866년 글래스고 지질협회의 회의에서 켈빈은 다음과 같이 선언했다.

지금 지질학적 추정에 대개혁이 필요한 듯하다. 영국에서 유행하는 지금의 지질학은 자연철학의 원리에 정면으로 위배된다.

따라서 다윈뿐 아니라 많은 이들은 물리학자의 열역학 법칙에 따른 추상적인 계산을 뛰어넘을 지질학적 증거가 나와야 한다고 제안했다. 다윈은 결코 굴복하지 않았다. 하지만 대다수 진화론자들은 위와 같은 반대를 근거로 삼아, 자연선택만으로는 자연의 현상태를 설명하기에 부족하며 자연선택보다 더 빠르게 작동하는 진보적 발전 법칙이 반드시 작용할 것이라고 여겼다.

하지만 지구의 냉각 속도에 관한 가정에 기반을 둔 켈빈의 계산은 20세기 초에 부정되었다. 방사능 연구의 선구자인 어니스트 러더퍼드(Ernest Rutherford, 1871~1937)가 지구의 핵은 방사능 물질임을 알아냈기 때문이다. 지구 내부의 열원이 있음이 드러나자, 지구가 과거에 고온이었다가 지속적으로 식어간다는 가정에 바탕을 둔 계산은 더 이상 설 자리가 없게 되었던 것이다.

한편 유전 이론의 발전 또한 진화론을 강력히 뒷받침했다. 하지만 여기서 이야기는 더욱 복잡해진다.

흔히 짐작되는 바로는, 오스트리아 수도승인 그레고르 멘델(Gregor Mendel, 1822~1884)이 1860년대에 처음으로 실시한 연구를 1900년 무렵에 재발견함으로써, 멘델 혁명을 거쳐 현대 생물학의 가장 위력적인 연구 전통인 유전학과 다윈의 자연선택이 결합하여 신다윈주의적 종합이 일어났다는 것이다. 실제로 멘델의 사상이 제대로 알려지지 않은 것을 안타까워하는 경향도 있다. 만약 다윈이 멘델의 연구를 알았더라면 자신이 안고 있던 어려운 문제를 해결할 방법을 찾았을 것이고, 과학의 발전은 휴고 드 브리스(Hugo de Vries, 1848~1935), 카를 코렌스(Carl Correns, 1864~1933), 윌리엄 베이트슨(William Bateson, 1861~1926) 등이 독자적으로 멘델의 사상을 재발견하고 세상에 알릴 때까지 기다리지 않아도 진즉 과학의 발전이 이루어졌으리라는 것이다.

안타깝게도 이것은 사실이 아닐뿐더러 오히려 진실을 가리는 신화에 지나지 않는다. 설령 다윈이 1866년에 발표된 멘델의 논문 〈식물의 잡종 교배 실험〉을 보았다고 하더라도 결코 이를 이용하여 자신의 이론을 뒷받침하려고 생각하진 않았을 것이다. 멘델의 논문은 진화를 실험적으로 반박했기 때문이다.

18장에서 보았듯이 린네는 잡종 교배를 통해 새로운 종이 생길 수 있으리라고 믿었다. 문제는 이종 간의 교배에서 나온 잡종은 불임 상태여서 계속 번식하지 못한다는 것이었다. 하지만 동식물 사육자들은 서로 다른 품종들을 선택적으로 교배하여 새로운 품종을 만들어낸다. 이런 식으로 생긴 (동일한 종 내의) 새 품종들은, 가령 그레이트데인은 그레이트데인하고만 짝짓기를 하고 치와와는 치와와하고만 짝짓기를 한다면 번식시킬 수 있다. 린네는 이런 식으로 여러 세대를 거치고 나면 새로운 품종이 새로운 종이 될지도 모른다고 보았다.

멘델은 이 가설을 검증하려고 10년 동안 완두콩의 여러 품종들을 교배시켰다. 아마도 멘델은 린네의 예감이 옳았음을 증명하고 싶었던 것 같다. 하지만 결과는 실망스러웠다. 그는 논문 끝에다 자신의 결과를 가지고는 그 가설을 "무조건적으로 인정해야" 할지 분명하지 않다고 썼다.

멘델 실험의 최종 결과는 잡종 형태들은 언제나 부모 형태들로 되돌아감을(또는 번식력 감소로 인해 완전히 사멸함을) 증명했다. 둥글고 노란 완두콩을 주름진 녹색 완두콩과 교배시켰더니 모두 둥글고 노란 완두콩이 나왔다. 그러고서 이 2세대의 식물들 중 둘을 교배시켰더니 자식들 중에 주름진 녹색 완두콩이 다시 나타났다. 물론 주름진 녹색 완두콩이 (3:1의 비율로) 소수이긴 하지만, 엄연히 나오긴 나왔다. 따라서 둥근 녹색 완두콩이나 주름진 노란 완두콩이 나오게끔 형질의 결합이 일어나지 않고 언제나 원래의 부모 형태로 되돌아갔던 것이다. 10년간의 실험 후 멘델은 교배에 의해 새로운 종이 진화할지 모른다는 린네의 예감이 틀렸음을 증명해낸 것처럼 보였다.

만약 다윈이 이를 알았더라도 새로운 변이가 유전을 통해 어떻게 대물림되는가라는 문제의 해답으로 삼지는 않았을 것이다. 다윈의 이론은 교배에 전혀 의존하지 않았으며, 더군다나 멘델의 실험에서 나타난 결론의 진화의 가능성에 반하는 것이었다.

하지만 나중에 드 브리스와 윌리엄 베이트슨 같은 진화생물학자들이 멘델의 연구를 이용할 수 있었던 것은 어찌 된 영문인가?

먼저 베이트슨부터 살펴보자. 그는 멘델의 논문을 영어로 번역하였고 멘델의 법칙을 옹호하는 글을 1902년에 발간했다. 베이트슨은 자연선택의 출발점인 겉보기에 무작위적인 변이에 관심이 있었다. 그런 변이를 유지해나가는 과정에 대한 고찰을 통해 그는 서식지가 다윈 이론이 요구하는 대로 생명체에 압력을 행사할 수 없다는 부정적 결론에 이르렀다.

어쨌거나 어떤 동식물 종을 완전히 다른 서식지로 옮기더라도 여러 세대가 지나면서 완벽하게 생존할 수 있으며 새로운 조건에 적응하게 해줄 우연한 변이가 꼭 생기지도 않는다. 베이트슨은 책 내용이 그대로 드러나는 제목인 《변이의 연구에 관한 자료: 종의 기원의 불연속성에 관하여 특별히 다루며*Materials for the Study of Variation : Treated with Especial*

> 종들이 환경에 근사적으로 적응한다는 것은 우리도 줄곧 알고 있었다. 하지만 문제는 적응의 차이는 우리가 보기에 근사적인 반면에 종의 구조의 차이는 종종 확연하다는 것이다. 자연선택 이론의 초기에는 이러한 작은 차이의 직접적 쓰임새를 찾으리라는 희망이 있었지만 지금껏 시간이 흘렀음에도 그 희망은 충족되지 않고 있다.

따라서 베이트슨은 자연선택은 비교적 중요하지 않으며 변이를 일으키는 다른 원인 요소가 반드시 있으며, 그 요소가 진화론적 변화를 이끈다고 결론 내렸다. 책 제목에서 분명히 드러나듯이 그는 이 원인 요소가 사소하고 점진적인 변화가 아니라 비교적 큰 불연속적인 변이를 일으킨다고 믿었다.

하지만 베이트슨은 이제 새로운 문제에 부딪혔다. 생명체의 그런 주요한 불연속적인 변화가 자손에게로 전달될 수 있느냐 하는 문제였다. 하지만 유전에 관한 당시의 주류 견해에 따르면 양 부모의 특징은 자손에게 섞이게 된다. 따라서 목이 매우 긴 사슴이 보통의 사슴과 짝짓기를 한다면 자손의 목은 긴 목과 짧은 목이 함께 섞여 중간 정도의 길이가 될 것이다. 따라서 긴 목의 이점은 곧 사라지고 만다. 플리밍 젱킨이 지적한 것이 바로 이 문제였다(상자글 20.1 참고).

따라서 베이트슨은 식물의 잡종 교배에 관한 연구를 하던 중 1900년에 멘델의 연구를 알게 되었다. 물론 베이트슨이 보기에 멘델의 연구에서 중요한 점은 혼합 유전의 개념을 부정한다는 것이다. 자손은 혼합이 아닌 방식으로 부모의 특징을 이어받았다. 따라서 알고 보니, 멘델의 연구는 다윈이 옳음을 증명하려는 다윈주의자가 채택할 것이 아니라 점진적이고 미세한 변이에 따른 자연선택을 부정하는 진화론자가 채택해야 할 것이었다.

이는 멘델의 연구를 되살린 또 다른 인물인 휴고 드 브리스에게도 마찬가지다. 켈빈이 계산한 비교적 짧은 시간 척도 내에서 진화를 빠르게 일으키는 메커니즘을 찾기 위해 드 브리스는 종들은 점진적이고 미세한 변이보다는 그가 명명한 '돌연변이'라는 급격한 변화를 가끔씩 겪는다고 제안했다(드 브리스는 결국 생물학계의 격변론자인 셈이었다). 이런 급작스러운 돌연변이는 화석 기록의 불연속성도 설명할 수 있었고, 나아가 그의 제안에 따르면, 동일한 돌연변이를 지녔으며 자기들끼리만 번식하는 엄청나게 많은 개체들을 만들어낼 수 있었다. 하지만 안전장치로서 그도 베이트슨처럼 (돌연변이를 포함한) 부모의 특징은 약해지거나 줄지 않은 채 자손에게 전달된다는 멘델의 원리를 지지했다.

멘델주의와 다윈주의(서로 상반되는 진화론의 두 형태)는 완전히 별도의 연구 덕분에 서로 화해하게 되었다. 이 연구 프로그램을 생물측정학이라고 하는데 프랜시스 골턴의 연구에서 비롯된 학문이다.

다윈의 사촌이며 우생학의 창시자 중 한 명인 프랜시스 골턴은 어떻게 변이가 후손에게 이어지는가라는 문제에도 관심을 가졌다. 그는 토끼를 실험동물로 삼아서(좋은 선택이었다) 실시한 선구적인 통계 분석을 통해, 드문 개체들의 작은 변이에 의해서는 자연선택이 영속적인 결과를 낳을 수 없다는 결론에 이르렀다.

벨 곡선이라고 알려진 곡선을 따르는 어느 특정한 현상의 정규 분포를 살펴보자. 곡선의 가장 윗부분은 다수의 개체들이 갖는 값을 나타내는데, 골턴은 이를 '회귀 초점(focus of regression, 대다수의 값이 이 초점으로 되돌아간다는 의미—옮긴이)'이라고 불렀다. 따라서 평균 이상의 키 또는 평균 이상의 지능을 가진 부모라도 평균적인 키와 평균적인 지능을 가진 아이를 낳게 되는 경향이 있다.

진화론적 변화는 회귀 초점이 이동해야지만 일어났다고 말할 수 있다(가령 개체군의 평균 키가 160센티미터에서 170센티미터로 바뀔 경우). 1869년에 출간된 《유전되는 천재*Hereditary Genius*》에서 골턴은 이를 면이 여러 개인 돌에 비유해 설명했다.

> 역학적 개념은 거친 돌, 그러니까 거친 성질 때문에 저절로 생긴 면이 아주 많고 그 각각이 '안정된' 평형 상태에 놓여 있는 돌로 설명할 수 있다. 말하자면 이 돌을 밀면 살짝 움직일 테고 더 세게 밀면 조금 더 움직일 테지만 두 경우 모두 힘을 빼면 원래 자리로 되돌아간다. 하지만 만약 아주 센 힘에 의해 이제껏 돌의 어떤 면이 바닥과 안정된 상태로 놓인 한계를 넘어버린다면 돌은 굴러서 새로운 안정된 위치에 이른다. 이런 과정을 겪어야지만 이전 상태에서 벗어나 새로운 단계로 전환된다.

변이는 돌이 한 면을 바닥에 둔 채 좌우로 까딱까딱 움직이게 만든다. 하지만 돌은 언제나 평형 상태로 되돌아간다. 진화론적 변화가 일어나려면 돌의 다른 면이 바닥에 닿도록 어떤 힘이 돌을 뒤집어야 할 것이다.

그 결과 골턴은 다윈의 점진주의를 거부하고 자연선택이 아니라 다른 어떤 미지의 과정에 의해 일어나는 더 갑작스러운 형태의 진화론적 변화를 지지했다. 하지만 골턴의 뛰어난 추종자들은 그의 통계적 방법을 다윈을 지지하는 데 이용할 수 있었다. 수학자 카를 피어슨(Karl

Pearson, 1857~1936)과 생물학자 W. F. R. 웰던(W. F. R. Weldon, 1860~1906)은 공동 연구를 통해 작은 변이도 한 개체군 내에서 축적되면 회귀 초점을 이동시킬 수 있음을 보여주었다. 이미 다윈도 종이란 빠르고 드세게 진행되는 자연의 구별 작용에 의해서가 아니라 오직 통계적인 관점에서 정의된다는 점을 밝혔는데, 피어슨과 웰던은 한 걸음 더 나아가 그런 통계적 변화가 종의 분화로 이어질 수 있음을 논증해낸 것이다.

영국에서는 한편에는 베이트슨, 다른 한편에는 피어슨과 웰던의 경쟁(심지어 반목)이 심했는데, 이로 인해 두 접근법은 서로 양립할 수 없다고 여겨졌다. 하지만 이후 세대의 실험 유전학의 연구자들은 생물측정학자(피어슨과 웰던 학파가 이렇게 불렸다)가 내놓은 통계 조사를 이용하여 유전적 요소들의 난해한 복잡성(분명 멘델이 실험 대상으로 완두콩을 선택한 것은 행운이었다. 다른 식물들은 그처럼 단순하고 명확한 잡종 형태를 거의 나타내지 않았다)을 규명할 수 있음을 알아차리기 시작했다.

따라서 1920년대부터 다윈주의 생물측정학과 멘델주의 유전학 사이에 위대한 종합이 시작되었고, 그 결과 현대의 신다윈주의가 승리의 찬가를 부르게 되었다.

이 과정 동안 역사가 새로 쓰였다. 즉 처음에는 진화론적 변화의 가능성에 반하는 실험적 증거로 제시되었던 멘델의 유전학은 이제껏 안타깝게도 간과되었던 다윈의 추측들을 완성시켜주는 것으로 보였다. 사실 실험적 결과는 스스로 나서서 자연이 어떠한지를 알려주지 않는다. 이해를 하려면 멘델의 결과를 해석해야 했다. 하지만 해석이란 심지어 이성적인 과학적 해석조차도 첫 출발점, 그리고 선입견과 편견에 영향을 받을 수 있고 실제로 영향을 받는다.

뉴턴을 넘어서
에너지와 열역학

뉴턴주의를 정점으로 이끈 것은 나폴레옹 치하 프랑스에서 수학자 겸 천문학자였던 피에르 시몽 라플라스와 화학자 클로드 루이 베르톨레가 이끈 물리학 학파였다. 이들 및 그 추종자들은 모든 현상을 입자들 사이에 원거리에서 작용하는 인력과 척력으로, 또는 자기들끼리는 서로 척력을 행사하지만 일반적인 물질과는 인력을 행사하는 미묘한 유동체로 설명하고자 했다. 이 유체는 종종 가늠하기 힘든 유체라고 불렸는데, 이 유체의 존재는 무게를 잰다고 드러나지도 않았고 다만 《광학》말미의 의문에 포함된 뉴턴의 추측들에서 도출될 뿐이기 때문이다. 이런 유체에는 열, 빛, 전기 및 자기가 포함된다.

라플라스의 뉴턴주의는 1805년에서 1815년 사이에 영향력이 최고에 달했다가 1820년대에 기울기 시작했다. 프랑스에서 나폴레옹 보나파르트의 몰락과 부르봉 왕조의 부활이 다른 지적 활동 분야와 마찬가지로 과학의 지적인 변화를 자극했다. 분명 라플라스와 그의 추종자들은 나폴레옹 시대의 사람들로 여겨졌기에 라플라스는 부르봉가의 왕정복고 초기에 주목을 받지 못했다.

프랑스 과학에서 라플라스의 기울어진 위상은 조제프 푸리에(Joseph Fourier, 1768~1830)와 오귀스탱-장 프레넬(Augustin-Jean Fresnel, 1788~1827)이 가늠하기 어려운 두 유체인 열(칼로릭caloric이라고 이름 붙여진)과 빛을 각자 새롭게 다룬 데서도 엿보인다. 푸리에는 칼로릭의 속성을 연구하여, 그가 보기엔 근거 없는 기존의 가정들과 완전히 다른 관점에서 열의 전도를 수학적으로 설명했다. 한편 프레넬의 연구는 빛을 입자로 보는 뉴턴의 지배적인 개념을 반박하고 빛이 파동일 뿐 아니라 더 구체적으로는 횡파—즉 밧줄의 한쪽 끝을 위아래 또는 좌우로 흔들 때 생기는 파동—임을 밝혀낸 것처럼 보였다. 이 이론은 심지어 빛, 전기 등을 종파(가령 음원에서 퍼져나가는 공기의 팽창과 수축이 교대로 이루어지면서 생기는 음파) 형태로 전달하는 매체라고 짐작된 에테르에 관한 뉴턴의 추측과도 양립할 수 없었다.

하지만 라플라스 뉴턴주의가 쇠퇴한 또 하나의 요인이면서 국제적인 성격을 가진 것은 물리학자를 비롯한 여러 과학자들이 엔진과 공학(engineering)의 중요성을 인식하기 시작했다는 사실이다.

산업혁명은 18세기 후반부터 진행되었지만 처음에는 과학적 지식이나 실천과 거의 또는 아무런 관계가 없었다. 가령 섬유 생산을 위한 산업 수단—조면기, 다축 방적기 및 뮬 방적기, 플라잉 셔틀 등—의 발전에는 과학이 거의 필요하지 않았다. 증기 엔진의 개발은 공기 펌프의 발견과 더불어 조지프 블랙의 잠열 발견에 힘입었다는 견해가 있다. 하지만 이것도 매우 의심스럽다. 우리가 아는 한 토머스 뉴커먼(Thomas

Newcomen, 1663~1729)이 광산에서 물을 빼내기 위한 증기 엔진을 시행 착오를 거듭한 끝에 개발했다. 만약 여기에 과학의 개입이 있었다손 치더라도, 실린더 내의 피스톤은 실린더 내에 진공이 생기면 엄청난 무게를 들어올릴 수 있고 진공을 만드는 방법은 실린더를 증기로 채웠다가 냉각하여 증기를 응결시키면 가능하다는 정도의 이야기를 뉴커먼이 누군가로부터 전해들은 것이 고작이었다. 이러한 '증기 엔진'의 이론적인 설명은 일찍이 1702년경에 드니 파팽(Denis Papin, 1647~1712년경)이 내놓은 적이 있고, 뉴커먼에게 그 개념의 중요성이 전해졌을 수 있다.

따라서 산업혁명은 당시의 최신 과학과 관련 없이 빠르게 진행되었으며 과학자들도 산업 발전에 그다지 관심을 갖지 않고 연구에 임했다. 증기 펌프는 18세기 후반 무렵에는 영국 전역의 광산에서 흔히 사용되었지만 물리학자들의 주목을 거의 받지 못했다. 하지만 리버풀에서 맨체스터까지 철도가 개통된 1829년부터는 이야기가 완전히 달라졌다. 증기기차는 리처드 트레비식(Richard Trevithick, 1777~1833)이 웨일스의 한 철공소에서 무거운 물품을 끌기 위해 1804년에 개발한 이후 이따금씩 사용되긴 했지만, 리버풀과 맨체스터를 잇는 철도가 센세이션을 일으키기 전까지는 자연철학자는 물론이고 이를 아는 사람이 극소수였다.

1829년의 철도 개통이 전환점이 되었던 것 같다. 1830년대에는 과학자들의 태도도 눈에 띄게 달라졌다. 과학자들은 사회 전반을 위한 공학 프로젝트의 중요성을 알아차리고 좀 더 엔지니어의 관점에서 생각하기 시작했다. 그리고 자신들의 학문에 공학적 노하우가 지닌 의미를 생각했을 뿐 아니라 이전에는 소수의 관심사였던 자신들의 학문이 공학에 적용되기에 적합한지도 고려했다. 게다가 과학 발전에 기여한 선구적인 인물 다수가 직업적인 엔지니어였다. 따라서 놀랄 것도 없이 역학의 원리와 역학적 결과가 자연철학에서 중심 무대를 차지했다(상자글 22.1).

이런 경향의 중요한 측면으로서, 당시 과학자들은 뉴턴이 제시한 원거리 작용을 의식적으로 기피했다. 그들이 인정할 수 있는 유일한 힘은 운동의 힘 또는 충돌의 힘이었기에 전기, 자기, 열 및 다른 힘들도 운동 및 입자들의 접촉 작용의 관점에서 이해되었다. 뉴턴주의자들은 이전에 입자들 간의 인력만 언급했을 뿐 입자들 사이의 공간에 무슨 일이 일어나는지는 전혀 말하지 않았다. 반면에 패러데이는 그 사이 공간이 역선(力線)으로 채워져 있다고 가정하면서, 실제로 존재하는 이 물리적 실체 없이는 인력이 발생할 수 없다고 설명했다. 데카르트 시대처럼 이 세계는 하나의 거대한 기계처럼 작동하는 것으로 보였고, 작동하는 모든 부품은 물리적으로 서로 딱 들어맞는다고 여겨졌다.

이러한 새로운 버전의 기계론적 (비록 역학적은 아니더라도) 철학은 특히 영국에서 두드러졌다. 두말할 것도 없이 산업혁명이 시작되었고, 이 혁명이 사회에 가장 극적인 결과를 초래한 곳이 영국이었기 때문이다. 영국에서 발전한 이러한 특징의 과학은 20세기 초까지 두각을 나타냈다. 프랑스의 철학자이자 과학자인 피에르 뒤앙(Pierre Duhem, 1861~1916)은 영국인 물리학자 올리버 로지(Oliver Lodge, 1851~1940)의 새로운 전기 이론에 관해 언급하면서 이렇게 말했다.

그 속에는 도르래 주위를 움직이고 원판을 따라 감기며 진주 구슬을 통과하고 추를 실어 나르는 줄, 팽창하고 수축하면서 물을 펌프질하는 관 그리고 서로 맞물리면서 고리와 접촉하는 톱니바퀴들밖에 없다. 우리는 고요 그리고 깔끔하게 정돈된 이성의 영역으로 들어갈 줄 알았건만 사자연철학이 1830년대 이후부터 이전의 모습에서 벗어나 역학과 공학에 더 가까워졌다는 주장의 또 다른 근거로 과학자들이 자신들을 엔지니어와 차별화하려고 애썼다는 점을 들 수 있다. 이전에는 그럴 필요가 없었으니 말이다. 하지만 과학사상이 공학적 원리에 바탕을 두었다는 것은 과학자들이 엔지니어와 아무런 차이가 없다고 여겨졌다는 것과는 전혀 별개의 문제다. 엔지니어들은 자신들이 순수 과학자들보다 우월하다고 주장하기까지 했다. 따라서 과학자와 엔지니어 사이의 차이를 규정하는 명시적인 노력이 이루어졌다.

옥스퍼드 대학 교수이자 교육학자인 윌리엄 슈얼(William Sewell, 1804~1874)은 "깊은 사고"란 "철도와 증기선, 인쇄기와 다축 방적기의 세계와는 맞지 않는다"며 개탄했지만, 새뮤얼 스마일스(Samuel Smiles, 1812~1904)는 특히 일반인들이 빅토리아 시대에 거둔 성취를 칭송하면서 "위대한 정비사"는 자연철학자나 수학자가 아니라 "정비소에서 실질적인 지식을 배우거나 노동을 통해 그런 지식을 습득한다"는 점을 찬양했다. 하지만 존 틴들은 용케도 영국 상무부의 '과학 고문' 자리를 꿰차고서, 위원회에 상담하러 오는 엔지니어들을 생각이 좁고 새로운 과학사상에 무관심한 이들이라며 깎아내렸다. 상무부가 사변적인 과학자보다 실용적인 엔지니어를 선호하자 틴들은 고문 자리를 사임했다. 이후 그는 "연구의 고상한 흥분과 자연의 진리를 발견하는 데서 즐거움을 느끼며" 학문의 길을 가는 "과학자"의 우월성을 대변하는 사람이 되었다. 과학자가 "실질적인 목적에 별로 신경 쓰지 않는다"는 점을 인정하면서 틴들은 엔지니어들이 "주로 산업적인 목적"에서 "돈을 벌고" 독점을 확보하려는 동기로 움직인다며 폄하했다. 게다가 엔지니어들은 "성공의 이유가 아니라 조건"만을 알며, 자신들이 사용하는 기술의 밑바탕이 되는 인과 원리를 이해하지 못한다고 주장했다. 하지만 그에 따르면, "우리의 과학은 아무리 실질적으로 유용하다고 해도 사실을 발견하지 못하고 현상에 수반되며 이를 지배하는 법칙을 무시한다면 결실은 공장으로 들어갔다.

하지만 부르봉 왕조의 프랑스에서조차 과학이 증기 엔진의 발전에
기여한 역할보다, 증기 엔진이 이론 과학의 발전에 기여한 역할이 더
컸다. 군대 기술자였던 사디 카르노(Sadi Carnot, 1796~1832)는 자신의 책
《불의 동력에 관한 고찰Reflections on the Motive Force of Fire》(1824)에서 증
기 엔진을 물레방아와 비교해 설명하면서, 물레방아의 힘이 그것을 움직
이는 물의 낙차에 의존하는 것과 똑같이 증기 엔진이 발생시키는 일은
엔진의 사이클 동안 고온에서 저온으로의 온도 감소 폭에만 의존한다고
결론 내렸다. 카르노는 가늠하기 어려운 유체인 열이 증기 엔진의 실린
더 내에서는 뜨겁다가 응결기로 들어가 차갑게 식는 현상을 물이 물레방
아 꼭대기에서 맨 밑으로 떨어져 내리는 것과 동일하다고 보았다.

하지만 다른 사람들이 보기에 증기 엔진과 물레방아는 한 가지 중요
한 차이가 있었다. 물레방아의 움직임은 물의 움직임이 일으키지만, 증
기 엔진의 움직임은 온도 변화가 일으킨다는 것이다. 후자의 경우는 동
일한 종류의 움직임이 서로 변환되는 것이 아니라 열이 운동으로 변환
되는 듯 보였다. 증기 엔진의 작동 원리에 관한 이런 새로운 접근법은
한 종류의 힘이 다른 힘으로 변환되는 듯한 현상이 당시에 많이 발견되

면서 더욱 주목을 받았다.

변환에서 보존으로

한스 크리스티안 외르스테드(Hans Christian Oersted, 1777~1851)는 1820년에 전선에 전류를 흘리면 자석 바늘의 방향이 바뀌는 현상을 우연히 발견했다. 이로써 프랑스의 앙드레-마리 앙페르(André—Marie Ampère, 1775~1836)와 영국의 패러데이는 전기가 자기로(그 반대로도) 변환된다고 제시했으며, 이는 전기와 자기가 운동으로 바뀌는 전기 모터의 개발로 이어졌다. 볼타 전지 내의 화학적 힘이 전기로 변환됨을 험프리 데이비가 예전에 제안했듯이, 감광 물질의 발견 및 사진의 발명 덕분에 빛도 화학적인 힘으로 변환될 수 있으리라고 여겨졌다.

하지만 공학적 측면에서 중요한 것은 동력, 즉 일(work)의 발생에 관한 연구였는데, 이와 관련해 매우 중요한 연구 활동에 착수한 사람이 제임스 프레스콧 줄(James Prescott Joule, 1818~1889)이다.

줄은 산업혁명의 심장부인 샐퍼드에서 양조업자의 아들로 태어나 존 돌턴 밑에서 공부했다. 줄은 물리학자로서 발걸음을 내디디며 전기 모터의 효율을 향상시키는 연구에 착수했다. 연구 도중에 그는 전기가 전선을 따라 흐를 때 열이 발생한다는 사실을 발견하고 이 현상에 집중했다. 이로써 그는 한 시스템 내의 열 현상은 오로지 가늠하기 어려운 유체, 즉 칼로릭의 운동으로만 설명된다는 표준적인(뉴턴주의적) 견해를 거부하게 되었다. 대신에 줄은 전기가 실제로 열로 변환된다고 믿었다.

줄이 이렇게 생각하게 된 근거는 다음과 같은 확신이 있었기 때문이다. "창조주의 지시에 의한 자연의 위대한 작용은 소멸할 수 없기에, 역학적 힘이 행사될 때마다 그와 동일한 정도의 열을 얻게 된다." 이로써 줄은 사디 카르노가 증기 엔진을 물레방아에 비유해 제시한 지배적인 해석을 거부했다. 물레방아에서 떨어지는 물의 낙하와 동일한 것으로 여겨졌던, 보일러에서 응결기로 향하면서 온도가 감소하는 현상은 단지 열이 사라지거나 흩어진 것일 뿐이라고 그는 보았다. "파괴할 능력은 오직 창조주에게만 있다고 믿었기에" 줄은 이렇게 결론 내렸다. "힘의 소멸을 필요로 하는 …… 어떠한 이론도 분명 오류다."

이제 줄은 전기 기계는 접어두고서 열은 결코 사라지지 않으며 언제나 동력으로 변환된다는 것을 밝히는 데 관심을 돌렸다. 1845년에 실시한 유명한 실험에서 그는 기계적 운동이 열로 변환되는 메커니즘을 규명하고자 시도했다. 용기 내의 일정한 물속에 수차(일종의 프로펠러)를 넣어두고서, 힘의 크기를 쉽게 알아낼 수 있는 하강하는 추로 이 수차를 회전시키게 만들었다. 수차의 회전은 물과 마찰을 일으켜 물의 온도를 높였고 그는 이 온도 변화를 정밀하게 측정했다. 이 실험을 통해 줄은 1피트 거리에서 890파운드 무게의 추를 낙하시켰을 때 물에 가해지는 동력은 물 1파운드의 온도를 화씨 1도 올리는 데 필요한 열의 양과 같다고 결론 내렸다.

그 후 줄은 명망 있는 학술지에 논문을 냈지만 반응은 싸늘한 무관심 일색이었다. 하지만 1847년에 '과학 발전을 위한 영국협회'의 한 회의에서 수차 실험을 간략히 설명했을 때 글래스고 대학의 자연철학 교수인 윌리엄 톰슨이 우호적인 관심을 보였다. 장차 켈빈 경으로 불리게 될 톰슨은 이미 빅토리아 시대 과학계에서 중요한 인물이었기에 1850년에 줄은 왕립협회 회원으로 뽑혔다. 그때나 지금이나 무엇을 아느냐가 아니라 누구를 아느냐가 중요한 법이다.

열의 역학적 등가성에 관한 줄의 연구 덕분에, 톰슨을 비롯한 여러 과학자들이 지금은 에너지라고 불리는 것의 보존에 관한 원리를 밝혀낼 수 있었다. 이전에 '에너지'라는 단어는 대략 힘과 동의어로 사용되었지만, 톰슨 및 그와 비슷한 성향의 물리학자 및 공학자들은 이제 그 단어를 한 힘이 다른 힘으로 변환되더라도 정량적으로 보존되는 어떤 실체를 가리키는 데 사용했다. 따라서 에너지는 수학적인 실체였다. 가령 특정한 양의 전기가 특정한 양의 열로 변환되었을 때 줄곧 '어떤 것'이 보존됨을 수학적으로 밝힐 수 있다. 비유하자면 변환 과정의 전후에 장부의 수치가 일치한다는 말이다. 보존되는 추상적인 그 어떤 것은 에너지라고 명명되었다.

당시 많은 사람들은 이에 대해 비판했다. 어떤 이들은 에너지는 물리적 영향을 느낄 수 있는 힘과 달리 수학적인 허구라며 거부했다. 하지만 톰슨은 푸리에가 열의 전도에 관해 사용한 것과 동일한 방식으로 이미(1841~1842) 전기 유도에 관한 수학적 분석을 성공적으로 수행했기에, 유형적인 것보다 좀 더 수학적인 물리학에 기울어 있었다. 이는 물리학의 연구가 차츰 수학적 추상화로 향하던 경향(상자글 22.2 참고)의 한 사례일 뿐이며, 이런 경향은 양자역학에서 정점에 이르렀다(24장 참고).

톰슨은 줄이 확신했듯이 신이 창조한 것은 인위적인 수단으로 결코 파괴될 수 없다는 견해에 공감했다. 하지만 줄의 연구를 통해 열이 역학적인 일(work)로 바뀐다는 점은 분명했지만 열이 그리 유용한 역할을 하지 못하는 경우도 부지기수였다(가령 한 냄비 분량의 끓는 물은 달걀을 삶고 난 다음에는 식어버린다). 게다가 톰슨은 수차 실험에서 동력이 열로 앞서 살펴보았듯이 영국의 과학은 대륙 과학자들이 보기에 물리적 비유 및 '모형'에 지나치게 의존했다. 즉 쉽게 시각화할 수 있는 일상적 사물의 행동을 통해 과학을 설명하는 편이었다. 피터 거스리 테이트(Peter Guthrey Tait, 1831~1901)는 에테르 속의 소용돌이에 관한 톰슨의 주장을 뒷받침하고자 연기 고리(smoke ring)의 안전성을 시연하는 실험을 고안하기까지 했다.

이런 경향을 뒤집어서 본다면, 대륙의 물리학자들은 좀 더 추상적인 접근법을 써서 현상의 수학적 분석을 내놓는 데 집중했다.

가령 열역학 제2법칙을 기술할 때 영국의 톰슨과 독일 열역학의 창시자인 루돌프 클라우시우스(Rudolf Clausius, 1822~1888. 엔트로피라는 중요한 개념을 고안한 인물)는 접근 방법이 아주 달랐다. 이 법칙에 대한 톰슨의 설명은 이랬다. "무생물의 물질적 작용자에 의해, 물질의 어느 부분으로부터도 그것을 주변 물체의 가장 차가운 온도 아래로 냉각시킴으로써 역학적 효과를 도출하기란 불가능하다." 무슨 뜻인지 굳이 이해하지 않아도 된다. 다만 물리적 환경 속의 어떤 물체를 끌어들여 법칙을 설명하고 있다는 것만 알면 된다. 그러면 이 법칙에 관한 클라우시우스의 설명과 비교해보자. "하나의 순환 과정에서 일어나는 모든 변환의 대수적 합은 오직 양(+)이거나, 아주 극단적인 경우라도 영(0)일 뿐이다." 여기서 물리적인 설정에 가장 가까운 대목은 '순환 과정'이라는 표현뿐이며, 이것도 매우 추상적이긴 매한가지다.

영국의 물리학이 공장 풍경으로 얼룩졌다고 말한 피에르 뒤앙은《물리 이론의 목적과 구조 *La Théorie physique, son object et sa structure*》라는 책에서 독일이나 프랑스의 물리학자들이 어떻게 대전된 두 물체 사이에 작용하는 힘을 이해하려고 하는지를 다음과 같이 묘사했다.

〔그들은〕 이런 물체들에서 벗어난 영역에서 사고 행위에 의해 수학적인 점(點)이라고 하는 추상 개념을 가정하고, 이를 전하(電荷)라고 하는 또

다른 추상 개념과 연관시킨다. 이어서 그는 세 번째 추상 개념, 즉 그 물질적 점을 지배하는 힘을 계산하려고 시도한다. 그는 공식을 내놓고 …… 이 공식으로부터 추론한다. …… 마침내 그는 이 모든 기본적인 힘들을 정역학의 규칙에 따라 통합시킨다. 이로써 그는 두 대전체의 상호작용 법칙을 알아낸다.

변환되었듯이 열도 동력으로 변환될 수 있다는 줄의 가정에 대해서는 미심쩍어했다.

1851년에 톰슨이 발표한 '열의 역동적 이론'에서는 에너지가 "물질계에서는 사라지지 않지만 인간에게는 사라져 회수할 수 없다"고 가정함으로써 이 문제를 해결했다. 오직 신만이 에너지를 창조하거나 소멸시킬 수 있기에 인간이 할 수 있는 최선은 한 형태의 에너지를 다른 형태로 변환시키는 일뿐이다. 하지만 변환하는 과정에서 일부 에너지는 인간의 통제를 벗어나 사라지고 만다.

물질계에서는 절대적 지배자가 소유한 힘의 작용 없이는 에너지의 소멸이 일어날 수 없지만, 변환이 일어날 때 이용할 수도 있는 …… 힘이 사람의 통제에서 벗어나 사라져 더 이상 회수할 수 없게 된다.

분명 톰슨은 위의 견해가 글래스고 대학에서 장로교 교육을 받으면서 받아들인 칼뱅주의 신학을 확인시켜준다고 여겼다. 당시 《창조의 자연사의 흔적들》에서 대대적으로 설명된 영국 국교회 자연신학의 진보주의(19장 참고)를 거부하면서, 톰슨은 에너지가 인간에게는 회수 불가능한 형태로 차츰 사라짐을 강조함으로써 의기양양한 진보가 아니

이전 장(상자글 21.2)에서 보았듯이, 일군의 빅토리아 시대 과학자들은 자연철학과 신학 간의 오랜 동맹을 (주로 과학의 전문화를 위한 전략으로서) 의도적으로 깨려고 했다. 그렇다면 이 과학자들은 줄과 톰슨이 물리학에서 신을 공공연히 언급한 것에 대해 어떻게 대응했을까? 우리의 짐작대로, 그들은 이러한 언급이 종교와 과학의 분리를 꾀하려는 자신들의 노력을 방해함을 잘 알고 있었기에 그대로 보고만 있지 않았다.

영국 왕립연구소의 물리학 교수였던 존 틴들은 종교가 과학에 개입하는 것에 반대하는 입장을 영국의 과학적 업적에 대한 자신의 애국적 자긍심보다 더 우선시했다. 틴들은 1848년에 줄과 우선권 다툼을 벌였던 독일 물리학자 율리우스 R. 마이어(Julius R. Mayer, 1814~1878)의 편을 들었다. 마이어는 1842년에 동력과 열의 등가성을 발표했지만 그의 사상은 학계에 별 반향을 일으키지 못했다. 마이어의 공격 덕분에 대륙 학계의 관심을 받게 된 줄은 그런 이론을 처음 제시한 사람이 마이어일지는 몰라도 그것을 실험적으로 증명한 사람은 바로 자신이라고 목소리를 높였다. 그러던 중 틴들은 다른 이들과 더불어 종교와 과학의 분리 운동에 돌입한 1860년대부터 줄의 업적보다 마이어의 업적을 높이 평가하기 시작했다. 줄과 톰슨처럼 독실한 신자였던 피터 거스리 테이트가 이 논쟁에 뛰어들어 줄의 편을 들면서, 마이어의 연구는 각고의 노력을 기울인 줄의 성과에 비하면 추측에 근거한 아마추어의 결과일 뿐이라고 깎아내렸다. 이런 말싸움의 이면에 신의 개념을 자연철학에서 허용할지 여부에 대해 어느 한쪽에서는 거부하고 다른 쪽에서는 옹호하는 태도가 없다고 보기는 어려웠다.

분명 테이트는 틴들이 과학 발전을 위한 영국협회의 회장 자격으로 1874년에 행한 유명한 벨파스트 연설 이후 과학과 종교의 관계에 대해 틴들에게 이의를 제기했다. 테이트가 동료 스코틀랜드 물리학자인 발포어 스튜어트(Balfour Stewart, 1828~1887)와 함께 저술한 《보이지 않는 우주*Unseen Universe*》(1875)는 새로운 물리학을 이용하여 "과학과 종교의 양립 불가능성이란 아예 존재하지 않음을 밝히려는" 시도였다.

게다가 윌리엄 톰슨도 일찍이 존 틴들 및 T. H. 헉슬리와 공개적 논쟁을 벌인 적이 있었다. 1868년 헉슬리는 런던 지질협회에서 강연을 했는데, 여기서 그는 지구의 나이가 엄청나게 오래되었다고 주장했다. 톰슨은 다음 해에 '지질학적 동역학에 관하여'라는 강연을 통해 헉슬리의 주장에 반박했다. 여기서 그는 자신의 풍부한 전문지식을 이용하여 열역학적 근거에서 지구에 생물이 살 수 있게 된 기간은 1억 년 이상일 리 없다고 밝혔고, 1897년에는 이 수치를 수정하여 다시 2000~4000만 년으로 줄였다. 이번에도 분명 톰슨의 의도는 자신이 나쁜 과학으로 여긴 내용을 고친다는 것뿐만 아니라 종교를 과학에서 배제하려는 시도를 물리치기 위함이었다.

라 종국적인 쇠퇴(이것의 정점이 이른바 우주의 '열의 죽음', 즉 우주의 모든 것이 같은 온도가 되어 모든 열의 이동이 정지해버리는 현상이다)로 이어짐을 넌지시 내비쳤다(상자글 22.3 참고).

톰슨이 제시한 열역학의 두 가지 법칙은 줄의 추론과 카르노의 추론을 합친 것이다. 제1법칙은 에너지란 새로 생기지도 소멸하지도 않으며 다만 한 형태에서 다른 형태로 변환된다는 것이다. 제2법칙은 여러 방식으로 기술될 수 있다. 톰슨의 설명 방식은 이랬다. "무생물의 물질적 작용자에 의해, 물질의 어느 부분으로부터도 그것을 주변 물체의 가장 차가운 온도 아래로 냉각시킴으로써 역학적 효과를 도출하기란 불가능하다." 좀 더 단순하게 설명하자면, 열은 차가운 곳에서 뜨거운 곳으로 저절로 흐르지 않고 오로지 뜨거운 곳에서 차가운 곳으로 흐른다는 말이다. 이 법칙에 따라 열을 일이나 동력으로 완전하게 변환하기란 불가능하다는 결론이 도출된다.

제1법칙은 줄의 연구에서 도출되며, 제2법칙은 증기 엔진이 순환 사이클 동안 온도의 감소에 의해 구동된다는 카르노의 이론에 내재된 비가역성을 확인시켜준다. 이것은 마치 물이 낙하하여 물레방아를 돌리고 난 다음에는 사라져버리는 것과 마찬가지다. 인간이 보기에 물은 사라지고 말았기에 더 이상 (또다시 물레방아를 돌리는 것과 같은) 유용한 일을 하는 데 이용할 수 없다. 카르노의 사이클에서는 열이 모두 사라지지는 않지만 열 전부를 동력을 발생시키는 데 이용하는 것은 불가능하다.

따라서 제1법칙은 에너지를 다른 형태로 변환할 수 있다는 내용이며, 제2법칙은 그 과정에서 일부 에너지는 필연적으로 사라진다는 내용이다.

1854년에 톰슨은 과학 발전을 위한 영국협회의 한 회의에서 줄의 실증적 연구가 "뉴턴 시대 이후 물리학이 경험한 가장 위대한 혁신으로 이어졌노라"고 선언했다.

이후 톰슨과 그의 협력자인 W. J. 매퀀 랭킨, 피터 거스리 테이트, 플리밍 젱킨, 제임스 클럭 맥스웰 등은 에너지 및 그 변환에 대한 연구로 자연철학을 재정립하고, 아울러 에너지를 모든 현상을 설명할 수 있는 통합적인 원리로 간주했다. 이런 활동의 결과로 발간된 중요한 문헌이 1867년에 톰슨과 테이트가 공동으로 저술한 《자연철학에 관한 논문 *Treastise on Natural Philosophy*》이다. 이 저자들은 뉴턴의 세 번째 운동 법칙('작용과 반작용은 크기는 같고 방향은 서로 반대다')을 에너지 보존의 관점에서 재해석했으면서도 자신들이 뉴턴보다 더 뛰어나며 새로운 《프린키피아》를 쓰고 있다고 여겼다.

뉴턴의 시대가 끝나다
아인슈타인과 상대성 이론

19세기 후반의 물리학자들이 스스로 뉴턴보다 앞선다고 여겼다 한들 뉴턴과 같은 길을 걷고 있었을 뿐이다. 하지만 20세기의 물리학자들은 뉴턴과 다른 길을 갔고, 완전히 새로운 물리학을 내놓았다. 양자론의 창시자인 막스 플랑크(Max Planck, 1858~1947)는 1931년 한 동료에게 보낸 편지에서 20세기 초에 자신과 동료들은 옛 접근법이 근본적으로 부적합하다고 여겼다면서 이렇게 썼다. "고전 물리학은 충분하지 않았네. 내가 보기엔 분명 그랬다네." '고전 물리학'이라고 명명함으로써 플랑크는 이전의 물리학을 완전히 다른 것으로 치부했다.

20세기에는 세계를 이해하는 완전히 새로운 두 가지 방식이 등장했다. 상대성 이론과 양자론이 그것이다. 이들 각 이론의 주창자들은 전통적인 물리학에서는 벗어나 있었기에 이전의 물리학을 '고전적'이라고 일컬음으로써 자신들이 과거와 결별했음을 강조했다. 참으로 적확한 단어였다. 옛 물리학의 가치와 중요성을 나타내면서도 한편으로는 그 시대가 지나갔음을 분명하게 알려주기 때문이다. 그들은 자신들이 20세기 초에 새로운 물리학을 개척하고 있을 뿐 아니라 또 한 번의 과학 혁명을 시작했다고 여겼지만 그들이 내건 표현만큼 과거와 말끔하게 결별하지는 못했다. 분명 이 두 종류의 새로운 물리학은 이전에 있었던 것을 출발점으로 삼았으며, 새로운 사고의 주역들도 그 첫걸음은 전통적인 물리학에 등장했던 문제들을 해결하려는 시도였다.

이 책의 마지막 두 장에서는 이 새로운 물리학의 두 유형을 살펴본다. 먼저 상대성 이론을 살펴보면서 이 이론이 어떻게 '고전적인' 물리학에서 제기된 문제들을 해결해가면서 성장했는지 알아본다.

빛에 관한 이론들

데카르트는 빛이란 우주를 가득 채우고 있는 물질 속을 비집고 전달되는 일종의 압력 파동이라고 제안하고서도, 종종 광선의 작용을, 예를 들어 벽에 튕겨 나오는 공에 비유해 설명하곤 했다. 하지만 뉴턴은 우주가 대부분 물질이 비어 있는 공간이라고 보았기에 빛을 입자의 흐름으로 다루는 데 아무 거리낌이 없었다. 영국 왕립연구소의 자연철학 교수였던 토머스 영(Thomas Young, 1773~1829)은 음파의 성질을 연구한 탓에 압력 파동 이론을 지지했다. 이는 뉴턴도 이른바 '에테르' 의문들(우주에 만연한 보편적 에테르에 관해 고찰하는 일군의 '의문들'로서, 뉴턴은 1717년 자신의 《광학》 제3판에서 기존의 의문들에 이것을 추가했다)에서 암시했던 것이다. 이 새로운 이론의 지적인 의미는 프랑스 사상가의 새로운 세대 중

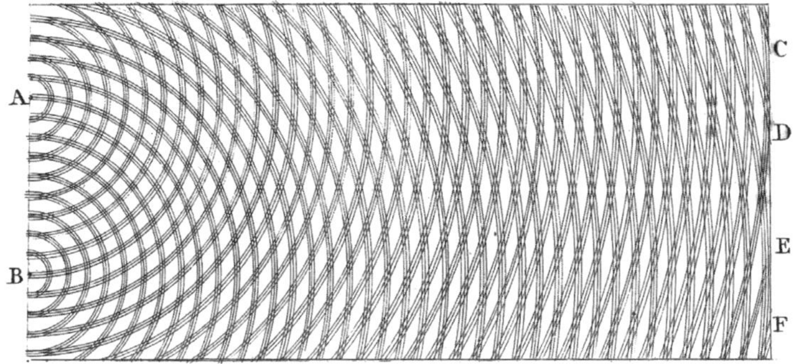

그림 23.1_ 이웃한 두 파원에서 발생한 두 파동의 간섭 무늬. 출처는 토머스 영의 《자연철학과 역학적 기술에 관한 강의》 제2권(런던, 1807). 에든버러 대학 도서관 특별소장품부(S.B.F., 53 You)의 허락하에 게재.

토머스 영은 빛이 이중 슬릿을 통과할 때 막에 어두운 무늬와 밝은 무늬가 교대로 나타나는 현상을 '간섭'의 관점에서 설명했다. (이중 슬릿을 나타내는) A와 B에서 생기는 물결파가 때로는 서로 합쳐지고(한 파동의 마루가 다른 파동의 마루와 만나거나 골이 골과 만날 때), 때로는 서로를 상쇄시키듯이(한 파동의 마루가 다른 파동의 골과 만날 때), 빛 파동도 때로는 서로 합쳐져 밝아지고 다른 곳에서는 서로를 상쇄시켜 어두워진다. 위의 그림에서 C, D, E, F는 어둡고 그 사이의 공간은 밝다.

한 명인 오귀스탱-프레넬 그리고 라플라스와 베르톨레가 드높인 뉴턴 물리학의 위세에 종지부를 찍은(22장 참고) 푸리에가 알아차렸다. 빛이 이중 슬릿을 통과할 때 생기는 영의 간섭 패턴(밝은 무늬와 어두운 무늬가 교대로 나타나는 패턴) 실험 및 분광 현상을 바탕으로 프레넬은 빛이 파동일 뿐 아니라 틀림없이 횡파라는 설득력 있는 주장을 폈다(그림 23.1).

이전에 나온 빛에 관한 파동 이론들은 빛이 소리처럼 파동이 통과하는 매질의 밀도 변화로 이루어진다고 가정했다. 북을 치면 주위의 공기가 순간적으로 압축되는데, 이 충격파가 공기의 연속적인 수축과 팽창을 통해 구형으로 전파된다. 이런 파동을 종파라고 한다. 빛이 횡파—
즉 밧줄의 끝을 위아래 또는 양옆으로 빠르게 움직일 때 생기는 것과
같은 종류의 파동, 따라서 연속적으로 움직이는 사인파(sine wave) 모양
의 파동—라는 프레넬의 주장은 빛이 어떻게 작동하는지에 관한 물리
적 모형을 구성하는 데 곤란한 문제를 야기했다. (편광 현상을 관찰하고서)
빛이 횡파임을 알아차린 영도 1823년에 이 이론에 따르면 에테르가
"매우 탄성이 높아야 할 뿐 아니라〔또한〕절대적으로 견고해야 한다!!!"
는 점을 지적했다(가령 종파인 음파는 속이 텅 빈 공기가 매질인 데 반해, 횡파
인 수면파는 속이 물 입자로 가득 찬 물이 매질이다. 견고해야 한다는 것은 에테르
가 공기처럼 속이 빈 매질이 아니라 물처럼 속이 가득 찬 매질이어야 한다는 뜻이
다—옮긴이).

에테르의 성질에 관한 이 문제점은 대륙의 이론가들보다는 기계론적
성향이 강한 영국의 사상가들에게 더 걸림돌이 되었다. 영국 과학자들
에게는 언제나 어떤 물리적 현상을 이해할 수 있도록 해주는 구체적인
물리적 모형이 필요했기 때문이다. 그렇긴 하지만 빛의 횡파 이론은 곧
유럽 대륙 못지않게 영국과 미국을 휩쓸어 널리 받아들여졌다.

전기와 자기에 관한 이론들

한편 1820년에 있었던 우연한 발견 덕분에 전기와 자기에 관한 이론
들이 극적으로 발전하고 있었다. 그해에 덴마크의 자연철학자 외르스
테드가 나침반 바늘 주위에 전선을 놓고 전류를 흘리면 바늘의 북-남
방향이 바뀌는 현상을 관찰했던 것이다. 프랑스에서는 앙페르가 전선

코일에 전류를 흐르게 하면 코일이 자석처럼 반응하는 현상을 발견하고 자기 현상이 전류로 인해 생긴다고 결론 내렸다. 얼마 후 윌리엄 스터전(William Sturgeon, 1783~1850)은 이른바 전자석(전선에 감긴 말발굽 모양의 연철 막대)으로 실험을 시작했다. 1831년에는 영국 왕립연구소의 패러데이가 전선 코일 속에서 자석을 움직이면 코일에 전류가 생김을 밝혀냈고, 스터전은 동력을 발생시킬 수 있는 전기 모터를 개발했다. 앞의 장에서 소개한 줄은 열에 대한 연구로 관심을 돌리기 전인 1830년대 후반에 전자기 모터를 연구했다.

패러데이는 이런 현상을 이해하기 위해 '역선' 개념을 내놓으면서, 이것이 자석과 전원 주위의 공간을 가득 채운다고 상상했다. 이 역선을 눈으로 보여주는 실험이 바로 막대자석 주위에 쇳가루를 뿌리면 자석의 한쪽 극에서 다른 쪽 극으로 쇳가루들이 곡선을 그리며 배열되는 현상이다. 1832년 패러데이는 초기의 단상을 적은 공책에서 이렇게 썼다.

> 자극에서 자력선이 발산되는 현상을 흔들리는 수면의 진동 또는 소리가 퍼질 때 공기가 진동하는 현상에 비유하고 싶다. 즉 나는 진동 이론이 소리 그리고 특히 빛에 적용되는 것만큼이나 이런 현상들(자기 현상—옮긴이)에 적용된다는 생각이 든다.

1840년대에 그는 (14장의 말미에 언급했듯이) 역선이 물질보다 훨씬 실제적이며, 물질이란 온 우주에 가득 찬 역선이 퍼져나가기 위한 일종의 초점 역할을 할 뿐이라는 개념을 발전시켰다.

1846년에 그는 자석이 광선의 편광면을 회전시킬 수 있음을 알아내고서 자기(따라서 전기)와 빛이 서로 연결되어 있음을 밝혀냈다. 광선은 빛의 모든 파동들이 동일 평면에서 진동할 때, 말하자면 수직으로 위아래로 출렁거릴 때 편광을 일으킨다(보통의 편광되지 않은 광선은 빛이 모든 방향으로, 일부는 위아래로 또 일부는 측면으로, 일부는 대각선 방향의 평면에서 또 일부는 다른 각도의 평면에서 진동한다). 패러데이는 또한 수직 방향으로 편광되는 광선을 모든 빛 파동이 수평 방향에 가깝게 진동하도록 자석으로 회전시킬 수 있다는 사실도 발견했다.

같은 해에 왕립연구소의 한 강연에서 패러데이는 자신의 전자기 역선(線) 모형이 우주에 만연한 유체인 에테르 모형보다 빛의 현상을 설명하는 데 더 낫다는 입장을 효과적으로 내비쳤다.

> 그러므로 내가 과감히 내놓는 이 견해는 입자들뿐 아니라 물체들과도 연결된다고 알려진 역선의 형태로 방출되는 일종의 특별한 진동을 다룬다. 이 견해가 거부하는 것은 진동이 아니라 에테르다.

패러데이 모형에 따르면, (음파처럼) 종파인 압력 파동을 전달하는 것으로 보이는 유체인 에테르와 달리 역선의 진동은 마치 출렁이는 밧줄처럼 빛을 횡파로 전달한다는 장점이 있다.

패러데이는 분명 통찰력이 뛰어난 사상가였지만, 수학 능력이 부족한 것이 흠이었다. 천재성을 지닌 사람이었지만, 당시의 물리학은 점점 더 수학적인 학문으로 변모하고 있었다. 하지만 역선에 관한 그의 발상은 수학적 취급에 어울리지 않는 것이 결코 아니었다. 오히려 빅토리아 시대의 가장 위대한 수리물리학자 중 한 명인 제임스 클럭 맥스웰(James Clerk Maxwell, 1831~1879)은 1856년에 쓴 〈패러데이의 역선에 관하여〉라는 논문에서 패러데이의 발상을 이론화한 기하학적 모형을 내놓았다. 나아가 그는 1861년부터 1862년까지 발간된 4부짜리 논문인 〈물리적 역선에 관하여〉에서 그 모형을 더욱 확장시켰다.

맥스웰은 물리적이면서도 그야말로 기계적인 패러데이의 '힘의 장 (field of force)' 모형을 제시할 필요성을 절감하고(상자글 22.2 참고), 벌집 모양으로 배열된 소용돌이들이 반대 방향으로 회전하는 구형 입자들에 둘러싸여 있고 이 입자들이 일종의 유동 바퀴로 작용해 소용돌이의 운동을 장의 다른 부분으로 전달하는 정교한 메커니즘을 내놓았다. 소용돌이 모형은 패러데이가 발견한 광자기 회전 효과(자기장의 회전이 횡파인 빛 파동의 회전—편광 변화—을 일으키는 현상)에 관해 특히 윌리엄 톰슨이 내놓은 반응에서 영감을 얻은 결과였다. 이 복잡한 모형은 물리학자들이 파악한 상이한 전자기적 양들에 대해 정확한 기계적 설명을 제공하긴 했지만, 맥스웰 자신도 이 모형이 어설프다는 점을 인정했으며 이런 힘의 장이 "자연에 존재하는 연결의 한 방식"이 될 수 있는지 의구심을 표시했다(그림 23.2).

하지만 이 연구의 가장 중요한 측면은 맥스웰이 그러한 전자기적 매질을 통한 파동의 전달 속도를 계산했더니 빛의 속도였다는 것이다(빛의 속도는 그 무렵 레옹 푸코(Léon Foucault, 1819~1868)가 정확하게 측정했다). 따라서 맥스웰은 다음과 같은 놀라운 결론을 내놓았다.

빛은 전기 및 자기 현상의 원인이 되는 것과 동일한 매질의 횡파로 이루어져 있다고 추론하지 않을 수 없다.

1865년에는 '전자기장의 동역학 이론'에서 맥스웰은 에테르의 기계적 모형을 버리고 대신에 전자기장의 수학적 모형에 집중했다. 그 결과 맥

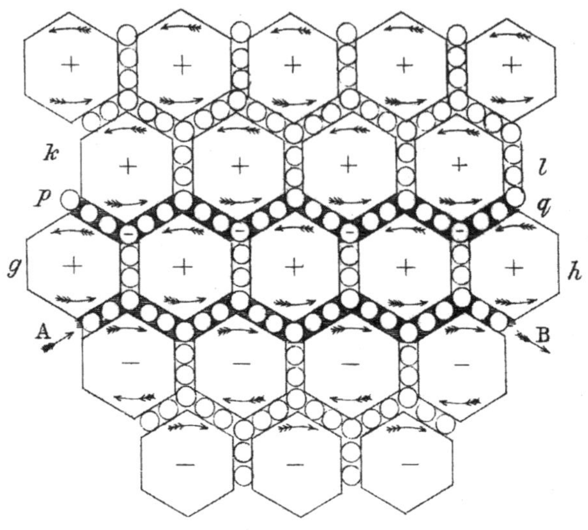

그림 23.2_ 〈물리적 역선에 관하여〉라는 논문에서 맥스웰이 묘사한 전자기적 에테르. 출처는 《런던, 에든 버러 그리고 더블린 철학 잡지》, 1861년 4월호. 사용을 허락해준 스코틀랜드 국립도서관 이사회에 감사한다.

맥스웰의 이론에 필요한 회전하는 소용돌이는 육각형 모양이다. 이 육각형들이 서로 맞물리는 톱니바퀴라고 상상하면, 반시계 방향으로 하나의 소용돌이가 회전하면 이것과 맞물린 다른 소용돌이는 필연적으로 시계방향으로 회전하게 된다. 맥스웰은 모든 소용돌이가 동일한 방향으로 회전하도록 해야 했기에 그가 '유동 바퀴'라고 부른 것―위의 그림에서 육각형들을 분리시켜주는 (실제로는 구 형태인) 작은 원들―을 소용돌이들 사이에 끼워 넣었다. 맥스웰은 한편으로는 이런 메커니즘이 존재하는지 의심스럽다는 점을 인정하면서도 또 한편으로는 이 모형이 "알려진 전자기 현상들 간의 실제적인 기계적 연관성을 드러내는 데" 이바지한다고 주장했다.

스웰은 일련의 방정식을 내놓았고, 나중에 이 방정식들은 올리버 헤비사이드(Oliver Heaviside, 1850~1925)와 하인리히 헤르츠(Heinrich Hertz, 1857~1894)에 의해 맥스웰의 네 가지 방정식으로 일컬어졌고 지금도 그렇게 불린다. 헤르츠는 또 맥스웰이 예상한 대로 다른 형태의 전자기파인 전파가 존재함을 실험적으로 밝혀냈다. 전파는—전기, 자기 및 빛의 연관성을 감안하여—'전자기 스펙트럼'에서 파장이 매우 긴 영역에 해당하는 전자기파다.

하지만 맥스웰이 영국식의 전형적인 기계적 접근법을 완전히 버리고 더욱 추상적인 수학적 접근법을 선호했는지는 분명하지 않다.《전기와 자기에 관한 논문*Treatise on Electricity and Magnetism*》(1873)에서 그는 대륙 수학자들이 장의 개념을 거부하고 원거리에 작용하는 힘의 개념으로 되돌아가려는 시도를 부정하면서 에너지의 실재성과 더불어 "에너지가 존재하는 매질 또는 물질이 반드시 존재한다"라고 주장했다. 분명 맥스웰은 여전히 에테르에 관한 "심적 표상을 세우길" 원했다(에테르를 머릿속에서 이미지로 그려내고 싶어했다는 뜻—옮긴이). 맥스웰을 포함한 그의 동시대인들이 보기에 에테르의 정확한 지위는 여전히 과학사가 및 과학철학자들의 논란거리였다.

하지만 분명 맥스웰 방정식은 뉴턴의 운동 법칙 및 중력에 관한 보편적 원리와 어깨를 나란히 할 만큼 가치가 크다고 여겨졌기에 이들을 다 합치면 물리학 전부를 설명할 수 있었다. 그러나 사소한 문제점이 하나 있었다. 과학철학자인 조너선 파워스(Jonathan Powers)가 고전 물리학의 전당에 "거의 보이지는 않지만 치명적인 균열"이라고 일컬었던 문제였다.

맥스웰 방정식에는 c라는 상수가 포함되어 있는데, 이것은 (앞서 보았듯이) 빛의 속도를 나타내는 값이다. 하지만 빛의 속도란 무엇인가? 분명 이 질문의 답은 상황에 따라 달라진다. 뉴턴 역학에 따르면 빛의 발생원(광원)의 운동도 고려되어야 할 것이다. 만약 내가 초속 15만 킬로미터로 비행하는 로켓의 앞부분에 앉아 있고 비행 방향과 같은 방향을 가리키는 전등을 켠다면 전등에서 발사되는 빛은 약 초속 45만 킬로미터가 되어야 한다(공기를 통과하는 빛의 속도는 초속 30만 킬로미터에 아주 가까운 값으로 측정되었다). 이런 방식에 의한 속력의 더하기(및 빼기)는 고전 물리학의 기본적인 가정이다(9장에서 조수에 관한 갈릴레오의 이론을 설명할 때 나왔던 내용이다). 하지만 맥스웰 방정식은 이런 문제를 전혀 고려하지 않고 빛의 속도를 그저 상수로만 취급한다. 어쩌면 맥스웰이 이 수학적 상수를 빛의 속도와 같은 물리적인 값과 동일시한 것은 잘못이었을까?

어쨌거나 뉴턴 법칙과 맥스웰 방정식을 결합시키는 것은 위태로운 듯 보인다. 얼핏 보기에는 그 둘을 합치면 물리학의 모든 문제를 해결할 수 있을 것 같지만, 알다시피 겉보기란 기만적일 때가 있다.

에테르와 관련된 문제점

설상가상으로 실험을 통해 에테르의 존재를 규명하려는 노력들도 실패를 거듭하고 있었다.

이런 시도 중 가장 유명한 사례는 앨버트 A. 마이컬슨(Albert Abraham Michelson, 1851~1931)이 여러 해에 걸쳐 실시한 실험이었다. 이 실험에는 나중에 에드워드 몰리(Edward Morley, 1838~1923)도 참여했다. 마이컬슨과 몰리가 한 실험은 공간상의 서로 다른 여러 방향에서 빛의 속도를 측정하는 일이었는데, 1887년에 가장 정밀한 값을 얻었다. 그들이 사용한 장치는 하나의 광선을 두 가지로 분리한 다음 서로 직각 방향으로 발사하여 반사시키도록 고안되었다. 하지만 그 장치는 회전할 수 있었기에 두 빛은 어느 방향으로도 마음껏 진행할 수 있었다(하지만 분리된 두 광선 사이의 각도는 언제나 직각을 유지했다).

이 실험의 의도는 지구의 운동으로 인해 빛의 속도에 어떤 변화가 생기는지를 알아내는 것이었다(지구가 움직이는 속도는 빛의 속도와 더해질 수도 감해질 수도 있었다). 지구가 에테르 속을 움직인다면, 분명 '에테르 바람'—정지한 에테르를 통과할 때 지구의 운동으로 인해 생기는 흐름—이 일어야 한다. 이 바람 방향으로 진행하다가 반사되어 바람의 반대 방향으로 되돌아오는 광선의 속도는 바람의 진행 방향을 가로질러 나아가는 광선의 속도와 다르게 측정되어야 마땅하다.

분명 그래야 한다. 하지만 마이컬슨과 몰리가 알아낸 바로는 그렇지 않았다. 그런데도 아무도 절망하지 않았다. 물리학자들은 이 문제를 결코 포기하지 않았다.

19세기 말에 네덜란드 물리학자 헨드릭 A. 로런츠(Hendrik Lorentz, 1853~1928)의 전기역학이 '로런츠 변환'이라는 개념을 도입함으로써 이 어려운 문제에 답을 제시하는 듯 보였다. 로런츠는 물질이란 대전 입자들로 이루어져 있고, 이 입자들의 운동은 어떤 식으로든 그 주위로 가득 퍼지는 전자기장을 발생시킨다고 가정했다. 이 전자기장은 다시금 대전 입자들의 운동에 영향을 줄 수 있다. 로런츠는 이 가정을 이용하여 에테르의 전자기장은 에테르 속을 지나가는 물체가 운동 방향으로 수축하게 만든다고 제안했다. 이 수축은 그 물체의 원자들 사이에 작용하는 힘에 에테르의 전자기장이 영향을 미쳐 생긴다고 보았다.

수학적 계산에 따르면, 이 수축은 지구가 에테르 속을 통과할 때 예상되는 빛의 속도 차이를 상쇄시키는 데 필요한 양과 정확히 일치했다. 심지어 마이컬슨과 몰리의 실험 장치조차도 에테르 속을 진행하는 방향으로 수축하는데, 이 수축의 정도는 그 방향으로 진행하는 빛의 속도가 그 방향과 직각 방향으로 진행하는 빛의 속도와 같아지는 데 필요한 양만큼이다.

수학자가 아닌 우리는 여기에 어떤 속임수가 있는 것은 아닌지 의아할지 모른다. 모든 설명이 너무 편의적인 것 같으니 말이다. 하지만 이런 일치는 케플러의 기하학적 원형이 육안 관측으로 볼 수 있던 행성의 위치와 수를 실제로 정의해주는 듯했던 일치만큼이나 그리 놀라울 것이 없다(8장 참고). 게다가 마이컬슨과 몰리의 실험은 빛의 속도가 늘 일정하다는 측정치를 제시했는데, 지구가 정지한 에테르 속을 영원히 움직이고 있다면 그런 결과가 나오지 않아야 했다.

분명 로런츠는 그 수축이 실재하는 물리적 현상이라고 믿었지만, 맥스웰 방정식의 타당성을 유지하기 위해 그가 도입했던 또 하나의 '변환'에 대해서는 확신이 덜 했다. 운동하고 있는 계와 정지한 계 사이에 예상되었던 차이가 나타나지 않는 것(두 경우에 빛의 속도가 다르게 측정되어야 하지만, 맥스웰 방정식에 따르면 빛의 속도는 일정하다)은 두 상황의 관찰자가 (상대 운동 때문에 약간 서로 다른 관찰을 하지 않고) 서로 동일한 관찰을 한다고 가정하면 가상적으로나마 설명될 수 있다. 로런츠는 이 현상은 운동하는 관찰자의 '국소 시간(local time)' 때문에 생긴다고 보았다.

아마 로런츠는 설명상의 필요에 의해 고안된 이 메커니즘이 어떻게 (수학적이 아니라) 물리적으로 작동하는지는 확실히 알지 못했던 것 같다. 하지만 프랑스의 뛰어난 수학자 겸 물리학자인 앙리 푸앵카레(Henri Poincaré, 1854~1912)는 1900년에 제안하기를, 그것은 움직이는 관찰자들이 자신들의 시계를 (에테르에 대해 정지해 있는 시계를 기준으로) 똑같이 맞추며 이를 위해 그들의(관찰자와 시계의) 운동에 의해 영향을 받지 않는다고 여겨지는 빛 신호를 이용하기 때문이라고 했다(하지만 실제로 빛은 그들의 운동에 의해 영향을 받으며, 그렇기에 로런츠 변환이 필요하다).

곧이어 알베르트 아인슈타인(Albert Einstein, 1879~1955)이 무대에 등장했다.

아인슈타인과 상대성 이론

아인슈타인은 현대 세계에서 전무후무한 대중적 인기를 얻은 과학자다. 노년에 보여준 그의 개성적인 모습은 역설적이게도 과학자의 이미지를 대표하게 되었다. 아인슈타인은 매릴린 먼로와 밥 딜런 같은 문화적 아이콘들과 함께 거론되었고, 그의 얼굴은 주로 대중가수나 영화계 스타들이 등장하는 유형의 포스터에 실려 번화한 거리에서 팔려나갔다. 아인슈타인의 포스터가 대중 스타들과 다른 점은 종종 재미있거나 또는 심오한 문구가 적혀 있었다는 점이다(그런 문구는 가수나 영화배우한테서는 볼 수 없었다). 평생 동안 그는 아주 유명한 인물로서 만년에는 반핵 및 시민권 운동에도 참여했다. 1952년에는 이스라엘 대통령 후보 자리도 제안받았지만(실제로 2차 세계대전 후 그 신생국을 세우는 데 중요한 역할을 했다) 거절했다. 이 책은 아인슈타인이 왜 대중적인 문화 아이콘이 되었는지 논할 자리는 아니지만, 아인슈타인의 과학은 그런 측면과 많은 관련이 있음은 부정하기 어렵다. 적어도 아인슈타인의 유명세는 최신 과학사상이 현대 대중들의 의식에 끼쳤던 그리고 지금도 끼치고 있는 엄청난 영향력을 고스란히 보여준다.

아인슈타인의 유명세에 비추어보면 그가 무에서 상대성 이론을 만들어냈으며 단독으로 뉴턴을 물리학의 권좌에서 폐위시켰고 고전 물리학을 무너뜨린 걸출한 천재라고만 여기기 쉽다. 하지만 결코 그렇지 않다. 아인슈타인은 푸앵카레와 에른스트 마흐(Ernst Mach, 1838~1916)의 연구에 큰 빚을 졌고, 아울러 오랫동안 아인슈타인의 새로운 접근법은 일상적으로 로런츠-아인슈타인 이론이라고 불렸다. 로런츠의 견해와 아인슈타인의 견해 간의 차이를 알아차린 사람들도 그 둘을 한 묶음으로 보았다. 가령 막스 플랑크는 아인슈타인의 상대성 이론을 단지 로런츠 원리의 더욱 일반적인 형태라고 여겼다. 실제로 아인슈타인 자신도 한때는 상대성 이론을 '로런츠와 아인슈타인의 이론'이라고 불렀다. 게다가 많은 사람들은 헤르만 민코프스키(Hermann Minkowski, 1864~1909)가 상대성 이론에 관련된 수학을 이해하는 더 쉬운 방법을 도입하고 나서야, 즉 공간과 시간을 결합하여 4차원 비(非)유클리드 기하학 구조인 시공 연속체 개념을 내놓고 나서야(1906) 그 이론을 받아들이게 되었다. 막스 플랑크는 1910년에 이렇게 밝혔다.

> 새로운 영역의 개척자들을 말하자면 첫째가 헨드릭 안톤 로런츠로, 그는 상대 시간 개념을 발견하여 이를 전기역학에 도입했다. …… 둘째가 알베르트 아인슈타인인데, 그는 보편적 가설로서 시간의 상대성을 처음으로 과감하게 선언했다. 그다음이 헤르만 민코프스키다. 그는 상대성 이론을 일관된 수학 체계로 풀어내는 데 성공했다.

아인슈타인의 과학적 성공은 그가 말한 이른바 '일반화의 필요성'에서 비롯된 듯하다. 아마도 그것은 그가 어렸을 때 대중과학 서적들을 읽으면서 처음 생겨난 듯하다. 아인슈타인을 연구한 두 학자 위르겐 렌과 로베르트 슐만에 따르면, 그가 어릴 때 즐겨 읽었던 책들은 주로 세세한 내용을 다루기보다 '큰 그림'을 제시하는 입문서였다. 1918년에 행한 강연에서 아인슈타인은 일관된 세계관을 제시하는 일의 중요성에 대해 언급하면서 물리학의 "최고 과제는 우주를 구성하는 보편적인 근본 법칙에 도달하는 것"이라고 말했다.

1900년에 취리히 공과대학을 졸업할 때 그는 물리학의 최신 성과에 관해 탄탄한 기초 교육을 받았지만, 아울러 오스트리아의 물리학자이자 철학자인 에른스트 마흐가 쓴 물리학의 역사서《역학의 과학*Die Mechanik in ihrer Entwicklung*》(1883)을 읽고 심오한 영향을 받았다. 어떤 점에서 보자면 마흐는 물리학자 가운데서도 물리적 모형을 거부하고 더욱 추상적이고 수학적인 또는 실증주의적인 접근법(감각적 경험에서 얻은 정보 및 그런 정보에 대한 논리적·수학적 취급을 통해 직접 확인할 수 있는 것만을 인정하는 견해)에 의존하는 대륙적 성향의 최고봉이었다. 하지만 당시 과학자들은 그가 너무 지나치다고 여겼다. 가령 마흐는 원자의 개념을 거부했는데, 이는 많은 과학자들이 보기에 과학적 방법과 양립할 수 없었다. 마흐의《역학의 과학》은 또한 절대 공간과 시간에 관한 뉴턴의 개념을 과감히 부정하면서 그런 개념들은 물리적으로 무의미하다고 선언했다. 아인슈타인은 분명 그 점에 주목했던 것 같다.

'운동하는 물체의 전기역학'으로 관심을 돌리고서 1905년에 연구 결과를《물리학 연감*Annalen der Physik*》에 발표했을 때, 그의 출발점은 전기 유도에서 중요한 일은 자석 또는 전선 코일의 서로에 대한 상대 운동임을 밝히는 것이었다. 맥스웰은 자석이나 코일이 정지해 있는지의 여부에 따라 서로 다른 설명을 제시했지만 아인슈타인은 어느 경우든 마찬가지라고 주장했다. 더군다나 절대적으로 정지해 있다고 여겨진 에테르에 대한 지구의 운동을 측정하려는 모든 시도가 수포로 돌아갔기에, 절대적인 정지는 성립될 수 없으며 부정되어야 마땅했다.

두 번째로 아인슈타인은 맥스웰 방정식의 명백한 함의, 즉 빛의 속도는 일정하다는 가정을 그대로 인정했다. 로런츠, 푸앵카레 그리고 다른 이들이 맥스웰의 결론을 수정하여 뉴턴 역학에 맞추려고 시도한 데 비해 아인슈타인은 그런 불일치의 책임은 뉴턴에게 있으며 맥스웰이 옳다고, 즉 한 계가 어떻게 움직이든 빛의 속도는 언제나 일정하다고 가정했다. 이 가정에 따르면, 내가 초속 150킬로미터로 비행하는 로켓의 앞부분에 앉아 있고 그 방향으로 전등을 비추면, 전등에서 발사되는 빛은 거의 초속 300킬로미터로 나아간다. 지구에 서 있으면서 전등을 비출 때 빛의 속도와 동일하다. 비록 맥스웰 방정식의 든든한 지원을 받고는 있지만 이는 대담하고 급진적인 발상이었다.

이 두 가정에 맞도록 뉴턴 역학을 어떻게 고쳐야 할지 알아내기 위해 아인슈타인은 특히 로런츠와 푸앵카레의 연구에 관심을 돌려 로런츠의 상대 시간 개념을 일반화했다. 아인슈타인은 로런츠 변환과 수학적으로는 등가이지만 그 바탕이 되는 물리학적 내용은 매우 다른 자신만의 변환을 개발했다. 로런츠가 한 물체의 입자들 사이의 인력 변화로 수축을 설명한 반면, 아인슈타인은 공간 자체의 변화로 그 현상을 설명했다. 이 또한 대담한 발상이었다.

대담한 발상이긴 하나, 빛의 속도가 일정하다는 맥스웰의 기본 입장을 지지하겠다는 아인슈타인의 결심에서는 필연적으로 도출되는 결과였다. 만약 각각 투명한 로켓을 타고 날아가는 두 관찰자가 서로를 지나치고(따라서 각자 상대방이 무엇을 하는지 알 수 있다) 각자 로켓의 뒤쪽에서 앞쪽으로 전등을 발사하고서, 스톱워치와 거리 측정용 자로(굳이 이런 도구가 아니더라도 빛의 속도를 측정하기에 알맞은 어떤 첨단 기술이라도 무방하다) 서로 상대방 광선의 속도를 측정한다면, 언뜻 보기에 결과는 명백할 것 같다. 측정된 빛의 속도는 지나치는 로켓들의 상대 운동에 따라 달라질 터이다. 만약 한 로켓이 다른 로켓을 빛의 속도만큼의 차이로 추월한다면, 느린 로켓의 광선은 추월하는 관찰자가 보기엔 사실상 정지 상태가 되어야 하며, 추월하는 로켓의 광선은 느린 로켓의 관찰자에게는 두 배로 빨라 보일 것이다. 이것은 내가 시속 50킬로미터로 달리는 차에서 진행 방향으로 시속 50킬로미터의 속도로 공을 던질 때와 같은 경우다. 길가에 서 있는 관찰자가 측정하면 공의 속도는 시속 100킬로미터로 나올 것이다. 통상적으로 우리는 물체들의 운동 상황에 따라 상대 속도를 더하거나 뺀다. 하지만 맥스웰의 뒤를 이어 아인슈타인처럼 빛의 속도는 어떠한 상황에서도 일정하게 유지된다고 주장하려면, 시계와 자에 반드시 어떤 변화가 생긴다고 가정해야 한다. 빛의 속도가 언제나 같을 수 있는 유일한 상황은 그렇게 되도록 시간과 거리가 바뀌는 것뿐이다.

공간과 시간 그리고 그 각각을 측정하는 방법을 생각해보고, 아울러 서로 다른 좌표계, 그러니까 빛의 속도에 가까운 빠르기로 비행하는 (그리고 등속 운동을 하며 서로 지나치는) 두 로켓의 관찰자들이 상대의 좌표계에서 일어나는 일을 측정하는 방법에 대해 사고실험을 거듭한 끝에 아인슈타인은 새로운 물리학을 개발해냈다. 공간과 시간의 상대화는 직관에 반하는 심오한 결과를 가져왔다. 그렇다 보니 아인슈타인 이론의 결과는 이해하기 어렵다기보다는 믿기 어려울 뿐이라는 반응이 잇따랐다. 물체가 더 빠르게 움직일수록 운동 방향으로 물체가 더 많이 수축되고 시간이 더 느리게 진행된다. 그리고 이렇게 되어야지만 빛의 속도는 일정하게 유지될 수 있다. 하지만 이게 전부가 아니었다. 속도가 커지는 물체는 관성 질량도 덩달아 증가했다. 아인슈타인은 속도에 따른 질량의 증가는 운동 에너지에 비례함을 알아차렸는데, 그 덕분에 질량과 에너지가 등가 개념이라고 여기게 되었다. 게다가 한 종류의 에너지가 다른 종류로 변환될 수 있듯이(22장 참고), 아인슈타인은 맥스웰의 변환 요소인 빛의 속도를 이용하여 관성 질량이 에너지로 변환될 수 있음을 밝혀냈다. 이렇게 해서 $E=mc^2$이라는 공식이 나왔다(상자글 23.1 참고).

아인슈타인의 〈운동하는 물체의 전기역학에 관하여〉라는 논문은 지금 상대성 이론이라고 알려진 이론을 내놓았지만, 그것은 제한된 이론, 즉 등속 운동을 하는(또는 정지해 있는) 계에 국한된 이론이었다. 따라서 특수상대성 이론이라고 불렸다. 아인슈타인은 일반화의 필요성을 느끼고 쉴 새 없이 자신의 이론을 확장시켜서 가속 운동을 포함시켰고, 1907년에는 자신이 '일반' 상대성 이론이라고 명명한 이론을 연구하기 시작했다.

한편 물리학계는 아인슈타인의 특수상대성 이론을 제대로 따라잡지 못했다. 다만 아인슈타인의 스승이었던 헤르만 민코프스키가 그 이론의 중요성을 알아차리고서 공간과 시간을 4차원 시공으로 통합시킴으로써 수학적으로 접근할 수 있게 만들었다. 아인슈타인의 특수상대성 이론의 다양한 역학적, 광학적 및 전자기학적 결과들에 대한 수많은 실증적 검사가 차츰 실시되었고 그 이론은 모든 검사를 통과했다. 그런데도 오랫동안, 가령 영국 물리학자들은 로런츠의 방식대로 맥스웰 이론을 수정하여 에테르 모형에 계속 집착했다. 프랑스 물리학자들도 일반상대성 이론이 등장한 1920년대 이전에는 별로 관심을 기울이지 않았다.

등속 운동을 하는 계와 더불어 가속 운동을 하는 계까지 포함하는 일반상대성 이론은 아주 어려운 문제이긴 했지만, 아인슈타인이 이른바 '등가 원리'를 착안한 이후에는 그에게 훨씬 더 의미심장한 과제가 되었다. 그는 이 원리를 "내 인생에서 가장 행복한 발상"이었다고 회상했다. 아인슈타인은 한 중력장의 영향을 받는 계, 즉 좌표계는 그 중력장이 발생시키는 가속과 동일한 정도로 가속 운동을 하는 좌표계와 등가임을 알아차렸다. 엘리베이터가 높은 빌딩 위로 올라가기 시작할 때 우리는 마치 아래로 잡아당겨지는 듯한 느낌을 받는다. 이 효과는 엘리베이터가 움직이기 시작할 때 우리가 겪는 가속 때문에 생기는 것이다. 하지만 만약 어떤 물체가 정지해 있는 엘리베이터 밑으로 갑자기 지나가면서 위의 경우와 동일한 양의 인력을 우리에게 가한다면 우리는 똑같은 경험을 하게 될 것이다. 가속 효과와 중력 효과는 동일하다. 만약 그렇다면 중력이란 원거리에 작용하는 불가사의한 힘이 아니라 운동역학으로, 즉 운동의 물리학으로 환원시킬 수 있는 것으로 보아야 마땅하다. 이렇게 보자면, 일반상대성 이론은 가속하는 물체에만 적용되지 않고 중력 현상뿐 아니라, 한때 패러데이가 상상했듯이(14장 끝 부분 참고) 그리고 맥스웰이 꼭 필요하다고 여겼듯이 어쩌면 전기와 자기 같은 다른 힘들까지 통합시킬 수도 있을 것이다.

등가의 원리를 이용하여 아인슈타인은 중력장이 커지면 시간이 느려지고(고속으로 운동할 때 시간이 느리게 가는 것과 마찬가지다), 중력을 행사하는 물체가 일종의 '렌즈' 역할을 하여 주위에 지나가는 빛을 휘게 만들 것임을 금세 예상했다. 역시 이 예상도 거듭 실증적 검증을 거친 후에 완벽하게 확인되었다.

1922년 아인슈타인은 과거를 회상하면서, 모든 가속 (그리고 중력) 계들이 등가라면 유클리드 기하학은 이 모든 계에서 적용되지 않음을

23.1_ E=mc² 그리고 원자폭탄

존 코크로프트(John Cockcroft, 1897~1967)와 어니스트 월턴(Ernest Walton, 1903~1995)이 가속된 양성자(수소 핵)를 리튬에 충돌시켜 원자핵을 쪼갰고, 그들은 또한 아인슈타인의 유명한 방정식 $E=mc^2$이 참임을 확인했다. 리튬 원자는 두 개의 헬륨 원자핵으로 쪼개졌는데, 이 두 헬륨 원자핵을 합친 질량은 원래의 리튬 원자 및 이를 쪼갠 양성자를 합친 질량보다 미세하게 작았다. 사라진 질량은 아인슈타인의 방정식에 따라 에너지로 변환되었다. 사라진 질량은 매우 작긴 했지만 그 값에 빛의 속도의 제곱이 곱해졌기에 에너지의 양은 엄청나게 컸다(1700만 전자 볼트). 이것이 원자폭탄의 기본 원리다. 핵분열을 이용하여 엄청나게 파괴적인 잠재력을 지닌 폭탄을 만드는 것이다. 하지만 이런 비약적인 결과는 코크로프트와 월턴의 실험으로는 아직 시기상조였다. 레오 실라르드(Leó Szilárd, 1898~1964), 엔리코 페르미(Enrico Fermi, 1901~1954) 그리고 프레데리크 졸리오-퀴리(Frédéric joliot-Curie, 1900~1958)는 방사능 물질(아원자 입자를 저절로 방출하는 물질)을 분열시켜 이른바 '연쇄반응(가령 우라늄 235를 분열시키면 중성자가 방출되고 이것이 다른 우라늄 235를 때려 분열시킨다. 그러면 또다시 중성자가 방출되어 더 많은 우라늄 235를 거듭 분열시킨다)'을 일으키려고 생각한 최초의 사람들이었다. 이런 종류의 자기 복제식 핵분열을 이용하여 폭탄을 만들 수 있을 것 같았다.

2차 세계대전 발발 직전에 레오 실라르드를 비롯한 여러 사람들은 나치가 그런 폭탄을 개발하는 데 성공할까 봐 우려하여 프랭클린 D. 루스벨트 대통령에게 보낼 경고 서한을 작성한 다음 (이미 유명 인사였던) 아인슈타인에게 발신인 서명을 해달라고 설득했다. 1939년 8월 2일에 작성된 것으로 표시된 이 편지는 이렇게 시작한다.

E. 페르미와 L. 실라르드의 최근 연구 결과가 담긴 원고를 읽고서 저는 우라늄 원소가 매우 가까운 장래에 새롭고도 중요한 에너지원으로 변환

될 수 있다고 예상하게 되었습니다. 요즘 벌어지는 일부 상황을 볼 때, 미국 정부는 주의 깊은 그리고 필요하다면 신속한 행동을 취해야 할 듯합니다. 따라서 다음 사실들 및 권고안에 대통령께서 관심을 기울이도록 하는 것이 저의 임무라고 믿습니다.

지난 4개월 동안 프랑스의 졸리오의 연구 및 미국의 페르미와 실라르드의 연구를 통해 큰 덩어리의 우라늄 내에서 핵 연쇄 반응을 일으켜 엄청난 양의 에너지 및 라듐과 비슷한 원소들을 대량으로 만들어내는 일이 가능해진 것 같습니다. 바야흐로 가까운 미래에 이런 일이 실제로 일어날 것이 거의 확실해 보입니다.

이 새로운 현상은 또한 폭탄 제조로 이어질 것이며, 상상하건대—비록 확실하지는 않지만—이런 종류의 엄청나게 위력적인 폭탄이 만들어질지 모릅니다. 이런 폭탄 단 한 개라도 만약 배에 싣고서 항구에서 폭발시키면 항구 전체는 물론이고 주변 지역의 일부까지 파괴하고도 남을 것입니다.

이로써 1942년에 맨해튼 계획이 수립되어, J. 로버트 오펜하이머(J. Robert Oppenheimer, 1904~1967)의 지휘 아래 당대의 뛰어난 물리학자들이 모여 원자폭탄 개발에 착수했다. 그 결과 마침내 방사능 연쇄 반응을 이용하여 아인슈타인의 방정식에 깃든 의미대로 엄청나게 파괴적인 힘을 지닌 원자폭탄이 만들어졌다.

1912년에 알아냈다고 주장했다. 결국 1915년에 베른하르트 리만(Bernhard Riemann, 1826~1866)이 개발한 비유클리드 기하학을 소개한 수학자 마르셀 그로스만(Marcel Grassman, 1878~1936)의 도움으로 아인슈타인은 중력은 큰 질량을 지닌 물체가 일으키는 시공간 왜곡의 결과로 이해할 수 있음을 알아차렸다. 가령 태양의 질량은 주위 공간을 변형시키므로 행성들의 경로는 일식 때 태양 주위에서 휘어진다. 행성들은 원거리에서 어떤 힘이 작용을 가해서가 아니라 근처에 있는 태양의 질량으로 인해 생긴 공간의 곡률을 그대로 따라갈 뿐이다. 중력은 별도의 힘이 아니라 시공간에 내재된 본질의 한 측면일 뿐이다.

그때까지 가장 위대했던 물리학자 아이작 뉴턴의 시대는 완전히 막을 내렸다.

24

수학이 물리적 모형을 대신하다
원자론에서 양자론까지

22장과 23장에서 살펴본 물리학의 역사는 이전에 비해 더욱 수학에 의존했다. 사실 많은 혁신이 가능했던 까닭은 오직 새로 개발되거나 새로 활용된 수학적 기법 때문이었다. 말할 필요도 없이, 이 기법들은 매우 전문적이어서 수학 비전문가들이 이를 쉽게 이해하려고 하는 어떠한 시도도 물거품으로 만든다(많은 페이지를 할애하여 여기서 그런 시도를 하더라도 결국 지나친 단순화에 그칠 뿐 아니라 그릇된 방향으로 빠지는 바람에 수학의 중요성을 제대로 이해하지 못할 위험이 다분하다). 특히 이 새로운 기법들에는 4원수(四元數), 8원수(八元數), 비유클리드 기하학 그리고 텐서 계산이 포함되어 있다. 이런 경향의 정점으로서 양자론과 이의 확장 버전인 양자전기역학을 꼽을 수 있다. 자연을 이해하기 위한 수학적 접근법이 너무 우세해진 탓에 물리적 모형을 제시하여 세계를 이해하고자 했던 이전의 노력은 사실상 설 자리를 잃었다.

막스 보른(Max Born, 1882~1970), 베르너 하이젠베르크(Werner Heisenberg, 1901~1976), 폴 디랙(Paul Dirac, 1902~1984) 등 양자론 발전의 주역들은 이른바 행렬역학을 개발했고, 물리적으로 시각화할 수 있는 방법으로 양자론을 설명하려는 어떠한 시도에 대해서도 조롱의 눈길을 보냈다. 하이젠베르크는 또 한 명의 양자물리학 선구자이자 수학에도 능했던 에르빈 슈뢰딩거(Erwin Schrödinger, 1887~1961)의 좀 더 물리적으로 접근 가능한 연구에 냉소적이었다. 디랙은 1930년에 쓴 글에서 이렇게 주장했다.

> 이론물리학의 유일한 목적은 실험으로 비교할 수 있는 결과들을 계산하는 것이다. …… 현상의 전 과정에 대하여 만족할 만한 설명을 할 필요가 없다.

양자론을 쉽게 시각화할 수 있는 개념으로 환원시키려고 하면 오류의 소지가 뒤따를 수밖에 없다는 말은 옳은 듯하다. 실험을 통해 성공적으로 확인된 이론이기 때문에 양자론은 세계의 본질에 관한 근본적인 진리들을 성공적으로 포착해냈음이 분명하다. 그렇긴 하지만 우리 대다수는 양자론이 원자물리학의 극미 세계에서 어떤 일이 벌어지는지를 원인과 결과의 관점에서 설명할 수 없기 때문에 비과학적이라고 느낀다. 아마도 이것이 양자물리학의 가장 혼란스러운 점이다. 즉 양자물리학은 극미 세계가 어떻게 작동하는지에 대해 적절한 물리적 설명을 해주지 않는다. 양자론을 구축한 중심인물인 닐스 보어는 이렇게 말한 적이 있다. "만약 누군가가 양자론에 대해 생각하면서도 어지러움을 느끼지 않는다면, 양자론을 전혀 이해하지 못했음을 실토하는 것이다."

양자전기역학의 창시자 중 한 명인 리처드 파인만(Richard Feynman, 1918~1988)도 (자신은 물론이고) 보어의 말을 염두에 두고서, 아무도 양자론을 실제로 이해하지 못한다고 주장했을 것이다. 만약 파인만이 양자론을 이해했더라면 보어의 말처럼 너무 어지러운 나머지 양자론에 큰 기여를 하지 못했을 것이다. 파인만이 1965년에 노벨상을 받았다는 사실을 볼 때 정말로 양자론에 큰 기여를 한 셈이니, 양자론을 제대로 이해할 만큼 어지러웠을 리는 결코 없다. 보어는 학문 발전을 위한 출발점으로 역설들을 기꺼이 받아들였다는 비판을 받지만, 의심할 바 없이 양자론은 매우 성공적이었으며 물리학과 화학의 발전에 크게 기여했다. 하지만 그런 성취를 위해서 시각적이거나 어떤 다른 물리적 관점에서 세계를 설명하려는 어떠한 시도도 내팽개쳤다.

그렇긴 하지만 물리학이 어떻게 이런 상태가 되었는지 살펴보자. 앞으로 알게 되겠지만, 처음에는 시각화할 수 있는 원자 모형을 제시하려는 시도에서 비롯된 일이었다.

보어의 원자 모형

소형 태양계처럼 보이는 낯익은 원자 모형, 즉 태양처럼 생긴 핵이 가운데 있고 그 주위로 전자들이 영원히 돌고 있는 모형을 처음으로 내놓은 사람은 케임브리지 대학의 물리학 교수인 J. J. 톰슨(Joseph John Thomson, 1856~1940)이다. 이전에 톰슨은 낮은 압력의 기체가 담긴 유리관 속의 두 전극판 사이에 전류를 흘리면 음극판에서 음전하를 띤 '선'이 방출된다는 것을 알아냈다. 그는 이 연구를 확장시켜 이 선이 원자

핵보다 훨씬 작으며 각각 음전하를 띤 입자들, 즉 미립자들의 흐름이라는 결론에 도달했다. 지금은 전자로 알려진 이 입자들을 발견하고서 톰슨은 이 입자들은 벗겨진 음극판에 있는 원자들의 구성 요소이며, 따라서 원자는 더 이상 나눌 수 없는 단일 입자가 아니라고 가정했다. 이 가정에 따라 제시된 원자 모형에서 원자의 무게는 아주 많은 수의 전자들(수소 원자의 경우 1836개)로 이루어지며, 이 전자들은 양전하를 띠는 구로 둘러싸인 채 원자 내에 박혀 있다(이를 가리켜 종종 '수박' 모형이라고 한다).

캐번디시 연구소의 학생이었다가 맨체스터 대학의 물리학 교수로 있던 어니스트 러더퍼드는 원자를 쪼개어 보면 원자의 구조를 이해할 수 있으리라고 추측했다. 1909년 그가 알파선—기체방전관의 양극에서 발생하는 방사능 입자들로, 매우 무겁고 고에너지를 방출한다—이라고 명명한 것으로 얇은 금속박을 때렸다. 이를 통해 입자들 대다수는 원자를 그냥 통과하고 극히 일부만 진행 방향이 바뀜을(이보다 훨씬 더 드물긴 하지만 다시 튕겨 나옴을) 알아냈다. 러더퍼드는 원자는 속이 꽉 찬 수박 같은 모습이 아니라 대부분은 텅 빈 공간이며 중심부에 있는 어떤 것이 무거운 알파 입자들을 튕겨낼 수 있다고 결론 내렸다. 이 추측의 결과가 바로 태양계와 비슷한 모습의 낯익은 원자 모형이다.

하지만 곤란한 점은 이 모형이 제대로 작동할 수 없다는 것이었다. 궤도를 도는 전자들은 에너지를 방출하므로 나선을 그리면서 급격하게 핵 속으로 빨려 들어갈 것이기 때문이다. 하지만 물리학의 다른 분야에서 근래에 개발된 새로운 개념이 이 모형을 구해냈다.

그전에 열역학에서는 가상적인 '흑체(black body)'—모든 복사파를 흡수하고 방출할 수 있다는 가상의 물체—의 행동을 이해하려는 시도가 난관에 부딪혔다. 문제는 '흑체'에 가장 가까운 물체를 사용하여 실시한 실험 결과가 이론적 예측 값과 완전히 어긋났다는 것이다. 실험 결과에 대한 만족할 만한 설명은 고주파 복사에만 적용되거나 또는 저주파 복사에만 적용되었을 뿐 두 경우 모두에 적용되지는 않았다. 1900년에 베를린 대학의 물리학 교수인 막스 플랑크가 에너지는 언제나 당연시되었던 것과 달리 연속적으로 방출되지 않고 특정한 불연속적인 묶음, 즉 양자 단위로 방출된다고 가정함으로써 이 난제를 해결했다.

물리학적으로 정당화할 수는 없지만—플랑크도 그 가정을 단지 수학적인 기교로 여겼다—어쨌든 이로써 해답이 제시되었다는 점이 중요했다. 고주파일 때 흑체는 큰 묶음의 에너지만 방출했으나 저주파일 때는 작은 묶음의 에너지만 방출했다. 이를 수학적으로 해석하여 플랑크는 어떤 상수 하나를 내놓았다. 그는 작용 양자라고 불렀지만 지금은 플랑크 상수라고 불리는 이 상수 h에다 주파수를 곱하면 양자의 에너지를 얻을 수 있다.

고전역학과 양립할 수 없는 이 결과의 의미는 빛과 같은 전자기 복사파가 오직 특정한 에너지 준위에서만 물질과 상호작용을 한다는 것이다. 하지만 작용 양자의 개념을 대하는 태도는 아인슈타인이 이를 이용하여 광전 효과를 설명하면서 달라지기 시작했다(1905).

이전부터 알려진 바에 따르면, 빛 그리고 전자기 스펙트럼의 다른 부분들, 특히 자외선이 금속 등의 표면에서 전자를 방출시킬 수 있었다. 이상하게도 이 효과는 빛의 세기가 아니라 주파수에 의존했다. 아인슈타인은 알맞은 에너지 준위의 빛을 쬐어야만 금속 표면에서 전자가 방출될 수 있다고 제안했다. 전자를 떼어내려면 이른바 '광양자'가 필요했다. 빛의 세기를 증가시킨다는 것은 더 많은 광양자를 표면을 향해 발사한다는 뜻인데, 그렇더라도 발사체가 금속 표면에서 전자를 떼어낼 만큼의 충분한 힘을 지니고 있지 않으면 아무런 효과도 일어나지 않는다. 그렇게 할 수 있을 만큼 충분한 힘을 지닌 발사체라야만 가능한 일이다. 이 발사체인 광양자는 입자처럼 보였기에 나중에 광자라고 불리게 되었다. 아인슈타인은 빛의 파동 이론을 거부하고서 빛이 입자라는 뉴턴의 사상으로 되돌아간 듯했다.

러더퍼드의 원자 모형의 문제점도 양자를 이용하여 해결할 수 있었는데, 이를 알아차린 사람은 러더퍼드가 아니라 닐스 보어였다. 덴마크 코펜하겐 출신인 보어는 당시 러더퍼드와 함께 맨체스터 대학에서 연구하던 박사후 과정 학생이었다. 1913년에 발표된 러더퍼드 원자 모형의 보어 버전에서는 궤도를 도는 전자들이 연속적으로 복사파를 방출하면서 핵 속으로 빨려 들어가는 것이 불가능했다. 왜냐하면 전자가 복사파를 연속적으로 방출할 수 없기 때문이다. 전자는 오로지 양자 단위의, 특정한 크기의 묶음 단위의 에너지만 방출(또는 흡수)할 수 있기에 그 외의 경우에는 반드시 안정된 궤도에 머물러 있어야 한다.

보어 모형은 명백한 문제점을 안고 있음에도 즉각 성공을 거두었다. 특히 양립할 수 없는 사상들, 즉 한편으로는 고전 물리학 또 한편으로는 양자에 관한 새로운 추측들에서 얻어진 사상들을 잘 뒤섞은 모형이라고 여겨졌다. 하지만 그 후 결국 새로운 양자론이 점점 더 위세를 떨치자 고전 물리학은 차츰 무대를 떠날 수밖에 없었다.

새로운 양자론

플랑크, 아인슈타인, 보어가 발전시킨 사상들은 종종 '옛 양자론'이라고 불리며, 어떤 의미에서는 하나의 통합적인 이론을 구성하지 못하고 단지 특정한 문제를 해결하는 임시방편일 뿐이었다. 반면 새로운 양자론은 1926년경에 보어, 하이젠베르크, 슈뢰딩거, 디랙을 포함한 여러 사람들이 개발했으며 이전과는 뚜렷이 다른 이론이었다.

보어가 코펜하겐으로 돌아온 이후로 그와 공동 연구를 한 초창기 연구자 중 한 명이 베르너 하이젠베르크였다. 이후 매우 수학적인 성향의 막스 보른과 함께 괴팅겐에서 연구했으며 스스로 공언했듯이 에른스트 마흐의 실증주의에 매료되었던 하이젠베르크는 1925년에 원자에 대한 물리적 모형을 세우려는 모든 시도를 거부하기로 결심했다. 실증적으로 관찰 가능한 것에 대한 수학적 설명을 제시하려고 노력한 끝에 1927년에 드디어 유명한 '불확실성 원리' 또는 그가 즐겨 부른 명칭인 '불확정성 원리'에 도달했다.

하이젠베르크는 자연에는 불확정성이 내재되어 있기 때문에 전자의 위치와 운동량을 동시에 정확하게 측정할 수 없음을 밝혀냈다. 불확정성은 수학적으로 정의되어 하이젠베르크의 물리학 속에 개념적으로 자리 잡았다. 하이젠베르크 자신도 전자의 두 물리량이 동시에 정해질 수 없는 이유를 물리적으로 설명하려다가 잘못된 그림을 제시하고 말았다.

요즘에도 과학을 대중들에게 쉽게 설명하자는 취지에서 종종 이렇게 설명하곤 한다. 즉 그런 문제가 생기는 까닭은 전자의 위치를 알아내려면 관찰자가 전자를 보기 위해 강력한 빛을 전자에 쬐어야 하는데, (극미 세계에서는) 빛 파동이 어쩔 수 없이 전자에 큰 영향을 미치게 되므로 위치를 정하려는 바로 그 순간에 전자의 운동량을 변화시키기 때문이다(가령 고양이의 위치를 알아내려고 고압의 물줄기를 쏘는 것과 마찬가지다).

양자론의 모든 비유적 설명이 그렇듯이 위의 설명은 오해의 소지가 있다. 위의 설명을 들으면 실험 장치 제작자가 뛰어난 실력이 있으면 매우 정확하게 알아낸 위치에서 운동량을 정확하게 측정할 수 있는, 즉 어떤 전자라도 그 위치에 도달할 때 운동량을 측정함으로써 운동량뿐 아니라 위치까지 동시에 측정하는 장치를 만들 수 있을 것 같다. 하지만 하이젠베르크의 불확정성 원리는 이런 설명에 무너지지 않을 만큼 견고하다. 지푸라기라도 잡으려는 마음에서 그런 시각적 설명에 기대려 할 테지만, 단호히 말해서 하이젠베르크의 원리에 따르면 전자는 어떠한 순간에라도 정확한 위치와 특정한 운동량을 함께 갖지 않는다. 둘 중 어느 하나만 수학적으로, 따라서 물리적으로 정의될 수 있다. 이로써 양자역학은 결정론적일 수 없다는 결론이 나온다. 한 입자의 미래 행동을 예측하려면 첫 위치와 첫 운동량을 다 알아야 한다. 그런데 불확정성 원리에 따르면 두 가지를 다 알 수는 없기에 결정론적인 계산은 애초에 불가능하다(상자글 24.1 참고).

물론 이것은 양자론의 또 한 가지 어려운 성질인 파동-입자 이중성과 밀접한 관련이 있다. 만약 전자가 입자가 아니라 파동이라면 어쨌거나 정확한 위치를 정의하기가 어려우니 말이다. 여기서 양자론의 이러한 성질에 대해서 조금 더 깊게 살펴보자.

광전 효과에 대한 아인슈타인의 이론에 따르면 빛은 입자처럼 보이지만, 오랫동안 빛은 전자기적 에테르 내에서 진행하는 파동이라고 여겨졌다. 둘 중 무언지 갈피를 못 잡고 있을 때, 역사학에서 물리학으로 전향한 루이 드 브로이(Louis de Broglie, 1892~1987)가 아인슈타인의 방정식 $E=mc^2$으로 표현된 질량과 에너지의 등가성에 착안하여 전자도 입자(물질)의 성질과 파동(에너지)의 성질을 함께 가진다고 제안했다. 이 이론은 아인슈타인의 열정적인 지지를 받았으며, 1925년에 실험적으로 확인되었다. 입자라고 짐작되는 전자들의 흐름이 빛 파동과 마찬가지의 간섭 무늬를 발생시킨다는 사실이 드러났던 것이다.

오스트리아의 물리학자 에르빈 슈뢰딩거는 전자에 대한 드 브로이의 이론이 원자에 어떤 의미를 갖는지 고찰했다. 정상파(즉 바다의 파도처럼 자유롭게 이동하는 파동이 아니라 바이올린 현처럼 고정된 장소에 갇혀 있는 파동) 현상을 이용하여 슈뢰딩거가 개발한 방정식에 따르면, 보어 원자의 고정된 궤도들은 사실은 정상파의 구간 중에서 전자의 전하가 분포되어 있는 정점들이다.

슈뢰딩거는 전자의 전하가 실제로 파동 형태로 가득 퍼져 있다고 믿었지만, 1926년에 막스 보른은 파동은 단지 어느 특정 위치에서 전자를 발견할 수 있는 통계적 확률을 나타낼 뿐이라고 제안했다. 따라서 보어 궤도의 위치에 대응한다고 보이는 파동의 정점은 해당 전자를 찾을 확률이 다른 어느 곳보다 높은 곳이다. 보른의 확률론적 해석은 하이젠베르크의 연구 결과와 마찬가지로 전자의 위치란 정확히 특정될 수 없음을 다시 한 번 천명했다.

이 연구의 결과가 바로 여기서 소개할 파동-입자 이중성이다. 드 브로이와 슈뢰딩거는 물질의 입자란 어떨 때는 파동처럼 보이다가 또 어떨 때는 입자처럼 보이면서 공간 속으로 운동하는 미세한 정상파임을 보여주는 모형을 제시하고 싶었지만, 하이젠베르크의 원리는 이런 희망을 무너뜨렸다.

'포먼 논제(Forman Thesis)'라는 것이 있다. 이에 따르면, 원인과 결과라는 전통적 개념을 거부하고 이에 동반하여 불확정성 원리를 개발하고 확률론적 물리학에 치중하게 된 까닭은 1차 세계대전에서 독일이 패배한 후 독일 지식인들에게 심각한 영향을 끼친 전반적인 회의주의와 더불어 절망의 결과 때문이라고 한다. 바이마르 공화국 시기인 1919년에서 1933년에 독일은 막대한 전쟁 배상금, 치솟는 인플레이션 그리고 총체적인 사회적 문제에 시달렸다. 뮌헨에 사는 아마추어 학자인 오스발트 슈펭글러가 쓴 《서구의 몰락》이 베스트셀러가 되었는데, 역사는 순환하며 서양이 몰락의 국면으로 접어들었다고 주장하는 이 책이 독일인들에게 던진 메시지는 당시의 위기가 통제 범위를 벗어났으며 훨씬 더 큰 어떤 사조의 일부라는 것이었다. 한편 예술도 번성하기 시작했지만 종종 괴로움, 냉소 그리고 절망을 반영하고 있었다. 바로 이런 분위기에서, 즉 예전의 확실성이 설 자리를 잃은 상황에서 하이젠베르크, 보른, 파스쿠알 요르단 등의 학자들이 양자 확률론과 불확정성을 추구하기 시작했다는 것이다.

독일 물리학에 이런 분위기가 팽배했음은 부정하기 어렵지만, 그것이 전반적인 양자론 발전에 중요한 의미를 지녔다고 확신할 수는 없다. 물론 양자역학을 발전시킨 사람들이 독일 사상가만이 아니라는 점도 놓쳐서는 안 된다. 게다가 바이마르 시대 독일의 불안을 느끼지 않았을 다른 나라의 사상가들도 양자역학을 열정적으로 받아들였다. 가령 보어의 조국인 덴마크는 1차 세계대전 내내 중립을 지켰으며, 폴 디랙의 조국인 영국은 승전국이었다.

사실 과학이 점점 더 전문화되고 이에 따라 각 분야의 엘리트가 전문 분야를 맡게 되면서, 과학의 사고와 실행에 영향을 미치는 주요 요소들은 (점점 더 필요성이 커져가던) 기술적인 측면이든 조직적, 제도적 측면이든 과학 자체 내에서 일어나는 발전이었다. 일자리 찾기, 재정 확보 그리고 과학계에 이바지할 활동의 중요성이 널리 인식되었는데, 이런 일이 다른 문화적 관

단일 전자에 어떤 일이 벌어지는지 밝혀내려면 확률들의 집합으로 전자를 보아야 한다. 관찰자가 전자를 정확히 포착하려는 행위는 이른바 '파동함수의 붕괴'를 초래하여 그 전자를 정의하는 하나의 파동을 남겨놓는다. 하이젠베르크와 보어가 보기에 사실상 이는 전자가 바로 그 관찰 행위라는 실험 과정으로 인해 어쩔 수 없이 특정한 존재 상태가 된다는 뜻이었다. 그런 관찰이 없다면 존재하는 것이라고는 오로지 확률들의 배열일 것이다.

슈뢰딩거는 이런 견해에 반대하면서 유명한 역설 하나를 제시했는데, 이것은 사실 귀류법(처음 세운 가정이 터무니없는 결과를 내놓는다면, 틀림없이 그 가정에 오류가 있음을 밝혀내는 논증법)에 따른 논증이었다. 독가스 통이 달린 상자 안에 고양이 한 마리가 갇혀 있는 모습을 상상해보자. 이 용기는 특정한 아원자적 사건(가령 방사능 물질에서 아원자 입자가 방출되는 일)이 발생하면 자동으로 열려 고양이를 확실히 죽일 것이다. 만약 아원자 사건이 일어날 확률이 50:50이라면, 슈뢰딩거가 보기에 하이젠베르크의 견해대로라면 고양이는 살아 있기도 하고 동시에 죽어 있기도 한 상태이다가, 상자를 열어서 안을 들여다볼 때 확실히 살았거나 죽었거나 둘 중 한 상태가 된다.

물론 이것은 실제 고양이와 같은 생명체에게 적용하면 터무니없는 주장이다. 고양이는 살아 있거나 아니면 죽어 있지 동시에 두 가지 상태가 될 수 없다. 하지만 아원자 입자에 관한 한 그러한 주장은 불확정성 원리에 전혀 위배되지 않는다. 어쨌거나 보어를 비롯한 여러 사람들이 이미 주장한 바에 따르면 플랑크 상수가 중요한 역할을 하는 양자 세계에서는 연속성이 존재하지 않기 때문이다. 다만 우리가 사는 일상 세계에서는 (지극히 작은 값인) 플랑크 상수의 영향을 무시할 수 있을 뿐이다.

슈뢰딩거의 귀류법을 물리칠 한 가지 방법은 독가스 통과 고양이가 아원자 세계에 독립적으로 관여하는 것이 아니라 해당 아원자 사건을 자동으로 관찰하고 그 결과를 기록하기 위한 실험 설정의 한 요소를 이룬다고 보는 것이다. 우리는 상자를 열어서 그 안에 무엇이 기록되어 있는지 살펴보기까지는 결과(죽은 고양이는 긍정적인 결과, 산 고양이는 부정적인 결과)를 모르지만, 어쨌거나 고양이는 결코 살아 있으면서 동시에 죽어 있었던 것은 아니다.

보어는 파동-입자 이중성을 다루면서 다만 아원자 실재의 이 두 측면은 서로 상보적이라고만 선언했다. 거시 세계의 고양이와 양배추의 경우, 파동과 입자는 엄연히 별개이며 서로 호환되지 않지만, 양자 세계에서 이 둘은 존재의 보완적 측면이다. 따라서 전자나 다른 어떤 아원자적 실체가 파동인지 아니면 입자인지 물어서는 안 된다. 단지 어떤 상황에서 그것이 파동으로 행동하고 또 어떤 상황에서 입자로 행동하는지를 물어야 한다.

하이젠베르크의 불확정성 원리가 발표된 해인 1927년에 나온 보어의 상보성 원리는 양자론의 코펜하겐 해석이라고 알려진 주류 사상이 되었다. 이 코펜하겐 해석은 물리학자들에게 일반적으로 받아들여졌고 이후 양자역학 발전의 출발점이 되었다.

하지만 아인슈타인은 불확정성 원리와 양자물리학의 확률론적 속성을 결코 받아들일 수 없었다. 아인슈타인이 보기에 그런 관점은 해답보다는 의문을 더 많이 남겼다. 그는 1926년 말에 막스 보른에게 이런 유명한 말이 담긴 편지를 보냈다.

> 그 이론은 말이 많긴 하지만 우리를 '늙은 하나(Old One. 신, 하느님을 뜻한다―옮긴이)'의 비밀에 결코 가까이 데려다주지 않네. 어쨌든 나는 신이 주사위놀이를 하지 않는다고 확신하네.

아인슈타인의 말에는 근본적으로 이 세계는 인과적이며 결정론적이라는 확신이 깔려 있다. 만약 양자역학이 확률적인 결론만 내놓을 뿐 영원히 비결정론적이라면 이는 그 학문이 불완전함을 드러낼 뿐이라고 아인슈타인은 여겼다. 결국 양자역학의 이런 결점은 우리의 무지의 결과이지, 그것이 세계의 본질은 아니라고 본 것이다(상자글 24.2 참고).

보리스 포돌스키(Boris Podolsky, 1896~1966), 네이선 로젠(Nathan Rosen, 1902~1995)과 더불어 아인슈타인은 〈물리적 실재에 관한 양자역학적 설명을 완전하다고 볼 수 있는가?〉(1935)라는 의문형 제목을 단 논문을 썼다. 여기서 저자들은 원리적으로 하이젠베르크의 불확정성 원리를 피해갈 수 있다고 지적했다. 고에너지 물리 실험실에서 두 입자가 생성될 때 보존 원리에 따라 둘 중 한 입자의 운동량으로부터 다른 입자의 운동량을 추론할 수 있다. 따라서 원리적으로 한 입자의 위치는 직접 측정하고, 그 운동량은 다른 입자의 운동량을 측정하여 추론할 수 있다. 따라서 한 특정 입자의 위치와 운동량을 모두 알아낼 수 있다.

이에 대해 보어는 다음과 같이 주장했다. "'물리적 실재'라는 표현에

24.2_ 덴마크에는 뭔가 꺼림칙한 것이 있다?

코펜하겐 해석이 마련된 후 양자론은 더욱 굳건해졌으며 분명 물리학자들에게는 물리학의 가장 강력한 연구 전통으로 널리 인정되었다. 다른 어떤 물리학 분야보다 결과에 대한 수학적 예측치와 실제 실험치가 일치했기 때문이다.

상대성 이론 또한 수학적 예측 및 실험에 의한 관찰 결과와 훌륭하게 일치했다.

게다가 상대성 이론과 양자론은 서로에게 큰 결실을 안겨다주었다. 가령 앞서 언급했듯이, 루이 드 브로이는 아인슈타인의 물질(입자)과 에너지(파동) 사이의 등가성에 주목함으로써 빛을 대상으로 한 파동-입자 이중성을 전자로까지(그 후 잇따라 발견된 모든 아원자 입자들로까지) 확장시켰다. 마찬가지로 양자론의 매우 성공적인 한 분과 이론인 양자전기역학 또한 처음에는 폴 디랙, 그 후로는 리처드 파인만 등의 중개로 양자론과 상대성 이론의 협력을 통해서 성장했다.

하지만 이런 알찬 협력 관계에도 불구하고 양자론과 상대성 이론은 서로 불화를 겪었다. 이는 현대 물리학의 중요한 근심거리였다. 마치 둘 중 어느 하나만이 옳은 듯 보였는데, 그렇다면 어떻게 둘 다 그토록 성공할 수 있었단 말인가?

아무리 못 본 체 넘어가려고 해도 물리학자들은 양자론에 무언가 꺼림칙한 것이 있거나 아니면 상대성 이론에 어쨌든 오류가 있거나 둘 중 하나라고 확신한다.

이 내기에 가담하는 이들 중 대다수는 양자론이 이길 거라는 데 돈을 거는 듯한데, 하지만 일부는 두 이론 모두 옳음을 보여줄 어떤 것이 등장하기를 여전히 바라고 있다.

간단히 말해서, 문제는 상대성 이론은 시공이 근본적이라고 여기는 반면에 양자론에서는 공간도 시간도 결코 근본적이지 않다고 보는 것이다.

아인슈타인과 함께 연구하기도 했던 이론물리학자 바네시 호프만(Banesh

Hoffmann, 1906~1986)은 양자론을 지지하는 근사한 논거를 들었다. 그에 따르면 단일 원자가 유동성을 가진다는 말은 유효하지 않다. 유동성은 많은 원자들이 함께 작용하여 나타나는 특성으로 정의된다. 호프만은 이렇게 썼다. "우주의 기본 입자들은 개별적으로 공간과 시간 속에서 존재하는 성질을 결여하고 있다." 달리 말해 공간과 시간은 함께 작용하는 많은 원자들 또는 아원자 입자들의 행동을 다루는 양자론 내에서만 정의된다는 뜻이다. 그에 따르면, "개별 입자들은 공간과 시간 내에서 존재하지 않는다."

40년 후 이론물리학자 브라이언 그린(Brian Greene, 1963~)이 쓴 글에 따르면 불확정성 원리는 빈 공간은 중력장의 세기가 영(0)이라는 상대성 이론의 가정과 어긋난다. 불확정성 원리에 따르면 평균적인 중력장의 세기가 영이라고 말할 수 있을 뿐이며, 실제 값은 이른바 '양자 요동'으로 인해 영보다 클 수도 작을 수도 있다. 상대성 이론에 따라 중력은 시공간의 곡률이므로, 양자론적 관점에서 볼 때 공간의 곡률은 국소적인 영역에서 끊임없이 커졌다 작아졌다 하며, 극미의 차원에서는 매우 급격하게 진동하는 바람에 물리학자 존 휠러(John Wheeler, 1911~2008)가 말한 이른바 '양자 거품'을 일으킨다. 공간(및 시간)의 극도로 짧은 거리를 다룰 경우, 따라서 불확정성 원리는 상대성 이론의 근본 가정인 매끄러운 시공간 모형과 정면으로 충돌한다.

양자론과 상대성 이론 사이에는 이처럼 근본적인 불일치가 존재하는 듯한데, 이 때문에 많은 물리학자들은 우리가 세계를 이해하는 방식에 어떤 드러나지 않은 결함이 있을 것으로 짐작한다.

여기서 앞으로 나아갈 방법은 단 두 가지다. 즉 물리적 세계 전부를 하나의 일관되고 통합적이며 합리적이고 조화로운 체계로 설명할 수 있다는 오랜 희망을 내려놓거나 아니면 양자론과 상대성 이론을 결합하거나 또는 대체할 하나의 통합된 이론을 찾거나 해야 한다. 하지만 여러분이 읽고 있는 이 책은 과학의 역사를 다루고 있지 과학의 미래에 관한 내용이 아니므로 더 나아가지 않기로 한다.

명백한 의미를 부여할 수 있으려면 …… 반드시 직접적인 실험과 측정에 근거해야만 한다." 달리 말해서 실험과 측정으로 한 입자의 위치와 운동량을 모두 밝힐 수 없다면 이러한 것들(위치와 운동량)은 물리적 실재의 부정할 수 없는 성질이라고 주장할 수 없다는 뜻이다. 보어는 그 논문의 주장에 단호하게 반대했다. 하지만 보어의 답변은 누구에게나 만족스럽지는 않았다. 어쨌거나 아인슈타인-포돌스키-로젠의 논문 덕분에 양자역학의 밑바탕에는 (아직) 관찰되지 않은 숨은 변수들이 분명 존재하리라는 대안적인 견해가 등장했다.

이런 노선에 따라 흥미로운 추측을 제시한 사람이 바로 데이비드 봄(David Bohm, 1917~1994)이다. 그는 양자역학의 모든 결과들을 자신의 인과적이고 결정론적인 이론으로 해석할 수 있으리라고 희망했다. 하지만 안타깝게도 그의 이론은 원거리 작용이 하나의 실재라고 가정해야 했다. (원거리 작용을 당연하게 여겼던) 뉴턴주의가 여전히 군림하고 있었다면 그의 사상은 더 진지하게 고려되었을지도 모르지만, 사실 봄의 주장은 결코 제대로 평가받지 못했다.

과학의 본질이 세계의 작동 방식에 관한 진리를 찾는 활동이라고 볼 때, 왜 봄의 사상이 철저하게 조사되고 평가받지 못했는지 적잖이 의아스럽다. 하지만 물론 과학자들은 '절대 진리'와 같은 어떤 추상적 개념에 따라 활동하지 않고 우리와 마찬가지로 경력에 대한 야심, 재정 확보 그리고 전 세계적인 인정까지는 아니더라도 적어도 자신의 이름이 알려지기를 바라는 마음에서 과학을 연구한다. 그렇다 보니 해당 분야의 주요한 최신 사상들에 통달하고자 오랜 기간 훈련을 거쳐 학계에 진출한 야심만만한 물리학자들로서는 한물간 물리학을 다시 발전시키려 시도했던 봄의 연구로 굳이 돌아가서 조사해볼 필요를 느끼지 못했을 것이다. 어쨌거나 봄의 이론은 새로운 결과를 내놓은 것이 아니라 다만 좀 더 고전적인 유형의 물리학으로—실재에 관한 더욱 전통적인 견해로—되돌아갈 방법을 제시했다. 하지만 (아인슈타인의 반대에도 불구하고) 보어, 하이젠베르크, 디랙 등의 연구 덕분에 현직의 최첨단 물리학자들은 고루한 실재에 관한 논의에서 벗어나 훨씬 더 앞으로 나아갔기에 과거로 되돌아갈 까닭이 없었다.

나는 대략 1930년대까지의 과학을 이야기했다. 다윈의 진화론과 멘델의 유전학이 합쳐져 신다윈주의라고 하는 새로운 사조가 생긴 것도 바로 이 시기였다. 또한 새로운 양자론과 일반상대성 이론이 일반적으로 받아들여진 것도 이때였다. 물론 과학의 발전은 거기서 멈추지 않았다. 결코 그렇지 않았다. 대체로 인정하듯이 과학 발전의 속도는 20세기 내내 계속 빨라졌다. 과학계 바깥에서 바라보는 대다수의 일반인들에게 이런 급격한 과학 발전은 새로운 기술 발전의 관점에서 비쳐졌는데, 분명 그런 발전도 과거의 과학 발전이 당시 사람들에게 끼쳤던 영향보다 오늘날 우리들의 일상생활에 훨씬 더 큰 영향을 끼친다. 하지만 조금만 생각해보면 알 수 있듯이, 이는 과거와 달리 과학이 우리에게 더 유용해지기만 했다는 뜻은 아니다.

가능하다면 어디에나 실용적 목적(마침내 베이컨의 꿈을 실현하려는 목적)을 위해 최신 과학사상들을 활용할 수 있는 과학과 기술 또는 과학자와 공학자 사이의 현 동맹은 과학 자체의 발전만큼이나 자본주의 발전과 밀접한 관계가 있다. 실용적인 관점에서 유용하다고 여겨지는 과학이 그렇지 않은 과학보다 더 많은 자금 지원을 받는 것이 경제적 현실이다. 심지어 명백히 실용성이 없는 것으로 보이는 물리학의 이른바 '탁상공론' 연구도 정부로부터 자금 지원을 받는다(심지어 제네바의 대형 강입자 충돌기(LHC)와 같은 정도의 어마어마한 액수의 지원을 받기도 한다). 왜냐하면 지금은 난해하기 그지없어 보이는 연구일지라도 언젠가 유용한(그리고 LHC가 힉스 입자(물질에 질량을 부여한다고 짐작되는 입자로서 '신의 입자'라고도 불린다—옮긴이)의 발견에 부여하는 의미보다 훨씬 더 가치 있는) 결과를 내놓을지 모른다는 떨칠 수 없는 희망 때문이다. 어쨌든 상대성 이론이 핵무기나 GPS 내비게이션 시스템으로 이어질지 누가 알았겠는가?

우리는 지금 과학 평론가들이 '거대 과학(Big Science)'이라고 부르는 시대에 접어들었다. 과학은 이제 여러 가지 면에서 거대하다. 그렇기에 이 시점에서 이야기를 그만두고자 한다. 심지어 19세기 과학을 다룰 때에도 전문화의 증가, 전 세계에 걸친 과학 인력의 폭증 및 연구 분야의 세분화로 인해 과학은 너무나 다양해졌고 동시에 각 해당 전문가의 관심사는 매우 좁아졌기에 과학을 간결하게 설명하기란 더욱 어렵다. 거대 과학은 이제 너무나 광범위해졌기에, 1930년대까지 2000년의 과학사를 다룬 이 책만큼 제대로 이 거대 과학을 살펴보려면 분명 다시 책한 권이 필요할 터이다. 하지만 나로서는 현재의 거대 과학이 세워지게된, 그리고 이 거대 과학이 계속 확장해나갈 토대에 관한 설명은 이미 충분히 했다고 본다.

* * *

1959년에 행한 강연, '플랑크의 양자론 그리고 원자물리학의 철학적 문제점들'에서 베르너 하이젠베르크는 양자물리학의 가장 심오한 의미 중 하나를 다음과 같이 소개했다.

> 여기서 우리는 자연과학이 자연 그 자체에 관한 것이 아니라 인간이 설명하고 이해하는 자연에 관한 것이라는 사실의 중요성을 깨닫습니다. 그렇다고 해서 주관성의 한 요소가 자연과학에 도입되었다는 뜻이 아니라—세계에서 일어나는 과정과 현상이 우리의 관찰에 따라 달라진다고는 누구도 주장하지 못합니다—자연과학이 인간과 자연 사이에 서 있으며 아울러 우리가 인간 본성에 내재된 인식 개념 또는 기타 다른 개념들의 도움을 받지 않을 수 없다는 사실에 주목하게 되었다는 뜻입니다.

하이젠베르크가 암시했듯이 이 점은 단지 양자론에 국한되지 않고 보편적으로 적용된다. 지난 역사에서 명백히 드러났듯이 자연철학 또는 자연과학은 언제나 인간과 자연 사이에 서 있었다. 어떤 시대의 과학사상이든 그 시대 사람들에게 물리적 세계의 진리를 드러내지는 않는다. 다만 사람들이 역사상 그 시기에 세계를 어떻게 설명하고 이해하는지를 드러낼 뿐이다.

우리는 세계 그 자체에 관한 궁극적인 진리를 향해 나아간다고 곧잘 여긴다. 하지만 수학적 예측치가 관찰된 실험 결과와 아무리 가깝더라도 우리는 여전히 자연 자체의 실재보다는 자연에 대한 해석에 의존한다.

이 점은 과학의 역사도 마찬가지다(그런 경향이 훨씬 더 크다. 어느 수리물리학자라도 재빨리 지적할 테지만). 시인이자 사상가이며 드 브로이 및 아인슈타인과 편지로 교류했던 폴 발레리는 "역사란 결코 두 번 일어난 적이 없는 것에 관한 과학"이라는 유명한 말을 남겼다. 이런 역사를 여러분에게 전달하면서 나는 역사적 실재를 전달한 것이 아니라 과거를 드러내주는 증거에 관한 나의 해석을 전달했다. 하지만 내가 쓴 내용은 우리와 역사적 실재 사이에 서 있다. 나는 과거 자체를 다룬 것이 아니라 내가 이해하고 설명하고자 하는 역사를 다루었다.

역사서의 저자들은 부득이하게 관습과 더불어 '인간의 본성에 내재된 다른 개념들'에 따라 과거를 서술한다. 원인과 결과라는 필연적 고리에 관한 가정을 바탕으로 우리는 다윈주의가 그 이전의 사고방식에서 성장했는지, 아니면 구상 당시부터 이미 유행했는지 설명한다. 하지만 주목할 점으로서, 그러한 서술 방식은 과거를 드러내주는 증거를 이해하도록 해주는 여러 서술 방식 중 하나일 뿐이다.

그러므로 여러분이 이 책을 다 읽었다고 해서 이제 과학사를 알았다고 여기지 않는 것이 중요하다. 기껏해야 여러분은 내가 여기서 제시한 과학사를 알았을 뿐이다. 여러분이 과학사를 진지하게 이해하고 싶다면 스스로 읽을거리를 찾고 (이상적으로는) 스스로 연구하여 과학사를 직접 살펴보아야 한다. 그렇게 한다면 아마도 여러분의 도움으로, 과학자들이 과학에 대해 그러하듯이, 역사가들 또한 점차 우리가 진정한 역사적 진리에 가까이 다가간다고 느낄 수 있을 것이다.

| 감사의 말 |

도표 및 그림 자료를 싣도록 허락해준 아래 분들에게 감사드린다.

도표 8.1과 8.2에 대해서는 테일러 & 프랜시스 그리고 지금은 고인이 된 나의 아내 메리 앤 로시에게 감사드린다. 이 도표는 다음 출처의 자료를 단순화시킨 것이다. J. 브루스 브래켄리지, '케플러, 타원 궤도 그리고 천체의 순환: 형이상학적 헌신의 지속성에 관한 연구', 《과학연보》 39 (1982) pp. 117~143 및 265~295.

그림 5.1의 14세기 의학 원고의 해골 그림과 더불어 요하네스 데 케 탐의 《의학논문집》(베네치아, 1945)에 나오는 그림 5.3에 대해서는 런 던의 웰컴 도서관에 감사드린다. 웰컴 트러스트의 허락 덕분에 이 책에 실을 수 있었다.

《런던, 에든버러 그리고 더블린 철학 잡지》1861년 4월호에 실린 제 임스 클럭 맥스웰의 '물리적 역선에 관하여'; J.219~221 PER에 나오는 그림 23.2에 대해서는 스코틀랜드 국립도서관 이사회에 감사드린다.

다음 자료들에 대해서는 에든버러 대학의 특별소장품부에 감사드린 다. 페트루스 아피아누스의 《코스모그라피아》(안트베르펜, 1539)에 나 오는 그림 4.1; 샤를 에스티엔의 《인체 부분의 해부》(파리, 1545)에 나오는 그림 5.2; 안드레아스 베살리우스의 《인체 구조에 관하여》(바젤, 1543)에 나오는 그림 5.4와 5.5; 니콜라우스 코페르니쿠스의 《천체의 회전에 관하여》(프랑크푸르트, 1543)에 나오는 그림 6.5; 윌리엄 길버트의 《자석에 관하여》(런던, 1600)에 나오는 그림 7.1; 요하네스 케플러의 《우주 구조의 신비》(튀빙겐, 1596)에 나오는 그림 8.1과 8.2; 요하네스 케플러의 《새로운 천문학》(프랑크푸르트, 1635)에 나오는 그림 8.3; 요하네스 케플러의 《우주의 조화》(린츠, 1619)에 나오는 그림 8.4; 르네 데카르트의 《철학 원리》(암스테르담, 1644)에 나오는 그림 11.1과 17.1; 제임스 허튼의 《지구에 관한 이론》(에든버러, 1795)에 나오는 그림 17.2; 로버트 체임버스의 《창조의 자연사의 흔적들》(런던, 1844)에 나오는 그림 19.1; 토머스 영의 《자연철학과 역학적 기술에 관한 강의》 제2권(런던, 1807)에 나오는 그림 23.1.

아울러 이들 시각 자료를 얻는 데 도움을 준 웰컴 이미지의 마리-루이 콜라르, 스코틀랜드 국립도서관의 제임스 미첼 그리고 에든버러 대학 도서관의 특별소장품부의 트리샤 보이드에게도 감사드린다.

모든 저작권 소유자에게 연락하려고 온갖 노력을 기울였음에도 저작권자의 동의 없이 실린 자료가 있다면, 차후 기회가 닿는 대로 출판사에서 기꺼이 필요한 조치를 취하도록 하겠다.

바야흐로 봄이 무르익던 무렵, 나는 수유동의 작은 마당이 딸린 집에서 이 책의 교정지를 품고 있었다. 하필 몸이 성치 않던 터라 병든 어미 닭이 더 애틋하게 알을 대하듯 교정지를 보듬었다. 잠시 휴식이 필요할 때면 바로 뒷산, 그러니까 북한산을 바라보며 숨을 골랐다. 겨우내 무심하고 무색하던 산은 싱그러운 녹음 속에 연분홍 꽃 빛들을 흩뿌리고 있었다. 북한산을 바라보고 있자니 어느 책의 내용이 떠올랐다. 1억 7000만 년 전, 지하 10킬로미터에서 마그마가 굳어 화강암이 되었다. 화강암은 그 장대한 시간 동안 1년에 약 0.1밀리미터씩 융기했고, 그 위를 덮고 있던 퇴적물들은 억 년의 바람과 물에 씻겨 나갔다. 저토록 찬연한 생명들을 품은 북한산을 이루는 화강암은 이렇게 형성된 것이다. 그저 당연히 저기 저 자리에 태고의 시간부터 서 있는 줄 알았던 산이다. 하지만 알고 보니 헤아릴 수 없는 긴 시간 동안 자연의 온갖 작용들이 혼연일체가 되어 저 듬직한 산을 저 높이에 저 넉넉한 품으로 세워 놓았던 것이다.

이 책을 번역하면서 내가 새롭게 알고 느낀 점도 북한산의 역사와 비슷했다. 과학사상이라는 인류 지성의 거대한 산은 까마득한 고대 그리스 시대부터 지금까지 숱한 사상가들의 사색과 더불어 온갖 사회문화적 요인들이 함께 맞물리면서 지금의 상태로 솟아오른 셈이다. 과학사상은 여느 분야의 사상과 마찬가지로 현대사회의 중요한, 아니 필요 불가결한 지성의 광맥이다. 이 과학사상의 힘을 통해 우리는 신화와 과학을 구별하고, 어디에서 영적인 기도를 올리고 어디에서 자연계의 지식을 찾을지 분간하고, 실험의 시작과 사변의 끝을 가늠한다. 하지만 우리나라에는 과학사상의 역사를 다룬 책이 아주 드물다. 이 책의 번역을 제안받았을 때 놀란 점이 바로 그것이다. 번역가로서 주로 과학책을 우리말로 옮겼지만 과학사상사에 관한 국내의 책을 접한 기억이 별로 없었다. 이미 출간된 도서들을 훑어보아도 과학사상의 역사를 오롯이 담은 책을 찾기 어려웠다. 그러니 고대 그리스부터 지금에 이르는 과학사상사를 본격적으로 다룬 이 책은, 이러한 내용이 국내에 처음 소개된다는 점만으로도 큰 의의를 갖는다.

  저자 존 헨리는 서문에서 직접 밝혔듯이, 고대 그리스의 자연철학에서 시작하여 현대의 양자역학까지 시대 순으로 과학사상을 소개한다. 자칫 고루하고 무겁게만 느껴질 수 있는 주제를 문화적 측면에서 역사적으로 조망하는 저자의 접근 방식은 과학사상이 개인 과학자의 사색과 영감의 결과물만이 아님을 여실히 보여준다. 이 책의 목적이자 성격 그리고 미덕이 바로 여기에 있다. 이를테면 저자는 고대 그리스에서 합리적이고 자연주의적인 사상체계가 생겨난 배경을 그 사회의 정치적 상황에서 찾고, 그런 정치적 상황이 생긴 근원을 고대 그리스의 지리적 요인에서 찾아낸다. 이외에도 아랍인들이 자연과학에 큰 관심을 보이게 된 문화적 요인들, 자연철학이 중세 기독교 신학의 긴밀한 동반자가 되었던 까닭, 베이컨의 귀납적 방법론이 등장하는 데 중요한 영향을 미쳤던 자연마법 전통과 칼뱅주의의 묵시론적 종교관, 데카르트의 "나는 생각한다. 그러므로 나는 존재한다"라는 유명한 방법적 회의가 등장하게 된 당대의 사회문화적 배경, 그리고 뉴턴의 과학사상이 근대인들에게 불러일으킨 보편적 지식에의 갈망과 그로 인한 당대의 풍경 등을 눈앞에 보이듯이 그려낸다. 개인적으로 특히 인상적인 대목은 지질학의 탄생에 이어 다윈의 진화론이 등장하는 역동적인 현장들이다. 18세기 중반까지만 해도 지구의 역사는 고작 6000년이라고 알려져 있었다. 성경 속 인물들의 계보를 추적한 것을 바탕으로 한 것이었다. 이때 뷔퐁 백작의 지구 나이에 관한 첫 계산을 시작으로 제임스 허튼 등의 선구적인 연구를 통해 지구가 살아온 장대한 시간이 드러났고, 이를 바탕으로 생명체의 진보를 어떻게 해석할지가 화두로 떠올라 숱한 이론들이 제기되다가 마침내 다윈의 진화론이 등장하게 된다. 생명 진화의 비밀이 풀리게 된 것이다.

파노라마처럼 펼쳐지는 저자의 설명을 따라가다 보면 어느덧, 인간이 어디에서 어떻게 왔으며 어떤 모습으로 지금 여기에 있는지를 바로 과학사상사가 알게 해준다는 걸 알게 된다. 따라서 과학사상의 문화적 맥락을 짚어보는 이 책은 과학과 인문학이라는 인류 지성의 거대한 두 강이 만나는 두물머리라고 할 수 있다. 과학을 좋아하는 독자로서는 과학사상의 문화적 맥락을 짚어봄으로써 과학의 좀 더 깊은 근원을 더듬어 볼 수 있고, 인문학을 좋아하는 독자라면 역사 속 문화적 요인들이 과학사상과 어떻게 영향을 주고받았는지를 살피면서 과학사상이 지닌 인문학적 의미와 심오한 가치를 깨달을 수 있을 것이다.

마지막으로 이 책의 제목인 '서양과학사상사'에 대해 짧게 짚어보고자 한다. 이 책의 원서 제목을 그대로 옮기자면 '과학사상사 입문' 정도가 될 것이다. 저자는 서구학자인 이슬람 과학사상까지 포함시켜 자신의 시각에서 보편적이고 통시적인 의미의 '과학사상사'로 정했다. 하지만 인도, 중국 등의 주요 지역의 과학사상사가 빠졌기에 동서양을 아우른다는 점에서 보편적 과학사상사가 되기엔 미흡함이 분명하다. 그러나 근대 이후의 과학사상은 출처의 동서양을 불문하고 하나의 보편적 과학사상이 되었다고 할 수 있다. 따라서 '서양과학사상사'라는 제목이라고 해서 서양만의 과학사상사라고 볼 필요는 없다. 이 책을 필두로 앞으로는 인도, 중국 등 주요 동양 국가들의 과학사상이 포함되고 통사로서 손색이 없는 과학사상사 책이 국내에서도 소개되기를 바라는 마음이다.

아울러 부족한 옮긴이에게 이 책의 번역을 흔쾌히 맡겨준 최연희 님, 번역 및 교정 작업 내내 따뜻한 마음으로 함께해준 책과함께 편집부에게 감사의 마음을 전한다.

아름다운 오월, 수유리에서

노태복

서문

W. F. Bynum, E. J. Browne, and Roy Porter (eds), *Dictionary of the History of Science* (Basingstoke: Macmillan, 1981).

Geoffrey N. Cantor, J. R. R. Christie, Jonathan Hodge, and R. C. Olby (eds), *A Companion to the History of Modern Science* (London and New York: Routledge, 1990).

Gary B. Ferngren, Edward J. Larson and Darrel W. Amundsen (eds), *The History of Science and Religion in the Western Tradition: An Encyclopaedia* (New York: Garland Publishing Inc., 2000).

C. C. Gillispie (editor in chief), *Dictionary of Scientific Biography*, 16 vols (New York: Scribners, 1970–80).

Arne Hessenbruch (ed.), *Reader's Guide to the History of Science* (London and Chicago: Fitzroy Dearborn Publishers, 2000).

Thomas Kuhn, *The Structure of Scientific Revolutions* (Chicago: University of Chicago Press, 1962).

H. C. G. Matthew and Brian Harrison (eds), *Oxford Dictionary of National Biography*, 60 vols (Oxford: Oxford University Press, 2004); available on line (with a license) at www.oxforddnb.com.

1장 배경 지식 – 고대 그리스의 자연철학

Mott T. Greene, *Natural Knowledge in Preclassical Antiquity* (Baltimore: Johns Hopkins University Press, 1992).

W. K. C. Guthrie, *The Greek Philosophers: From Thales to Aristotle* (London and New York: Routledge, 1968).

Paul T. Keyser and Georgia L. Irby-Massie (eds), *Encyclopedia of Ancient Natural Scientists: The Greek Tradition and its Many Heirs* (London and New York: Routledge, 2008).

G. S. Kirk, J. E. Raven, and M. Schofield, *The Presocratic Philosophers*, 2nd edn (Cambridge: Cambridge University Press, 1983).

David C. Lindberg, *The Beginnings of Western Science: The European Scientific Tradition in Philosophical, Religious, and Institutional Context, Prehistory to A.D. 1450* (Chicago: University of Chicago Press, 2008).

G. E. R. Lloyd, *Early Greek Science: Thales to Aristotle* (London: Chatto & Windus, 1982).

G. E. R. Lloyd, *Magic, Reason and Experience: Studies in the Origins and Development of Greek Science* (Cambridge: Cambridge University Press, 1979).

상자글 1.3

Walter Burkert, *Lore and Science in Ancient Pythagoreanism* (Cambridge, MA: Harvard University Press, 1972).

Dominic J. O'Meara, *Pythagoras Revived: Mathematics and Philosophy in Late Antiquity* (Oxford: Oxford Uniiversity Press, 1991).

H. E. Huntley, *The Divine Proportion: A Study in Mathematical Beauty* (New York: Dover, 1970).

2장 플라톤과 아리스토텔레스

W. K. C. Guthrie, *The Greek Philosophers: From Thales to Aristotle* (London and New York: Routledge, 1968).

Paul T. Keyser and Georgia L. Irby-Massie (eds), *Encyclopedia of Ancient Natural Scientists: The Greek Tradition and its Many Heirs* (London and New York: Routledge, 2008).

David C. Lindberg, *The Beginnings of Western Science: The European Scientific Tradition in Philosophical, Religious, and Institutional Context, Prehistory to A.D. 1450* (Chicago: University of Chicago Press, 2008).

G. E. R. Lloyd, *Early Greek Science: Thales to Aristotle* (London: Chatto & Windus, 1970)

G. E. R. Lloyd, *Greek Science after Aristotle* (London: Chatto & Windus, 1973)

G. E. R. Lloyd, *Magic, Reason and Experience: Studies in the Origins and Development of Greek Science* (Cambridge: Cambridge University Press, 1979).

David Ulansey, *The Origins of the Mithraic Mysteries* (Oxford: Oxford University Press, 1991).

3장 로마 제국에서 이슬람 제국까지

Peter Adamson and Richard C. Taylor (eds), *The Cambridge Companion to Arabic Philosophy* (Cambridge: Cambridge University Press, 2005).

Toby Huff, *The Rise of Early Modern Science: Islam, China and the West* (Cambridge: Cambridge University Press, 1993).

J. Jolivet, 'The Arabic Inheritance', in Peter Dronke (ed.), *A History of Twelfth Century Western Philosophy* (Cambridge: Cambridge University Press, 1988), pp. 113–50.

David C. Lindberg, *The Beginnings of Western Science: The European Scientific Tradition in Philosophical, Religious, and Institutional Context, Prehistory to A.D. 1450* (Chicago: University of Chicago Press, 2008).

Richard Rubenstein, *Aristotle's Children: How Christians, Muslims, and Jews Rediscovered Ancient Wisdom and Illuminated the Middle Ages* (New York: Harcourt Brace, 2003).

A. I. Sabra, 'Situating Arab Science: Locality versus Essence', *Isis*, 87 (1996), pp. 654–70.

George Saliba, *Islamic Science and the Making of the European Renaissance* (Cambridge, MA: MIT Press, 2007).

William H. Stahl, *Roman Science: Origins, Development, and Influence to the Later Middle Ages* (Madison: University of Wisconsin Press, 1962).

4장 서양 중세

Roger French and Andrew Cunningham, *Before Science: The Invention of the Friars' Natural Philosophy* (Aldershot: Scolar Press, 1996).

Edward Grant, *The Foundations of Modern Science in the Middle Ages: Their Religious, Institutional and Intellectual Contexts* (Cambridge: Cambridge University Press, 1996).

Edward Grant, *God and Reason in the Middle Ages* (Cambridge: Cambridge University Press, 2001).

Edward Grant, *Science and Religion, 400 B.C. to A.D. 1550* (Baltimore: Johns Hopkins University Press, 2005).

David C. Lindberg, *The Beginnings of Western Science: The European Scientific Tradition in Philosophical, Religious, and Institutional Context, Prehistory to A.D. 1450* (Chicago: University of Chicago Press, 2008).

Steven P. Marrone, 'Medieval Philosophy in Context', in A. S. McGrade (ed.), *The Cambridge Companion to Medieval Philosophy* (Cambridge: Cambridge University Press, 2003), pp. 10–50.

5장 르네상스

Brian P. Copenhaver and Charles B. Schmitt, *Renaissance Philosophy* (Oxford: Oxford University Press, 1992).

Allen G. Debus, *Man and Nature in the Renaissance* (Cambridge: Cambridge University Press, 1978).

Roger French, 'The Anatomical Tradition', in W. F. Bynum and Roy Porter (eds), *Companion Encyclopaedia to the History of Medicine*, 2 vols (London: Routledge, 1993), vol. 1, pp. 81–101.

C. D. O'Malley, *Andreas Vesalius of Brussels, 1514–1564* (Berkeley: University of California Press, 1964).

K. B. Roberts and J. D. W. Tomlinson, *The Fabric of the Body: European Traditions of Anatomical Illustration* (Oxford: Clarendon Press, 1992).

W. P. D. Wightman, *Science in a Renaissance Society* (London: Hutchinson, 1972).

6장 코페르니쿠스와 신세계

Michael J. Crowe, *Theories of the World from Antiquity to the Copernican Revolution* (New York: Dover, 1990).

William Donahue, 'Astronomy', in Katherine Park and Lorraine Daston (eds), *The Cambridge History of Science, Volume 3: Early Modern Science* (Cambridge: Cambridge University Press, 2006), pp. 562–95.

John Henry, *The Scientific Revolution and the Origins of Modern Science*, 3rd edn (Basingstoke and New York: Palgrave Macmillan, 2008), chapter 2, pp. 12–17.

John Henry, *Moving Heaven and Earth: Copernicus and the Solar System* (Cambridge: Icon Books, 2001).

Rocky Kolb, *Blind Watchers of the Sky: The People and Ideas that Shaped Our View of the Universe* (Oxford: Oxford University Press, 1999).

Thomas S. Kuhn, *The Copernican Revolution: Planetary Astronomy in the Development of Western Thought* (Cambridge, MA.: Harvard University Press, 1957).

John North, *The Fontana History of Astronomy and Cosmology* (London: Fontana Press, 1994).

Klaus A. Vogel, 'Cosmography', in Katherine Park and Lorraine Daston (eds), *The Cambridge History of Science, Volume 3: Early Modern Science* (Cambridge: Cambridge University Press, 2006), pp. 469–96.

7장 과학의 새로운 방법들

Stephen Gaukroger, *Francis Bacon and the Transformation of Early Modern Philosophy* (Cambridge: Cambridge University Press, 2001).

John Henry, 'Magic and Science in the Sixteenth and Seventeenth Centuries', in *A Companion to the History of Modern Science*, edited by G.N. Cantor, J.R.R. Christie, J. Hodge, and R.C. Olby (London and New York: Routledge, 1990), pp. 583–96.

John Henry, 'Animism and Empiricism: Copernican Physics and the Origins of William Gilbert's Experimental Method', *Journal of the History of Ideas*,

62 (2001), pp. 99–119.

John Henry, *Knowledge is Power: Francis Bacon and the Method of Science* (Icon Books, 2002).

John Henry, 'The Fragmentation of the Occult and the Decline of Magic', *History of Science*, 46 (2008), pp. 1–48.

Stephen Pumfrey, *Latitude and the Magnetic Earth* (Cambridge: Icon Books, 2002).

Paolo Rossi, *Francis Bacon: From Magic to Science* (London: Routledge & Kegan Paul, 1968).

Edgar Zilsel, 'The Origins of William Gilbert's Scientific Method', *Journal of the History of Ideas*, 2 (1941), pp. 1–32.

상자글 7.4

Pamela H. Smith, *The Body of the Artisan: Art and Experience in the Scientific Revolution* (Chicago: University of Chicago Press, 2004).

Edgar Zilsel, *The Social Origins of Modern Science* (Dordrecht: Kluwer Academic, 2000).

8장 수학과 자연철학의 결합 – 요하네스 케플러

Peter Barker and Bernard R. Goldstein, 'Theological Foundations of Kepler's Astronomy', *Osiris*, 16 (2001), pp. 88–113.

J. Bruce Brackenridge, 'Kepler, Elliptical Orbits, and Celestial Circularity: A Study in the Persistence of Metaphysical Commitment', *Annals of Science*, 39 (1982), pp. 117–43 and 265–95.

Alexandre Koyré, *The Astronomical Revolution: Copernicus–Kepler–Borelli* (Ithaca: Cornell University Press, 1973).

John North, *The Fontana History of Astronomy and Cosmology* (London: Fontana Press, 1994).

Victor E. Thoren, *Tycho Brahe: The Lord of Uraniborg* (Cambridge: Cambridge University Press, 1990).

James R. Voelkel, *Johannes Kepler and the New Astronomy* (Oxford: Oxford University Press, 1999).

9장 수학과 역학 – 갈릴레오 갈릴레이

Mario Biagioli, 'The Social Status of Italian Mathematicians, 1450–1600', *History of Science*, 27 (1989), pp. 41–95.

Annibale Fantoli, *Galileo: For Copernicanism and for the Church*, translated by G. V. Coyne (Notre Dame: University of Notre Dame Press, 1994).

Maurice A. Finocchiaro, *The Galileo Affair: A Documentary History* (Berkeley: University of California Press, 1989).

John Henry, 'Galileo and the Scientific Revolution: The Importance of His Kinematics', *Galilaeana*, 8 (2011), pp. 3–36.

Ernan McMullin (ed.), *The Church and Galileo* (Notre Dame: University of Notre Dame Press, 2005).

Michael Sharratt, *Galileo: Decisive Innovator* (Oxford: Blackwell, 1994).

William R. Shea, *Galileo's Intellectual Revolution* (London: Macmillan, 1972).

David Wootton, *Galileo: Watcher of the Skies* (New Haven: Yale University Press, 2010).

10장 르네상스 의학의 실천과 이론 – 윌리엄 하비와 피의 순환

Andrew Cunningham, 'Fabricius and the "Aristotle Project" in Anatomical Research at Padua', in A. Wear, R. K. French and I. M. Lonie (eds), *The Medical Renaissance of the Sixteenth Century* (Cambridge: Cambridge University Press, 1985), pp. 195–222.

Andrew Cunningham, 'William Harvey: The Discovery of the Circulation of the Blood', in Roy Porter (ed.), *Man Masters Nature* (London: BBC Books, 1987), pp. 65–76.

Andrew Cunningham, *The Anatomical Renaissance: The Resurrection of the Anatomical Projects of the Ancients* (Aldershot: Scolar Press, 1997).

Roger French, *William Harvey's Natural Philosophy* (Cambridge: Cambridge University Press, 1995).

Andrew Gregory, *Harvey's Heart: The Discovery of Blood Circulation* (Cambridge: Icon Books, 2001).

Lois N. Magner, *A History of the Life Sciences* (New York: M. Dekker, 1979), chapter 5, pp. 115–36.

Andrew Wear, 'The Heart and Blood from Vesalius to Harvey', in R.C. Olby et al. (eds), *Companion to the History of Modern Science* (London: Routledge, 1990), pp. 568–82.

11장 체계의 정신 – 데카르트와 기계론적 철학

Desmond Clarke, 'Descartes' Philosophy of Science and the Scientific Revolution', in John Cottingham (ed.), *Cambridge Companion to Descartes* (Cambridge: Cambridge University Press, 1992), pp. 258–85.

Peter Dear, *Revolutionizing the Sciences* (Basingstoke: Palgrave, 2001), chapter 5, pp. 80–100.

Stephen Gaukroger, *Descartes' System of Natural Philosophy* (Cambridge: Cambridge University Press, 2002).

John Henry, *The Scientific Revolution and the Origins of Modern Science*, 3nd edn (Basingstoke: Palgrave, 2008), chapter 5, pp. 69–84.

Genevieve Rodis-Lewis, 'Descartes' Life and the Development of his Philosophy', in John Cottingham (ed.), *Cambridge Companion to Descartes* (Cambridge: Cambridge University Press, 1992), pp. 21–57.

Genevieve Rodis-Lewis, *Descartes, His Life and Thought* (Ithaca: Cornell University Press,1999).

Martin Tamny, 'Atomism and the Mechanical Philosophy', in R.C. Olby et al. (eds), *Companion to the History of Modern Science* (London: Routledge, 1990), pp.597–609.

R. S. Westfall, *The Construction of Modern Science: Mechanisms and Mechanics* (Cambridge: Cambridge University Press, 1977), chapters 2 and 3.

12장 왕립협회와 실험철학

Marie Boas Hall, *Promoting Experimental Learning: Experiment and the*

Royal Society, 1660–1727 (Cambridge: Cambridge University Press, 1991).

Peter Dear, '*Totius in verba*: Rhetoric and Authority in the Early Royal Society', *Isis*, 76 (1985), pp. 145–61 (also available in P. Dear (ed.), *The Scientific Enterprise in Early Modern Europe*, pp. 255–72).

John Henry, 'England', in R. Porter and M. Teich (eds), *The Scientific Revolution in National Context* (Cambridge: Cambridge University Press, 1992), pp. 178–210.

Michael Hunter, *Science and Society in Restoration England* (Cambridge: Cambridge University Press, 1981), Ch.1, pp. 8–31.

Michael Hunter, *Establishing the New Science: The Experience of the Early Royal Society* (Woodbridge: Boydell Press, 1989).

James McClennan III, 'Scientific Institutions and the Organization of Science', in Roy Porter (ed.), *The Cambridge History of Science, Volume 4: Eighteenth-Century Science* (Cambridge: Cambridge University Press, 2003), pp. 87–106.

Margery Purver, *The Royal Society: Concept and Creation* (London: Routledge & Kegan Paul, 1967).

Lewis Pyenson and Susan Sheets-Pyenson, *Servants of Nature: A History of Scientific Institutions, Enterprises and Sensibilities* (London: Fontana, 1999).

Paul B. Wood, 'Methodology and Apologetics: Thomas Sprat's *History of the Royal Society*', *British Journal for the History of Science*, 13 (1980), pp. 1–26.

상자글 12.1

Luciano Boschiero, *Experimental natural Philosophy in Seventeenth Century Tuscany: The History of the Accademia Del Cimento* (Dordrecht: Springer, 2007).

John Gascoigne, 'A Reappraisal of the Role of the Universities in the Scientific Revolution', in D. C. Lindberg and R. S. Westman (eds), *Reappraisals of the Scientific Revolution* (Cambridge: Cambridge University Press, 1990), pp. 207–60.

Roger Hahn, *The Anatomy of a Scientific Institution: The Paris Academy of*

Sciences , 1666–1803 (Berkeley: University of California Press,1971).

Michael Hunter, *Establishing the New Science: The Experience of the Early Royal Society* (Woodbridge: Boydell Press, 1989).

James E. McClellan III, *Science Reorganized: Scientific Societies in the Eighteenth Century* (New York: Columbia University Press, 1985).

13장 실험, 수학 그리고 마법 – 아이작 뉴턴

I. Bernard Cohen and G. E. Smith, *The Cambridge Companion to Newton*, Cambridge: Cambridge University Press (2002).

I. Bernard Cohen and R. S. Westfall, *Newton: Texts, Backgrounds, and Commentaries* (New York: Norton, 1995).

B. J. T. Dobbs, 'Newton's Alchemy and his Theory of Matter', in P. Dear (ed.), *The Scientific Enterprise in Early Modern Europe* (Chicago: University of Chicago Press, 1997), pp. 237–54.

Jan Golinski, 'The Secret Life of An Alchemist', in John Fauvel et al. (eds), *Let Newton Be!* (Oxford: Oxford University Press, 1988), chapter 7, pp. 147–68.

A. R. Hall, *Isaac Newton, Adventurer in Thought* (Cambridge: Cambridge University Press, 1996).

John Henry, 'Newton, Matter and Magic', in John Fauvel et al. (eds), *Let Newton Be!* (Oxford: Oxford University Press, 1988), chapter 6, pp. 127–46.

John Henry, 'The Fragmentation of the Occult and the Decline of Magic', *History of Science*, 46 (2008), pp. 1–48.

Rob Iliffe, *Newton: A Very Short Introduction* (Oxford: Oxford University Press, 2007).

Lord Keynes, 'Newton the Man', in Royal Society, *Newton Tercentenary Celebrations* (Cambridge: Cambridge University Press, 1947), pp. 27–34.

Frank Manuel, *A Portrait of Isaac Newton* (Cambridge, MA: Harvard University Press, 1968), chapter 6.

J. E. McGuire and P.M. Rattansi, 'Newton and the "Pipes of Pan"', *Notes and*

Records of the Royal Society of London, 21 (1966), pp. 108–43.

R. S. Westfall, *Never at Rest: A Biography of Isaac Newton* (Cambridge: Cambridge University Press, 1980).

14장 뉴턴이 지핀 계몽의 불길

I. B. Cohen, *Franklin and Newton: An Inquiry into Speculative Newtonian Experimental Science and Franklin's Work in Electricity* (Cambridge, MA: Harvard University Press, 1966).

C. C. Gillispie, *The Edge of Objectivity* (Princeton: Princeton University Press, 1960), chapter 5.

T. L. Hankins, *Science and the Enlightenment* (Cambridge: Cambridge University Press, 1985).

John L. Heilbron, *Electricity in the 17th and 18th Centuries* (Berkeley: University of California Press, 1979), chapters 8, 12, 13, and 14, pp. 229–49 and 290–343.

P. M. Heimann, 'Ether and Imponderables', in G. Cantor and M.J.S. Hodge (eds), *The Conception of Ether: Studies in the History of Ether Theories* (Cambridge: Cambridge University Press, 1981), chapter 1, pp. 61–83.

Simon Schaffer, 'Natural Philosophy and Public Spectacle in the 18th Century', *History of Science*, 21 (1983), pp. 1–43.

R. E. Schofield, *Mechanism and Materialism* (Princeton: Princeton University Press, 1970).

Arnold Thackray, *Atoms and Powers: An Essay on Newtonian Matter-Theory and the Development of Chemistry* (Cambridge, MA: Harvard University Press, 1970)

Robinson M. Yost, 'Pondering the Imponderable: John Robison and Magnetic Theory in Britain (c. 1775–1805)', *Annals of Science*, 56 (1999), pp. 143–74.

상자글 14.1

Neil Safier, *Measuring the New World: Enlightenment Science and South America* (Chicago: University of Chicago Press, 2008).

Mary Terrall, *The Man who Flattened the Earth: Maupertuis and the Sciences in the Enlightenment* (Chicago: Chicago University Press, 2002).

15장 화학 혁명 – 프리스틀리와 라부아지에 그리고 존 돌턴을 넘어서

Bernadette Bensaude-Vincent, 'Lavoisier: A Scientific Revolution', in M. Serres (ed.), *A History of Scientific Thought: Elements of a History of Science* (Oxford: Blackwell, 1995), pp. 455–82.

William H. Brock, *The Fontana History of Chemistry* (London: Fontana, 1992), chapter 3, pp. 87–127 and chapter 4, pp. 128–72.

J. B. Conant, 'The Overthrow of the Phlogiston Theory: The Chemical Revolution 1775–1789', in Conant and Nash, *Harvard Case Histories in Experimental Science* (Cambridge, MA: Harvard University Press, 1957), Vol. I, Case 2.

Jan Golinski, 'Chemistry', in Roy Porter (ed.), *The Cambridge History of Science, Volume 4: Eighteenth-Century Science* (Cambridge: Cambridge University Press, 2003), pp. 375–96.

Henry Guerlac, 'The Background to Dalton's Atomic Theory', in H. Guerlac, *Essays and Papers in the History of Modern Science* (Baltimore: Johns Hopkins University Press, 1977), chapter 14, pp. 217–42.

D. P. Mellor, *The Evolution of the Atomic Theory* (Amsterdam: Elsevier, 1971), chapter 4, pp. 44–64.

C. E. Perrin, 'The Chemical Revolution', in R.C. Olby et al. (eds), *Companion to the History of Modern Science* (London: Routledge, 1990), chapter 17, pp. 264–77.

Isabelle Stengers, 'Ambiguous Affinity: The Newtonian Dream of Chemistry in the Enlightenment', in M. Serres (ed.), *A History of Scientific Thought: Elements of a History of Science* (Oxford: Blackwell, 1995), pp. 372–400.

Arnold Thackray, 'The Origin of Dalton's Chemical Atomic Theory: Daltonian Doubts Resolved', *Isis*, 57 (1966), pp. 35–55.

A. Thackray, *Atoms and Powers: An Essay on Newtonian Matter Theory and the Development of Chemistry* (Cambridge, MA: Harvard University Press,

1970), chapter 8, sections 4–6.

Stephen Toulmin, 'Crucial Experiments: Priestley and Lavoisier', *Journal of the History of Ideas*, 18 (1975), pp. 205–20.

16장 뉴턴주의적 낙관론 – 자연신학과 자연의 질서

P. J. Bowler, 'Malthus, Darwin and the Concept of Struggle', *Journal of History of Ideas*, 37 (1976), pp. 631–50.

Peter Bowler, *Evolution: The History of an Idea*, 3rd edn (Berkeley and Los Angeles, University of California Press, 2003).

B. G. Gale, 'Darwin and the Concept of a Struggle for Existence: a Study in the Extrascientific Origins of Scientific Ideas', *Isis*, 63 (1972), pp. 321–44.

C. J. Glacken, *Traces on the Rhodian Shore* (Berkeley: University of California Press,1973), chapters 8 and 11.

C. Raven, *John Ray* (Cambridge: Cambridge University Press, 1950), chapter 17.

D. R. Oldroyd, *Darwinian Impacts* (Milton Keynes: Open University Press, 1983), chapter 5, pp. 61–72.

D. Ospovat, 'Darwin after Malthus', *Journal of the History of Biology*, 12 (1979), pp. 211–30.

Emma Spary, 'Political, Natural and Bodily Economies', in N. Jardine et al. (eds), *Cultures of Natural History* (Cambridge: Cambridge University Press, 1996), pp. 178–96.

Basil Willey, *The Eighteenth-Century Background* (Harmondsworth: Penguin, 1962), chapter 3, pp. 47–59.

R. M. Young, 'Malthus and the Evolutionists: the Common Context of Biological and Social Theory', *Past and Present*, 43 (1969), pp. 109–45; also in R. M. Young, *Darwin's Metaphor* (Cambridge: Cambridge University Press, 1985).

17장 지질학의 탄생 – 제임스 허튼에서 찰스 라이엘까지

Michael Bartholomew, 'Lyell and Evolution: An Account of Lyell's Response to the Prospect of an Evolutionary Ancestry for Man', *British Journal for the History of Science*, 6 (1972), pp. 261–303.

Michael Bartholomew, 'The Singularity of Lyell', *History of Science*, 17 (1979), pp. 276–93.

Geof Bowker, 'In Defence of Geology: The Origins of Lyell's Uniformitarianism', in M. Serres (ed.), *A History of Scientific Thought: Elements of a History of Science* (Oxford: Blackwell, 1995), pp. 483–505.

Peter J. Bowler, *The Fontana History of the Environmental Sciences* (London: Fontana, 1992), chapters 4 and 6.

Dennis R. Dean, *James Hutton and the History of Geology* (Ithaca: Cornell University Press, 1992).

C. C. Gillispie, *Genesis and Geology* (New York: Harper & Row, 1959), chapters 2–5.

R. Grant, 'Hutton's Theory of the Earth', in L.J. Jordanova and R.S. Porter (eds), *Images of the Earth* (Chalfont St. Giles: British Society for the History of Science, 1979), chapter 2, pp. 23–38.

J. C. Greene, *The Death of Adam* (Ames: Iowa State University Press, 1959), chapter 3.

Martin Guntau, 'The Natural History of the Earth', in N. Jardine et al. (eds), *Cultures of Natural History* (Cambridge: Cambridge University Press, 1996), pp. 211–29.

David Oldroyd, *Thinking about the Earth: A History of Ideas in Geology* (London: Athlone, 1996), chapter 6, pp. 131–44.

Rhoda Rappaport, 'The Earth Sciences', in Roy Porter (ed.), *The Cambridge History of Science, Volume 4: Eighteenth-Century Science* (Cambridge: Cambridge University Press, 2003), pp. 417–35.

18장 동식물의 역사 – 연속적인 출현인가 아니면 진화인가

Peter Bowler, *Charles Darwin: The Man and His Influence* (Oxford:

Blackwell, 1990), chapter 2, pp. 17–32.

Peter Bowler, *The Fontana History of the Environmental Sciences* (London: Fontana, 1992), chapter 5.

Peter Bowler, *Evolution: The History of an Idea*, 3rd edn (Berkeley and Los Angeles, University of California Press, 2003).

L. Eiseley, *Darwin's Century* (London: Gollancz, 1959), chapters 1 and 2.

C. C. Gillispie, *Genesis and Geology* (New York: Harper & Row, 1959), chapter 6.

F. C. Haber, 'Fossils and the Idea of a Process of Time in Natural History', in B. Glass, O. Temkin and W. L. Straus, Jr. (eds), *Forerunners of Darwin, 1745–1859* (Baltimore: Johns Hopkins University Press, 1968), pp. 222–61.

D. Ospovat, 'Perfect Adaptation and Teleological Explanation: Approaches to the Problem of the History of Life in the mid-nineteenth Century', *Studies in History of Biology*, 2 (1978), pp.33–56.

M. Rudwick, *The Meaning of Fossils* (Chicago: University of Chicago Press, 1976), chapter 4.

There's a good website on the history of evolutionary ideas: http://www.ucmp.berkeley.edu/history/evolution.html.

19장 영국 빅토리아 시대의 종교와 진보 – 휴 밀러 vs 로버트 체임버스

Peter Bowler, *The Invention of Progress: The Victorians and the Past* (Oxford: Backwell, 1989).

Peter Bowler, *The Fontana History of the Environmental Sciences* (London: Fontana Press, 1992), chapter 8, pp. 306–37.

Peter Bowler, *Evolution: The History of an Idea*, 3rd edn (Berkeley and Los Angeles, University of California Press, 2003).

Adrian Desmond, *The Politics of Evolution: Morphology, Medicine, and Reform in Radical London* (Chicago: University of Chicago Press, 1992).

Loren Eisley, *Darwin's Century* (London: Gollancz, 1959), chapter 4, pp. 91–108, and chapter 5, pp. 117–40.

John Henry, 'Palaeontology and Theodicy: Religion, Politics and the Asterolepis of Stromness', in M. Shortland (ed.), Hugh Miller and the Controversies of Victorian Science (Oxford: Clarendon Press, 1996), pp. 151–70. (The full text of this is available on the Web at: http://www.ssu.sps.ed.ac.uk/research/henry/henry_palae.html.)

Arthur Lovejoy, 'The Argument for Organic Evolution before the Origin of Species, 1830–1858', in Glass, et al., *Forerunners of Darwin, 1745–1859* (Baltimore: Johns Hopkins University Press, 1968), chapter 13, pp. 356–414.

James A. Secord, *Victorian Sensation: The Extraordinary Publication, Reception, and Secret Authorship of Vestiges of the Natural History of Creation* (Chicago: University of Chicago Press, 2000).

20장 모든 것을 종합하다? – 다윈의 진화론

Peter J. Bowler, *The Fontana History of the Environmental Sciences* (London: Fontana, 1992), chapter 8, pp. 306–78.

Peter J. Bowler, *Charles Darwin, The Man and His Influence* (Oxford: Blackwell, 1990 and Cambridge: Cambridge University Press, 1996).

P. Bowler, *Evolution: The History of an Idea*, 3rd edn (Berkeley: University of California Press, 2003), chapters 6 and 7.

W. Coleman, *Biology in the Nineteenth Century* (Cambridge: Cambridge University Press, 1977), Ch.4.

Stephen J. Gould, 'Ladders and Cones: Constraining Evolution by Canonical Icons', in Robert B. Silvers (ed.), *Hidden Histories of Science* (New York: New York Review of Books, 1995), pp. 37–69.

J. C. Greene, *The Death of Adam* (Ames: Iowa State University Press, 1959), chapters 5 and 9.

E. Manier, *The Young Darwin and his Cultural Circle* (Dordrecht: Reidel, 1978), pp. 29–31 and 64–6.

D. R. Oldroyd, *Darwinian Impacts* (Milton Keynes: Open University Press, 1980), chapters 7 and 10.

Robert M. Young, *Darwin's Metaphor: Nature's Place in Victorian Culture*

(Cambridge: Cambridge University Press, 1985) (the complete text of this is available on-line at: http://www.shef.ac.uk/~psysc/darwin/dar.html).

21장 다윈의 진화론이 몰고 온 여파 – 종교, 사회과학, 생물학

G. E. Allen, *Life Science in the Twentieth Century* (Cambridge: Cambridge University Press, 1979), chapter 5.

Robert C. Bannister, *Social Darwinism: Science and Myth in Anglo-American Thought* (Philadelphia: Temple University Press, 1979).

Peter Bowler, *The Eclipse of Darwinism* (Baltimore: Johns Hopkins University Press, 1983), chapter 8.

Peter Bowler, *Theories of Human Evolution: A Century of Debate, 1844–1944* (Oxford: Blackwell, 1986)

Peter Bowler, *The Invention of Progress: The Victorians and the Past* (Oxford: Backwell, 1989)

Peter Bowler, *Evolution: The History of an Idea*, 3rd edn (Berkeley: University of California Press, 2003).

Peter Bowler, *The Fontana History of the Environmental Sciences* (London: Fontana, 1992), chapter 10.

L. A. Callender, 'Gregor Mendel – An Opponent of Descent with Modification', *History of Science*, 26 (1988), pp. 41–75.

Jean-Marc Drouin, 'Mendel in the Garden', in M. Serres (ed.), *A History of Scientific Thought: Elements of a History of Science* (Oxford: Blackwell, 1995), pp. 506–25.

J. C. Greene, *Darwin and the Modern World View* (Baton Rouge: Louisiana State University Press, 1961).

Greta Jones, *Social Darwinism and English Thought* (Brighton: Harvester Press, 1980), chapter 2, pp. 10–34.

Robert C. Olby, *Origins of Mendelism* (London: Constable, 1966).

D. R. Oldroyd, *Darwinian Impacts* (Milton Keynes: Open University Press, 1983), chapters 16 and 18.

F. M. Turner, 'Victorian Scientific Naturalism', in C. Chant and J. Fauvel (eds),

Darwin to Einstein: Historical Studies on Science and Belief (Harlow: Longman, 1980), pp. 47–68.

상자글 21.2

Frank M. Turner, 'The Victorian conflict Between Science and Religion: A Professional Dimension', in his *Contesting Cultural Authority: Essays in Victorian Intellectual Life* (Cambridge: Cambridge University Press, 1993).

22장 뉴턴을 넘어서 – 에너지와 열역학

Peter J. Bowler and Iwan Rhys Morus, Making Modern Science: A Historical Survey (Chicago: University of Chicago Press, 2005), chapter 4.

Robert Fox, 'Laplacian Physics', in R. C. Olby, G. N. Cantor, J. R. R. Christie and M. J. S. Hodge (eds), *Companion to the History of Science* (London: Routledge, 1990), pp. 278–94.

Peter Harman, Energy, *Force, and Matter: The Conceptual Development of Nineteenth-Century Physics* (Cambridge: Cambridge University Press, 1982).

Iwan Rhys Morus, *When Physics Became King* (Chicago: University of Chicago Press, 2005).

Crosbie Smith, 'Energy', in R. C. Olby, G. N. Cantor, J. R. R. Christie and M. J. S. Hodge (eds), *Companion to the History of Science* (London: Routledge, 1990), pp. 326–41.

Crosbie Smith, *The Science of Energy* (London: Athlone, 1998).

Crosbie Smith and M. Norton Wise, *Energy and Empire: A Biographical Study of Lord Kelvin* (Cambridge: Cambridge University Press, 1989).

M. Norton Wise, 'Work and Waste: Political Economy and Natural Philosophy in Nineteenth-Century Britain', *History of Science*, 27 (1989), pp. 263–301, and 391–449; and 28 (1990), pp. 221–61.

상자글 22.1

Thomas F. Gieryn, 'Boundary Work and the Demarcation of Science from Non- Science: Strains and Interests in Professional Ideologies of Scientists', *American Sociological Review*, 48 (1983), pp. 781–95.

Edwin T. Layton, 'Mirror-Image Twins: The Communities of Science and Technology', *Technology and Culture*, 12 (1971), pp. 562–80.

23장 뉴턴의 시대가 끝나다 – 아인슈타인과 상대성 이론

Peter J. Bowler and Iwan Rhys Morus, *Making Modern Science: A Historical Survey* (Chicago: University of Chicago Press, 2005), chapters 4 and 11.

Peter Dear, *The Intelligibility of Nature: How Science Makes Sense of the World* (Chicago: University of Chicago Press, 2006), chapter 5.

Peter Harman, *Energy, Force, and Matter: The Conceptual Development of Nineteenth-Century Physics* (Cambridge: Cambridge University Press, 1982).

Peter Harman, *Metaphysics and Natural Philosophy: The Problem of Substance in Classical Physics* (Brighton: Harvester Press, 1982).

Peter Harman, *The Natural Philosophy of James Clerk Maxwell* (Cambridge: Cambridge University Press, 1998).

Tetu Hirosige, 'The Ether Problem, The Mechanistic Worldview, and the Origins of the Theory of Relativity', *Historical Studies in the Physical Sciences, 7* (1976), pp. 3–82.

Gerald Holton, *Thematic Origins of Scientific Thought from Kepler to Einstein* (Cambridge: Cambridge University Press, 1973).

Sean F. Johnston, *Holographic Visions: A History of New Science* (Oxford: Oxford University Press, 2006).

Helge Kragh, *Quantum Generations: A History of Physics in the Twentieth Century* (Princeton: Princeton University Press, 1999).

Iwan Rhys Morus, *When Physics Became King* (Chicago: University of Chicago Press, 2005).

Abraham Pais, *'Subtle is the Lord...': The Science and the Life of Albert Einstein* (Oxford: Oxford University Press, 1982).

Jonathan Powers, *Philosophy and the New Physics* (London: Methuen, 1982).

Crosbie Smith, 'Energy', in R. C. Olby, G. N. Cantor, J. R. R. Christie and M. J. S. Hodge (eds), *Companion to the History of Science* (London: Routledge,

1990), pp. 326–41.

Crosbie Smith, *The Science of Energy* (London: Athlone, 1998).

Loyd S. Swenson, *The Genesis of Relativity: Einstein in Context* (New York: Burt Franklin & Co., 1979).

상자글 23.1

Jeff Hughes, *The Manhattan Project: Big Science and the Atom Bomb* (Cambridge: Icon Books, 2003).

24장 수학이 물리적 모형을 대신하다 – 원자론에서 양자론까지

Peter J. Bowler and Iwan Rhys Morus, *Making Modern Science: A Historical Survey* (Chicago: University of Chicago Press, 2005), chapter 11.

David Cassidy, *Uncertainty: The Life and Science of Werner Heisenberg* (New York: Freeman, 1992).

P. C. W. Davies and J. R. Brown (eds), *The Ghost in the Atom: A Discussion of the Mysteries of Quantum Physics* (Cambridge: Cambridge University Press, 1986).

Peter Dear, *The Intelligibility of Nature: How Science Makes Sense of the World* (Chicago: University of Chicago Press, 2006), chapter 6.

Banesh Hoffmann, *The Strange Story of the Quantum* (New York: Dover, 1959).

Christa Jungnickel and Russell McCorrmach, *The Intellectual Mastery of Nature*, Vol. 2 (Chicago: University of Chicago Press, 1986).

Helge Kragh, *Quantum Generations: A History of Physics in the Twentieth Century* (Princeton: Princeton University Press, 1999).

Roger G. Newton, *From Clockwork to Crapshoot: A History of Physics* (Cambridge, MA: Harvard University Press, 2007).

Abraham Pais, *Niels Bohr's Times in Physics, Philosophy and Polity* (Oxford: Clarendon Press, 1991).

Bruce R. Wheaton, *The Tiger and the Shark: Empirical Roots of Wave-Particle Dualism* (Cambridge: Cambridge University Press, 1983).

상자글 24.1

Joseph Ben-David, *The Scientist's Role in Society: A Comparative Study* (Chicago: University of Chicago Press, 1984).

Paul Forman, 'Weimar Culture, Causality and Quantum Theory, 1918–1927: Adaptation by German Physicists and Mathematicians to a Hostile Intellectual Environment', *Historical Studies in the Physical Sciences*, 3 (1971), pp. 1–115.

John Hendry, 'Weimar Culture and Quantum Causality', *History of Science*, 18 (1980), pp. 115–80.

Steven Shapin, *The Scientific Life: A Moral History of a Late Modern Vocation* (Chicago: University of Chicago Press, 2008).

상자글 24.2

Brian Greene, *The Elegant Universe* (New York: Random House, 1999).

Banesh Hoffmann, *The Strange Story of the Quantum* (New York: Dover, 1959).

후기

Derek J.de Solla Price, *Little Science, Big Science* (New York: Columbia University Press,1963).

Peter Galison and Bruce Hevly (eds), *Big Science: The Growth of Large-Scale Research* (Stanford:Stanford University Press, 1994).

그림

세계관

도표

찾아보기

171, 192

ㄴ

나이트, 고원 285

나치 428, 432, 474

나침반 100, 159, 162, 166, 168, 182, 458

낙관주의(철학적) 274, 323~327, 340~342,
  353, 363, 386~388, 395

  낙관주의를 반대 377~380

네 가지 체액 216, 222, 224

《네이처》 422

노먼, 로버트 160, 162, 168, 169

노아의 홍수 335, 339, 359, 360

논리 41, 49, 61, 84, 150, 151, 154, 156, 158

《논문과 평론》 410, 411, 413, 415

뇌 217

뉴그레인지 17

뉴커먼, 토머스 442

뉴턴, 아이작 185, 254~285, 287, 290,
  312~314, 316~319, 321, 337, 338, 342,
  347, 402, 408, 412, 420, 422, 454, 455,
  469

  《광학》 256, 264, 266, 270, 272, 274, 275,
  279, 281, 288, 290, 295, 321, 441, 456

  계몽주의자로서의 이미지 275, 276

  '금속의 생장' 265

  미묘한 유동체 개념 342, 373, 441

  사회적 다윈주의 423~433

  아누스 미라빌리스(기적의 해) 256~258

  연금술 259, 260, 262, 264~266, 269, 270,
  275

  운동 법칙 259~261

  《자연철학의 수학적 원리》 254, 255

  종교 269, 270, 274

  중력의 보편 원리 256~257, 268

뉴턴주의 과학 14, 268, 279, 288, 315

  도덕 미적분학 321, 324

  도덕적 뉴턴주의 318~320, 420

ㄷ

다운, 존 랭던 헤이든 429

  다운증후군 429

다윈, 에라스무스 369, 396

다윈, 찰스 11, 255, 316, 329, 330, 375, 381,
  388~408, 418, 420, 422, 423, 427, 428,
  432~436, 438~440, 495

  자연선택 330, 389, 396, 398, 399,
  401~407, 413, 418, 420, 422, 426, 427,
  434, 436~439

  《종의 기원》 388, 389, 396, 398~403, 405,
  408, 409, 411~413, 415, 423, 424, 428

  진보주의 401, 404~407

다키아의 보에티우스 90

달 17, 92, 128, 178, 196, 197, 226, 256~258,
  263, 271, 277, 334

달랑베르, 장 르 롱 276, 278

대(大) 플리니우스 62

대수 71

대학 83~85, 87, 94, 95, 248~249

  교양 학부 84, 86, 93, 96, 97, 161, 249

  레이덴 대학 281

  볼로냐 대학 94

  상급 학부 84, 85

  에든버러 대학 381, 392, 403

  옥스퍼드 대학 87, 89, 94, 322, 411, 412,
  445

  유니버시티 칼리지 런던 381

  케임브리지 대학 479

  콜레기오 로마노(예수회 대학) 206

  파도바 대학 107, 194, 215

우라늄 474, 475

우르바노 8세(교황) 206, 211

우마이야 왕조 68, 77

우생학 431, 432, 438

우주 14, 21, 22, 57, 173, 189

우주론 48, 49, 72, 74, 127~133, 135, 163, 171, 179, 192, 262, 325, 338, 382

《운동》378, 379

운동학 191, 197

원거리 작용 191, 234, 238, 276, 280, 441, 444, 463, 473, 492

원자 14, 35, 36, 48, 49, 61, 149, 233, 238, 281, 282, 288, 308~315, 465, 469, 474, 480, 483, 485, 491

원자가(原子價) 12

원자량 313, 315

원자론 35, 36, 49, 71, 233, 238, 309, 310

원자폭탄 13, 474, 475

월리스, 앨프리드 러셀 398~400, 424

월턴, 어니스트 474

웨슬리, 존 283, 378

웰던, W. F. R. 440

웰스, 찰스 399, 424

윌리엄 스웨인슨 326

윌리엄 오컴 75

유대교 95, 98

유성 178

유스티니아누스 61, 70, 85

유전 403, 406, 426, 433, 434, 436, 437, 440, 495

유체 정역학 59, 191

유클리드 58, 81, 317, 393

　《기하학 원론》58, 81, 102

육지와 물로 이루어진 구 92, 118

율리우스력 58

음악 84, 183~186, 266, 267, 269

의학 59, 67, 69, 71~73, 80~82, 84, 85, 93, 96, 111, 114, 139, 161, 213~224

이동하는 대륙 12

이브 28, 96, 144, 335

이븐 루슈드(아베로에스) 73, 75, 76, 82, 83, 86, 125

이븐 바자(아벰파세) 73

이븐 시나(아비센나) 72, 75, 76, 81, 82, 83, 85, 107

이븐 알-하이탐(알하젠) 72, 81

《이성의 신탁》(신문) 377, 378, 380

이슬람 60, 66~78, 94, 95, 99, 139

이슬람 신학 83, 99

이신론 339, 340

이암블리코스 57

이집트 19, 21, 139

인간(인류) 14, 28, 42, 239, 351, 359, 427, 451, 497

인쇄기 100, 102, 445

일(work) 447

일곱 교양 과목 64, 84, 85

일자(一者)→파르메니데스

일정 성분비의 법칙 308

일현금 30, 267

ㅈ

자기 경사 168, 169

자비르 이븐 하이얀(게베르) 71, 81

자석 158~163, 166, 181, 182, 234, 237, 253, 447, 459, 460, 469

자연 12, 203, 337, 497

　'자연은 비약하지 않는다' 11

자연발생 370, 373, 385

자연법칙 21~23, 57, 238, 239, 261, 353, 368

프로클로스 57, 73, 82

프루스트, 조제프 루이 308, 311

프리스틀리, 조지프 283, 286, 287, 293~303, 306, 321, 322

프톨레마이오스, 클라우디오스 24, 58, 72~74, 81, 94, 117, 120~135, 173, 201, 206

플라톤 24, 30, 39~50, 52, 54~58, 60, 70, 72, 74, 85, 94, 103~105, 116, 119~123, 127, 129, 131, 175, 176, 189, 201, 309

  기독교 45, 46

  《메논》 44, 46

  4원소 48

  원자론 48

  천문학 46~48, 120

  《티마이오스》 49, 64, 74, 103, 175

  《파이돈》 45, 46, 74

  형상(이데아) 42~45

플라톤 입체 175~177, 184, 188

플라톤의 아카데미아 41, 60, 70, 94

플랑크, 막스 455, 468, 481, 483

플로지스톤 290~294, 296~303, 310

플로티노스 57, 61, 70

피라미드 17

피사의 레오나르도 81

피어슨, 카를 439, 440

피에르 드 마리쿠르 160

피에르 아벨라르 83, 85

피의 순환 214, 215, 218, 221~223

  소순환(폐순환) 215

피츠로이 선장 394

피타고라스 30, 31, 49, 104, 129, 183

피타고라스주의자 30, 31, 49, 189, 268

필멸주의 247

ㅎ

하비, 윌리엄 151, 213~225, 242, 243, 245, 247, 252

  실험적 방법 220

하이젠베르크, 베르너 478, 483~489, 493, 497

  불확정성 원리 483

하틀리, 데이비드 318

항성 주기 184

해부(학) 55, 59, 106~115, 117, 139, 213, 214, 216~220, 224, 225

  비교 해부학 218~220, 373

해저드, 폴 324

핼리, 에드먼드 262, 278, 282

행성 117, 125, 128, 131, 133, 164, 179~184, 186, 188, 262~264, 268, 332, 336, 338, 466

  금성 117, 126, 128, 130, 183, 186~188, 196

  목성 117, 123, 174, 175, 186~188, 196

  수성 117, 126, 130, 131, 174, 186~188

  역행 운동 121~123

  토성 117, 131, 174, 175, 186, 188, 290

  합 175

  화성 117, 119, 174, 179, 186~188

행성 운동의 법칙→케플러, 요하네스

허셜 경, 존 402

허튼, 제임스 286, 339~347, 356, 358, 388, 395

헉슬리, T. H. 385, 400, 402, 408, 422, 425, 453

헤라클레이토스 22, 25, 28, 29

헤로필로스 59

헤르메스 트리스메기투스 141, 142

헤르츠, 하인리히 462

서양과학사상사

1판 1쇄 2013년 5월 31일
1판 3쇄 2019년 5월 17일

지은이 | 존 헨리
옮긴이 | 노태복

펴낸이 | 류종필
편집 | 이정우, 최형욱
마케팅 | 김연일, 김유리
표지디자인 | 석운디자인
본문디자인 | 글빛

펴낸곳 | (주) 도서출판 책과함께
　　　　주소 (04022) 서울시 마포구 동교로 70 소와소빌딩 2층
　　　　전화 (02) 335-1982
　　　　팩스 (02) 335-1316
　　　　전자우편 prpub@hanmail.net
　　　　블로그 blog.naver.com/prpub
　　　　등록 2003년 4월 3일 제25100-2003-392호

ISBN 978-89-97735-23-5 03900

이 도서의 국립중앙도서관 출판시도서목록(CIP)은
서지정보유통지원시스템 홈페이지(http://seoji.nl.go.kr)와
국가자료종합목록시스템(http://www.nl.go.kr/kolisnet)에서 이용하실 수 있습니다.
(CIP제어번호 : CIP2013006286)